셀프트래블

싱가포르

상상출판

셀프트래블

싱가포르

초판 1쇄 | 2015년 5월 7일
초판 2쇄 | 2015년 10월 5일

글과 사진 | 한혜원

발행인 겸 편집인 | 유철상
책임편집 | 이유나
디자인 | 주인지
지도 | 주인지, 서은주
교정 · 교열 | 이유나
마케팅 | 조종삼, 남유니, 임지연

펴낸 곳 | 상상출판
주소 | 서울시 동대문구 정릉천동로 58, 103동 206호(용두동, 롯데캐슬피렌체)
구입 · 내용 문의 | **전화** 02-963-9891, 070-8886-9892~3 **팩스** 02-963-9892
이메일 cs@esangsang.co.kr
등록 | 2009년 9월 22일(제305-2010-02호)
찍은 곳 | 다라니

※ 가격은 뒤표지에 있습니다.

ISBN 979-11-86517-00-0(14980)
ISBN 978-89-94799-01-8(set)

www.esangsang.co.kr

셀프트래블

싱가포르

Singapore

한혜원 지음

EMPORIO ARMANI
BANANA REPUBLIC

A|X

PAN PACIFIC

Prologue

그저 '재미있겠다'라는 생각으로 가이드북 작업에 뛰어든 지 어언 7년이 되어가네요. 허점투성이였던 초보 시절엔 오히려 즐겁게 즐겁게 결과물을 받아들었던 것 같은데 너무 많이 알아버린(?) 그리고 욕심이 더 많아진 지금에 와서는 책이 나오면 나올수록 아쉬운 마음이 크고 겁도 나고 설레기도 하고 그렇습니다. 초기 저의 목표는 '멋진 책을 만들자'였는데 이제는 '스스로에게 부끄럽지 않은 책을 만들자'로 바뀌었습니다. 싱가포르 취재 중반 즈음 도망가고 싶을 정도로 힘이 들었지만 '스스로에게 부끄럽지 않은' 책을 만들기 위해 최선을 다했습니다. 이 책을 읽는 분들이 눈과 귀와 마음을 열고 싱가포르 여행을 즐기시길, 그 여행에 적으나마 도움을 드리며 추억을 만드는 데 일조할 수 있기를 바랍니다.

Try Singapore에서는 싱가포르 초보 여행자들을 위한 다양한 스케줄을 제시했습니다. 동선을 고려해 스케줄을 짜는 것이 시간과 노력을 많이 요하는 작업이므로, 누구에게나 무난한 코스부터 다이닝, 쇼핑, 관광 등 다양한 콘셉트별로 다른 코스들을 제시해 보았습니다.

Mission in Singapore는 지역에 대한 이해 없이도 싱가포르 여행을 만끽할 수 있도록 사진 위주의 정보로 꾸몄습니다. 예를 들어 파인 다이닝을 즐기고 싶다면 지역별로 내용을 정독하지 않아도 바로 파인 다이닝을 즐기기 좋은 장소를 확인할 수 있습니다. 싱가포르의 호커센터와 크랩 즐기기 내용도 상세히 다루었습니다. 특히 쇼핑 편에서는 실제로 슈퍼마켓에서 구입할 수 있는 아이템들을 제시했고 싱가포르의 대표적인 로컬 브랜드에 대해서도 비중 있게 다루었습니다.

Enjoy Singapore에서는 본격적으로 지역에 대한 상세정보를 다루었습니다. 오차드 로드, 마리나 베이, 올드 시티, 부기스, 아랍 스트리트, 리틀 인디아, 차이나타운, 센토사와 하버프런트, 홀랜드 빌리지와 싱가포르 기타 지역까지의 정보가 담겨 있습니다. 각 지역의 대표 스폿들을 관광, 레스토랑, 나이트라이프, 스파, 쇼핑, 숙소 순으로 정리했습니다.

Step to Singapore에서는 싱가포르 여행 준비부터 입출국, 현지 교통정보, 알아두면 유용한 여행회화 등 해외여행이 처음인 초보 여행자도 무리 없이 싱가포르로 떠날 수 있도록 기본적인 여행 정보를 단계별로 꼼꼼히 제시했습니다.

자고 일어나면 새롭게 진화하고 변화하는 싱가포르. 취재 당시의 정보와 맞지 않는 부분이 있을 수도 있고 부족함이 눈에 띌 수도 있지만 열심히 공들여 만들었습니다. 틀린 정보는 이메일(hwh0910@naver.com)이나 블로그를 통해 귀띔해주시고 많은 응원과 격려 부탁드립니다.

Special Thanks to

김주희 Judy Kim 『싱가포르 셀프트래블』 초판을 함께 다져준 고마운 언니이자 친구이자 초판 공동 저자. 가끔 항상 밝고 긍정적인 그녀의 에너지에 너무 기대 끝없이 투정을 부릴 때도 있어 언제나 미안하고 고맙다. 현재는 『말레이시아 셀프트래블』을 출간하고 또 다른 프로젝트를 준비 중인 프로페셔널 여행작가로 들어섰다. 그리고, 누가 뭐래도 내겐 대한민국 최고의 감성을 지닌 매력적인 보컬로 '달언니와 말랑씨'라는 이름의 뮤지션으로 활동하고 있다.

정승원 Molly Jung 항상 감사 기도를 한다. 홍콩 · 마카오 취재여행 시, 그녀를 조력자로 맞게 된 건 천운이었다고 생각하기에. 그 뒤로 단박에 싱가포르 취재 동행을 부탁했을 정도로 어느 누구보다 꼼꼼하고 똑똑하고 부지런한 그녀는 현재 『괌 · 사이판 셀프트래블』, 『필리핀 셀프트래블』, 『베트남 셀프트래블』을 출간하였다.

Thanks to

5년 전 취재여행차 간 싱가포르에서 처음 인연을 맺은 후로 매번 날 반갑게 맞아주고 이리저리 맛난 것 먹여주고 좋은 것 보여주려 애쓴 Elizabeth Loo와 Tina Chia 님께 감사드립니다. 또, 각자의 삶이 바쁜 와중에도 취재 중 지친 저를 물심양면 위로하고 격려해준 고 아시아(cafe.naver.com/goasiatravel)의 정인혜, 이화연, 양해숙, 이미재, 배영미, 이귀영, 정현정, 윤민정 님과 싱가포르 첫 취재 시 상상하지 못할 정도로 빡센 일정에 물집이 잡히고 도망을 갈 정도로 마음고생, 몸고생 심하게 한 내 베프, 김은정 양에게도 감사의 인사를 전합니다.

마지막으로 항상 저를 정신적으로 단단하게 만들어주시는 대한민국 최고의 여행작가이자 트래블 레시피의 플래너, 김정숙 님께 감사드립니다.

2015년 4월

한혜원 Long Han

c★ntents

DEMPSEY
BLK 25 A-B, 26, 26B
TO ALL BLKS
MINDEN CLUSTER
LOEWEN CLUSTER

Mission 2. Eat

Mission 3. Stay

Mission 4. Buy

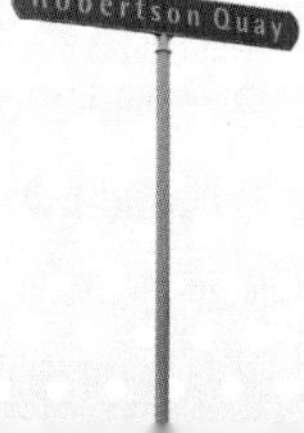

Enjoy Singapore • 74

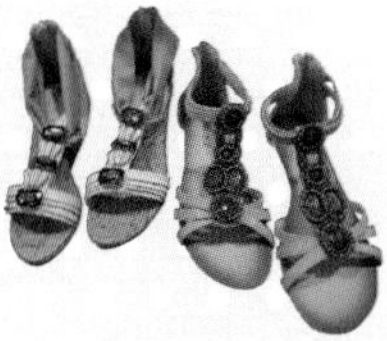

싱가포르 전도

말레이시아
Malaysia
말레이시아
Malaysia
조호르 해협
Straits of Johor
조호르 해협
Straits of Johor
조호르 코즈웨이
Johor Causeway
우드랜즈
Woodlands
애드미럴티
Admiralty
셈바왕
Sembawang
순게이 불로 자연공원
Sungei Buloh Nature's Park
마르실링
Marsilling
우드랜즈
Woodlands
크란지 레이스 코스
Kranji Race Course
크란지
Kranji
Mandai Rd.
싱가포르 동물원
Singapore Zoo Logical Gardens
크란지
Kranji
크란지 전쟁 기념비
Kranji War Memorial
나이트 사파리 Night Safari
림추캉
Lim Chu Kang
Woodlands Rd.
Bukit Timah Highway
유티
Yew Tee
만다이 난 정원
Mandai Orchid Gardens
초아 추캉
Choa Chu Kang
Upper Bukit Timah Rd.
Bukit Batok Rd.
부킷 곰박
Bukit Gombak
부킷 바톡
Bukit Batok
초아 추캉
Choa Chu Kang
맥리치에 네이처 트레일
Macritchie Nature Trail
부킷 바톡
Bukit Batok
부킷 티마 자연보호구역
Bukit Timah Nature Reserve
맥리치에 저수지
Macritchie Reservoir
투아스 세컨드 링크
Tuas Second Link
Jurong West Avenue
Pan Island Highway
레이크사이드
Lakeside
차이니스 가든
Chinese Garden
싱가포르 디스커버리 센터
Singapore Discovery Center
분 레이
Boon Lay
주롱 이스트
Jurong East
(인터체인지)
클레멘티
Clementi
파이어니어
Pioneer
중국 정원 & 일본 정원
Chinese Garden
& Japanese Garden
투아스
Tuas
주롱
Jurong
홀랜드 빌리지
Holland Village
캘더콧
Caldecott
주쿤
Joo Koon
싱가포르 사이언스 센터
Singapore Science Cente
클레멘티
Clementi
보타닉 가든
Botanic Gardens
홀랜드 빌리지
Holland Village
주롱 새공원
Jurong Birdpark
옴니 시어터
Omni Theatre
도버
Dover
파러 로드
Farrer Road
보타닉 가든
Botanic Gard
Holland Rd.
부오나 비스타
Buona Vista
커먼웰스
Commonwealth
West Coast Highway
원노스
One-North
퀸스 웨이
Queens Way
뎀시 힐
Dempsey Hill
로체스터 파크
Rochester Park
켄트 리지
Kent Ridge
퀸스타운
Queenstown
호우파 빌라
Haw Par Villa
Ayer Rajah Expressway
웨스트 코스트
West Coast
레드힐 Redhill
마운트 페이버 & 케이블카
Mount Faber & Cable Car
파시르 판장
Pasir Pansang
래브라도 파크
Labrador Park
파시르 판장
Pasir Pansang
텔록 블랑가
Telok Blangah
하버프런트
Harbourfront
샹그릴라 라사 센토사 리조트
Shangri-La's Rasa Sentosa Resort
하버프런트 센터, 케이블카 타워 &
크루즈 센터 / 하버 파빌리온
Harbourfront Centre, Cable Car Tower &
Cruise Centre / Harbour Pavillion
비보 시티 Vivo City
코스타 샌드 리조트
Costa Sand Resort

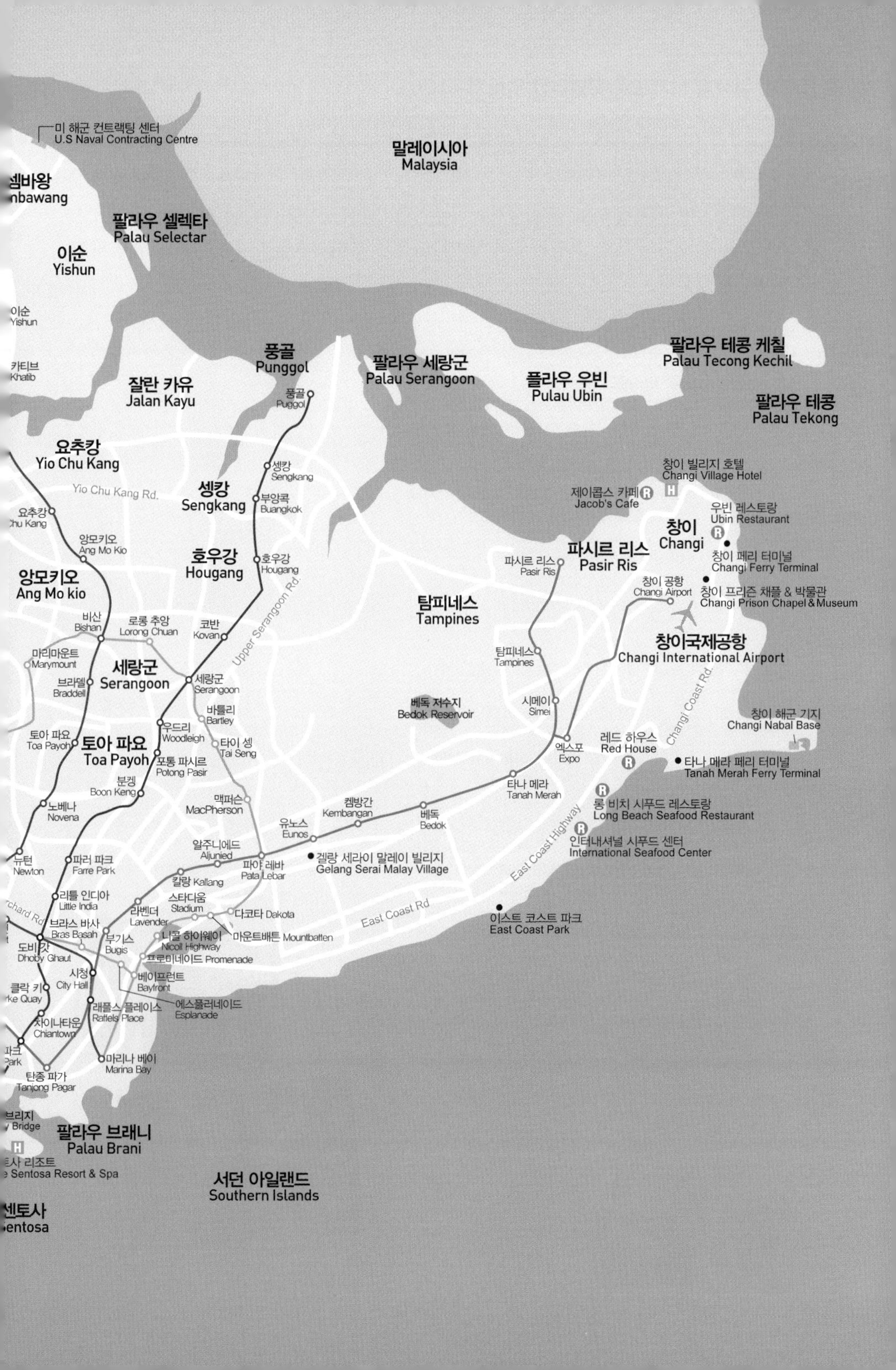

미 해군 컨트랙팅 센터
U.S Naval Contracting Centre
말레이시아
Malaysia
팔라우 셀렉타
Palau Selectar
이순
Yishun
풍골
Punggol
팔라우 세랑군
Palau Serangoon
플라우 우빈
Pulau Ubin
팔라우 테콩 케칠
Palau Tecong Kechil
팔라우 테콩
Palau Tekong
잘란 카유
Jalan Kayu
요추캉
Yio Chu Kang
Yio Chu Kang Rd.
셍캉
Sengkang
호우강
Hougang
앙모키오
Ang Mo kio
세랑군
Serangoon
토아 파요
Toa Payoh
탐피네스
Tampines
파시르 리스
Pasir Ris
창이
Changi
창이 빌리지 호텔
Changi Village Hotel
제이콥스 카페
Jacob's Cafe
우빈 레스토랑
Ubin Restaurant
창이 페리 터미널
Changi Ferry Terminal
창이 프리즌 채플 & 박물관
Changi Prison Chapel & Museum
창이국제공항
Changi International Airport
창이 공항
Changi Airport
Changi Coast Rd.
창이 해군 기지
Changi Nabal Base
레드 하우스
Red House
타나 메라 페리 터미널
Tanah Merah Ferry Terminal
롱 비치 시푸드 레스토랑
Long Beach Seafood Restaurant
인터내셔널 시푸드 센터
International Seafood Center
East Coast Highway
이스트 코스트 파크
East Coast Park
East Coast Rd
베독 저수지
Bedok Reservoir
겔랑 세라이 말레이 빌리지
Gelang Serai Malay Village
Upper Serangoon Rd.
풍골
Puggol
셍캉
Sengkang
부앙콕
Buangkok
호우강
Hougang
코반
Kovan
세랑군
Serangoon
바틀리
Bartley
우드리
Woodleigh
타이 셍
Tai Seng
포통 파시르
Potong Pasir
분켕
Boon Keng
맥퍼슨
MacPherson
유노스
Eunos
켐방간
Kembangan
베독
Bedok
타나 메라
Tanah Merah
엑스포
Expo
시메이
Simei
탐피네스
Tampines
파시르 리스
Pasir Ris
요추캉
Chu Kang
앙모키오
Ang Mo Kio
비산
Bishan
로롱 추앙
Lorong Chuan
마리마운트
Marymount
브라델
Braddell
토아 파요
Toa Payoh
노베나
Novena
뉴턴
Newton
파러 파크
Farre Park
리틀 인디아
Little India
브라스 바사
Bras Basah
도비갓
Dhoby Ghaut
클락 키
ke Quay
시청
City Hall
래플스 플레이스
Raffels Place
차이나타운
Chiantown
탄종 파가
Tanjong Pagar
마리나 베이
Marina Bay
부기스
Bugis
라벤더
Lavender
칼랑 Kallang
알주니에드
Aljunied
파야 레바
Pata Lebar
스타디움
Stadium
다코타 Dakota
니콜 하이웨이
Nicoll Highway
마운트배튼 Mountbatten
프로미네이드 Promenade
베이프런트
Bayfront
에스플러네이드
Esplanade
chard Rd
이순
Yishun
카티브
Khatib
셈바왕
nbawang
브리지
Bridge
팔라우 브래니
Palau Brani
토사 리조트
Sentosa Resort & Spa
서던 아일랜드
Southern Islands
센토사
entosa

Plan 1 똑똑한 쇼퍼홀릭을 위한 3박 4일 코스

재미난 볼거리와 맛있는 음식도 쇼핑 앞에서 2순위로 밀리는 쇼핑 마니아를 위한 스케줄. 으리번쩍한 오차드 로드의 대형 쇼핑몰부터 차이나타운의 부티크숍들까지 싱가포르 쇼핑의 모든 것을 마스터해보자.

1 day

1일 오차드 로드

10:30	오차드 로드의 아이온 오차드에서 트렌드 살펴보기
13:30	아이온 오차드 TWG에서 간단히 점심 겸 휴식
15:00	313 앳 서머셋에서 중저가 브랜드 섭렵하기
18:00	채터박스에서 저녁 식사
19:30	만다린 갤러리에서 개성 넘치는 아이템 건지기
22:00	에메랄드 힐에서 간단하게 맥주 한잔

2 day

2일 마리나 베이 & 올드 시티

11:00	래플스 플레이스 돌아보기
13:00	래플스 호텔 부티크숍 구경하기
13:30	할리아에서 건강한 점심 식사
15:00	선텍 시티 대탐방
17:30	마리나 베이 샌즈에서 브랜드 신상 둘러보기
19:30	토다이에서 맛있는 뷔페 즐기기
22:00	쿠데타에서 멋진 야경 보며 칵테일 한잔

3 day

3일 부기스 & 아랍 스트리트 & 리틀 인디아

11:00	부기스 정션 중저가 브랜드 공략하기
13:30	리앙 시아 스트리트의 마담 사이공 혹은 폰즈에서 점심 먹기
15:00	아추 디저트나 지더치에서 시원한 디저트 타임
16:00	하지 래인으로 이동, 톡톡 튀는 부티크숍 샅샅이 훑어보기
18:00	싱가포르 잠잠에서 맛있는 저녁 식사
20:00	리틀 인디아의 무스타파 센터에서 이국적인 아이템 둘러보기

4 day

4일 차이나타운

11:00	차이나타운, 파고다 스트리트와 트렝가누 스트리트 둘러보기
13:30	동아 커피숍이나 혹람 비프에서 간단히 점심 먹기
15:00	클럽 스트리트, 안시앙 로드, 에스킨 로드의 부티크숍 둘러보기
19:00	센소에서 멋진 디너 즐기기
20:30	클럽 스트리트, 안시앙 로드 둘러보기
21:00	짐 찾아 공항으로 이동

Plan 2 여행도 공부가 된다! 관광 마니아를 위한 3박 4일 코스

먹고 노는 것만으로는 뭔가 성에 차지 않는 모범생 여행자를 위한 알짜배기 코스. 싱가포르의 문화와 역사를 이해하고 재미난 어트랙션도 즐기며 남들보다 더 알찬 여행을 준비해보자.

1 day

1일 차이나타운

- 10:30 차이나타운, 파고다 스트리트, 트렝가누 스트리트 산책하기
- 12:00 차이나타운 헤리티지 센터
- 13:30 맥스웰 푸드 센터에서 호커센터 체험하기
- 15:00 불아사 용화원 등 주변 사원 돌아보기
- 16:00 레드 닷 트래픽 디자인 뮤지엄 둘러보기
- 18:00 혹람 비프 누들로 맛있는 식사하기
- 20:00 클럽 스트리트에서 나이트라이프 즐기기

2 day

2일 싱가포르 기타 지역

- 10:00 주롱 새공원 관람
- 13:00 싱가포르 동물원에서 점심 먹은 후 즐거운 시간 보내기
- 18:00 나이트 사파리 즐기기

3 day

3일 마리나 베이 & 올드 시티 & 리버사이드

- 10:00 싱가포르 예술 박물관
- 11:30 싱가포르 국립박물관
- 13:00 트루 블루에서 점심 식사
- 14:30 페라나칸 뮤지엄
- 16:30 싱가포르 우표 박물관
- 19:00 쓰촨 도우화에서 저녁 식사
- 21:00 카베나 다리를 건너 클락 키로 이동
- 21:30 클락 키에서 나이트라이프 즐기기

4 day

4일 센토사

- 10:00 유니버설 스튜디오
- 16:00 다양한 센토사의 어트랙션 즐기기
- 17:00 트라피자에서 맛있는 피자와 파스타로 저녁 식사
- 20:00 탄종 비치 클럽에서 칵테일 한잔
- 21:00 공항으로 이동

Plan 3 다이닝에 중점을 둔 싱가포르 미식여행 3박 4일 코스

금강산도 식후경! 싱가포르 스타 셰프의 레스토랑과 이름난 레스토랑에서 식도락을 즐기는 데 중점을 둔 미식가형 여행사라면 식도락 코스를 따라해보자.

1 day

1일	**오차드 로드**
10:00	아이온 오차드 둘러보기
12:00	레 자미에서 런치 코스 즐기기
15:00	313 앳 서머셋, 파라곤 등 오차드 로드에서 쇼핑 즐기기
17:00	뎀시 힐로 이동하여 부티크숍 돌아보기
18:00	화이트 래빗, 쿨리나, 배럭 카페 등 뎀시 힐에서 디너 타임
20:00	뎀시 힐의 해리스 바에서 맥주 한잔

2 day

2일	**마리나 베이 & 올드 시티 & 차이나타운**
10:00	래플스 호텔 아케이드 구경하기
12:30	군더스에서 런치 코스 즐기기
15:00	차이나타운으로 이동하여 거리 구경하기
16:00	야쿤 카야 토스트 혹은 동아 커피숍에서 토스트 간식 먹기
17:00	안시앙 로드, 에스킨 로드의 귀여운 숍들 돌아보기
16:30	마제스틱 레스토랑에서 디너 즐기기
21:00	스크리닝 룸에서 칵테일 한잔

3 day

3일	**마리나 베이 & 올드 시티 & 부기스 & 리틀 인디아**
10:00	마리나 베이 샌즈 쇼핑몰과 박물관 등 둘러보기
12:00	디비 비스트로에서 스타 셰프의 버거 요리 맛보기
15:00	아랍 스트리트, 부소라 스트리트 거리 구경
16:00	피카에서 스웨덴식 디저트와 커피 맛보기
17:00	리틀 인디아 거리 구경하기
18:30	무뚜스 커리나 바나나 리프 아폴로에서 피시 헤드 커리 먹기
21:00	래플스 호텔의 롱 바나 차임스의 인섬니아에서 칵테일 즐기기

4 day

4일	**오차드 로드 & 리버사이드**
10:30	보타닉 가든 느긋하게 산책하기
12:00	할리아에서 런치 타임
15:00	클락 키 강변 산책, 센트럴 쇼핑몰 둘러보기
18:00	점보에서 칠리 크랩 맛보기
19:30	비보 시티 쇼핑몰 둘러보기
21:00	공항으로 이동

Plan 4 짧은 일정의 여행자를 위한 알짜배기 하루 코스

스케줄이 짧아 차고도 넘치는 싱가포르의 관광 포인트와 맛집, 쇼핑 스폿을 다 둘러볼 시간이 없는 여행자를 위한 스파르타 원 포인트 스케줄. 시간이 부족해도 오차드 로드에서 쇼핑도 하고 차이나타운의 정취도 만끽하고 즐길 건 다 즐긴다!

1 day

1일	오차드 로드 & 차이나타운 & 리버사이드
10:00	아이온 오차드 쇼핑몰 둘러보기
13:00	TWG에서 간단히 점심 먹기
14:30	비첸향 육포 뜯으며 차이나타운 거리 구경
15:30	간식으로 야쿤 카야 토스트 먹기
16:30	클럽 스트리트, 안시앙 로드 등 골목 탐험하기
18:30	점보에서 칠리 크랩 먹기
20:00	클락 키의 나이트라이프 즐기기
21:00	짐 챙겨 공항으로 출발

Plan 5 여유로운 일정으로 꼼꼼하게 돌아보는 5박 6일 코스

싱가포르의 다양한 매력을 몸소 체험하고 식도락도 즐기고 쇼핑도 놓칠 수 없는 여행자를 위한 느릿느릿 완벽 싱가포르 코스.

1 day

1일		**마리나 베이 & 리버사이드**
	11:00	싱가포르 플라이어(30분 소요)
	12:00	덕 투어(약 1시간 소요)
	14:00	마리나 베이 샌즈에서 늦은 점심 식사 후 쇼핑 등 즐기기
	17:00	멀라이언 파크에서 기념촬영. 강변을 따라 산책하며 해 지는 마리나 베이 즐기기
	18:30	리버 택시 타고 클락 키로 이동, 칠리 크랩으로 저녁 식사
	20:30	낭만적인 클락 키의 밤거리 둘러보며 칵테일 한잔

2 day

2일		**리틀 인디아 & 부기스 & 동물원, 나이트 사파리**
	09:00	호텔 조식
	10:30	리틀 인디아와 부기스의 이국적인 풍경 즐기기
	13:00	리앙 시아 스트리트에서 점심 식사
	15:30	싱가포르 동물원
	18:00	나이트 사파리
	22:00	에퀴녹스 콤플렉스에서 야경 즐기며 칵테일 한잔

3 day

3일		**오차드 로드 & 차이나타운**
	09:00	호텔 조식, 휴식
	11:00	파라곤 지하 식당가에서 점심 식사
	12:00	오차드 로드에서 맘껏 쇼핑하기
	16:00	차이나타운에서 야쿤 카야 토스트와 육포 맛보기, 안시앙 로드 거리 탐험하기
	18:00	파이스트 스퀘어 맛집에서 저녁 식사
	20:00	클럽 스트리트의 멋진 바에서 하루 마무리

4 day

4일		**센토사**
	08:00	호텔 조식 후 센토사로 이동
	10:00	유니버설 스튜디오 어트랙션 즐기기
	13:30	리조트 월드 센토사에서 점심 식사
	15:00	센토사 해변에서 휴식 및 어트랙션 즐기기
	18:30	테이스트 오브 아시아에서 저녁 식사
	19:30	송 오브 더 씨 관람
	20:30	실로소 비치의 나이트 바에서 흥겨운 이벤트 즐기기

여행 Tip 센토사 플레이 패스를 용도에 맞게 구입해 이용해보자.

5일 비보 시티

09:00	호텔에서 휴식
11:00	호텔 체크아웃
12:00	비보 시티 쇼핑 및 점심 식사
15:00	호텔 체크인
16:00	티핀룸에서 여유로운 애프터눈 티를 즐기고 래플스 호텔 둘러보기
18:00	차임스에서 저녁 식사
20:00	홀랜드 빌리지의 펍(Pup)에서 맥주 한잔

6일 보타닉 가든 & 오차드 로드

09:00	호텔 조식 및 수영장 휴식
12:00	체크아웃 후 짐 맡기기
13:00	뎀시 힐에서 점심 식사
14:30	보타닉 가든 산책하기
16:00	아이온 오차드 TWG에서 하이 티 타임
17:30	스파 부티크에서 마사지로 피로 풀기
19:30	팬 퍼시픽 호텔 해천루에서 마지막 만찬 즐기기
21:00	호텔에서 짐 찾아서 공항으로 이동

Activity 1. Singapore Must See

가든스 바이 더 베이 p.80
멀라이언 파크 p.85
센토사 p.272
리조트 월드 센토사 p.277

싱가포르에서 반드시 가봐야 할 곳 10

묻지도 말고 따지지도 말고, 이곳만 다녀오면 싱가포르 여행의 8할 이상은 커버한다. 자신의 취향과 일정에 맞춰 방문지를 선택한 후, 이 책에 소개된 해당 지역 세부 일정대로 움직이면 나만의 여행 일정 완성!

1 | 멀라이언 파크 △

'파리' 하면 에펠탑, '싱가포르' 하면 '멀라이언상'이 아닐까. 수십 년 전 싱가포르 관광의 초기 때부터 랜드마크로서 사랑을 받아온 곳이다. 이곳에서 바라보는 에스플러네이드와 마리나 베이 샌즈, 래플스 플레이스의 빌딩숲 야경은 그야말로 입이 딱 벌어진다.

Access MRT 에스플러네이드, 시티홀, 래플스 플레이스 역 하차

2 | 가든스 바이 더 베이 ▽

싱가포르의 새로운 아이콘으로 떠오른 실내외 정원이다. 25~50미터 높이에 바오밥 나무처럼 생긴 거대한 슈퍼트리 사이를 걷거나 35미터의 인공 산을 걸으며 푸르른 자연 속에 파묻혀 보자. 매일 밤 무료로 펼쳐지는 환상 같은 조명 쇼는 베스트 중의 베스트이다. 조명 쇼 매일 19:45, 20:45 2회.

Access MRT 베이프런트 역 하차

3 | 센토사/리조트 월드 센토사 ▽

동남아의 휴양지, 비치가 생각난다면 센토사 섬으로 가자. 인공 해변에 투명한 에메랄드빛 바다는 아닐지라도 수영복 입은 서양 미녀들이 분위기를 한껏 돋운다. 그 외 잘 가꿔진 공원, 자전거 코스, 집 라인, 4D 영화관, 수족관, 동물 쇼 등 볼거리, 놀거리가 가득하다. 특히 리조트 월드 센토사의 유니버설 스튜디오와 워터파크, S.E.A. 수족관은 하루를 몽땅 투자해도 아깝지 않을 만큼 싱가포르 여행의 핵심이다. 특히 아이들이 있는 가족 여행객들에게 강추한다.

Access MRT 하버프런트 역 하차.
도보나 모노레일, 버스, 케이블카 이용

☆ Tip. 가고 싶은 곳 네모 안에 체크해보기!

오차드 로드 p.134 ☑ · 리버 사파리 p.320 ☐ · 마리나 베이 샌즈 p.122 ☐ · 리버사이드 p.188 ☐

4 | 오차드 로드 △

싱가포르의 쇼핑을 책임지는 곳으로 밤낮없이 현지인과 여행객들의 발길이 이어진다. 전 세계 명품 디자이너 브랜드부터 최신 유행하는 패션 소품들에 이르기까지, 저렴하면서 맛도 좋은 푸드코트에서부터 카페, 바, 최고급 파인 다이닝 레스토랑까지 두루 자리를 잡고 있다. 쇼핑족들의 성지라고 할 수 있는 오차드 로드는 특히 도시 여성들의 절대적 지지를 받는 곳이다. 이곳의 모든 곳을 다 돌아보기 쉽지 않으므로, 자신의 취향이나 쇼핑 아이템 등을 고려해 들러보자.

Access MRT 오차드, 서머셋, 도비 갓 역 하차

5 | 싱가포르 동물원/나이트 사파리/리버 사파리 ▽

자연과 동물을 사랑하는 사람들에게 최고의 흥미와 추억을 안겨줄 곳이다. 미슐랭 가이드로부터 별 3개를 받은 싱가포르 동물원은 자연 그대로 야생에 가까운 상태에서 동물들을 만나볼 수 있다는 점에서 큰 사랑을 받고 있다. 그 외 세계 최초로 야행성 동물들을 관람할 수 있는 나이트 사파리와 강을 테마로 전 세계 8곳의 강 연안 동식물들을 한자리에 모은 리버 사파리 역시 놓치기 아까운 곳이다. 이 3곳과는 떨어져 있지만, 아시아 최대 규모를 자랑하는 주롱 새공원 역시 동물 애호가와 아이들에게 추천할 만한 곳이다.

Access ❶ MRT 앙모 키오 역에서 하차 138번 버스 탑승 ❷ MRT 초아 추캉 역에서 하차 927번 버스 탑승 ❸ MRT 우드랜즈 역 하차 926번 버스 탑승(이 노선은 주말과 공휴일에만 운행)

6 | 마리나 베이 샌즈 △

2010년 개장 이후, 싱가포르를 대표하는 랜드마크로 자리 잡은 엔터테인먼트 단지로 싱가포르의 관광 판도를 완전히 바꾸어 버렸다. 3개의 건물이 떠받들고 있는 200미터 상공의 수영장은 호텔 투숙객만이 이용할 수 있지만 샌즈 스카이 파크는 일반인들도 접근 가능하다. 그 외 300여 개의 숍과 레스토랑, 극장, 카지노, 아이스링크, 아트 사이언스 뮤지엄 등 모든 것을 원스톱으로 해결할 수 있는 시설들이 갖추어져 있다. 매일 밤 벌어지는 빛과 분수의 원더풀 쇼는 절대 놓치지 말자.

Access MRT 베이프런트 역 하차

Open **원더풀 쇼** 일~목 20:00, 21:30, 금, 토 20:00, 21:30, 23:00(13분간)

7 | 리버사이드 ▽

뜨거운 이국의 여름밤을 아름다운 야경과 함께 흥겹게 보내고 싶은 여행자라면 보드 키에서 클락 키를 지나 로버트슨 키까지 이어지는 리버사이드를 꼭 기억해두자. 보트 키는 래플스 플레이스 주변에 위치해 이곳에 사무실을 둔 현지 회사원들이 퇴근 후 많이 찾는 곳인 데 반해, 보다 화려하고 핫한 나이트라이프를 제공하는 클락 키는 관광객들이 선호하는 곳이다. 좀 더 여유롭고 이국적인 분위기를 원한다면 로버트슨 키를 선택하는 것이 좋다.

Access 보트 키 MRT 래플스 플레이스 역 하차. 클락 키, 로버트슨 키 MRT 클락 키 역 하차

아랍 스트리트 p.238 · 리틀 인디아 p.238 · 차이나타운 p.212

8 | 아랍 스트리트

1880년대 초부터 말레이-무슬림들이 정착해 그들의 문화를 지켜온 곳으로, 싱가포르에서 가장 큰 이슬람 사원이 자리를 잡고 있다. 사원 앞 부소라 스트리트와 아랍 스트리트에서는 아랍 풍의 패브릭, 의류, 기념품 등을 구입할 수 있으며 100년 전통의 레스토랑 싱가포르 잠잠에서는 로컬 음식도 즐길 수 있다. 한국에서 보기 힘든 이국적인 정취를 물씬 느끼고 싶은 여행자라면 한 번 방문해도 좋을 듯하다.

Access MRT 부기스 역 하차

9 | 리틀 인디아

싱가포르에 인도의 어느 도시를 가져온 듯, 사람들이며 거리 곳곳에서 흘러나오는 음악들, 분위기가 온통 인도스럽다. 인도 현지에서 볼 수 있는 장신구나 수공예품 등을 구입할 수 있으며, 저렴한 가격에 난과 커리 같은 인도 음식을 제대로 즐길 수 있다. 특히 24시간 운영하는 무스타파 쇼핑센터에서는 없는 게 없을 정도로 다양한 품목들을 다루고 있어 쇼핑 애호가들에게 안성맞춤이다.

Access MRT 리틀 인디아 역 하차

10 | 차이나타운

볼거리, 먹을거리, 살거리, 나이트라이프가 모두 모여 있는 종합선물세트 같은 곳이다. 다른 나라의 차이나타운과 달리 서양의 건축 양식이 혼합된 숍하우스들이 늘어서 있고, 300여 점의 불교 예술품을 간직하고 있는 불아사는 물론, 싱가포르에서 가장 오래된 힌두 사원, 이슬람 사원이 같은 거리에 위치해 있다. 싱가포르의 대표적인 호커센터를 비롯해 야쿤 카야 토스트 본점, 망고빙수로 유명한 미향원 등 먹거리도 풍부하다. 안시앙 로드와 클럽 스트리트에는 분위기 있는 바와 레스토랑, 와인숍 등이 늘어서 있어 늦은 밤까지 불야성을 이룬다.

Access MRT 차이나타운 역이나 탄종 파가 역 하차

Activity 2. Exciting Riding

다양하게 즐기는 싱가포르의 매력

가고 싶은 곳은 많고 시간은 빡빡하다면 싱가포르의 다양한 탈거리들을 이용해보자. 탈거리 자체만으로도 매력이 있고 싱가포르 요지를 한 번에 둘러볼 수 있어 편리하기도 하다. 예산과 시간이 넉넉하다면 로맨틱의 진수인 E & O를 경험해보자. 잊을 수 없는 특별한 추억이 될 것이다.

※ 각각의 탈거리에 대한 자세한 정보는 Step to Singapore 2-5. 싱가포르의 다양한 탈거리들 p.348 참조

1 | 시티 사이트싱 싱가포르 City Sightseeing Singapore (구 히포 투어 버스 Hippo Tour Bus)

시아 홉온 버스와 같은 콘셉트의 2층 버스를 24시간(구매한 시각부터 다음 날 같은 시각까지 24시간) 혹은 2일간 무제한으로 이용할 수 있다. 관광객이 방문하는 웬만한 지역은 4개의 노선으로 모두 커버하며, 11개 국어로 각 랜드마크에 대한 설명도 이어진다(오디오 가이드).

Cost **1일(24시간)** 성인 SD33, 어린이 SD23,
2일(48시간) 성인 SD43, 어린이 SD29

2 | 시아 홉온 버스 SIA Hop-on Bus

싱가포르의 주요 관광지와 중심지를 한 번에 돌아보고 싶은 사람들에게 좋은 교통수단이다. 보타닉 가든, 선텍 시티, 래플스 시티, 에스플러네이드, 클락 키, 아랍 스트리트, 리틀 인디아, 차이나타운, 센토사 등 주요 지역을 연결한다. 1일권만 있으면 지정된 정류장에서 몇 번이고 타고 내릴 수가 있고 순서대로 관광할 필요 없이 지정된 정류장에서 자유롭게 승하차가 가능하다. 내가 원하는 루트에 맞춰 관광을 즐길 수 있으며, 티켓은 버스 탑승 후 운전기사에게 구입할 수 있다.

Cost 성인 SD25, 어린이 SD15

3 | 레드 랜턴 투어 Red Lantern Tour

클래식한 트롤리를 타고 시내 중심에서 외곽에 이르기까지 야경을 즐기는 나이트 투어이다. 선텍 시티 및 싱가포르 플라이어에서 출발하여 싱가포르 중산층이 사는 마린 퍼레이드, 페라나칸 문화의 중심지 까통, 다양한 바와 레스토랑으로 컬러풀한 밤거리 겔랑 스트리트를 지나 클락 키로 돌아온다.

Cost 성인 SD39, 어린이 SD29

4 | 펀비 오픈 톱 버스 FunVee Open Top Bus

투어 버스의 후발 주자이지만, 그만큼 접근 지역을 넓히고 가격은 낮췄다. 한국어 오디오 가이드는 기본이고, 자신이 머무는 호텔에서 첫 승차장까지 픽업 서비스를 제공한다는 점에서 좋은 반응을 얻고 있다.

Cost 성인 SD21.9, 어린이 SD15.9

5 | 리버 크루즈 River Cruise

리버 크루즈는 40분간 싱가포르 강을 유람하며 로맨틱한 시간을 보낼 수 있어 의외로 여행객들에게 인기가 많은 교통수단 중 하나이다. 유람선을 타고 여유로운 휴식을 즐겨도 좋고, 단순히 강을 건너는 이동수단으로 이용해도 좋다. 티켓은 보트 키, 로버트슨 키 등 강 주변의 각 선착장에서 구입할 수 있다. 리버 크루즈 운영시간은 오전 9시부터 오후 10시 30분까지이다.
더 많은 정보를 얻고 싶다면 홈페이지(www.rivercruise.com.sg)를 방문하거나, 이 책 p.351에도 자세한 정보가 있으니 참고해보도록 하자.

Cost 성인 SD22, 어린이 SD12

6 | 덕 투어 Duck Tours

오리처럼 생긴 수륙양용차를 타고 땅과 물 위를 누비는 시티 투어(60분간)이다. 미국이 베트남전에서 실제 사용했던 함정을 타고 육지에서 물 위로, 또는 그 반대로 진입할 때의 스릴을 즐기려는 사람들이 많이 찾는다.

Cost 성인 SD33, 어린이 SD23~, 2살 미만 SD2

덕 투어 + 플라이어 패키지

성인 SD53, 어린이 SD37~, 2살 미만 SD2

7 | 버블 제트 보트 Bubble Jet Boat

강을 따라 위치한 관광지를 돌 때 유용한 보트 전용 패스로 콘셉트는 투어 버스와 같다. 24시간 유용하며 20분 간격으로 오는 버블 제트 보트를 마음껏 탈 수 있다. 버블 제트 보트 운영 시간은 09:00부터 23:00까지이며, 마지막 탑승은 22:00이다. 자세한 정보는 홈페이지(www.citytours.sg)를 참고하자.

Cost 성인 SD25, 어린이 SD25

8 | **E &O** Eastern Oriental Express

애거사 크리스티의 추리소설 속 등장인물처럼 고풍스러운 열차를 타고 우아하게 식사도 하며 여행을 즐기는 특급 열차 패키지는 상상만으로 기분이 좋은 로맨틱한 경험이 될 것이다. 일정별, 나라별로 다양한 코스가 마련되어 있는데 그중 싱가포르가 포함된 코스는 싱가포르를 거쳐 말레이시아의 페낭, 태국의 콰이강의 다리 투어까지 연결된 2박 3일 클래식 코스다. 모든 패키지에는 객차 요금과 숙박, 풀보드 식사, 커피와 음료, 투어비 등이 포함되어 있다. 고급 투어인 만큼 가격이 만만치 않지만 특별한 기억을 만들고픈 여행자라면 한 번쯤 도전해 보는 것도 좋다. 특정한 날짜에 한해 15% 할인된 가격으로 이용하는 경우도 있으니 홈페이지에서 확인하자.

Cost 2박 3일 패키지 USD2,440~
Tel 065-6395-0678 Web www.orient-express.com

Tip | 싱가포르 여행을 풍요롭게 하는 다양한 패스들

〉 싱가포르 패스 The Singapore Pass

복잡하게 이것저것 생각하고 싶진 않지만, 단시간에 싱가포르를 가장 쉽고 알차게 여행하기를 바라는(게다가 저렴하기까지 하면 더 좋아할) 여행객들을 위한 최고의 패스이다. 48시간 동안 싱가포르의 대표 관광지 입장 및 투어, 투어 버스를 무제한 이용할 수 있다. 싱가포르 패스에 포함된 어트랙션과 투어는 다음과 같다.

- 싱가포르 덕 투어, 싱가포르 플라이어, 시티 사이트싱 투어, 더 오리지널 투어, 리버 크루즈, 센토사행 버스, 차이나타운 헤리티지 센터, 아시아 문명 박물관, 싱가포르 미술관, 싱가포르 우편 박물관, 보타닉/오차드 가든, 리틀 인디아 워킹 투어, 차이나타운 워킹 투어

티켓은 창이 공항 2, 3터미널 도착홀이나 선텍에 위치한 덕 & 히포 카운터, 오차드 로드, 싱가포르 플라이어, 클락 키에서 구입할 수 있다.

Cost 성인 SD89(SD225 상당), 어린이 SD59~, 2살 미만 SD2
Tel 065-6336-6111
Web www.ducktours.com.sg

〉 시티 패스 City Pass

❶ 1Day Pass
캡틴 익스플로러 덕 투어, 펀비 나이트 투어, 홉온홉 펀비 1일 투어 버스가 포함되며, 싱가포르 플라이어(17시 30분 이전), 케이블카 왕복, 가든스 바이 더 베이, 싱가포르 동물원, 주롱 새 공원, 센토사 세그웨이, 센토사 타이거 스카이타워, 민트 장난감 박물관, 싱가포르 디스커버리 센터&해군 박물관 중 2개를 선택할 수 있다.

❷ 2Days Pass
원데이 패스와 필수 어트랙션은 같으며 선택 코스 중 마린 라이프 파크-S.E.A. 아쿠아리움, 1알티튜드 갤러리, 나이트 사파리, 언더워터월드 & 돌핀 라군, 4D 센토사 어드벤처랜드 패스 1일 패스, 오리어리즈 레스토랑(싱가포르 플라이어 위치) 런치세트가 추가되어 2개를 선택할 수 있다.

❸ 3Days Pass
2일 패스가 제공하는 서비스에 유니버설 스튜디오가 포함돼 어트랙션 선택은 3개까지 할 수 있다.

Cost **1Days Pass** 성인 SD68.9, 어린이 SD55.9
2Days Pass 성인 SD88.9, 어린이 SD65.9
3Days Pass 성인 SD158.9, 어린이 SD109.9
Tel 065-6738-3338
Web www.singaporecitypass.com

싱가포르로 떠나는 최고의 가족 여행

쇼핑과 나이트라이프, 엔터테인먼트 등으로 유명한 싱가포르는 분명 가족여행지로 소문난 곳은 아니다. 아이에 맞춰 엄마 아빠가 여행을 가기보다 엄마에 맞춰 아이와 아빠가 따라가는 격. 하지만 다녀와 본 사람들은 안다. 싱가포르만큼 온 가족이 만족할 수 있는 여행지는 또 드물다는 것을 말이다. 그래서 준비했다. 가족들이 좋아할 여행 팁 8가지.

1 | 샹그릴라 라사 센토사 ▽

센토사에 위치한 호텔로 가족 여행객에게 강력하게 추천하는 곳이다. 훌륭한 조경과 수영장 시설로, 비치의 아쉬움을 충분히 보상받을 수 있다. 특히 아이들을 위한 수영장 시설과 무료로 운영되는 키즈 클럽은 보물과도 같은 곳이다. 아이에게만 얽매여 제대로 된 쇼핑과 시내 구경은 아예 포기할 생각이라면, 샹그릴라를 기억하자. 전문 스태프가 아침부터 밤까지 식사를 책임지며 완벽하게 아이들을 돌본다.

2 | 싱가포르 동물원 외 △

싱가포르에는 4종류의 동물원이 있는데, 그 콘셉트도 다양하다. 일반 동물원은 물론 새에 포커스를 둔 새공원, 야생 동물을 위한 나이트 사파리, 전 세계 유명 강가의 동물 서식지를 재현한 리버 사파리가 그것이다. 주롱 새공원 외에는 모두 한 곳에 붙어 있어 아침부터 저녁까지 동물의 세계를 즐길 수 있다. 자연 그대로의 상태에서, 쉽게 볼 수 없는 동물들이 서식하고 있기 때문에 넷 중 어느 곳을 선택해도 실망스럽지 않다.

3 | 싱가포르 플라이어, 크루즈 & 덕 투어

야경을 즐기고 싶다면 싱가포르 플라이어나 리버사이드 크루즈를 탑승해보자. 아이들을 동반하고 바가 늘어선 리버사이드를 걸을 수는 없는 노릇이며 분위기 있는 루프톱 바 & 레스토랑 역시 꺼려지는 것은 마찬가지이니 말이다. 아이와 함께 대표 관광지를 돌아보고 싶다면 오리 모양의 수륙양용 배를 타고 덕 투어를 즐기자. 어른 아이 할 것 없이 흥미진진해 할 것이다.

샹그릴라 라사 센토사 p.309
싱가포르 동물원 p.316
싱가포르 플라이어 p.87
리조트 월드 센토사 p.277
싱가포르 우표 박물관 p.88
레고랜드 p.42

4 | 센토사 & 리조트 월드 센토사

말이 필요 없다. 유니버설 스튜디오나 워터파크는 온 가족이 하루 종일 머물러도 지루할 새가 없는 곳이다. 센토사는 싱가포르에서 찾기 힘든 비치를 보유하고 있는데, 인공적인 데다 여타 동남아 비치들에 비해 아쉬움이 많은 것이 사실. 하지만 팔라완 비치 정도라면 나쁘지 않은 선택이 될 수도 있다. 센토사에는 아이들 전용 워터파크, 무료 동물 쇼 등도 준비되어 있다. 참고로 사람 구경으로 끝내지 않으려면, 유니버설 스튜디오는 오후보다 오전, 주말보다 주중에 다녀오는 것이 현명하며, 별다른 맛집이 부재했던 리조트 월드 센토사는 저렴한 가격에 꽤 괜찮은 스테이크를 맛볼 수 있는 아스톤이 문을 열었으니 한 번 찾아가보도록 하자. 센토사 비치에서는 실로소 비치의 트라피자가 맛집으로 유명하다는 것도 기억하자.

5 | 싱가포르 우표 박물관

외국에 가면 박물관 하나쯤은 꼭 가는 사람, 해외여행도 교육의 연장이라고 생각하는 사람, 박물관에 가고 싶지만 이것저것 만지고 지루해하는 아이 때문에 걱정인 사람들을 위한 최고의 선택이다. 테마는 '우표'지만 놀이터 같은 박물관이라 웃고 떠들고 만지고 뛰어 놀아도 누구 하나 제지하지 않는다. 꼭 한 번 찾아가 보자.

6 | 레고랜드 외

어른들의 눈에는 실망스러울지 모르지만, 아이들 눈높이에 맞춰본다면 싱가포르의 그 어느 곳보다 좋은 반응을 얻는 곳이다. 2013년 레고랜드 워터파크와 호텔까지 오픈하면서 1박 2일 코스로도 추천한다. 그 외 키티타운이나 프리미엄 아웃렛 매장도 연계해 둘러볼 수 있다.

Activity 4. Singapore Museum

싱가포르 뮤지엄 완전 정복!

문화 마니아들은 절대 그냥 넘어갈 수 없는 곳, 바로 뮤지엄이다. 하지만 일반 여행객과 아이들에게까지도 싱가포르의 뮤지엄은 강력하게 추천하고 싶은 흥미로운 공간이다. 싱가포르에는 크고 작은 뮤지엄이 40여 개 있는데, 그중 싱가포르 국립박물관을 비롯해 5개의 주요 뮤지엄이 올드 시티 곳곳에 자리를 잡고 있다. 이 중에는 오후 6시 이후 일부를 무료로 개방하는 곳도 있고 금요일 저녁 입장료를 50% 할인해 주는 곳도 있기 때문에, 개인의 취향에 따라 적절하게 선택하여 방문해보자.

※ 다음에 나오는 Difficulty(난이도)란 뮤지엄의 수준을 의미하는 것이 아닌, 대중적 친밀도를 말함.

1 | 싱가포르 국립박물관 National Museum of Singapore

싱가포르의 가장 오래된 뮤지엄으로 12개의 국가 보물을 보유하고 있으며, 크게 싱가포르 역사관Singapore History과 생활관Living Galleries으로 구성된다. 360도 영상 이미지와 음악이 어우러져 700년의 싱가포르 역사가 소개되는 역사관은 최첨단 시설들로 색다른 경험을 제공한다(오디오 가이드 무료). 패션, 음식, 영화, 사진 등을 테마로 한 생활관은 매일 오후 6~8시로 무료 개방된다.

GO 박물관 애호가, 한 나라의 역사와 문화에 관심이 깊은 사람, 인문학을 좋아하는 사람, 무료입장을 좋아하는 사람
PASS 위에 해당되지 않는 모든 사람 Difficulty ★★

2 | 싱가포르 예술 박물관 Singapore Art Museum (SAM)

싱가포르와 아시아의 현대 예술에 초점을 둔 미술관으로, 회화, 조각, 사진, 멀티미디어 등 다양한 작품들을 선보이고 있다. 홀수 해마다 치러지는 싱가포르 비엔날레도 이곳에서 담당한다. 현대 예술 특성상 이해가 쉽지 않다는 난점을 해소하기 위해 곳곳에 Q카드를 마련해 작품 해석에 도움을 주고 있다. 금요일 6시 이후 무료.

GO 예술품을 보며 나만의 해석을 즐기는 사람, 금요일 저녁 마땅한 스케줄이 없는 사람
PASS 현대 예술은 봐도 모르겠는 사람 Difficulty ★★★★★

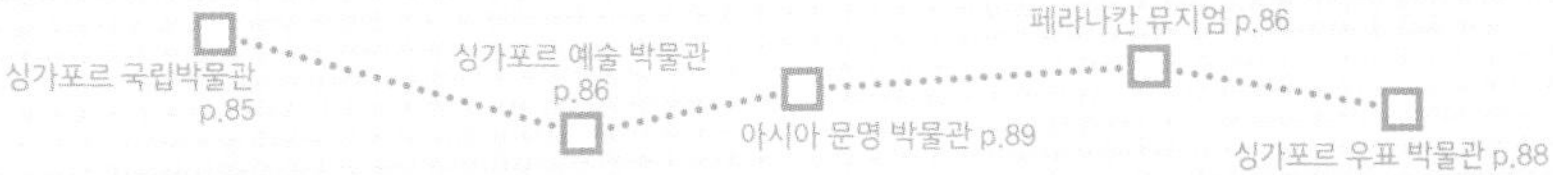

3 | 아시아 문명 박물관 Asian Civilisations Museum

싱가포르 문화의 근간이 된 중국, 인도, 이슬람, 동남아시아의 5천년 문화를 1,300여 전시품들을 통해 살펴볼 수 있는 곳이다. 각 지역의 종교와 생활, 경제, 과학, 공연 문화 등 다양한 볼거리들이 있지만, 5개의 독자적인 문화를 심도 깊게 다루기에는 공간적으로나 작품 수준으로나 한계가 있다. 금요일 7시 이후 50% 할인. 매달 첫 번째 수요일 10시 한국어 가이드(8월 제외).

GO 아시아 문화에 관심이 있는 사람, 인문학적 소양이 깊은 사람, 미술품은 다 좋아하는 사람
PASS 높은 수준의 예술품을 기대하는 미술 애호가, 아이 교육상 방문을 고려하는 가족 여행객 Difficulty ★★★

4 | 페라나칸 박물관 Peranakan Museum

'페라나칸'은 싱가포르의 복합 문화의 상징이라 할 수 있다. 우리에게 익숙하지 않은 '페라나칸'의 정의부터 말과 글, 의복과 종교, 혼례와 제례, 음식 문화 등이 9개의 갤러리에 걸쳐 소개돼 있다. 그리 크지 않은 규모에 알찬 구성, 화려한 컬렉션들에 눈이 즐거움은 물론 실제 결혼식과 장례식을 재현한 듯한 공감각적 디스플레이로 지루할 새가 없다. 금요일 7시 이후 50% 할인.

GO 싱가포르 문화에 관심 있는 사람, 뮤지엄 하나쯤은 꼭 보고 싶은 사람
PASS 아무리 할 일 없어도 뮤지엄에는 가지 않는 사람 Difficulty ★☆

5 | 싱가포르 우표 박물관 Singapore Philatelic Museum (SPM)

'우표 박물관'이라고 해서 단순히 우표의 역사와 제조법, 희귀한 우표 등을 모아놓은 곳쯤으로 생각한다면 오산. '그저 보고 감상하고 배우는 곳=뮤지엄'의 공식을 깬 곳으로 누구에게나 추천하고 싶은 곳이다. 갤러리부터 오렌지색, 보라색, 연두색 등 알록달록하게 꾸미고, 손으로 만지고 듣고 냄새를 맡고 퀴즈를 풀며 놀이 식으로 둘러볼 수 있는 흥미로운 공간이다. 싱가포르의 문화와 우표를 매개로 한 헤리티지 룸은 생생한 장면 재현으로 흥미로운 문화 체험이 될 수 있다.

GO 한때 우표를 수집했던 사람, 아이를 동반한 가족 여행객, 동심을 갖춘 어른, 디자인 예술에 관심 있는 사람, 뮤지엄을 좋아하는 사람
PASS 쇼핑 빼고 어디 들어가서 뭔가를 보는 것에 관심 없는 사람 Difficulty ★

Activity 5. Singapore Peranakan

페라나칸 문화, 어디까지 알고 있니?

'페라나칸Peranakan'이란 말레이어로 '~의 아이' 혹은 '~에게서 태어난'의 뜻으로 혼혈을 말한다. 특히 싱가포르에서 페라나칸이란 현지인 어머니와 중국인 아버지 사이에서 태어난 혼혈을 말하는데, 실제로는 아랍이나 인도, 유라시아인 사이의 혼혈 역시 큰 범주에서 페라나칸에 속한다. 이들은 싱가포르 사회 구성에 큰 역할을 차지하며 독특한 문화를 형성하고 있는데, 그러다 보니 싱가포르를 여행하면서 흥미 있게 살펴봐야 할 것 중 하나가 바로 페라나칸 문화이다.

1 | 페라나칸 뮤지엄 Peranakan Museum

한 나라, 한 민족의 특징을 가장 쉽고 정확하게 파악할 수 있는 곳은 바로 뮤지엄이 아닐까. 페라나칸 뮤지엄은 3층 건물에 총 9개 갤러리로 되어 페라나칸의 문화를 쉽고 재미있게 접할 수 있다. 사진과 비디오를 통해 '페라나칸'에 대한 이해를 돕는 제1갤러리를 지나 2층으로 올라가면 2~5갤러리를 돌아가며 결혼 문화를 엿볼 수 있다 .

페라나칸들에게 혼례는 장장 12일에 걸쳐 진행될 만큼 매우 중요한 행사이다. 신부가 신랑 측에 보내는 다양한 혼수품과 예복뿐 아니라, 중국의 영향을 받은 색과 문양, 말레이 여성들의 섬세한 자수 실력이 더해진 신방은 화려함의 극치요, 페라나칸 문화의 하이라이트라 할 수 있다.

한 사람의 인생에서 혼례만큼 중요한 예식이 바로 제례인데, 3층 7갤러리에서는 시청각을 동원하여 이를 흥미롭게 재현해놓고 있다. 페라나칸들은 죽은 자들을 고인의 소지품과 꽃, 돈과 함께 관에 넣고, 그 관은 다시 페라나칸 전통 문양(전통 신들, 불사조, 모란)을 수놓은 화려한 커버로 덮어 놓는다. 이렇게 단장된 관은 현관 앞에 마련된 제단 뒤에 놓이며, 제단은 우리의 전통 장례 제단과 비슷한 모습을 띤다.

이외에도 페라나칸의 언어와 패션, 분홍색, 노란색 등 화려한 색감을 자랑하는 도자기와 식기들, 식탁 문화 등 페라나칸 문화에 대한 흥미로운 발견은 9갤러리까지 계속된다. 싱가포르에서 단 하나의 뮤지엄을 간다면, 단연 페라나칸 뮤지엄을 추천하고 싶다.

2 | 페라나칸 문화의 거리, 까통

실제 페라나칸들이 살았던 까통 지구는 급속한 현대화로 인해 안타깝게도 그 흔적들이 많이 지워졌다. 따라서 '페라나칸 문화 보존 지역'이라고 딱 꼬집어 말할 수 있는 곳은 없다. 하지만 그나마 옛 페라나칸 양식의 건축물을 볼 수 있고 페라나칸 음식을 제대로 즐길 수 있는 곳이 바로 까통 지구이다. 주치앗 로드와 이스트 코스트 로드를 걷다보면, 19세기 영국과 포르투갈의 건축양식에 중국풍의 장식을 더한 페라나칸 건물들을 만날 수 있다. 그중 까통 앤티크 하우스(p.334)는 실제 페라나칸 4대가 살아온 집으로, 페라나칸 공예품을 감상하고 구매도 할 수 있다. 또한 싱가포르의 인기 연예인이 운영하는 숍하우스 루마 베베(p.338) 역시 흥미로운데, 화려한 외관 때문에 굳이 찾으려 하지 않아도 단박에 눈에 띄는 곳이다. 주치앗 거리에서 왼쪽으로 뻗어 있는 주치앗 테라스 거리에는 더 인탄The Intan이라는 사설 박물관이 위치해 있는데, 좀 더 생활 밀착형의 개인 소장품들을 감상할 수 있다는 장점이 있지만 사전 예약이 필수라는 번거로움이 있다(www.the-intan.com).

3 | 우리 입맛에도 딱 맞는 페라나칸 음식

페라나칸의 음식 역시 말레이시아, 중국, 인도네시아 등의 식문화가 혼합된 것으로, 다양한 향신료와 커리, 코코넛 밀크 등이 많이 사용된다. 싱가포르 여행 중 가장 쉽게, 그리고 가장 맛있게 즐길 수 있는 페라나칸 음식은 락사, 포피아, 오탁 그리고 코코넛이 들어간 각종 디저트 케이크 등이다. 락사는 갖은 양념에 코코넛 밀크와 칠리, 새우 등을 넣어 만든 국수로 328 까통 락사(p.334)가 가장 유명하다. 여기에 페라나칸식 오뎅 오탁이나, 밀전병에 무를 비롯한 각종 채소, 피넛 가루, 칠리소스 등을 넣어 크레페처럼 돌돌만 포피아를 곁들이면 훌륭한 한 끼 식사가 된다. 까통 지구 곳곳에는 역사 깊은 페라나칸 음식점이 많이 있지만, 도심 곳곳, 심지어 푸드 리퍼블릭 같은 대형 쇼핑몰 푸드코트에서도 꽤 맛있는 페라나칸 요리들을 맛볼 수 있으니 꼭 한 번 시도해 보기를 권한다.

Activity 6. Johore Bharu

안 가보면 후회할 조호르바루 뉴 플레이스!

레고랜드 – 키티타운 – 조호르 프리미엄 아웃렛

싱가포르 도심에서 1시간도 채 되지 않아 닿을 수 있는 곳, 말레이시아의 조호르바루는 화려한 도시, 살인적 물가, 인공적 자연(?)에 지친 여행객들에게 그야말로 사막의 오아시스 같은 곳이다. 이전에는 주로 JB센트럴을 중심으로 모스크, 박물관, 쇼핑센터 등을 둘러봤지만, 2012년 하반기에 레고랜드가 들어서면서 관광객의 관심은 이 일대로 모아지고 있다.

1 | 레고랜드, 가족여행객이라면 꼭!

물론 '레고랜드'를 주로 찾는 층은 2~12세의 아이를 동반한 가족여행객들이다. 어른들의 눈에는 레고랜드가 유니버설 스튜디오에 비해서 실망스러울지 모르지만, 뽀로로가 아이들에게 뽀통령이 된 것처럼 레고랜드는 싱가포르의 그 어느 곳보다 아이들에게 매력이 넘치는 곳이다. 레고랜드는 아이들뿐만 아니라 레고 혹은 장난감 마니아, 과도한 스릴감의 어트랙션에 자신이 없거나 동심을 가진 성인들에게까지 꽤 괜찮은 선택이 될 수 있음을 기억하자.

2 | 키티타운, 어릴 적 동심의 세계로 고고씽~

아직 대부분의 사람들이 레고랜드에만 관심을 갖는다. 하지만 레고랜드에서 불과 15분 정도 떨어진 곳에 헬로 키티, 토마스와 친구들, 밥더빌더 등 전 세계적인 캐릭터를 테마로 한 푸테리 하버 패밀리 테마 파크(일명 '키티타운'으로 불린다)가 위치해 있다. 아이들도 아이들이지만, 헬로 키티 및 귀여운 캐릭터에 열광하는 여성들에게도 상당한 재미를 제공한다. 이곳의 모든 어트랙션은 성인들도 아이들과 똑같이 즐길 수 있어, 주변의 눈치를 보지 않고 아이처럼 놀아볼 수 있는 기회가 된다.

3 | 프리미엄 아웃렛, 가볍게 둘러보는 재미가 있다

레고랜드와 키티타운 이 두 테마 파크에서 약간 떨어져 있기는 하지만, 여성 여행객들을 기쁘게 할 또 하나의 떠오르는 핫 스폿은 바로 조호르 프리미엄 아웃렛이다. 미국 프리미엄 아웃렛 체인으로, 미국의 어느 아웃렛에 들른 듯 그 분위기는 대동소이하다. 비록 제품이나 가격적 측면에서 큰 매력이 없다는 아쉬움이 남는 것은 사실이지만, 가벼운 마음으로 유럽풍 건물을 돌아보며 그 사이를 걸어보는 것도 충분히 매력적이다.

Tip | 모르면 고생해요~ Best 5

❶ **여권은 반드시 챙긴다.** 비행기를 타지 않기 때문에 여차하면 여권까지 생각하지 못할 수 있다. 여권 없이는 아무것도 못한다.

❷ 싱가포르에 처음 입국할 당시, 입국장에서 돌려받았던 **출국 카드가 반드시 필요하다.** 여권에 그대로 잘 끼어 있는지 확인할 것. 또한 싱가포르 재입국 시에는 당연 다시 입국 카드를 작성해야 한다. 따라서 레고랜드 방문 계획이 있다면, 한국에서 싱가포르로 입국할 때 미리 입국 카드 하나를 더 챙겨두는 것이 좋다.

❸ 일단 말레이시아에 들어가면 모든 돈은 **말레이시아 링깃(RM)으로 바뀐다.** 당장 국경에서 셔틀버스 타는 것부터 그렇다. 국경의 편의점에서 물건을 사고 거스름돈을 링깃으로 받아 버스비만 해결하고, 레고랜드에서 싱가포르 달러를 환전하거나 ATM을 이용해 링깃을 인출한다. 준비성이 좋은 여행객이라면 한국이나 싱가포르에서 링깃으로 미리 환전해 간다.

❹ 주말과 공휴일에 레고랜드, 키티타운은 사람들로 인산인해를 이뤄, 기다리다 시간만 다가는 최악의 경우도 발생한다. 국경의 출입국 신고 시간도 많이 걸린다. **웬만하면 평일에 다녀오자.**

❺ 당일 레고랜드만 방문할 사람은 조금 비싸도 여행사 버스를 이용하는 것이 좋다. 일반 대중교통은 조금 복잡한 듯 보여도 시간 계산만 잘해 그대로 따르면 큰 어려움은 없다. 단, 시간이 한 번 어긋나면 셔틀버스 운행 횟수가 적어 당황하는 사태가 발생하기도 하니 특히 주의할 것.

일정, 어떻게 잡을까?

이 세 곳은 싱가포르/말레이시아 국경에서 셔틀버스 JPO2나 SL1으로 한붓그리기가 가능하다. 하지만 실제 하루에 이 세 곳을 전부 소화한다는 것은 불가능하다. 테마 파크 특성상, 특히 규모가 큰 레고랜드는 하루를 온전히 투자한다 해도 아깝지 않다. 더욱이 레고랜드에서 워터파크까지 즐길 예정이라면 1박은 필수라고 할 수 있다. 대부분의 여행객들은 싱가포르에서 레고랜드만 당일 방문한다. 하지만 다음에 제시하는 다양한 일정 중 하나로 여행의 만족도를 좀 더 업그레이드 시켜보자.

1일 일정

❶ 무조건 레고랜드형 : 레고랜드

묻지도 따지지도 말고 그냥 레고랜드 파크에 올인한다.

❷ 쇼핑도 하고 싶어형

: 레고랜드 + 아웃렛

레고랜드에서 오전 오후를 즐긴 후, 평일 17시 45분, 주말 및 공휴일 18시 15분에 출발하는 셔틀버스를 타고 프리미엄 아웃렛으로 간다. 돌아올 때는 좀 더 늦은 시간까지 운행하는 JPO1을 이용, JB 센트럴을 거쳐 싱가포르로 들어온다. 단, 상당한 체력은 필수이다.

2일 일정

❶ 레고랜드 마니아형

: 레고랜드 파크 + 호텔 + 워터파크

레고랜드 파크와 워터파크를 조합하여 하루씩 올인한다. 다행히 레고랜드 호텔이 오픈하여 잠자리에서까지 레고 세상을 만끽할 수 있다. 단, 말레이시아 물가치고 숙박비는 싱가포르 못지않게 비싸다는 단점이 있다.

❷ 동심을 사랑해형

: 레고랜드 파크 + 트레이더스 호텔 + 키티타운

레고랜드 파크와 키티타운에 하루씩을 투자한다. 이때 추천하는 호텔은 키티타운 옆에 위치하는 트레이더스 호텔이다. 이곳에서는 10만 원대 초반의 가격으로 샹그릴라(5성)급 서비스와 이국적 풍경이 한눈에 펼쳐지는 인피니티풀의 여유를 함께 즐길 수 있다.

❸ 키티와 쇼핑이 좋아형

: 키티타운 + 트레이더스 호텔 + 아웃렛

젊은 여성객을 위한 콘셉트에 맞다. 키티타운에서 귀여운 캐릭터들과 즐기고 트레이더스 호텔의 인피니티풀을 적극 활용한다. 체크아웃 후 아웃렛으로 이동한 다음 충분히 쇼핑을 하고 싱가포르로 복귀하는 일정이다.

3일 일정

엄마, 아빠, 아이 모두 좋아형

: 레고랜드 파크 + 레고랜드 호텔 + 워터파크 + 키티타운 + 아웃렛

한마디로 3일에 걸쳐 한붓그리기를 하는 것이다. 레고랜드 파크에서 하루를 보내고 레고랜드 호텔에서 1박, 레고랜드 워터파크나 키티타운에서 다음 날을 보낸 후 트레이더스 호텔에서 1박, 3일째 아웃렛을 돌아보고 싱가포르로 복귀한다. 여유로운 일정, 상대적으로 저렴한 경비에 나름대로 놀이, 휴양, 쇼핑의 삼박자를 모두 갖출 수 있다는 장점이 있다. 단 싱가포르 여행이 말레이시아 여행이 될 수 있다는 단점도 있다.

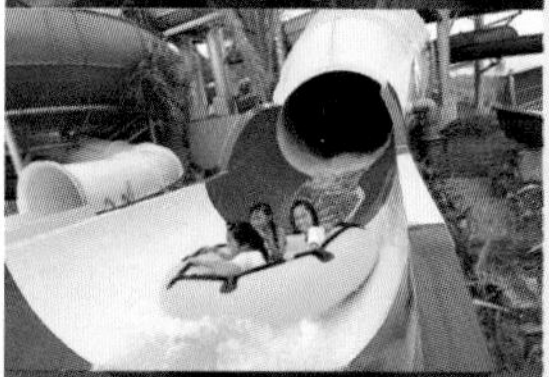

레고랜드 Lego Land

2012년 9월 아시아에서 최초로 설립된 레고랜드로, 70여 개의 탈거리, 볼거리, 놀거리들이 준비돼 있고 1만 5천 개의 레고 모형들을 곳곳에서 볼 수 있다. 게다가 2014년 워터파크, 호텔까지 갖춘 복합 리조트 단지로 위용을 갖추며 가족여행객들의 관심은 더욱 높아지고 있다.

1 | 레고랜드 파크

미니랜드, 레고시티, 모험의 나라, 상상의 나라, 레고 킹덤, 레고 테크닉으로 구성되어 있는데 각각의 특색을 살펴보면 다음과 같다.

› 미니랜드 Mini Land
아시아의 유명 건축물들을 3천만 개 이상의 레고 블록으로 축소시켜 만들어 놓았다. 아기자기하기보다 그 정교함에 입이 떡 벌어질 정도.

› 레고시티 Lego City
레고로 만든 자동차, 보트, 비행기, 기차 등 도시 교통수단들을 아이들이 직접 운전해 보고 즐길 수 있다.

› 모험의 나라 Land of Adventure
고대 보물을 지키기 위해 레이저 대포를 쏘고, 후룸라이드를 타고 정글 탐험을 한다.

› 상상의 나라 Imagination
아이들이 직접 레고로 모형을 만들어보고 레고 4D 영화를 즐기며 360도 회전 전망대에 올라 레고랜드를 내려다본다.

› 레고 킹덤 Lego Kingdoms
레고로 꾸민 중세풍 성에서 사진도 찍고 청룡열차, 레고 말타기 등 각종 어트랙션을 즐긴다.

› 레고 테크닉 Lego Technic
보다 기술력이 더해진 흥미진진한 어트랙션이 주를 이룬다.

2 | 레고랜드 워터파크

20여 개의 슬라이드와 70여 개의 레고 모형들로 꾸며져 있다. 특히 미국 레고랜드 워터파크에도 설치돼 있는 Joker Soaker(1,300리터의 물이 쏟아져 내리고 물대포가 발사된다)와 Build-A-Raft River(소프트 레고 블록으로 자신이 직접 만든 보트를 타고 유수풀을 따라 내려온다)는 이곳의 하이라이트라 할 수 있다.

3 | 레고랜드 호텔

해적이나 왕국, 모험 등을 테마로 꾸민 총 249개의 객실에 어린이 놀이공간과 수영장, 레스토랑 등을 갖추고 있다. 모든 게스트들은 레고랜드의 정식 오픈 시간 전에 미리 레고랜드의 어트랙션을 즐길 수 있다는 점에서 매력적이다. 가격 25만 원~(성인 2인, 어린이 2인 조식 포함).

Tip | 레고랜드

❶ 레고랜드 내에서는 카드 및 싱가포르 달러를 사용할 수 있다. 하지만 현금 잔돈을 받을 때에는 말레이시아 링깃으로 받게 된다.
❷ 레고랜드 입구에 들어서면 레고 기념품숍과 식당, ATM 기계, 로커, 유모차 대여소, 미아보호소 등이 위치해 있다.
❸ 레고랜드 파크 내에는 레스토랑, 푸드마켓, 카페 등 각종 음식점들이 있다. 가격은 크게 비싸지 않고 간단하게 즐길 만하다[한 예로, 라자냐 1인 세트 메뉴가 RM15(=5,000원. RM1=335원 정도)].
❹ 레고랜드 정문 앞으로 100여 미터의 숍 스트리트가 있다. 편의점과 버거킹, 올드타운 같은 대중적인 음식점 등이 위치해 있는데, 셔틀버스를 이용해 레고랜드로 접근하는 사람들은 이 길을 걷지 않게 되므로 미리 알아두면 좋다. 이곳에는 아직 환전소가 따로 위치해 있지 않지만, 싱가포르 달러를 편의점에서 환전을 할 수 있다. 암표상들이 환전을 해주기도 하는데 미리 환율을 알아놓고 편의점과 암표상의 제시 금액을 비교해 좋은 쪽을 선택한다. 단, 모든 암표상들은 100퍼센트 믿기 어렵다는 사실에 유념하자.
❺ 레고랜드 입장료는 7일 전까지 미리 인터넷 구매할 경우 20% 할인을 받을 수 있다. 하지만 그러지 못한 경우, 숍 스트리트에서 암표상에게 정가보다 저렴한 가격에 티켓을 구입할 수 있다. 그러나 부정 입장권일 수도 있으므로, 가족들이 먼저 건네받은 입장권으로 무사히 입장한 것을 확인한 후 전액 지불하도록 한다.
❻ 동선은 어트랙션의 난이도에 따라, 미니랜드에서 시작하여 본문에 소개된 순으로 돌아보는 것을 추천한다(초등학교 저학년까지는 레고시티에서 상상의 나라까지, 초등학교 고학년은 상상의 나라에서 레고 테크닉까지의 섹션에 더 흥미가 높을 수 있다). 특히 롤러코스터 등 스릴 있는 어트랙션에 관심이 많다면 레고 킹덤이나 레고 테크닉에 시간 배정을 많이 둘 것.

Information | 정보

Access

〉 여행사 버스 이용

❶ 싱가포르 플라이어 1층 WTS Travel에서 버스티켓(혹은 입장권이 포함된 패키지)을 구입(왕복 SD20)하거나 인터넷으로 미리 예약한다. www.wtstravel.com.sg

❷ 에이전시 앞에 있는 주차장에서 버스를 타고 국경까지 간 다음, 출국-입국심사를 받는다.

❸ 타고 온 버스를 다시 타면 10분 후 레고랜드에 도착한다. (싱가포르로 돌아올 때에는 반대 순서로 진행)

〉 대중교통 이용 1

❶ MRT 주롱 이스트 역 하차. 역 앞에 위치한 주롱 이스트 버스 인터체인지에서 CW3이나 CW4를 탑승. 싱가포르 국경 CIQ 2nd Link로 간다. 편도 SD4.

❷ 싱가포르 국경에 버스가 서면 하차하여 출국장 내 외국인 전용 라인으로 가 출국심사를 받고 정류장으로 나와 타고 온 버스를 다시 탄다. 이때 시간을 지체하면 왔던 버스는 떠나 버리고 마는데, 다음 버스가 곧 도착하므로 걱정하지 않아도 된다.

❸ 버스가 말레이시아 국경에 서면 하차하여 입국장에서 입국심사를 받고 입국장으로 나온다(주롱 이스트에서 말레이시아 국경까지 평일엔 30여 분 정도 소요되지만, 교통 정체나 타고 온 버스를 놓칠 경우, 출입국심사가 지체될 경우에는 넉넉잡아 1시간 가까이 걸리기도 한다).

❹ 버스 승차장에서 레고랜드행 셔틀버스 JPO2(평일 08:30, 11:30, 14:30, 17:30/RM2) 혹은 SL1(주말 및 공휴일 09:00, 10:30, 12:00, 13:30, 15:00, 16:30, 18:00, 19:30/RM2)에 탑승한다. 요금은 말레이시아 링깃만 받으며, 거스름돈은 돌려주지 않으니 참고할 것.

❺ 만일 JPO2를 놓쳤을 경우, 타고 왔던 CW3이나 CW4를 다시 탑승(이때 요금을 다시 지불할 필요 없다)하고 겔랑 빠따 버스터미널Gelang Patah Bus Terminal에서 하차(길가 정류장이 아니라 터미널로 들어가므로 정차장을 찾기는 쉽다. 7분 소요), 택시를 탄다(RM20으로 흥정 가능).

〉 대중교통 이용 2

❶ MRT 크란지 역 하차. SBS 170, 160번이나 코즈웨이링크 CW1 탑승. 혹은 MRT 부기스 역 하차 후 A 출구로 나와 직진. 100미터 앞에서 왼쪽 오피어 로드로 들어서 첫 번째 사거리에서 오른쪽 방향으로 3분 거리에 퀸 스트리트 버스터미널에서 170번이나 코즈웨이링크 버스 CW2 탑승.

❷ 대중교통 1번의 경우와 마찬가지로 국경에서 출입국심사를 거쳐 조호르바루 JB센트럴 하차.

❸ JB센트럴에서 LM1 승차하여 레고랜드에서 하차(평일 08:00, 09:30, 11:00, 12:30, 14:00, 15:30, 17:00, 18:30/주말 및 공휴일 08:00~19:00까지 매시 정각 출발).

※ 위의 모든 버스 시간은 예고 없이 변동 가능하므로 참고로만 사용하고 출발 전에 홈페이지에 들어가 정확한 시간을 체크하도록 한다. www.causewaylink.com.my/shopping-bus

Open 10:00~18:00, 20:00, 22:00(폐장 시간은 요일에 따라 다름. 홈페이지에서 미리 확인할 것)

Close 경우에 따라 다르지만, 대체로 수요일 휴관 (홈페이지에서 미리 확인할 것)

Cost **1일권 티켓** 성인 RM140, 12세 이하 어린이 · 60세 이상 노인 RM110(최소 7일 전 인터넷 구매할 경우 20% 할인)

Address LL Malaysia Taman Tema Sdn Bhd 7 Jalan Lego Land Bandar Medini Iskandar Malaysia 79250, Nusajaya, Johor Darul Takzim, Malaysia

Web www.legoland.com.my/en

푸테리 하버 패밀리 테마 파크
Puteri Harbour Family Theme Park

어른 아이 할 것 없이 여심을 사로잡은 헬로 키티를 위시하여 토마스와 친구들, 밥더빌더, 안젤리나 발레리나 등 전 세계적으로 인기를 끌고 있는 캐릭터들이 한자리에 모인 테마 파크이다. 4층짜리 일반 백화점 크기의 실내 공간은 광대한 대지 위에 화려한 볼거리와 놀거리를 자랑하는 여타 테마파크들에 비해 실망스러울지도 모르지만, 귀여운 캐릭터들의 아기자기한 동화 속 세계로 폭 빠져들 수 있다는 점에서 이곳만의 특별함을 찾을 수 있다.

1 | 산리오 헬로 키티타운 Sanrio Hello Kitty Town

일본 외 최초로 생긴 헬로 키티 테마 공원이다. 헬로 키티의 소품들로 꾸며진 앙증맞은 키티 하우스는 이곳의 하이라이트. 그 외 키티 회전컵을 타거나 어둠 속에 감금된 키티를 구해내는 게임도 있다. 매일 정해진 시간에는 캐릭터들과 만나 기념촬영도 하고 이들이 펼치는 공연과 퍼레이드도 즐길 수 있다.

2 | 리틀 빅 클럽 Little Big Club

어린 아이들의 절대적인 사랑을 받고 있는 캐릭터, 토마스와 친구들, 밥더빌더, 안젤리나 발레리나, 꼬마 펭귄 핑구, 바니를 테마로 한 공간이다. 만화 속의 공간과 분위기를 그대로 살려 밥 아저씨처럼 집도 짓고 바니와 친구들처럼 똑같이 뛰어놀 수 있도록 했다. 안젤리나처럼 발레복을 입고 함께 춤을 추거나 기념촬영도 할 수 있다. 토마스와 친구들 캐릭터 모양의 증기기관차나 범퍼카도 탈 수 있고 핑구와 함께 시뮬레이션 게임도 즐길 수 있다.

3 | 라츠 플레이스 LAT's Place

말레이시아의 유명 만화가 라트[Lat]의 캐릭터들로 꾸민 식당가로, 동화 속에 말레이시아의 마을을 재현해놓은 듯하다. 점심에는 말레이시아의 로컬 음식들을 단품이나 세트로 맛볼 수 있는데, 코코넛 밀크나 새우 등을 이용한 매콤한 요리들이 우리 입맛에 잘 맞는다. 메뉴판이 말레이시아어로 되어 있다는 점은 살짝 아쉬운 부분. 저녁에는 라트의 캐릭터들이 펼치는 디너쇼가 준비되어 있으니 놓치지 말자.

› **점심** 11:00~17:00, 단품 RM8.5~, 세트 RM15
› **저녁** 18:15~20:00, 어른 RM70, 어린이 RM50 (www.latsplace.com.my에서 예약 필수)

Information | 정보

Access ❶ 레고랜드 가는 법 참고(국경에서 레고랜드행 JPO2/SL1, 혹은 LM1 셔틀을 타고 헬로 키티에서 내린다).
❷ 레고랜드에서는 셔틀버스 혹은 택시(RM20) 이용. 셔틀버스 시간은 코즈웨이링크 홈페이지에서 확인.
www.causewaylink.com.my/shopping-bus

Open 수~월 10:00~18:00

Close 화요일(싱가포르와 말레이시아의 공휴일, 방학 기간은 예외)

Cost 헬로 키티타운 RM75, 리틀 빅 클럽 RM75, 2곳 통합권 RM110(성인, 어린이 동일)

Address Persiaran Puteri Selatan, Puteri Harbour, 79000, Nusajaya Johor Darul Takzim Malaysia

Tel 603-2203-9668

Web www.playtime.com.my

조호르 프리미엄 아웃렛 Johor Premium Outlets

동남아시아에 최초로 들어선 미국 프리미엄 아웃렛의 70번째 체인점이다. 80여 개의 디자이너 브랜드들이 입점해 최소 25%에서 70%까지 저렴한 가격으로 쇼핑을 즐길 수 있다. 건물이나 분위기는 미국의 아웃렛과 흡사하며, 800여 석의 대형 푸드코트 및 스타벅스, 베스킨라빈스 등 우리에게 익숙한 식음료 매장도 다수 위치해 있다. 상품 구성이나 디자인 등의 만족도가 떨어지고, 가격 역시 크게 매력적이지 못하다는 평가가 주를 이루지만, 깔끔한 분위기에 밤 10시까지 오픈해 레고랜드 등과 함께 연계하여 가벼운 마음으로 둘러보기 적합하다.

대표 입점 브랜드(ABC순)

Adidas, Armani, Braun Buffel, Brooks Brothers, Burberry, Canali, Charles & Keith, CK Calvin Klein, Clarks, Coach, DKNY, Ermenegildo Zegna, Esprit, Fossil, Gap, Geox, Guess, Lacoste. Levi's, Michael Kors, Nike, Polo Ralph Lauren, Puma, Salvatore Ferragamo, Samsonite, Skechers, The Body Shop, Timberland, Tommy Hilfiger, Versace, Victoria's Secret

Information | 정보

Access ❶ **MRT 크란지 역에서** 코즈웨이링크 CW1(20분 소요, SD1.3)이나 퀸 스트리트에서 코즈웨이링크 CW2(45분 소요, SD2.4)를 탑승하여 조호르바루 JB센트럴에서 하차. ❷ JB센트럴에서 JPO1 승차(09:00, 11:00, 13:30, 16:00, 18:30, 21:00. 요금 최대 RM4.5 구간에 따라 다름).

주롱 이스트 버스 & MRT 인터체인지에서 코즈웨이링크 CW3이나 CW3S, CW4, CW4S를 타고 CIQ 2nd link(말레이시아 입국장 나와 위치한 정류장)에서 하차(40분, SD4~). 같은 장소에서 JPO2 승차(08:30, 11:30, 14:30, 17:30. 요금 최대 RM6-구간에 따라 다름. 아웃렛발 싱가포르 국경행 막차는 18:35)

※ JPO2는 말레이시아 입국장부터 레고랜드, 헬로 키티타운을 거쳐 아웃렛까지 운행하는 것으로, 레고랜드 출발시간은 08:45, 11:45, 14:45, 17:45(1일 4회), 헬로 키티타운 출발시간은 09:00, 12:00, 15:00, 18:00(4회)이다. 주말에는 운행 편수가 증가되며, 스케줄은 예고 없이 변동 가능하므로 코즈웨이링크 홈페이지(www.causewaylink.com.my/shopping-bus에서 다시 한 번 확인하도록 한다.

Open 10:00~22:00

Address Jalan Premium Outlets Indahpura, 81000 Kulaijaya, Johor Darul Takzim, Malaysia

Tel 607-661-8888

Web www.premiumoutlets.com.my

트레이더스 호텔 푸테리 하버 Traders Hotel Puteri Harbour

헬로 키티타운 바로 옆에 위치하며 레고랜드에서도 택시로 10분(RM링깃), 조호르 프리미엄 아웃렛에서 30분(택시) 거리에 있다. 2013년 문을 열어 모든 시설이 최상의 상태이며, 샹그릴라 계열이라는 이름만으로도 그 수준을 짐작할 수 있다. 루프톱에 위치한 인피니티풀에서는 바다와 녹지대가 한눈에 펼쳐지며 장관을 이룬다. 레고랜드 호텔이 동심에 눈높이를 맞춘 것이라면, 트레이더스 호텔은 좀 더 나이대를 높여 휴양을 겸한 여행객들에게도 훌륭한 선택이 될 수 있다.

Access 키티타운 옆, 레고랜드에서 택시로 5분 거리, 레고랜드-키티타운 셔틀버스
Cost 디럭스 USD140
Address Persiaran Puteri Selatan, Puteri Harbour, 79000 Nusajaya, Johor Darul Takzim, Malaysia
Tel 607-560-8888
Web www.shangri-la.com/johor/traders

※ 레고랜드 지도

레고랜드는 규모가 꽤 큰 편이니 지도를 보며 동선을 효율적으로 움직이도록 하자.

Activity 7. Night Life

싱가포르의 밤을 즐기는 101가지 방법

싱가포르의 밤을 그냥 보낼 순 없다. 때로는 클래식하게, 때로는 열정적으로, 때로는 낭만적으로 색깔 있는 싱가포르의 밤을 즐겨보자.

지치지 않는 열정을 지닌 당신을 위한 쿨~한 클럽

주크 Zouk

오랜 시간 싱가포르 핫 클럽으로서의 명성을 이어오고 있는 대표주자. 영하고 패셔너블한 젊은이들에 주눅 들지 않으려면 드레시한 자태는 필수.

info 17 Jiak Kim St. / 065-6738-2988 / 화~목 18:00~04:00, 금, 토 21:00~04:00

아발론 Avalon

마리나 베이 샌즈 속 또 하나의 힙 플레이스. 트렌디한 디제잉으로 매일 밤 흥겨운 아발론에선 세계적인 스타들의 깜짝 등장도 종종 기대해볼 만하다고.

info South Crystal Pavilion, Marina Bay Sands, 10 Bayfront Ave. / 065-6597-8333 / 수~일 22:00~

세인트 제임스 파워 스테이션 St. James Power Station

다양한 콘셉트의 각기 다른 공간들로 이루어진 대형 나이트라이프 스폿. 무엇을 원하든 누구와 동행하든 골라가는 재미가 있다.

info 3 Sentosa Gateway / 065-6270-7676 / 17:00~06:00

아티카 Attica

클락 키에서 뿐 아니라 싱가포르 전체 핫 클럽 리스트에 꼬박꼬박 이름을 올리는 스테디 클럽.

info 01-03 Blk, 3A Clarke Quay, River Valley Rd. / 065-6333-9973 / 일~화 17:00~02:00, 목 17:00~03:00, 수, 금, 토 17:00~04:00

버터 팩토리 The Butter Factory

영하고 핫한 젊은이들이 열광하는 곳. 일렉트로, 하우스 뮤직이 주를 이루는 이곳은 30~40대는 조금 정신없어 할 수도.

info #02-02~04 One Fullerton, 1 Fullerton Rd. / 065-6333-8243 / 수, 금, 토, 공휴일 전날 22:00~04:00

지르카 Zirca

트랜스 음악을 주로 트는 인기 클럽으로 LED를 이용한 세련된 인테리어가 돋보인다. 2층은 주로 힙합을 들려준다.

info #01-02/05 Blk. C The Cannery, Clarke Quay, 3 River Valley Rd. / 065-6305-6768 / 수 21:30~04:30, 금, 토 21:30~04:30

술보다 향기로운 싱가포르 야경에 취하다!

쿠데타 Ku De Ta

지상에서 200미터 상공에 있는 가장 아름다운 바라는 평판을 받고 있지만 높은 가격대와 정신없이 붐빈다는 점은 각오해두자.

info Skypark, Marina Bay Sands, 10 Bayfront Ave. / 065-6688-7688 / 12:00~Late

루프 Loof

싱가포르 루프톱 바의 중심이라 할 수 있는 곳으로, 우월하면서 세련된 분위기와 높은 퀄리티의 메뉴로 인기를 끌고 있다. 래플스 호텔을 비롯한 올드 시티의 유니크한 야경을 감상하며 와인이나 칵테일 타임을 즐기기에 좋다.

info #03-07 Odeon Towers Extension Rooftop, 331 North Bridge Rd. / 065-6338-8035 / 일~목 17:00~01:00, 금, 토 17:00~03:00

패브리카 Fabrika

부티크 호텔, 클랩슨스 호텔에 위치한 만큼 모로칸 풍의 인테리어와 분위기가 유니크하다. 특히 이곳의 칵테일은 다른 어느 곳에 견주어도 밀리지 않을 만큼 훌륭하다는 평가를 받고 있다 .

info 17F Klapsons, The Boutique Hotel, 15 Hoe Chiang Rd. / 065-6521-9029 / 월~목 17:00~24:00, 금 17:00~01:00, 토 20:00~01:00

랜턴 Lantern

플러턴 베이 호텔의 스타일리시한 루프톱 바로 다른 곳에 비해 높진 않지만 시원스러운 마리나 베이 샌즈의 전경과 함께 우아한 칵테일 타임을 즐길 수 있다 .

info The Fullerton Bay Hotel, 80 Collyer Quay / 065-6333-8388 / 일~목 08:00~01:00, 금, 토, 공휴일 08:00~02:00

원 알티튜드 1 Altitude

원 래플스 플레이스의 꼭대기 층에 자리해 아름다운 마리나 베이 샌즈의 야경을 한눈에 담을 수 있다. 지상에서 282미터 상공에 있는 이 오픈에어 갤러리 & 바는 싱가포르에서 가장 높은 루프톱 바라고 한다.

info 61-63F One Raffles Place, 1 Raffles Rd. / 065-6438-0410 / 월~목 18:00~02:00, 금~토, 공휴일 전날 18:00~04:00, 일 18:0~01:00

헬리파드 Helipad

헬리콥터 착륙장을 이색적으로 꾸민 시크한 헬리파드는 싱가포르에서 가장 섹시한 바로 손꼽힐 정도로 스타일리시한 분위기를 뽐낸다. 디스코, 펑키, 일렉트로 등 다양한 음악을 즐길 수 있으며 야경은 두말하면 잔소리다.

info #05-22 The Central, 6 Eu Tong Sen St. / 065-6327-8118 / 월~토 18:00~02:00

맛있는 안주가 있는 나만의 아지트

폴라너 브로하우스 Paulaner Brauhaus

정통 독일식 비어하우스로 고소하고 짭짤한 독일식 소시지와 돼지고기 요리와 함께 이곳에서 직접 생산하는 뮌헨 라거Munich Larger는 애호가뿐 아니라 맥주를 마실 수 있는 분들에게 꼭 추천하고 싶다.

info #01-01 Millenia Walk, 9 Raffles Blvd. / 065-6883-2572 / 일~목 12:00~01:00, 금, 토, 공휴일 전날 12:00~02:00

지비루 재패니즈 크래프트 비어 바 Jibiru Japanese Craft Beer Bar

아사히, 기린뿐 아니라 시가 코겐Shiga Kogan, 킨샤치Kinshachi, 요나요나Yona Yona 등 독특한 일본 맥주들을 다양하게 맛볼 수 있다.

info #01-26 313@Somerset, 313 Orchard Rd. / 065-6732-6884 / 일~목 11:00~23:00, 금, 토 11:00~24:00

브루웍스 Brewerkz

15년이란 긴 세월 동안 싱가포르의 직장인들의 절대적인 지지를 얻고 있는 비어하우스다. 언제나 왁자지껄 축제 분위기인 브루웍스에서 신 나는 밤을 보내보자.

info #01-05 · 06 Riverside Point, 30 Merchant Rd. / 065-6438-7438 / 월~목, 일 12:00~24:00, 금, 토 12:00~01:00

브로자이 Brotzeit

안주가 맛있고 푸짐하기로 소문난 독일식 맥주집이다. 퇴근시간과 주말이면 웨이팅을 감수해야 할 정도로 인기다. 비보 시티에도 지점이 있다.

info #01-17 Raffles City Shopping Centre, 252 North Bridge Rd. / 065-6883-1534 / 월~목, 일 12:00~24:00, 금, 토, 공휴일, 공휴일 전날 12:00~01:00

열정적인 라이브 공연과 함께 뜨거운 밤을 보내자!

크레이지 엘리펀트 Crazy Elephant

라이브 공연뿐 아니라 간단한 쇼나 연기 공연도 펼쳐 단골손님도 있을 정도도 라이브 연주는 대부분 록 앤 블루스가 주를 이룬다.

info #01-03 · 04 Blk. E Clarke Quay, 3 River Valley Rd. / 065-6337-7859 / 월~목 18:00~03:00, 금, 토 18:00~04:00, 일 15:00~01:00

팀버 Timbre

젊은 뮤지션 지망생들의 풋풋한 라이브 연주를 즐길 수 있는 곳이다. 종종 객석에서 흥이 올라 마이크를 잡는 손님들도 있을 정도로 화기애애하다. 로맨틱한 싱가포르 강변도 즐길 수 있다.

info 45 Armenian St. / 065-6338-8030 / 일~목 18:00~01:00, 금~토 18:00~02:30

펌프룸 The Pump Room

현지 젊은이에게 라이브 클럽 한 군데만 추천해달라고 하면 대부분이 펌프룸을 가장 먼저 떠올린다. 클락 키에서 오랜 시간 많은 사랑을 받아 오고 있는 스테디 클럽.

info #01-09 · 10 Blk. B Clarke Quay, 3 River Valley Rd. / 065-6334-2628 / 일~목 11:00~03:00, 금, 토 11:00~05:00

Eat 1. Afternoon tea

달콤한 사치, 애프터눈 티의 모든 것

새하얀 식탁보와 반짝이는 티폿과 접시, 달콤한 디저트와 함께 즐기는 애프터눈 티는 싱가포르를 찾는 여행자들이 꿈꾸는 로맨틱한 일정이다. 식민지 시내의 영국 상류층이 늦은 저녁 식사 전 허기를 달래기 위해 홍차와 스콘을 먹기 시작한 데서 유래되었다. 오늘날에는 고급 호텔의 서비스를 경험해보는 수단으로, 바쁜 일정 중에 누리는 여유로 애프터눈 티를 즐기고 있다.

애프터눈 티 맛있게 즐기기

대부분의 애프터눈 티는 삼단 트레이에 핑거 샌드위치, 스콘, 케이크, 초콜릿 등이 서브되며 딤섬이나 스프링롤 같은 간단한 음식이 뷔페 형식으로 차려지기도 한다. 이것과 함께 차나 커피를 주문할 수 있는데 달다구리한 먹거리들을 온전히 즐기려면 커피보다는 차를 주문하는 편이 좋다. 삼단 트레이에 서브되는 애프터눈 티 세트는 보통 1단에 스콘이, 2단에는 한입 샌드위치와 카나페 혹은 미니 케이크 등이, 제일 꼭대기에는 초콜릿과 미니 케이크류가 서브된다. 애프터눈 티 세트를 먹을 때에는 가장 아래층의 스콘과 클로티드 크림을 시작으로 먹기 시작하여 맨 마지막에 가장 위의 초콜릿이나 단 케이크로 마무리하는 것이 일반적이다. 호텔에서 제공하는 애프터눈 티는 요일별 호텔별 차이가 있지만 대략 SD35~55선이다.

1 | 티핀룸 Tiffin Room

싱가포르 하이 티의 원조라고 할 수 있는 곳으로, 3단 접시에 서브되는 디저트류 외에도 뷔페 코너에 딤섬을 비롯한 간단한 음식이 준비된다. 공간이 좁아 방문 시 반드시 예약이 필요하며 관광객들의 발길이 끊임없이 이어져 다소 어수선한 편이지만, 역사적으로도 의미 있는 래플스 호텔에서 즐기는 애프터눈 티는 그 자체만으로도 의미가 있다고 할 수 있겠다.

Access 래플스 호텔 로비
Open 15:30~17:30
Address 1 Beach Rd.
Tel 065-6412-1816

2 | 치훌리 라운지 Chihuly Lounge

커다란 유리를 통해 들어오는 따뜻한 햇살과 높은 천장, 고급스러운 테이블 웨어로 화사하면서도 기품이 철철 넘치는 치훌리 라운지. 월요일부터 금요일까지는 트래디셔널한 영국식 애프터눈 티로 삼단 트레이에 푸짐한 디저트를 즐길 수 있고 주말에는 뷔페식으로 넉넉한 애프터눈 티를 즐길 수 있다.

Access 리츠 칼튼 호텔 내
Open 애프터눈 티 14:30~17:00
Address 7 Raffles Ave. Singapore 039799
Tel 065-6434-5288
Web www.ritzcarlton.com/en/Properties/Singapore

티핀룸 p.96 · 치훌리 라운지 p.98 · 코트야드 p.196 · 엑시스 바 p.97 · 레스프레소 p.149 · 레 사부어 p.145

3 | 코트야드 The Courtyard

높은 천장과 푸릇한 식물들로 꾸며져 있는 아름답고 격조 있는 로비의 분위기, 친절한 직원, 무엇보다 서브되는 모든 아이템들이 최고의 맛을 자부한다. 맛깔스러운 핑거 샌드위치는 물론 부드러운 스콘에 자체 제작한 기가 막힌 클로티드 크림과 잼들도 훌륭하다. 특히 싱가포르 핫트렌드인 TWG에서 플러턴을 위해 특별히 제작해준 이곳의 스페셜한 티도 꼭 시도해보자. 트레이의 음식들은 먹고 나면 바로바로 채워준다.

Access 플러턴 호텔
Open 월~금 14:30~17:00
Address 1 Fullerton Square Singapore 049178
Tel 065-6877-8129
Web www.fullertonhotel.com/dining
Email thecourtyard@fullertonhotel.com

4 | 엑시스 바 Axis Bar

티핀룸, 코트야드 등 애프터눈 티의 고전들에 밀려 인기는 덜하지만 음식과 분위기에서 전혀 밀리지 않는 만다린 오리엔탈의 바다. 강렬한 레드 컬러가 인상적인 내부는 클래식한 분위기와는 동떨어져 있지만 그렇기에 다른 곳과 차별화된 매력을 느낄 수 있다. 아이템 하나하나의 맛은 말할 필요도 없이 수준급. 여기에 만다린 오리엔탈 특유의 차분하고 세심한 서비스가 엑시스 바의 매력을 더한다.

Access 만다린 오리엔탈 내
Open 15:00~17:00
Address 5 Raffles Ave. Marina Square, Singapore 039797
Tel 065-6885-3098
Web www.mandarinoriental.com
Email mosin-axis@mohg.com

5 | 레스프레소 Cafe L'Espresso

동화 속에 나오는 마법의 성 모습을 한 굿우드 파크 호텔의 인기 넘버 원인 레스프레소는 클래식한 분위기뿐 아니라 런치 뷔페 못지않은 푸짐하고 다양한 아이템의 애프터눈 티 뷔페로 많은 사랑을 받고 있다. 손대기 아까울 정도로 예쁜 디저트들과 다양한 핑거 푸드들은 식사로 대신하기에도 전혀 부족함이 없다.

Access 굿우드 파크 호텔 로비층
Open 월~목 14:00~17:30, 금~일,
공휴일 12:00~14:30, 15:00~17:30(2부제)
Address 22 Scotts Rd. Singapore 228221
Tel 065-6730-1743
Web www.goodwoodparkhotel.com

6 | 레 사부어 Les Saveurs

럭셔리 호텔 브랜드 세인트 레지스스의 애프터눈 티는 숙박을 엄두 내지 못하는 여행자들에게 대리만족을 안겨주기도 한다. 우아하고 고급스러운 레 사부어에서의 애프터눈 티는 마치 귀부인이 된 듯 특별한 경험을 선사해준다.

Access 세인트 레지스 호텔 로비층
Open 15:00~17:00
Address 29 Tanglin Road,
Singapore 247911

하루쯤은 우아하게, 파인 다이닝 즐기기

현실에서 벗어나 조금은 럭셔리한 일탈(?)을 해 보는 것도 멋진 추억이 될 것이다. 바쁜 일정을 쪼개 한 번쯤은 근사하게 차려입고 수준 높은 음식과 함께 로맨틱한 디너를 즐겨보자. 디너와 런치의 가격차가 심한 편이므로 런치를 이용하는 것이 경제적이다.

1 | 군더스 Gunther's

들어서자마자 느껴지는 군더스의 포스는 화려함이나 럭셔리함에서 나오는 것이 아니다. 모노톤의 심플한 분위기와 그에 걸맞은 기본에 충실한 메뉴들은 감동스럽다. 최고의 권위를 자랑하는 미슐랭가이드의 추천 레스토랑으로 이름을 올리기도 한 군더스는 싱가포르 파인 다이닝의 정점을 보여준다.

Access 퍼비스 스트리트 초입
Open 12:00~15:00, 18:30~23:00 (일요일 휴무)
Cost 런치 SD40~, 디너 SD300~
(Tax & SC 17%)
Address 36 Purvis St. #01-03
Tel 065-6338-8955
Web www.gunthers.com.sg

2 | 가리발디 Garibaldi

가장 친숙한 이탈리안 메뉴들이기에 더더욱 차별성이 느껴지는 가리발디. 다소 낯설게 느껴지는 정통 이탈리안 음식들을 가리발디에서 마음껏 즐겨보자. 특히 식사 후에는 주메뉴만큼이나 훌륭한 가리발디 스위츠의 멋진 디저트를 즐기는 것도 잊지 말자.

Access 군더스 바로 옆
Open 레스토랑 12:00~15:00, 18:30~23:00
바 12:00~24:00
Cost 파스타 SD30~, 세트 런치 SD40~ (Tax & SC 17%)
Address 36 Purvis St. Singapore 188613
Tel 065-6837-1468
Web www.garibaldi.com.sg

군더스 p.94
가리발디 p.94
레 자미 p.142
스커트 p.297

3 | 레 자미 Les Amis

레 자미 그룹의 시그니처 레스토랑으로, 쉽게 엄두가 나지 않는 만만치 않은 가격대 때문에 망설여지지만 음식, 분위기, 서비스 등 모든 면에서 그만한 가치를 충분히 보상해준다. 심플하면서도 기본에 충실한 이곳의 메뉴들은 이미 많은 사람들에게 호평받으며 사랑을 받고 있다. 디너 코스가 부담스럽다면 비교적(?) 합리적인 가격대의 런치를 즐겨보는 것도 좋겠다.

Access MRT 오차드 로드, 쇼 센터를 왼쪽에 두고 바깥으로 조금만 걸으면 좌측에 입구가 보인다.
Open 12:00~Last Sitting 14:00, 19:00~Last Sitting 21:30 (일요일 휴무)
Cost 3코스 런치 SD70~ (Tax & SC 17%)
Address 1 Scotts Rd. #02-16 Shaw Centre, Singapore 228208
Tel 065-6733-2225
Web www.lesamis.com.sg(웹에서만 접속 가능)

4 | 스커트 Skirt

25시간 드라이 에이징을 거친 하이 퀄리티 스테이크를 맛볼 수 있는 곳. 호텔 안에 있어 자칫 저평가되기 쉽지만 스테이크에 한해서는 손가락에 꼽힐 만큼 훌륭한 맛을 자랑한다. 오븐이 아닌 숯과 장작 위에서 직접 요리된 스테이크는 향까지 살아 있다. 멋지게 차려입고 파인 다이닝을 즐기기에 스테이크만큼 제격인 요리가 또 있을까?

Access 센토사 W 호텔 1층에 위치
Open 18:30~22:30
Cost 1인 SD60~(Tax & SC 17%)
Address W Singapore Sentosa Cove 21 Ocean Way, Singapore
Tel 065-6808-7289

Eat 3. Restaurant

싱가포르 잠잠 p.246
트루 블루 p.95
새미스 커리 p.162

싱가포르의 레스토랑에서 다양한 문화를 맛보다

흔히 싱가포르에서 꼭 먹어야 할 음식으로 야쿤 카야 토스트와 칠리 크랩을 꼽는다. 하지만 이외에도 다민족 국가인 싱가포르에서만 먹을 수 있는 음식이 많아 미식가와 대식가들은 다시 행복한 고민에 빠지게 된다. 게다가 먹어보면 예상외로 우리 입맛에 잘 맞는다는 사실! 주저 말고 도전해보자.

1 | 이슬람 + 말레이 요리 싱가포르 잠잠 Singapore Zam Zam

식사시간에 가면 앉을 자리가 없을 정도로 큰 사랑을 받고 있는 맛집이다. 손님의 대부분은 한국에서는 거의 만날 일 없는 아랍계 말레이 사람들이다. 과연 저 그림에 끼어들 수 있을까 잠시 망설여지겠지만, 손톱만큼만 용기를 내어 무르타박을 주문해보자. 새로운 맛의 세계로 가는 문이 열릴 것이다.

2 | 페라나칸 음식 트루 블루 True Blue

로컬 분위기의 식당보다는 편안한 분위기를 선호한다면 트루 블루에서 페라나칸 음식에 도전해보자. 매콤하고 달콤새콤한 소스와 향신료들이 생각하지 못했던 식재료와 합쳐져 흥미로운 맛을 만들어낸다. 처음 보는 맛이지만 어딘지 익숙한 페라나칸 음식의 마니아가 될지도 모른다.

3 | 인도식 커리
새미스 커리 Samy's Curry

리틀 인디아에 가면 물론 무뚜스 커리나 바나나 리프 같은 유명한 인도식당이 있다. 허나 그 두 곳보다 더 인도스럽고 로컬 분위기인 곳이 바로 새미스 커리다. 싱가포르의 가로수길 정도 되는 뎀시 힐에 있다는 것도 흥미롭다.
현지에서도 손꼽히는 맛집으로, 커리는 물론이고 얼큰한 국물의 피시 헤드 커리도 일품이다.

Mission in Singapore 02

Eat 4. Singapore Crab

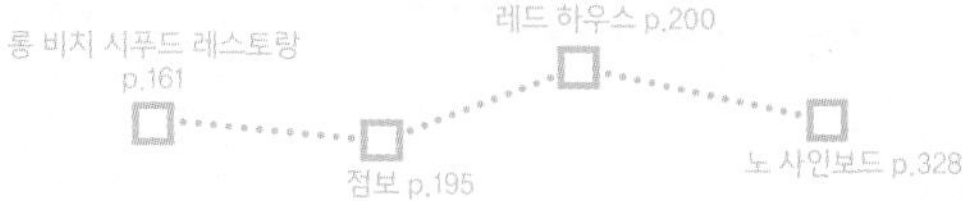

싱가포르 크랩, 어디가 좋을까?

싱가포르 여행자들이 꼭 맛보아야 할 음식 리스트 1순위로 꼽히는 음식은 무엇일까? 아마도 단연 크랩일 것이다. 그중에서도 달콤하고 매콤한 칠리 크랩은 특히 한국인 여행자에게 필수 먹거리로 꼽히며 사랑받고 있다. 싱가포르엔 크랩을 전문으로 하는 레스토랑들이 많은데, 이미 여행자에게 많이 알려진 점보나 노 사인보드 등 각 레스토랑은 저마다의 비법으로 특색있게 요리해 닮은 듯 다른 맛으로 여행자들을 언제나 선택의 기로에 서게 한다. 일반적으로 크랩 한 마리는 800g~1.3kg으로 2~4인이 먹기에 알맞다.

1 | 롱 비치 시푸드 레스토랑
Long Beach Seafood Restaurant

60년 남짓한 역사를 가진 유서 깊은 레스토랑. 5개의 지점 중 가장 접하기 쉬운 곳은 뎀시 힐에 위치한 롱 비치 시푸드 레스토랑. 매콤 달콤한 칠리 크랩도 맛이 있지만 롱 비치 시푸드 레스토랑에서는 블랙 페퍼 크랩을 강추한다. 블랙 페퍼 크랩을 처음 시도한 레스토랑이라고 하는 만큼 자부심도 대단하다.

Cost Crab SD45(1kg) (Tax & SC 17%)
Web www.longbeachseafood.com.sg

2 | 점보 Jumbo Seafood

칠리 크랩하면 동시에 떠오를 만큼 이미 여행자의 필수 코스가 되어버린 점보. 뎀시 힐, 클락 키, 이스트 코스트 등에 7개의 지점을 가지고 있으며 예약하지 않으면 식사를 하지 못할 만큼 인기다. 점보에서 맛보아야 할 메뉴는 단연 칠리 크랩. 여행자들이 많이 찾는 곳이다 보니 매운 맛보다 달콤한 맛이 강한데, 양념은 고소하게 튀겨진 프라이드 번과 함께 먹으면 금상첨화다.

Cost Crab SD40~(1kg) (Tax & SC 17%)
Web www.jumboseafood.com.sg

3 | 레드 하우스 Red House

다른 곳에 비해 달달한 칠리소스로 요리한 칠리 스튜는 이곳의 대표 메뉴. 크랩은 알래스카 크랩과 스리랑카 크랩 중 선택이 가능한데 알래스카 크랩이 더 비싼 편이다. 다른 곳과 비슷한 칠리 크랩인 클래식 커리 소스도 있다. 칠리소스가 들어 있는 스팀 번과 프라이드 번(SD8)도 별미로, 딤섬처럼 담겨 나온다.

Cost 레드 하우스 칠리 스튜 약 SD46(1kg) (Tax & SC 17%)
Web www.redhouseseafood.com

4 | 노 사인보드 No Signboard

가격대는 높은 편이지만 다른 시푸드 레스토랑에 비해 차분하고 고급스러운 곳이다. 이곳의 칠리 크랩은 매콤하고 달콤한 맛보다는 짭짤하고 진한 맛이 나서 사람에 따라 실망스러울 수도 있겠다. 블랙 페퍼 크랩은 무난하게 맛있는 편이다.

Cost Crab SD40(1kg) (Tax & SC 17%)
Web nosignboardseafood.com(웹에서만 접속 가능)

싱가포르 3대 호커센터, 무엇을 먹을까?

미식가들의 최고의 여행지인 싱가포르에는 다양하고 수준 높은 레스토랑이 즐비하다. 비싸고 럭셔리한 레스토랑뿐 아니라 호커센터 또한 싱가포르의 식문화를 경험해보기 위해 빠져서는 안 되는 필수 코스다.

맥스웰 푸드 센터 Maxwell Food Centre

여행자들에게 가장 널리 알려진 호커센터의 대표주자이다. 젠젠 포리지와 티안티안 하이나니즈 치킨라이스는 이제는 싱가포르 여행의 필수 코스가 되어버린 느낌이다. 접근성이 좋아 차이나타운 관광과 연계하기에 좋다.

Access MRT 차이나타운 역 A번 출구로 나와 파고다 스트리트 직진. 사우스 브리지 로드에서 오른쪽 방향에 위치, 도보 8분
Address 2 Maxwell Rd.

1 | 티안티안 하이나니즈 치킨라이스
Tian Tian Hainanese Chicken Rice

두말할 필요 없는 맥스웰 푸드 센터 최고의 인기 점포다. 간이 적절히 밴 밥 위에 야들야들한 닭고기를 얹어 소스를 곁들여 먹는데 매콤한 칠리소스가 우리 입맛에 잘 맞는다. 여행자뿐 아니라 현지인들에게도 많은 인기를 얻고 있어 언제나 점포 앞이 문전성시를 이룬다.

2 | 프라이드 스위트 포테이토 덤플링
Fried Sweet Potato Dumpling

디저트로 좋은 고소하고 바삭한 덤플링을 판매한다. 가격도 저렴하여 식사를 마친 후 하나쯤 사 먹어도 좋겠다. 야채, 고구마, 판단 코코넛 등 속재료도 다양하고 맛도 있는 편이라 포장해가는 사람들도 많다.

3 | 아스피라시 푸드 갤러리 Aspirasi Food Galore

독특한 스타일의 치킨라이스를 즐길 수 있는 곳으로, 치킨에 얹어 나오는 다양한 소스를 보고 메뉴를 선택하면 된다. 매운맛의 삼발과 달콤한 스위트 앤 사워, 독특한 향의 블랙 페퍼 등의 소스가 준비되어 있다. 익숙하지 않은 소스보다는 무난한 소스를 고르는 것이 요령이다.

4 | 밀 Meal

밥이 포함된 나시 르막 세트와 얇고 푸석한 비훈 면이 포함되는 비훈 세트가 준비되어 있다. 대부분 닭고기와 계란 등이 포함된 간단한 구성으로, 가볍게 한 끼 때우기에 적당하다.

맥스웰 푸드 센터
p.224
티옹 바루 마켓
p.225
마칸수트라 글루턴스 베이
p.103

티옹 바루 마켓 Tiong Bahru Market

관광객은 거의 찾아보기 어려운 로컬 중의 로컬 호커센터도 규모와 음식 수준에서만큼은 유명 호커센터에 뒤지지 않는다. 가격대도 저렴하고 다양한 코너가 마련되어 있어 즐거운 식사를 즐길 수 있다. 아래층에 자리한 웻마켓을 구경하는 것도 또 하나의 즐거움 중 하나.

Access MRT 티옹 바루 역, 티옹 바루 플라자를 좌측에 두고 티옹 바루 로드를 따라 계속 직진한다. 왼편에 킴 퐁 로드Kim Pong Rd.가 나오고 좌회전하면 주택단지가 나오는데 42구역 뒤편에 자리한다. 티옹 바루 마켓을 모르는 주민이 없으니 물어보며 가자.

Open 09:00~21:00(점포마다 다르다) Address 2 Maxwell Rd.

1 | 태초 피시볼 누들
Teochew Fishball Noodle

티옹 바루 마켓의 태초 피시볼 누들은 쫄깃하고 맛있는 피시볼과 담백하고 깔끔한 국물이 조화를 이루는 개운한 맛이 특징. 비빔(Dry)과 국물(Soup) 중 선택할 수 있는데 국물이 있는 쪽이 더 인기가 많은 편이다.

2 | 티옹 바루 하이나니즈 치킨 라이스 Tiong Bahru Hainanese Boneless Chicken Rice

스팀 치킨라이스와 로스트 치킨라이스 중 선택할 수 있다. 원하면 각각 반씩 섞은 치킨라이스도 주문이 가능하다. 깔끔한 맛에 가격도 저렴해 식사시간에 맞춰 가면 한참을 대기해야 할 때도 있다.

3 | 티옹 바루 로미
Tiong Baru Lor Mee

색깔이 거무죽죽해 거부감이 느껴질 수 있지만 로미는 누들의 한 종류로 싱가포르와 말레이시안들이 즐겨 먹는 요리다. 넓적한 면을 걸쭉한 갈색 소스에 버무려 내는데 소스는 옥수수녹말과 계란, 양념을 이용해 만든다.

마칸수트라 글루턴스 베이 Makansutra Gluttons Bay

에스플러네이드 몰 바로 옆에 위치한 마칸수트라 글루턴스 베이는 분위기도 로맨틱하고 엄선된 맛집만 자리를 지키고 있어 더더욱 만족스러운 식사를 즐길 수 있다. 다른 호커센터보다 가격대는 조금 있는 편이나 모든 코너가 인기여서 메뉴 선택에 실패할 확률이 적다.

Access 에스플러네이드 몰 야외에 위치

Open 월~목 17:00~익일 02:00, 금, 토 17:00~익일 03:00, 일 16:00~익일 01:00

Address 8 Raffles Ave. 1Esplanade Drive, #01-15 Esplanade Mall.

1 | 망 키코스 레촌
Mang Kikko's Lechon

망 키코스 레촌은 필리핀 스타일의 돼지고기 요리인 레촌을 맛볼 수 있는 곳이다. 겉은 바삭하고 속은 촉촉해서 자꾸만 손이 간다. 그릴에 구워낸 치킨 요리도 인기 메뉴 중 하나이니 꼭 맛보도록 해보자.

2 | 순리 프라이드 호키엔 프로운 미
Soon Lee Fried Hokkien Prawn Mee

누들 요리로 사람들의 입맛을 사로잡는 곳이다. 특히 넓적한 면을 달짝지근한 간장 양념으로 볶아낸 차콰이테오는 이곳의 명물 중 하나. 마칸수트라 글루턴스 베이에 왔다면 절대 놓쳐서는 안 될 메뉴다.

3 | 시완 시푸드 츠차
Sewan Seafood Czecha

차이니스 스타일의 다양한 시푸드 요리를 즐길 수 있는 곳으로 우리나라 사람들 입맛에도 착착 감긴다. 특히 이곳의 중국식 볶음밥은 저렴하고 푸짐하고 사이즈별로 주문이 가능해 가족단위 손님에게 필수 메뉴다.

4 | 후앗후앗 바비큐
Huat Huat BBQ Chicken Wing & Fried Carrot Cake

이미 많이 알려진 인기 코너로 입에 착착 감기는 양념을 발라 바비큐한 치킨윙으로 유명하다. 차콰이테오와 함께 마칸수트라 글루턴스 베이의 대표 선수로 자리 잡았다.

Eat 6. Must Try Singapore Food

알고 먹으면 더 맛있는 싱가포르 푸드

싱가포르는 세계적으로 손꼽힐 정도로 식문화 수준이 높다. 스타 셰프로 일컬어지는 이들의 화려한 레스토랑은 물론이고 퀄리티 높은 다양한 나라의 음식들도 쉽게 맛볼 수 있다. 그렇기에 정작 싱가포르의 음식은 먹어보지 못하고 여행이 끝나는 경우도 있다. 다양한 문화가 융합되어 만들어진 독특한 싱가포르 푸드. 처음엔 낯설겠지만 점차 무한한 매력에 빠질 것이다.

칠리 크랩 Chilli Crab

싱가포르 음식의 대표주자다. 큼직한 게 위에 칠리 소스를 듬뿍 얹어 나오면 저절로 군침이 돈다. 프라이드 번과 함께 찍어 먹으면 금상첨화. 블랙 페퍼 크랩도 맛있다.

치킨라이스 Chicken Rice

중국에서 건너온 이민자들에 의해 탄생한 하이난 스타일의 치킨 덮밥으로 닭고기 육수로 지은 밥 위에 담백하게 삶아낸 치킨을 올려 내는 것이 일반적이다.

사테 Satay

사테는 통칭 꼬치 요리를 뜻하는데 치킨, 비프, 램 등 다양한 재료를 사용한다. 고소한 땅콩 소스와 아삭한 오이가 곁들여 나오는 것이 일반적.

락사 Laksa

싱가포르를 대표하는 면 요리 중 하나. 칠리 가루를 넣은 육수에 허브와 시푸드 등을 넣고 코코넛 밀크를 섞어 매콤하고 고소한 시푸드 락사가 가장 입맛에 무난한 편이다.

오탁 Otak

곱게 다져 양념한 생선살을 바나나 잎에 쪄낸 요리이다. 부드럽고 감칠맛이 나는데 생선살에 밴 양념이 입에 맞지 않을 수도 있다.

차콰이테오 Char Koay Teow

넓적한 쌀국수를 각종 야채와 계란, 시푸드 혹은 치킨 등과 함께 달달한 간장 소스에 빠르게 볶아낸 면 요리로, 누구나 무난하게 즐길 수 있다.

캐럿 케이크 Carrot Cake

캐럿은 무와 흡사한 하얀 당근을 뜻하는데 깍둑썰기를 하여 달걀과 함께 간장 양념에 볶아낸다. 식감이 낯설 수 있으나 양념은 익숙하여 거부감 없이 시도해볼 만하다.

피시 헤드 커리 Fish Head Curry

커다란 생선 머리를 통째로 넣고 각종 양념과 함께 야들야들하게 끓여낸 커리로, 걸쭉한 커리와 비슷하기보다는 우리나라의 동태탕과 흡사한 모습이다.

로티 프라타 Roti Prata

밀가루 반죽을 얇게 돌려 펴 기름에 구워낸 것으로, 담백한 달이나 커리와 함께 곁들여 먹는다. 테두리는 바삭바삭하고 안쪽은 고소하여 그냥 먹어도 맛있다.

바쿠테 Bak Kut Teh

말레이어로 바쿠는 돼지고기, 테는 차를 뜻한다. 우리나라의 갈비탕과 비슷한 요리로 돼지갈비를 허브와 마늘 등 집집마다 고유의 비법으로 푹 고아낸 요리이다.

포피아 Popiah

얇은 크레페에 오래 삶아 말랑말랑해진 무와 채소를 함께 넣어 돌돌 만 것으로 보통 피넛소스나 칠리소스를 곁들여 먹는다.

토스트 Toast

싱가포르의 국민간식이라고 해도 과언이 아니다. 전통 요리라고 할 수는 없지만 많은 싱가포르 사람들이 아침 식사나 간식으로 즐겨 먹는다.

Eat 7. Franchise Restaurant

열 식당 부럽지 않은 프랜차이즈 레스토랑

싱가포르 토종 브랜드 중 싱가포르 국민들에게 사랑받는 프랜차이즈로는 야쿤 카야 토스트, 브래드 토크를 비롯해 고소한 간식 미스터 빈과 싱가포르의 스타벅스 TCC 등이 있다. 특히 야쿤 카야 토스트는 우리나라에 마니아층이 있을 정도로 유명하다. 열 식당 부럽지 않은 인기를 누리는 이들 로컬 프랜차이즈 또한 싱가포르 여행의 즐거움이다.

1 | 야쿤 카야 토스트 Yakun Kaya Toast △

그저 카야잼이 발린 구운 토스트일 뿐임에도 이 심플한 메뉴 하나로 많은 사람들의 발길을 잡아끄는 최고의 인기 체인이다. 카야 토스트는 칠리 크랩과 함께 싱가포르를 대표하는 음식 중 하나가 되어버렸다.

2 | TCC ▽

스타벅스, 커피빈 등 막강 해외 커피 브랜드와 어깨를 나란히 하는 TCC. 다양한 세보리와 디저트, 창의적인 커피 메뉴로 꾸준한 사랑을 받고 있다. 특히, 차와 커피를 예술적으로 믹스한 서머 왈츠 라테는 TCC에서만 맛볼 수 있는 독특한 메뉴.

3 | 브래드 토크 Bread Talk △

이미 우리나라를 비롯해 동남아에 여러 지점을 가지고 있는 베이커리 체인으로 매콤하고 달콤한 말린 돼지고기 가루가 보슬보슬 뿌려져 있는 Fire Flosss는 불멸의 히트작이 되어버렸다.

4 | 미스터 빈 Mr. Bean ▽

귀엽고 깜찍한 캐릭터로 눈길을 사로잡는 미스터 빈은 콩을 재료로 한 다양한 아이템들을 판매한다. 특히 칼슘과 단백질이 풍부하고 설탕 함량이 낮은 이곳의 두유는 최고의 인기 메뉴. 단팥, 치즈, 땅콩, 계란 등을 넣고 구워낸 빵도 맛있다.

5 | 올드 창키 Old Chang Kee △

여러 가지 재료들을 튀겨낸 튀김 요리를 판매한다. 고소한 기름 냄새에 이끌려 이것저것 욕심내다간 느끼함에 질릴 수 있으니 한두 개 맛보는 정도가 적당하다.

Stay 1. Boutique Hotel

플러턴 베이 호텔 p.207
왕츠 호텔 p.236
스칼릿 호텔 p.236
퀸시 호텔 p.186
원더러스트 호텔 p.261

독특한 콘셉트의 부티크 숙소 베스트

싱가포르에는 도시라는 지역적 특성상 넓은 부지를 가진 대형 리조트보다는 비즈니스 호텔이나 작은 규모의 호텔이 수없이 많다. 그래서인지 수많은 호텔들 사이에서 살아남기 위해 독특한 콘셉트와 기발한 아이디어로 가득 찬 부티크 호텔을 만날 수 있다. 아래에 독특한 콘셉트의 부티크 숙소 베스트 5곳을 소개해놓았으니 참고하도록 하자.

1 | 퀸시 호텔 Quincy Hotel

최근 오픈한 부티크 호텔로, 종종 난해한 콘셉트의 부티크 호텔에 부담감을 느꼈던 여행자들에게도 무리 없이 추천할 만한 곳이다. 객실의 인테리어보다는 서비스와 혜택에 차별성을 두었기 때문에 객실은 무난하게 모던한 편이다. 욕실도 사이즈가 큰 편은 아니지만 시크한 스타일로 몰튼 브라운 어메니티도 제공된다. 미니 바와 각종 스낵, 투숙 기간 내 식사 등 아낌없이 주는 혜택에 기분이 좋아지는 호텔이다.

2 | 플러턴 베이 호텔 Fullerton Bay Hotel

부티크 호텔이라고 하기에는 다소 무리가 있을 수 있지만 그 어느 호텔보다 차별화된 콘셉트로 만족도가 높은 호텔이다. 특히 플러턴 베이 호텔의 압권은 마치 크루즈를 즐기고 있는 듯한 착각이 드는 고급스러운 객실과 물 위로 난 테라스. 허니무너의 숙소로도 손색이 없는 로맨틱한 분위기가 느껴진다. 25m의 스타일리시한 수영장과 멋진 루프톱 바, 우아한 레스토랑 등이 갖춰진 부대시설 또한 나무랄 데 없이 만족스럽다.

3 | 왕츠 호텔 Wangz Hotel

차가운 느낌의 철골 외관으로 겉에서는 그 진가를 알 수 없지만 객실의 욕실이나 거실 등의 디테일을 하나하나 공들여 꾸며 놓아 둘러보다 보면 저절로 감탄이 나온다. 부티크 호텔답게 정감 있는 서비스는 왕츠 호텔의 자랑. 로비층에 있는 레스토랑의 음식들도 훌륭한 편이다. 수영장은 따로 마련되어 있지 않지만 밤이 되면 6층에 있는 라운지에서 야경을 즐기며 로맨틱한 시간을 보낼 수 있다.

4 | 원더러스트 호텔
Wanderlust Hotel

화려한 수상경력을 가진 싱가포르의 디자인 그룹들이 참여한 독특하고 실험적인 부티크 호텔로 2010년에 오픈했다. 차이나타운의 인기 있는 부티크 호텔인 뉴 마제스틱 호텔과 호텔 1929 또한 이들의 작품. 호텔은 1920년대 지어진 오래된 건물로 원래는 학교였다고 한다. 29개의 룸은 모두 제각각의 콘셉트를 가지고 있으며 선예약이 없을 때에는 원하는 콘셉트의 룸으로 요청할 수 있다.

5 | 스칼릿 호텔
The Scarlet a Boutique Hotel

부티크 호텔의 고전으로 꼽히는 스칼릿 호텔은 강렬한 레드 컬러의 외관으로 눈길을 끈다. 여성들에게 특히 인기가 많은 스칼릿 호텔은 동화 속 공주가 살고 있을 법한 화려하고 우아한 분위기로, 1920년대의 숍 하우스 건물 양식을 고수하면서 내부는 완벽하게 럭셔리한 객실로 바꾸어 놓았다. 전체적으로 샹들리에를 포인트로 레드, 블랙 톤의 엘레강스한 느낌이다.

Stay 2. Resort

세인트 레지스 p.182
샹그릴라 p.185
리츠 칼튼 밀레니아 p.129
만다린 오리엔탈 p.129

초절정 럭셔리, 리조트 베스트

예산만 넉넉하다면 누구나 모처럼의 여행을 더욱 풍요롭게 해줄 수 있는 고급 숙소를 선택하고 싶을 것이다. 싱가포르에도 흠잡을 데 없는 여유롭고 화려한 객실, 세심한 서비스와 출중한 부대시설을 갖춘 세계적인 명성의 고급 호텔이 많은 편이다. 숙박이 부담스럽다면 식사나 하이 티를 즐기며 분위기를 느껴보는 것도 좋은 방법이 되겠다.

1 | 세인트 레지스 St. Regis Singapore

스타우드 계열 중에서도 상위 클래스에 속하는 세인트 레지스. 로비에서부터 화려한 분위기에 압도된다. 4가지 타입의 룸과 6가지 타입의 스위트룸으로 구성되어 있는 객실은 럭셔리하면서도 컬러감이 있어 산뜻하고 모던한 느낌도 든다. 다른 세 곳에 비해 서비스의 편차가 좀 있는 편이다. 얀팅, 브래서리 레 사부어 등 주옥 같은 레스토랑들도 포진하고 있으니 놓치지 않도록 하자.

2 | 샹그릴라 Shangri-la Hotel Singapore

센토사와 오차드 로드에 하나씩 자리하고 있는 샹그릴라는 도시에서는 찾아보기 힘든 여유롭고 트로피컬한 느낌을 가졌음은 물론이고 특유의 격조 있고 우아한 분위기에 세심한 서비스까지 더해져 고급 호텔의 면모를 아낌없이 보여주는 호텔이다. 부속 레스토랑 또한 일부러 찾을 가치가 충분할 만큼 맛과 분위기 모두 출중하다.

3 | 리츠 칼튼 밀레니아
The Ritz-Carlton Millenia Singapore

리츠 칼튼의 상징이 되어버린 멋진 전망의 팔각창으로 이미 유명하다. 역시나 리츠 칼튼의 명성에 걸맞게 꾸준한 리노베이션과 철저한 관리로 객실 컨디션은 최상급. 고급 호텔다운 서비스와 F & B의 만족도도 높은 편이다. 최근 MRT 역이 생겨 접근성도 좋아져 리츠 칼튼의 인기는 꾸준히 오를 전망이다.

4 | 만다린 오리엔탈 Mandarin Oriental Singapore

동양적인 매력이 담뿍 느껴지는 차분한 느낌의 호텔이다. 최근 수영장과 레스토랑의 리노베이션을 마쳐 더더욱 인기 상종가이다. 만다린 오리엔탈의 상징인 부채꼴 모양의 객실 배치는 독특한 느낌이 들고 객실 내부는 편안한 침구와 최첨단 음향시설을 갖추었다.

실속파들을 위한 숙소 베스트

HOSTEL VS HOTEL

다른 동남아시아 호텔들에 비해 싱가포르의 호텔은 확실히 비싼 편이다. 그중에서 위치 좋고 품질 좋고 나름 착한 가격의 밸류 포 머니(Value for Money) 호텔들을 소개해본다.

HOSTEL 호텔도 사치라고 생각하는 알뜰 여행자라면

헤리티지 호스텔
Heritage Hostel

2013년 오픈했다. 싱가포르 관광청에 정식 등록한 최초의 한인 숙박업소로 차이나타운에 위치해 관광지로의 접근이 편하고 맥스웰 푸드센터도 가깝다. 클락 키까지도 10~15분이면 도보로 접근이 가능하며 MRT 2정거장이면 센토사도 갈 수 있다. 도미토리 형식으로 남녀 객실을 따로 운영한다(한국 및 싱가포르로 전화도 무료, 조식 무료, 무료 무선 인터넷, 무료 상비약, 무료 욕실비품, 타월, 드라이기).

Access 탄종 파가 B번 출구에서 맥스웰 로드로 진입. 왼쪽으로 따라가다 삼거리에서 오른쪽 사우스 브리지 로드 293번지
Cost 커플룸 SD100, 2인룸 SD90, 도미토리 SD35
Address 293 South Bridge Rd. Singapore 058837
Tel 065-8618-9233, 070-7579-3464(한국)
Web www.heritagehostel.net

윙크 호스텔 Wink Hostel

일반적인 도미토리 형식이 아닌 캡슐 호텔처럼 개별 칸(공간)으로 된 공간을 제공한다. 각 공간/침대마다 스탠드와 콘센트 등이 갖추어져 있으며 전체적으로 청소 상태가 양호한 편이다. 프런트에서 관광지 입장권 및 관람권을 할인 판매한다.

Access MRT 차이나타운 역 하차 A번 출구로 나와 진행 반대 방향으로 걸어가면 뉴 브리지 로드(메인 로드)가 나온다. 여기서 오른쪽으로 한 블록 올라가 다시 오른쪽 모스크 스트리트로 진입.
Cost 싱글 도미토리 SD50, 더블 SD90
Address 8A Mosque Street Chinatown, Singapore 059488
Tel 065-6222-2940
Web www.winkhostel.com

더 하이브 백패커스
The Hive Backpackers

가격이 저렴하여 한국의 젊은 여행자들에게 인기 있는 숙소 중 하나이다. 호스텔 집중 지역에서 살짝 벗어나 있어 조용하며 MRT 외에도 숙소 앞 145번 버스를 타면 시티홀, 클락 키, 술탄 모스크 등 주요 관광지를 지나기 때문에 교통도 편리한 편이다(조식제공, 헤어드라이기 구비, 로컬 전화 무료).

Access MRT 분켕Boon Keng 역 C번 출구를 나와 잔디밭을 건너면 검정과 노란색의 건물이 보임
Cost 10인 도미토리 SD18, 여성용 도미토리 SD20
Address 624 Serangoon Rd. Singapore 218223
Tel 065-6341-5041
Web www.thehivebackpackers.com

파이브 스톤즈 호스텔
Five Stones Hostel

싱가포르 중심부에 있어 차이나타운, 리버사이드, 멀라이언상 등을 모두 도보로 이동할 수 있다. 숙소는 상당히 깔끔한 편이며 침구도 뽀송뽀송 깔끔하다. 에어컨 상태도 상당히 좋으며 세탁기가 비치되어 있다. 침대마다 개인 콘센트 2개씩이 마련되어 있어 편리하다.

Access MRT 클락 키 E 출구를 통해 사우스 브리지 스트리트로 진입. 홍콩 스트리트와의 교차로에 위치
Cost 14인 도미토리 SD30,
여성 도미토리 SD37,
스탠더드 더블 SD105
Address 61 South Bridge Road
Levels 2 and 3, Singapore 058691
Tel 065-6535-5607
Web www.fivestoneshostel.com

파이브 풋웨이 인 프로젝트 보트 키
5 Footway Inn Project Boat Quay

차이나타운 1, 2점, 부기스점도 있다. 강변에 위치해 있어 분위기가 독특하며 테라스에서는 마리나 베이 샌즈에서 하는 불꽃놀이도 볼 수 있다. 화이트 톤으로 단장해 전체적으로 화사하고 깔끔한 분위기.
클락 키에서 가까워 다이닝과 나이트라이프를 즐기기에 좋다.

Access MRT 클락 키 F 출구를 나와 우회전. 싱가포르 강을 따라 3분 정도 걷는다.
Cost 4인 도미토리 SD36~,
2인 여성 도미토리 SD58~,
스탠더드 더블(욕실 공용) SD80~
Address 76 Boat Quay, Singapore
Web www.5footwayinn.com

아들러 호스텔 Adler Hostel

싱가포르의 첫 번째 럭셔리 호스텔을 지향한 당찬 호스텔이다. 2층으로 된 캡슐식 공간에 커튼까지 칠 수 있어 도미토리임에도 개인 공간이 보장되는 것이 장점. 공간도 한 사람이 눕고 양옆 아래로 공간이 남을 정도로 넉넉한 편이며 개인 콘센트도 2개씩 구비되어 있다.

Access MRT 차이나타운 A 출구를 나와 파고다 스트리트 쪽으로 직진. 두 번째 왼쪽 길 템플 스트리트로 진입. 직진하여 스리 마리암만 사원까지 오면 그 맞은편에 위치
Cost 18인 도미토리 SD55,
16인 여성 도미토리 SD55~
Address 259 South Bridge Rd.
Singapore
Tel 065-6226-0173
Web www.adlerhostel.com

HOTEL 백만 년만의 휴가 호스텔에서 묵을 순 없다

데이즈 호텔 싱가포르 앳 중산파크
Days Hotel Singapore @ Zhongshan Park

2012년 12월 오픈한 곳으로 작고 깨끗한 객실에 필요한 모든 것들이 알차게 갖추어져 있는 일본의 비즈니스 호텔을 연상케 한다. 합리적인 가격에 깔끔한 호텔을 찾는다면 추천할 만하지만 위치가 애매해 MRT 역까지 셔틀버스를 이용해야 한다는 점이 불편하다.

Access MRT 노베나 역에서 셔틀버스를 이용한다.
Address 1 Jl Rajah, Singapore
Tel 065-6808-6868
Web www.dayshotelsingapore.com

호텔 로열 앳 퀸즈 Hotel Royal @ Queens

부기스 스트리트 근처에 있으며 시청, 각종 뮤지엄들과도 가까운 거리로 위치적 장점이 가장 큰 곳이다. 호텔 시설을 즐기기보다 숙박 중심의 깔끔한 숙소를 원하는 여행객들에게 추천할 만하다.

Access MRT 브라스 바사 Bras Basah 역에서 싱가포르 예술 박물관과 굿 셰퍼드 성당 사이길(퀸 스트리트)로 3분 거리
Address 12 Queen St. Singapore
Tel 065-6725-9988
Web www.royalqueens.com.sg

파크로열 온 피커링 Parkroyal on Pickering

2013년 초 개장한 호텔로 '정원 속의 가든'이라는 콘셉트에 충실하게 친환경 디자인으로 꾸며져 있다. 발리의 라이스 페디 필드에서 영감을 얻어 탄생한 외관부터 눈에 띄는데 내부 또한 푸른 수목들로 적절히 꾸며져 있다.
차이나타운과 클락 키 사이에 위치. 교통이 좋으며 조식도 훌륭한 편. 5층에 있는 수영장 한쪽 끝이 시티 방향으로 트여 있어 시티뷰를 즐기기 좋다.

Access MRT 클락 키 A 출구로 나오면 홍림 파크 바로 옆
Address 3 Upper Pickering Street, Singapore
Tel 065-6809-8888
Web www.parkroyalhotels.com/Pickering

그랜드 머큐어 록시 호텔
Grand Mercure Roxy Singapore

까통 역사 지구에 위치. 근처에 이스트 코스트 파크, 파크웨이 퍼레이드 쇼핑센터 등이 위치해 있다. 무료 공항 셔틀버스를 운행(06:30~02:00, 30분 간격. 공항 도착홀 그라운드 트랜스포트 데스크)하여 트랜짓 호텔로도 좋다. 객실도 잘 관리되며 수영장도 갖추고 있다.

Access 창이 공항에서 무료 셔틀버스 이용. 시내 접근 시 36번 버스 이용(호텔 맞은편 버스 정류장)
Address 50 East Coast Rd.(Opposite Parkway Parade Shopping Centre), Roxy Square, Singapore 428769
Tel 065-6344-8000
Web www.accorhotels.com/3610

오키드 호텔 Orchid Hotel

2011년 오픈한 호텔로 가격 대비 깨끗하고 위치가 좋다. 럭셔리한 5성급 호텔은 아닌 만큼 높은 수준의 호텔은 아니지만 룸도 넉넉하고 깔끔하고 침구도 뽀송뽀송하게 잘 관리되고 있다. 워낙 한국인 투숙객이 많아 조식에 대한 평이 좋고 김치도 있으며 호텔 뒤쪽으로는 한국식당도 쉽게 찾을 수 있다. MRT 탄종파가 역 바로 앞에 있으며 차이나타운, 클락 키, 마리나 베이 등과도 가까워 걸어갈 수 있다.

Access MRT 탄종 파가 역 A 출구 앞
Address 1 Tras Link Singapore, Singapore
Tel 065-6818-6818
Web www.orchidhotel.com.sg

이비스 싱가포르 온 벤쿨렌
Ibis Singapore On Bencoolen

부기스 전철역과 가깝고 부기스 정선, 부기스 마켓 재래시장, 맥도널드 등이 있다. 심플한 비즈니스 호텔로 깨끗한 침대, 테이블, LCD TV, 옷장 등 딱 있을 것만 깔끔하게 갖추어져 있다. 객실 내 와이파이 무료이며 속도도 괜찮은 편이다.

Access MRT 부기스 역 하차. 빅토리아 스트리트와 미들 로드 교차로에서 오른쪽으로 직진. 포천 센터를 끼고 벤쿨렌 스트리트로 들어서면 100미터쯤 오른쪽에 위치
Address 170 Bencoolen St. Singapore
Tel 065-6593-2888
Web www.ibishotels.com

Mission in Singapore 03

Stay 4. Useful Information for Hotel

초보 여행자들을 위한 호텔 이용 팁

모처럼의 해외여행에 가슴 설레며 항공권과 숙소 예약을 마쳤다면 이미 당신은 여행 준비의 반 이상을 마친 셈이다. 그렇지만 영어도 익숙하지 않고 체크인부터 체크아웃까지의 과정이 걱정스러운 초보 여행자들을 위해 호텔 이용 팁 몇 가지를 정리해 보았다.

1 | 체크인 Check In

대형 리조트는 리셉션에서, 클럽룸 투숙객은 클럽 라운지에서 하는 경우가 대부분이다. 체크인 시 바우처(예약 확인서 혹은 예약 확정 메일), 여권, 신용카드를 요구하는 것이 일반적이다. 대형 리조트의 경우 신용카드로 1일 치의 숙박요금에 준하는 디포짓을 요구하는데 미니 바, 레스토랑 등 호텔 내의 시설을 이용하지 않는다면 전혀 요금이 청구되지 않으니 걱정하지 말자. 디포짓은 현금으로도 할 수 있는데, 현금으로 디포짓을 할 경우 영수증을 반드시 보관하였다가 체크아웃 시 제시해야 현금을 돌려받을 수 있다. 디포짓을 요구하지 않는 숙소들도 있다.

2 | 어메니티 Amenity

숙소 내부에 손님의 편의를 위해 무료로 제공되는 비품들을 일컫는다. 무료로 사용할 수 있는 용품으로는 커피와 티 종류, 비누, 샴푸, 린스, 샤워젤, 칫솔, 치약, 빗, 면도기 등이 있으며 부족할 시 하우스키퍼에게 부탁하면 가져다준다.

3 | 미니 바 Mini Bar

숙소 내 작은 냉장고를 미니 바라고 부른다. 손님의 편의를 위해 각종 주스와 물, 맥주, 샴페인, 와인 등이 채워져 있기도 하다. 보통은 냉장고 위에 미니 바의 가격표가 놓여 있으며 종종 알코올을 제외한 미니 바의 음료가 무료이거나 냉장고를 활용할 수 있게 아예 비워놓는 경우도 있다.

4 | 시설 이용 Facility

규모가 작은 호텔의 경우 레스토랑 정도가 갖추어져 있다. 대형 리조트의 경우는 각종 레스토랑뿐 아니라 비즈니스 센터, 피트니스 센터 등 다양한 시설을 갖추고 있다. 특히 스파와 함께 설치된 자쿠지와 스팀 사우나는 모든 투숙객들에게 무료로 개방된 곳이 많고 체크아웃 후에도 휴식을 취할 수 있는 라운지가 있는 경우도 있으니 반드시 체크하자. 또한 레스토랑이나 부티크숍을 이용할 때 체크인 시 디포짓을 했다면 현금을 준비하지 않아도 방 번호와 사인만 하면 얼마든지 이용할 수 있다.

5 | 셔틀 서비스 Shuttle Service

시내 중심에서 조금 떨어져 있는 호텔의 경우 무료로 셔틀을 운행하는 곳이 종종 있다. 별도로 고지하지 않는 경우가 많으니 체크인하면서 셔틀의 유무와 시간표를 미리 받아두면 편리하다.

6 | 턴 다운 서비스 Turn Down Service

오후 늦게 간단히 객실 내의 비품을 채워주거나 침구를 정리해 주는 등의 서비스를 의미한다. 이때 간단한 다과나 초콜릿 등을 제공하기도 한다.

7 | 아침 식사 Breakfast

대형 리조트의 경우 아침 식사는 대부분 뷔페 형식으로 제공된다. 숙박비에 아침 식사가 포함되었다면 체크인 시 쿠폰을 주는 경우도 있지만 대부분 입구에서 방 번호만 대면 자리로 안내해 준다. 자리로 안내된 후 커피나 차 중 하나를 선택하고 뷔페 테이블에서 가져다 먹으면 된다.

8 | 팁 Tip

우리나라 사람에게는 익숙지 않기에 줄 때마다 어색해지는 것은 사실이다. 체크인 후 짐을 객실로 가져다주는 직원에게 팁을 제공하는 것이 일반적이다. 또, 아침에 외출할 때 청소를 하러 올 직원을 위해 베개나 탁자에 놓아두는 센스도 발휘해보자.
보통 팁은 미국 달러로 USD1 정도면 무난하며 달러가 없을 경우에는 숙소의 수준과 받은 서비스에 따라 SD2~5 정도를 주면 된다.

Buy 1. Orchard Road Shopping Mall

콘셉트별 오차드 로드 쇼핑몰 베스트 3

거의 모든 건물이 쇼핑몰일 정도로 쇼핑의 메카인 오차드 로드. 짧은 일정에 갈 수 있는 곳이 한정되어 있으므로 콘셉트와 목적이 분명한 쇼핑을 하는 게 현명하다. 그래서 준비해 보았다. 오차드 로드에서 제일 붐비는 쇼핑몰 세 곳의 장점과 단점 비교! 요모조모 따져보고 똑똑한 쇼핑족이 되자.

1 | 아이온 오차드

싱가포르에서 규모와 브랜드, 세련된 인테리어, 접근성 등 어느 분야에서건 일순위로 꼽지 않을 수 없는 쇼핑몰의 지존이다. 없는 브랜드가 없을 정도로 방대한 규모니 미리 계획하고 가야 한다.

Good

❶ 제일 사람이 많다. 이유를 불문하고 가볼 만하다.
❷ 최신식 시설과 초대형 규모.
❸ 아이폰용 어플리케이션이 있다.
❹ 싱가포르에 있는 거의 모든 브랜드가 입점해 있다.

Bad

❶ 지하철 연결로부터 사람이 정말 많다.
❷ 너무 넓고 복잡해서 길을 잃을 수도 있다.

2 | 파라곤

고가의 브랜드들이 주를 이루는 하이 레벨 쇼핑몰이다. 우리나라에서도 인기가 많은 바나나 리퍼블릭과 여성들에게 특히 많은 지지를 받는 미우 미우도 만날 수 있다. 명품과 고가의 브랜드뿐만 아니라 인기 많은 레스토랑이 한데 모여 있어 쇼핑과 함께 다이닝을 즐기기에도 손색이 없다.

Good

❶ 익숙한 구조여서 안정감 있는 쇼핑이 가능하다.
❷ 명품 쇼핑부터 인기브랜드 쇼핑이 모두 가능하다.
❸ 품질이 어느 정도 보장된다.
❹ 지하 식당가가 잘 갖춰져 있다.

Bad

❶ 좀 심심한 쇼핑일 수도 있다.

3 | 313 앳 서머셋

멀리서도 눈에 확 띄는 독특한 느낌의 쇼핑몰로, 특히 10~20대의 젊은 여성들에게 인기가 많다. 독특한 외관만 봐도 쇼핑몰 내부에 어떤 브랜드가 입점되었는지 쉽게 짐작이 된다. 이곳을 채우고 있는 매장은 대부분이 중저가의 로컬 브랜드나 패스트 패션 위주의 숍들로, 유행에 민감하고 패스트 패션에 관심이 많다면 이곳으로 향하도록 하자.

Good

❶ 트렌드에 빠르게 대응하고 있다.
❷ 인기 SPA 브랜드와 꽤 괜찮은 보세숍이 모여 있다.

Bad

❶ 명품 브랜드와 고급 브랜드의 부재.
❷ 저가의 상품들은 품질이 좀 떨어지기도 한다.

사이즈 조견표

	여성복									남성복			
	XS	S		M		L		XL		S	M	L	XL
한국	44(85)	55(90)		66(95)		77(100)		88(105)		95	100	105	110
미국	2	4	6	8	10	12	14	16	18	36	38	40	42
영국	8	10		12	14	16	18	20	26	36	38	40	42
이탈리아	36	38	40	42	44	46	48	50	52	46	48	50	52
프랑스	32	34	36	38	40	42	44	46	48	46	48	50	52

	여성 신발								
한국	220	225	230	235	240	245	250	255	260
미국	5	5.5	6	6.5	7	7.5	8	8.5	9
영국	2	2.5	3	3.5	4	4.5	5	5.5	6
이탈리아	35	35.5	36	36.5	37	37.5	38	38.5	39
프랑스	36	36.5	37	37.5	38	38.5	39	39.5	40

	남성 신발								
한국	245	250	255	260	265	270	275	280	285
미국	7	7.5	8	8.5	9	9.5	10	10.5	11
영국	6	6.5	7	7.5	8	8.5	9	9.5	10
프랑스	40	40.5	41	41.5	42	42.5	43	43.5	44
구찌	40	40.5	41	41.5	42	42.5	43	43.5	44
D&G/프라다	5.5	6	6.5	7	7.5	8	8.5	9	9.5
페레가모	6.5	7	7.5	8	8.5	9	9.5	10	10.5

Information | 싱가포르의 축제와 세일 정보

❶ 1~2월 **타이푸삼** 타이푸삼은 보름달이 뜨는 날을 뜻하는 인도어로, 시바신의 아들 무르간이 악마군의 공격을 막은 것을 감사하는 의미. 힌두교 고행자들이 자신의 몸을 뾰족한 것으로 뚫어 장식한 채로 거리를 걷는다.

❷ 설 기간 **싱가포르 강 홍빠오 행사** 주로 싱가포르 강가에서 수영대회, 선박 행진, 불꽃놀이 등의 다양한 행사가 설 기간 동안에 펼쳐진다.

❸ 설 기간 **차이나타운 설 축제** 거리마다 색색의 등불로 장식되며 다양한 행사가 설 기간 15일 동안 개최된다.

❹ 2월 **칭게이 퍼레이드** 2월에 개최되는 싱가포르 최대 축제로 사자춤, 용춤 등을 추는 거리 공연단이 시청에서 선텍 시티까지 행진한다.

❺ 7월 **싱가포르 음식 축제** 7월이 되면 세계 각국의 요리가 싱가포르에 모여들어 세계 음식 축제가 열린다.

❻ 음력 8월 15일 우리나라의 추석과 비슷하다. 싱가포르 전역에서 월병을 판매하며 서로 선물을 한다.

❼ 12월 27일 **하리라야포사** 가장 큰 회교도 축제로 한 달간 금식하는 라마단의 마지막 날이다. 겔랑 로드 쪽에 야시장이 서고 오색 등도 켜진다.

※**싱가포르 세일** 매년 5월 말에서 7월 초 사이의 기간과 크리스마스, 연말이 되면 엄청난 할인율을 자랑하는 메가 세일로 쇼핑 마니아들을 흥분하게 한다. 거의 대부분의 쇼핑센터가 세일을 실시하며 30%부터 시작하여 70%까지 할인의 폭이 크므로 쇼핑 마니아라면 이 기간을 이용해보자.

대형 쇼핑몰 명품숍 입점표

		오차드 로드				마리나 베이 & 올드 시티				하버 프런트
		Ion Orchard	Taka shimaya	313@ somerset	Paragon	Marina Bay Sands	Raffles Shopping Centre	Suntec City Mall	Marina Square	Vivo City
명품 브랜드	Agnes b		●		●	●	●			
	Bally	●	●			●				
	Bottega Veneta	●	●			●				
	Burberrys	●	●		●	●				
	Bvlgari		●		●					
	Cartier	●	●		●	●	●			●
	Celine	●								
	Chanel	●				●				
	Chaumet	●				●				
	Coach	●	●		●	●	●			●
	Dolce & Gabbana	●								
	Dior	●				●				
	DKNY		●		●					
	Emprio Armani		●			●				
	Escada		●			●				
	Fendi					●				
	Paul & Joe	●				●				
	Gucci		●		●	●				
	Hermes		●		●	●				
	Jimmy Choo				●	●				
	Kate Spade		●				●			
	Louis Vuitton	●				●				
	Marc Jacobs	●								
	Max & Co.		●							
	Miu Miu	●			●	●				
	Mulberry					●				
	Prada	●			●	●				
	Polo Ralph Lauren		●			●				
	Raoul				●	●	●			
	Salvatore Ferragamo	●	●		●	●				
	Shanghai Tang		●			●	●			
	Tod's		●		●					
	Valentino	●								
	Vivienne Tam	●								
	Yves Saint Laurent	●								

		오차드 로드				마리나 베이 & 올드 시티				하버 프런트
		Ion Orchard	Taka shimaya	313@ somer-set	Paragon	Marina Bay Sands	Raffles hopping Centre	Suntec City Mall	Marina Square	Vivo City
중저가 브랜드	Aldo	●		●	●		●			●
	alldressedup	●		●						
	Bata			●				●	●	●
	Charles & Keith	●		●		●	●	●	●	●
	Cottone On	●		●				●		●
	Esprit			●	●		●		●	●
	Forever 21			●						●
	French Connection					●				
	Hypnosis			●				●		●
	J West									●
	LeSportsac	●						●		
	Longchamp	●			●	●				
	Mango	●		●			●		●	●
	Max & Spencer				●		●			●
	M)phosis	●		●			●		●	●
	Muji	●			●				●	
	Nine West						●			
	New Look	●		●				●		
	Paul Frank	●								
	Steve Madden	●				●	●	●		
	Swarovski	●				●	●			●
	Topshop/Topman	●					●			●
	Uniqlo	●		●						●
	Zara	●		●					●	●

명품쇼핑 부럽지 않은 실속만점 슈퍼마켓 쇼핑

화려하고 거대한 쇼핑몰과 골목골목 숨어 있는 부티크숍 등 싱가포르는 실로 쇼핑천국이라 칭할 만큼 쇼핑스폿들이 무궁무진하다. 그러나 쇼핑 천국 싱가포르에서 빼놓지 말아야 할 핵심 스폿이 바로 슈퍼마켓이다. ※ 가격 변동 가능성이 있음

추천!

하이난식 치킨라이스 페이스트
SD2.25
하이난식 치킨라이스
SD6.7
락사
SD6.7
쌀국수 가는 면
SD1.25
쌀국수
SD2.1
바쿠테
SD2.2
락사 컵누들
SD1.35
논야 소스
SD2.95
타마린 페이스트
SD1.9
다진 레몬그라스
SD1.9
블랙 페퍼
SD6.6
플럼 페이스트
SD3.7
알리커피 스틱
SD4.7
아울 커피
SD6.5
하이난식 카야꿀 잼
SD2.25
논야 카야 잼
SD2.95
건망고
SD2.95
망고칩스
SD2.95
망고 디저트
SD1.7
로타 아프리코타 시리얼바
SD9.5
코코넛 크림
SD0.85
크림 캐러멜 푸딩
SD2
매기 인스턴트 아삼락사
SD2.95
인스턴트 새우 누들
SD1.7
매기 인스턴트 커리
SD2.95
인스턴트 미고랭 5개
SD1.6
멀라이언 밀크 초콜릿
SD5.05
하인즈 타르타르 소스
SD6.5
하인즈 고추냉이 소스
SD6.5
보이차 티백
SD3.25
벤토
SD1.75
썬메이드 건포도 12개 팩
SD3.85
파프리카 가루, 시나몬 가루
SD3.55

Buy 3. Local Brand

싱가포르 로컬 브랜드로 패셔니스타 되기

쇼핑천국 싱가포르에서 패션 피플들을 열광시킬 대표 로컬 브랜드들을 모아봤다. 실속파 슈어홀릭을 위한 찰스 앤 키스, 자아가 강한 여성을 위한 엠포시스, 미니드레스홀릭을 위한 올 드레스드 업, 럭셔리함을 내세운 라울까지 각기 다른 4가지 매력에 풍덩 빠져보자.

1 | 실속파 슈어홀릭을 위한 찰스 앤 키스 Charls & Keith

일찍이 싱가포르 러버들에게 입소문이 자자했던 찰스 앤 키스. 패션의 완성이라는 슈즈와 백들을 취급하는 찰스 앤 키스는 2011년에 드디어 국내에도 매장을 오픈했다. 빠르게 변하는 유행에 반응하는 실속파 패셔니스타라면 좋아할 수밖에 없는 가격과 디자인을 갖추고 있다.

2 | 자아가 강한 여성을 위한 미니멀리즘 엠포시스 M) Phosis

엠포시스를 언급하자면 사심 가득한 칭찬이 빠질 수 없다. 디자인에 이끌려 들어간 매장에서 마음에 쏙 드는 옷을 저렴한 가격에 사들고 나올 수 있기 때문이다. 모노톤 위주의 미니멀하고 실용적인 디자인은 루즈하고 자연스러운 핏을 보여준다. 유니크하고 시크한 액세서리와 블랙 위주의 슈즈 컬렉션도 놓치지 말자.

3 | 미니드레스의 최강자

올 드레스드업 All dressed up

세련되고 도시적인 믹스매치룩을 보여주는 여성의류 올 드레스드업! 이 브랜드에서 가장 인기 있는 아이템은 역시나 미니드레스이다. 여성의 몸을 잘 이해하는 디자인이라는 생각이 드는 핏을 보여준다. 고급스러운 색감 표현 또한 이 브랜드의 장점이다. 장쯔이, 셰릴 콜, 루시 리우 등 유명 셀레브리티들에게도 사랑받고 있다.

4 | 럭셔리 싱가포르를 만나다

라울 Raoul

크리에이티브 디렉터 더글라스 벤자민의 패션 브랜드로, 새로운 명품 브랜드로 떠오르고 있다. 클래식한 디자인을 바탕으로 실용적이면서도 고급스러운 의류와 백 컬렉션을 선보이고 있다. 소녀시대의 공항패션과 드라마에서 스타들과 함께 등장하면서 잇백 브랜드로 새롭게 떠오르고 있다.

Marina Bay & Old City
마리나 베이 & 올드 시티

마리나 베이 & 올드 시티
Marina Bay & Old City
F1 피트 빌딩
F1 Pit Building
싱가포르 플라이어
Singapore Flyer
리츠 칼튼 밀레니아 The Ritz-Carlton Millenia Singapore
서머 파빌리온 Summer Pavilion
치훌리 라운지 Chihuly Lounge
East Coast Parkway
Bayfront Avenue
베이프런트 브리지
Bayfront Bridge
Republic Boulevard
Temasek Avenue
프로미네이드 역
Promenade
밀레니아 워크
Millenia Walk
파울라너 브로이하우스
Paulaner Brauhaus
콘래드 호텔
Conrad Centennial Singapore
팬 퍼시픽 호텔
Pan Pacific
Raffles Boulevard
해천루
Hai Tien Lo
마리나 만다린 호텔
Marina Mandarin Hotel
돌체 비타 Dolce Vita
더 스파 The Spa
만다린 오리엔탈 호텔
Mandarin Oriental Singapore
관람석
헬릭스 브리지
The Helix Bridge
마리나 베이 수상 경기장
Marina Bay Stadium
아트 사이언스 박물관
Art Science Museum
마리나 베이 샌즈 쇼핑몰
Marina Bay Sands Shopping Mall
와쿠 긴 Waku Ghin
기 사보이 Guy Savoy
토드이 Todai
TWG
컷 Cut
마리나 베이 샌즈 호텔
Marina Bay Sands Hotel
쿠데타 Ku De Ta
스카이 온 57 Sky On 57
크리스털 파빌리온
Crystal Pavilion
마리나 베이
Marina Bay
선텍 시티몰
Suntec City Mall
무투스 커리 Muthu's Curry
토키치 Tonkichi
서울 야미 Seoul Yummy
Temasek Avenue
원 래플스 링크 One Raffles Link
마리나 스퀘어
Marina Square
7107 플레이버스
7107 Flavours
마칸수트라 글루턴스 베이
Makansutra Gluttons Bay
에스플러네이드
Esplanade Theatres On the Bay
마이 험블 하우스 My Humble House
막스 브레너 초콜릿 바 Max Brenner Chocolate Bar
장수 숯불갈비 Jang Shou Korean BBQ
노 사인보드 시푸드 레스토랑 No Signboard Seafood Restaurant
소스 Sauce
국립도서관 National Library
멀라이언 파크
Merlion Park
원 풀러턴 One Fullerton
버터 팩토리 Butter Factory
풀러턴 베이 호텔
The Fullerton Bay Hotel
Raffles Link
Nicoll Highway
에스플러네이드 브리지
Esplanade Bridge
풀러턴 호텔
The Fullerton Hotel
Collyer Quay
Fullerton Square
Flint St.
Fullerton Rd.
카베나 브리지
Cavenagh Bridge
래플스 플레이스 역
Raffles Place
UOB 플라자 타워
UOB Plaza Tower
에스플러네이드 역
Esplanade
시티 링크몰
City Link Mall
전쟁 기념탑
Civilian War Memorial
에퀴녹스 콤플렉스
Equinox Complex
Stamford Rd.
Connaught Drive
War Memorial Park
Beach Rd.
St. Andrew's Rd.
Empress Place
빅토리아 메모리얼 홀
Victoria Memorial Hall
래플스 상륙지
Sir Stamford Raffles Landing Site
아시아 문명 박물관
Asian Civilisations Museum
1827
팀버 Timbre
디 아츠 하우스 The Arts House
국회의사당
Parliament House
Parliament Place
Supreme Court Lane
국립미술관
Singapore Art Museum
대법원
Singapore Supreme Court
아델피 Adelphi
바타 Bata
페닌슐라 엑셀시어 호텔
Peninsula Excelsior Hotel
페닌슐라 플라자
Peninsula Plaza
Coleman Lane
Coleman St.
세인트 앤드루스 성당
St. Andrew's Cathedral
스위소텔 스탬포드
Swissotel The Stamford
시티홀 역
City Hall
North Bridge Rd.
래플스 시티 쇼핑센터
Raffles City Shopping Centre
롱 바 Long Bar
페어몬트 호텔 Fairmont Singapore
Bras Basah Rd.
래플스 호텔 Raffles Singapore
쿠키 뮤지엄 Cookie Museum
래플스 호텔 쇼핑 아케이드 Raffles Hotel Shopping Arcade
가리발디 Garibaldi
나우미 호텔 Naumi Hotel
친친 이팅 하우스
Chin Chin Eating House
Purvis St.
Seah St.
잉타이 팰리스 Yingthai Palace
군더스 Gunther's
민트 장난감 박물관
Mint Museum
와 록
Wah Lok
칼튼 호텔
Carlton Hotel
차임스
Chijmes
규카쿠 Gyu-Kaku
재패니즈 다이닝 선 Japanese Dining Sun
레이가든 Lei Garden
인섬니아 Insomnia
해리스 바 Harry's Bar
로열 앳 퀸스 호텔
Royal@Queens Hotel
SMU 빌딩
SMU Administration Building
Victoria St.
굿 셰퍼드 성당
Cathedral of the Good Shepherd
Queen St.
브라스 바사 역
Bras Basah
싱가포르 예술 박물관
Singapore Art Museum
SMU 빌딩
Singapore Management University
Bras Basah Rd.
Stamford Rd.
싱가포르 국립박물관
National Museum of Singapore
아르메니안 교회
Armenian Church
Loke Yew St.
Armenian St.
페라나칸 뮤지엄
Peranakan Museum
트루 블루 True Blue
바이블 하우스
Bible House
싱가포르 우표 박물관
Singapore Philatelic Museum
포트 캐닝 파크
Fort Canning Park
중앙 소방서
Central Fire Station
Hill St.
High St.
North Boat Quay
콜먼 브리지
Coleman Bridge
리버워크
River Walk
Upper Circular Rd.
South Bridge Rd.
Carpenter St.
Hong Kong St.
North Canal Rd.
Chulia St.
New Bridge Rd.
클락 키 역
Clarke Quay
센트럴 Central
Eu Tong Sen St.
Tew Chew St.
지맥스 리버스 번지 & 지엑스 파이브 익스트림 스윙
G-Max & GX-5
지르카
Zirca
스위소텔 머천트 코트
Swissotel Merchant Court

✚ 마리나 베이 Marina Bay

올드 시티가 화려한 싱가포르의 과거를 반영한다면, 마리나 베이는 현대화, 도시화된 시크한 싱가포르의 오늘을 말해준다. 즉, 최첨단 기술과 거대 자본을 통한 복합 엔터테인먼트 공간과 대단위 인공 정원, 화려한 조명 쇼 등이 도시와 자연, 관광과 쇼핑, 문화 엔터테인먼트 등 한 나라가 보여줄 수 있는 모든 것을 대변하고 있는 것이다. 싱가포르의 잇 플레이스 place로 떠오르는 그곳, 마리나 베이를 놓치지 말자.

★ 추천 루트

MRT 베이프런트 역 → 가든스 바이 더 베이 → 마리나 베이 샌즈 → 싱가포르 플라이어 → 에스플러네이드 → 마칸수트라 글루턴스 베이 → 멀라이언 파크

베이프런트 역 B번 출구로 나오면 가장 최근에 형성된 가든스 바이 더 베이와 연결된다. 푸르른 녹음에 보랏빛 철골을 드러내며 여심을 사로잡는 인공 슈퍼트리 글로브와 무더운 싱가포르에서 땀 한 방울 흘리지 않고 아름다운 꽃과 나무, 거대 인공 폭포를 즐기는 실내 정원까지, 자연이 그리운 도시인들의 완벽한 휴양지가 아닐 수 없다. 왔던 길을 되돌아 드래곤플라이 다리와 연결된 라이언스 브리지를 건너면 마리나 베이 샌즈에 닿는다. 꼭대기에 위치한 배 모양의 스카이파크에는 호텔 투숙객만 접근할 수 있는 인피니티풀 외에도 스카이 온 57 레스토랑, 쿠데타 바, 유료 전망대(SD20) 등이 마련돼 있어, 누구나 아찔하면서도 시원한 전망을 즐길 수 있다. 건물 아래로 내려오면 카지노와 박물관, 극장, 스케이트링크, 쇼핑몰, 식당가 등이 포진해 있어 '보고 먹고 즐기고'를 한곳에서 해결할 수 있다. 헬릭스 브리지나 베이프런트 브리지를 건너 향할 곳은 싱가포르 플라이어다. 관람차를 타고 42층 건물 높이까지 올라가 싱가포르 전경을 감상하게 되는데, 시간대에 따라 애프터눈 티나 칵테일, 디너까지 함께 즐길 수 있어 색다른 경험이 될 수 있다. 복합 문화공간 에스플러네이드에 닿으면 먼저 3층 테라스로 달려가 마리나 베이 전경을 감상하고, 다시 야외로 나와 마칸수트라 글루턴스 베이 호커센터에서 주린 배를 채워보자(추천 음식은 p.103 참조). 마지막 코스는 싱가포르의 상징, 멀라이언이 서 있는 멀라이언 파크이다. 이곳에서는 싱가포르 플라이어, 마리나 베이 샌즈, 래플스의 마천루가 파노라마처럼 눈앞에 펼쳐지는데, 낮보다 밤이 더 아름답다.

Tip.
마리나 베이 즐기기

❶ 상공에서 내려다보는 전경은 마리나 베이 샌즈나 싱가포르 플라이어가 대동소이하므로, 다음을 기준으로 둘 중 하나를 선택한다(식사 중심=스카이 온 57, 칵테일을 겸한 야경=쿠데타, 파노라마 전망=유료 전망대, 관람차의 스릴=싱가포르 플라이어).
❷ 가든스 바이 더 베이와 마리나 베이 샌즈에서는 황홀한 조명 쇼를 무료로 관람할 수 있다.
가든스 바이 더 베이 19:45, 20:45,
마리나베이 샌즈 20:00, 21:30
(금, 토 23:00 추가)
참고로, 마리나 베이 샌즈 조명 쇼는 에스플러네이드나 멀라이언 파크에서도 감상 가능하다.

✚ 올드 시티 Old City

올드 시티는 싱가포르가 탄생하고 영국의 식민 문화가 꽃을 피우던 시기의 건축물들은 물론 싱가포르의 역사와 문화를 이해하는 데 반드시 필요한 장소들로 가득하다. 싱가포르 국가 문화유산 위원회가 지정한 역사적 건축물과 공원, 기념물 등은 대체로 싱가포르의 랜드마크가 되었는데, 시청을 중심으로 모두 도보 가능한 거리에 있어 역사와 문화, 건축물 등 볼거리에 관심이 많은 여행자들이라면 하루쯤 시간을 투자해 모두 돌아볼 것을 추천한다.

★ 추천 루트

래플스 호텔 → 차임스 → 굿 셰퍼드 성당 → 싱가포르 예술 박물관 → 싱가포르 국립박물관 → 싱가포르 우표 박물관 → 페라나칸 뮤지엄 → 아르메니안 교회 → 중앙 소방서 → 세인트 앤드류스 성당 → 시청 → 국립미술관(개관 완료) → 아츠 하우스(구의회) → 빅토리아 시어터 & 콘서트 홀 → 래플스경 상륙지 → 아시아 문명 박물관 → 에스플러네이드 공원(달하우시 오벨리스크 → 림보성 기념탑 → 인디안 내셔널 아미 메이커 → 전몰장병 기념비 Cenotaph → 탄킴성 분수) → 전쟁 기념탑

Tip.
올드 시티 즐기기

❶ 올드 시티 추천 루트는 상당한 거리로 느껴지지만, 코스간 거리가 멀지 않아 건물 외관 중심으로 선택하듯 둘러본다면 1일 도보 루트로 손색이 없다.

❷ 오전/오후로 1일 코스를 나눈다면 시청을 중심으로 전반부는 오전, 후반부는 오후로 잡고, 야경을 위해 차임스를 한 번 더 방문해 본다.

❸ 이 루트들은 대체로 야간에도 흰색과 노란색의 조명으로 장식돼 낮과는 또 다른 매력을 자아내므로 밤거리가 안전한 싱가포르에서 야간 산책 삼아 둘러보는 것도 좋다.

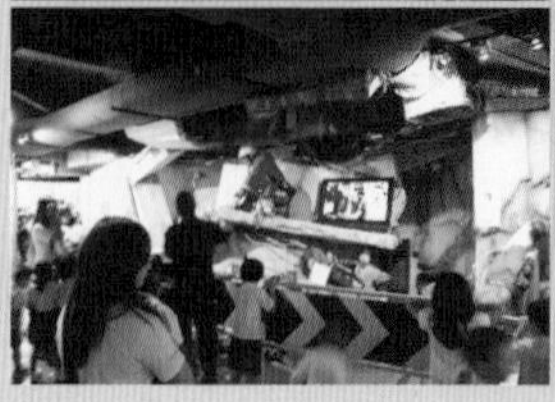

싱가포르 최고最古 & 最高의 호텔, 래플스로부터 시작한다. 식민지풍 건물부터 도어맨에 이르기까지 그 유명세를 타는 만큼 사진 한 장 남겨보는 것도 좋다. 싱가포르 슬링이 탄생한 롱 바나 한 번 맛보면 잊을 수 없는 파인애플 케이크, 티를 공짜로 시식할 수 있는 서니 힐즈도 놓치기 아깝다.
영국의 분위기를 고스란히 전해주는 차임스와 굿 셰퍼드 성당을 지나 싱가포르의 대표적인 박물관 4곳을 차례로 돌아본다. 개인의 취향에 따라 한두 곳은 꼭 방문해 보기를 추천하지만 박물관에 관심이 없다 해도 역사적 건물들이므로 산책 삼아 돌아보면 좋다.
발걸음이 무거울 즈음, 아르메니안 교회 정원에서 휴식을 취해보자. 영국 소설에 나오는 듯한 곳으로, 싱가포르 시내에서 이렇게 운치 있고 조용한 곳도 없다. 천사상을 배경 삼아 사진 찍기도 그만이다. 영국풍의 중앙 소방서를 거쳐 고딕양식의 새하얀 영국 성공회 교회, 세인트 앤드류스 성당으로 간다. 2번이나 낙뢰를 맞아 불길함을 떨쳐 버린다는 의미에서 1862년 다시 지은 것으로, 국가 기념물로 등록돼 있다.
유럽의 여타 박물관이나 관공서처럼 고풍스러운 시청과 구법원은 2015년 현재 싱가포르 국립미술관National Gallery으로 재탄생되었다.
구법원의 길을 건너 코끼리상이 보이는 노란 건물은 1999년까지 의회로 사용되었던 곳으로, 지금은 각종 문화공연 및 전시가 열리는 아츠 하우스Arts House이다. 또 다른 문화의 장인 빅토리아 시어터 & 콘서트 홀을 등지고 선 래플스경 동상은 토마스 스탬포드 래플스경이 처음 싱가포르에 상륙했던 곳으로 역사적 의미가 깊다. 하지만 여행객들에게는 이곳에서 바라보는 강줄기와 마천루의 조화가 더욱 인상적이다(특히 야경).
래플스경 동상(을 등지고) 왼쪽으로 보이는 건물은 아시아 문명 박물관이다. 싱가포르 문화의 한 축을 이루는 동남아시아, 아랍, 인도의 문화 예술품들을 전시하고 있는데, 유일하게 한국인 도슨트 프로그램(매달 첫 번째 수요일)이 마련돼 있으므로 시간이 맞는다면 꼭 참여해 보자.
아시아 문명 박물관을 나와 멀리 에스플러네이드를 눈앞에 두고, 오른쪽 강가를 따라 조성된 에스플러네이드 공원은 한가로이 산책하기 그만이다. 이곳에서 전쟁 기념탑으로 빠지거나 에스플러네이드로 건너가 마리나 베이 쪽을 연계해 둘러볼 수 있다.

Tip.
에스플러네이드 공원 내 기념물들, 아는 만큼 보인다!
(아시아 문명 박물관에서 에스플러네이드 방향으로)

① **달하우시 오벨리스크**Dalhousie Obelisk 1850년 인도 장관 달하우시의 방문을 기념한 탑.
② **림보성 기념탑**Lim bo Seng Memorial 1954년, 항일운동을 이끈 육군소장 림보성을 기리며 세운 탑.
③ **인도국민군 추모비 표지**Indian National Army Marker 인도의 독립을 위해 싸운 무명의 인도군 전사자 추모비가 전쟁으로 인해 파괴되자 그 흔적을 남기기 위해 세운 표지.
④ **전몰장병 기념비**Cenotaph 1차 대전에서 희생된 싱가포르 출신 영국병사 124명과 2차 세계대전에서 희생된 무명용사 기념비.
⑤ **탄킴성 분수**Tan Kim Seng Fountain 부유한 상인이자 독지가였던 탄킴성이 최초의 공공수도 사업에 기여한 것을 기념하여 세운 분수.

Special Sightseeing

★

가든스 바이 더 베이

Gardens by the Bay

2012년 6월, 올림픽 수영장 75개를 합쳐놓은 정도의 드넓은 부지 위에 새롭게 문을 연 식물원이다. 이곳은 지중해 지역의 시원하고 쾌적한 기후 조건을 그대로 살린 실내 정원과 야외 정원으로 구성돼 있다.

가든스 바이 더 베이 즐기기 1

❶ 무더운 한낮에 광대한 야외 정원을 다 둘러보기란 쉽지 않다. 이때 이용할 수 있는 것이 오디오 투어이다. 꼬마기차 같은 셔틀을 타고 야외 정원 곳곳을 둘러본다. 출발점은 비지터 센터 근처이며 가격은 성인 SD5, 어린이 SD3이다.

❷ 야외 조명 쇼는 싱가포르의 그 어떤 조명 쇼보다도 환상적이다. 게다가 무료니 절대 놓치지 말 것. 밤 시간에도 방문자가 많기 때문에 나홀로 여성 여행객들도 두려움 없이 도전해 보자.

❸ 정원 곳곳에 다양한 콘셉트의 레스토랑들이 많이 있다. 특히 싱가포르의 유명한 디저트 카페 베이커진Bakerzin에서 보기에도 즐거운 프렌치 케이크들과 커피를 즐겨보자. 그 외 간단한 식사류도 가능하며 샌드위치도 상당히 훌륭하다.

Access 플라워돔 티켓 박스 맞은편

Cost 케이크류 SD8.50~, 커피 SD5~

가든스 바이 더 베이 즐기기 2

방문하기 가장 좋은 시간대는 오후 4~5시경이다. 먼저 오디오 투어로 야외 정원을 둘러본 후 OCBC 스카이웨이를 걸으며 정원 및 싱가포르 도심을 관람한다. 그 후 플라워돔과 클라우드 포레스트를 방문한다. 오후 7시 45분과 8시 45분 조명 쇼 시간에 맞춰 슈퍼트리 글로브에 자리를 잡는다. 슈퍼트리 비스트로에 올라가 와인이나 맥주(SD18)를 즐기며 야경을 감상한다.

Access	❶ MRT 베이프런트 역 하차. B번 출구로 나와 지하 통로를 건넌 후, 밖으로 나와 드래곤플라이 브리지를 건넌다. 혹은 출구 앞 전방 100미터에 위치한 셔틀버스를 이용해 정문의 비지터 센터까지 갈 수도 있다. ❷ 마리나 베이 샌즈 A 타워 4층에 위치한 라이언스 브리지를 건너면 드래곤플라이 브리지와 연결된다. ❸ MRT 마리나 베이 역에서 하차. A번 출구로 나와 400번 버스를 타고 4번째 역에서 내린다.
Open	**야외 정원** 05:00~02:00 **실내 온실 및 OCBC 스카이웨이** 09:00~21:00 **야간 조명 쇼** 19:45, 20:45(2회) **셔틀버스** 09:30~17:00 (매달 첫 번째 월요일은 12:30에 첫 운행)
Cost	**야외 정원** 무료 **실내 정원** 성인 SD28, 어린이 SD15 **OCBC 스카이웨이** 성인 SD5, 어린이 SD3 **셔틀버스** 2회 탑승 SD2(30일간 유효)
Address	18 Marina Gardens Drive, Singapore 018953
Tel	065-6420-6848
Web	www.gardensbythebay.com.sg

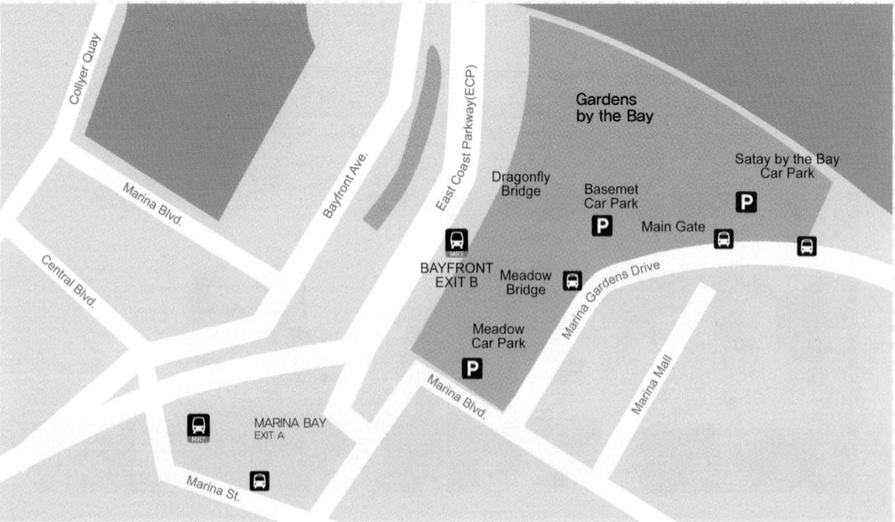

Gardens by the Bay

❶

실내 정원

〉플라워 돔 Flower Dome

일반 식물원과 같은 개념으로 볼 수 있지만, 아프리카 바오밥나무, 선인장류의 다육성 식물, 오스트리아, 남아프리카, 남미, 캘리포니아, 지중해식 정원 등 지역별로 그 특성을 살려 한 공간에서도 다양한 분위기의 소정원을 만날 수 있다.

〉클라우드 포레스트 Cloud Forest

방문객들의 큰 인기를 끌고 있는 클라우드 포레스트는 난과 양치식물, 습생식물 등이 빼곡히 자라고 있는 35미터의 인공 산과 폭포가 실내에 고스란히 들어와 있어 싱가포르가 도시라는 생각을 싹 잊게 만든다. 이곳을 둘러볼 때에는 먼저 엘리베이터를 타고 정상까지 오른 후 스카이워크를 따라 내려오면 된다.

Gardens by the Bay

❷

야외 정원

〉슈퍼트리 글로브 Supertree Grove

25~50미터 높이에 바오밥나무처럼 생긴 거대한 슈퍼트리들 때문에 붙여진 이름으로 가든스 바이 더 베이의 아이콘이라 할 수 있다. 두 개의 슈퍼트리를 잇는 높이 22미터, 길이 128미터의 OCBC 스카이웨이를 걷거나 50미터 상공에 위치한 비스트로에서 파노라믹뷰를 즐기다 보면 가슴이 뻥 뚫리면서 싱가포르 도심의 웬만한 관광지가 한눈에 들어온다. 하지만 이곳의 하이라이트는 뭐니뭐니해도 화려한 야간 조명쇼이다. 때로는 감미롭고 때로는 장대한 음악의 선율에 맞춰 시시각각 변하는 조명 아래 있노라면 마치 딴 세상에 와 있는 듯한 느낌이 들 정도로 환상적이다.

〉헤리티지 가든 Heritage Gardens

싱가포르 문화의 한 축들을 담당한 중국, 말레이시아, 인도, 영국을 테마로 작은 정원을 만들었다.

〉식물의 세계 World of Plants

6개의 소정원들에 아름답게 가꿔진 각종 식물들을 통해 생태계의 신비를 느낄 수 있는 곳이다.

〉호수 Dragonfly & Kingfisher Lakes

한쪽으로는 호수를, 다른 한쪽으로는 정원을 옆에 끼고 산책로가 마련되어 있다.

★

래플스 호텔 & 아케이드

Raffles Hotel & Arcade

싱가포르에서 가장 유서 깊은 호텔로, 호텔 자체로도 충분히 매력적이다. 높은 가격대 때문에 숙박을 포기한다면 관광 포인트로라도 꼭 리스트업해놓자. 래플스 호텔은 싱가포르에서 최고最古이자 최고最高인 호텔이다. 호텔 내의 으리번쩍한 샹들리에와 화려한 시설도 눈에 들어오지만, 오래전부터 그 자리를 지켜온 시계부터 옛 모습이 담긴 사진과 자료 가득한 박물관이 더욱 이곳을 빛나게 만들어준다. 래플스 호텔에서 싱가포르의 역사와 문화에 잠시나마 젖어 있었다면 훌륭한 다이닝 스폿인 이곳의 레스토랑 중 하나를 골라 식사를 하고, 최고들만 갖추어져 있는 이곳 아케이드에서 쇼핑으로 마무리하는 것은 어떨까?

Access	MRT 시티홀 역 D 출구, 에스플러네이드 역 F 출구 건너 바로 보인다.
Address	1 Beach Rd.
Tel	065-6337-1886
Web	www.raffles.com/singapore

Raffles Hotel & Arcade

❶

래플스 호텔숍 Raffles Hotel Shop

싱가포르를 방문한 여행자들이 앞 다투어 멀라이언 기념품을 구입하듯이 이곳을 방문한 사람이라면 반드시 들러주어야 할 숍이다. 래플스 호텔에서 현재 사용되고 있는 다양한 어메니티들과 래플스 호텔의 상징인 귀여운(?) 도어맨의 다양한 캐릭터 아이템, 하이 퀄리티의 각종 식료품들도 판매하고 있다. 특히 싱가포르의 대표상품인 카야 잼과 래플스 호텔의 쇼콜라티에의 맛있는 초콜릿들은 베스트셀러이다.

Access	#01-01/02/03
Open	08:30~21:00
Tel	065-6337-1886
Web	www.raffleshotelgifts.com

추천 아이템 Best 4

❶ 최고의 인기 아이템인 래플스 호텔 카야 잼
❷ 래플스 호텔 한정판, 돔 레일리 Dom Reilly 가방
❸ 집에서도 즐길 수 있는 싱가포르 슬링
❹ 군침 도는 칠리 크랩, 치킨라이스 소스

❷

서니 힐즈 Sunny Hills

싱가포르의 카야 잼이나 칠리 크랩처럼 대만을 대표하는 먹거리 중 하나가 바로 파인애플 케이크이다. 부드러운 빵 안을 가득 채운 달콤한 파인애플 잼이 환상적인 조화를 이루는 이 파인애플 케이크를 래플스 호텔 내에서도 맛볼 수 있다. 마치 우리나라 홍대 뒷골목의 카페처럼 감각 있는 인테리어에 맘 좋은 아저씨가 기다리고 있는 이곳에선 파인애플과 함께 차를 즐길 수 있다. 파인애플 케이크는 선물용으로 포장된 다양한 패키지가 있으며 무료로 차와 파인애플 케이크를 시식해볼 수도 있다. 무겁지만 않았다면 싹쓸이해가고 싶은 일체의 첨가물이 들어가지 않은 최고급 유기농 파인애플 주스도 서니 힐즈의 자랑거리. 래플스 호텔, 롱 바의 싱가포르 슬링에 들어가는 파인애플 주스도 같은 제품을 사용한다고.

Access	#03-05
Open	화~토 11:00~20:00, 일 11:00~15:00
Cost	파인애플 케이크 SD13.8(5개입), 파인애플 주스 SD8.8
Tel	065-8522-9605

Dine in Raffles Arcade

할리아 Halia (p.100)

보타닉 가든 속 힐링 플레이스였던 할리아의 시티 버전.

래플스 코트야드 Raffles Courtyard

말 그대로 래플스 호텔 앞마당에 자리 잡은 이탈리안 레스토랑. 야외의 캐주얼한 분위기답게 가격도 리즈너블하다. 정통 이탈리안 젤라또와 화덕피자는 이곳의 자랑.

롱 바 Long Bar (p.112)

두말할 필요 없이 한 번쯤 방문해볼 만한 기념비적인 바. 싱가포르 슬링의 원조를 맛보자.

바 앤 빌리어드 룸 Bar & Billiard Room (p.96)

설명이 필요 없는 래플스의 시그니처 레스토랑(뷔페 & 단품요리). 오랜 역사를 자랑하는 빌리어드가 한켠에 자리하고 있다.

Sightseeing

❶

멀라이언 파크 Merlion Park

싱가포르 여행의 필수 코스! 싱가포르의 상징인 멀라이언 상이 바다를 향해 시원하게 물줄기를 내뿜고 있는 해상공원이다. 강과 바다가 만나는 곳에 위치해 있다. 뒤로 플러턴 호텔이고, 앞쪽으로 에스플러네이드, 마리나 베이 샌즈, 싱가포르 플라이어 등을 한 곳에서 조망할 수 있다. 항상 관광객으로 붐벼 사진 촬영에 방해를 받기도 하지만, 사람들의 촬영 모습마저 재미난 구경거리다.

멀라이언Merlion은 인어Mermaid와 사자Lion의 합성어로, 상반신은 사자이고 하반신은 물고기의 모양을 하고 있다. 싱가포르라는 국명의 유래인 싱가푸라는 '싱가(산스크리트어로 사자)'와 '푸라(도시)'가 합쳐진 말로, 여기에 해상국의 이미지를 덧붙여 오늘날의 멀라이언이 탄생하게 되었다.

Access	MRT 래플스 플레이스 역 B번 출구 도보 5분. 에스플러네이드 다리 이용 도보 10분

Sightseeing

❷

싱가포르 국립박물관 National Museum of Singapore

14세기부터 현재에 이르기까지 싱가포르의 역사와 문화를 다양한 방법과 자료를 통해 관람할 수 있는 곳이다. 1887년에 개관한 싱가포르 국립박물관은 싱가포르에서 가장 오래된 박물관이지만 가장 최신 시설과 전시관을 갖추고 있어 한 번쯤 둘러볼 만하다. 특히 싱가포르 역사 갤러리는 700여 년간의 싱가포르 역사를 멀티미디어와 최신 시설로 소개하고 있다. 방문객들은 유리 로툰다Glass Rotunda를 통해 입장하는데 배경음악과 함께 360도 영상 이미지와 신비스러운 분위기를 경험할 수 있다.

Access	MRT 시티홀 역 혹은 도비 갓 역에서 스탬포드 로드 쪽으로 도보 5분
Open	**히스토리 갤러리** 10:00~18:00 **리빙 갤러리** 10:00~20:00(30분 전 입장 마감, 18시부터는 무료 입장)
Cost	어른 SD10, 어린이(3~12세)와 노인(60세 이상) SD5 (티켓 카운터 10:00~19:30)
Address	93 Stamford Rd, Singapore 178897
Tel	065-6332-3659
Web	www.nationalmuseum.sg

Sightseeing

3

싱가포르 예술 박물관 Singapore Art Museum

1996년 오픈한 박물관으로 싱가포르와 동남아시아의 다양한 예술작품들을 만나볼 수 있다. 원래 미션스쿨이었던 이곳은 현재 13개의 갤러리를 갖추고 있다. 7,000여 종 이상의 작품이 전시되어 있는데 이는 아시아에서 최대 규모로 꼽힌다. 전시품은 그림뿐만 아니라 조각, 멀티미디어, 사진 등 다양한 작품들이 포함되어 있으며 영어와 일본어, 중국어로 된 가이드 투어가 매일 1~2차례 있다.

Access	MRT 도비 갓 역 혹은 시티홀 역, 브라스 바사 로드
Open	10:00~19:00(금요일은 21시까지)
Cost	어른 SD10, 어린이와 노인 SD5 (금요일 18시 이후 무료)
Address	71 Bras Basah Rd, Singapore 189555
Tel	065-6332-3222
Web	www.singaporeartmuseum.sg

Sightseeing

4

페라나칸 뮤지엄 Peranakan Museum

싱가포르를 이해하기 위해 빼놓을 수 없는 것이 바로 페라나칸 뮤지엄이다. 페라나칸 뮤지엄에서는 총 9개의 전시실에서 페라나칸의 문화를 다양하게 느낄 수 있다. 전시실 1번부터 9번까지 순서대로 관람하는 것이 가장 좋다. 전시실 1에서는 페라나칸의 유래에서부터 페라나칸의 혼례, 종교, 음식, 일반생활 등 다양한 분야에 대한 이해를 도울 수 있도록 하였다. 전시실 9에서는 페라나칸 요리와 식문화를 둘러볼 수 있는데 특별한 행사를 위한 독특한 긴 테이블 세팅인 톡 판장 Tok Panjang을 볼 수 있으며 실제 페라나칸의 집과 부엌을 방문하는 기분이 든다.

Access	MRT 브라스 바사 로드 역에서 도보 약 10분
Open	토~목 09:00~19:00 월 13:00~19:00 금 09:00~21:00(19시 이후 할인)
Cost	성인 SD6, 가족권(최대 5명) SD18 (금요일 19시 이후 SD3)
Address	39 Armenian St, Singapore 179941
Tel	065-6332-7591
Web	www.peranakanmuseum.sg

Sightseeing

5

싱가포르 플라이어 Singapore Flyer

지상으로부터 165m에 달하는 높이(42층 건물 높이)에서 1초에 약 0.24m의 속도로 빙글빙글 돌아가는 싱가포르 플라이어는 규모나 전망에 있어서 세계 톱클래스를 자부한다. 28개의 캡슐로 되어 있는데 각 캡슐의 정원은 28명이며 내부에는 에어컨이 가동되고 자외선 보호막 처리까지 되어 있는 최신식 시설을 자랑한다. 날씨만 좋으면 싱가포르 시내뿐 아니라 창이 공항, 센토사, 인도네시아까지 멋진 전망을 즐길 수 있다.

싱가포르 플라이어를 즐기는 방법에는 여러 가지가 있는데, 가장 많이들 이용하는 것이 일반 캡슐을 타고 싱가포르 전망에 폭 빠져보는 것이다. 하지만 좀 더 스페셜한 시간을 보내고 싶은 사람이라면, 그 유명한 싱가포르 슬링이나 싱가포르 플라이어의 시그니처 칵테일, 애프터눈 티를 즐기며 낭만적인 시간을 보낼 수 있다. 그 외에 좀 더 럭셔리한 순간을 원한다면, 모엣샹동 샴페인이나 버틀러 서비스와 함께 4개의 코스 메뉴가 제공되는 스카이 다이닝을 즐겨보는 것도 좋다.

싱가포르 플라이어 터미널 빌딩에는 각종 숍과 푸드코트 등이 있으며, 싱가포르 오픈투어 버스들은 물론 말레이시아 레고랜드행 버스까지 모두 이곳에서 출발한다.

Access MRT 프로미네이드 역 A 출구에서 도보 5분(출구를 나오면 싱가포르 플라이어가 보이는데, 그 방향으로 도로를 따라가면 된다) 혹은 에스플러네이드 역 하차 에스플러네이드로 나와 래플스 에비뉴를 따라 7분

Address 30 Raffles Ave, Singapore 039803

Tel 065-6734-8829

Web www.singaporeflyer.com

싱가포르 플라이어

Open 탑승시간 08:30~22:30
티켓판매 08:00~22:00

Cost 성인 SD33, 어린이 SD21, 노인 SD24

싱가포르 슬링 혹은 칵테일 플라이어

Open 14:30, 16:30, 18:30, 19:30, 20:30, 21:30

Cost 성인 SD69, 어린이 SD31(무알코올)

하이 티(애프터눈 티) 플라이어

Open 15:30(15:00 체크인)

Cost SD99++(2인)

모엣샹동 칵테일 플라이어

Open 15:00, 17:00, 19:00, 20:00, 21:00

Cost 성인 SD69

월드 퍼스트 풀 버틀러 스카이 다이닝

Open 19:30(19:00 체크인),
20:30(20:00 체크인)

Cost SD269++(2인)

Tip 시티 투어와 싱가포르 플라이어를 하루에!

시티 투어를 포함해 싱가포르 플라이어를 계획하고 있다면, 최대 SD33까지 저렴하게 이용할 수 있는 싱가포르 플라이어 시티 패스Singapore Flyer City Pass를 고려해 보자.

1. 시티 패스 A

성인 SD49.9, 어린이 SD39.9

싱가포르 플라이어(SD33) + 캡틴 덕 투어(SD29.9) + 싱가포르 푸드 트레일(푸드센터) SD5 바우처 + 지갑 사이즈 사진

2. 시티 패스 B

성인 SD49.9, 어린이 SD39.9

싱가포르 플라이어(SD33) + 싱가포르 리버 크루즈(SD17) + 펀비 오픈 톱 버스 투어-에스닉 호퍼(SD12.9) + 지갑 사이즈 사진

3. 프리미엄 시티 패스

SD79.7(최소 2인부터 가능)

싱가포르 슬링 혹은 시그니처 칵테일 플라이어(SD69) + 버블젯 리버 호퍼(SD20) + 펀비 오픈 톱 버스 호퍼(SD34.8) + 센토사 S.E.A. 아쿠아리움(SD29) + 열쇠고리

Sightseeing

6

싱가포르 우표 박물관 Singapore Philatelic Museum

1995년 개장한 박물관으로 1830년대 발행된 최초의 우표를 비롯해 세계의 다양한 우표들을 관람할 수 있다. 5개의 콘셉트로 꾸며진 갤러리는 각각 우표 제작 과정, 최고의 우표 수집가, 우표에 담긴 다양한 역사와 문화 등을 둘러볼 수 있다. 특히 헤리티지룸에서는 19세기 이주민들의 다양한 생활상을 고스란히 재현해 놓아 재미있다. 한쪽에서는 실제 우편업무를 보고 있어 현장에서 편지를 써서 실제로 보낼 수도 있다.

Access	MRT 시티홀 역 B 출구, 콜맨 스트리트를 따라 도보 약 10분
Open	월 13:00~19:00 화~일 09:30~19:00
Cost	어른 SD6, 어린이(3~12세) SD4, (공휴일 무료 입장)
Address	23-B Coleman St. Singapore 179807
Tel	065-6337-3888
Web	www.spm.org.sg

Sightseeing

7

민트 장난감 박물관 Mint Museum

민트[Mint]는 Moment of Imagination and Nostalgia with Toys라는 의미를 가지고 있다고 한다. 이름처럼 이곳에 들어서면 산더미처럼 전시되어 있는 장난감들과 귀여운 인형들이 어린 시절의 향수를 자극한다. 100여 년에 걸쳐 이루어진 이곳은 5층 건물로 1층은 기념품을 판매하는 민트숍이 있으며 지하에는 간단한 음식과 커피, 와인 등을 판매하는 미스터 펀치[Mr. Punch]가 자리하고 있다.

Access	MRT 시티홀 역, 래플스 호텔 옆 시아 스트리트에 있다.
Open	**뮤지엄 & 숍** 09:30~18:30 **미스터 펀치 레스토랑** 09:30~22:30(월~토), 09:30~18:30(일) **미스터 펀치 와인 바** 16:00~24:00(월~목, 공휴일), 16:00~익일 02:00 (금, 토, 공휴일 전날) (일요일 휴무)
Cost	성인 SD15, 어린이 SD7.5, 어른 2명 + 어린이 2명 SD36, 어른 3명 + 어린이 1명 SD42
Address	26 Seah St. Singapore 188382
Tel	065-6339-0660(뮤지엄 & 숍), 065-6339-0660(레스토랑), 065-6334-5155(와인 바)
Web	www.emint.com

Sightseeing

8

아시아 문명 박물관 Asian Civilisations Museum

싱가포르 3대 국립박물관 중 하나로 싱가포르의 역사뿐 아니라 아시아 전역의 역사와 문명에 대한 1,300여 종의 전시물이 전시되어 있다. 총 3개 층에 걸쳐 11개의 갤러리 전시장을 둘러보다 보면 아시아 지역의 문화와 변천사를 비롯해 아시아의 문화가 싱가포르의 다문화 사회를 구성하는 데 어떻게 영향을 주고받았는지 엿볼 수 있다. 금요일 오후 7시 이후에는 입장료가 할인된다.

Access	플러턴 호텔 앞 카베나 다리를 건너면 바로 보인다.
Open	토~목 09:00~19:00 금 09:00~21:00
Cost	어른 SD8, 어린이와 노인 SD4 (금요일 19시 이후 어른 SD4, 어린이와 노인 SD2)
Address	1 Emplace Place
Tel	065-6332-2982
Web	www.acm.org.sg

Sightseeing

9

세인트 앤드류스 성당 St. Andrew's Cathedral

MRT 시티홀 역에서 나오면 고딕양식의 새하얀 건물이 가장 먼저 눈에 들어오는데, 이곳이 세인트 앤드류스 성당이다. 영국 성공회 소속으로 현재의 성당은 두 차례나 맞은 낙뢰를 불길하게 여겨, 예전 것을 무너뜨리고 1862년에 새로 지어 올린 것이다. 국가기념물로 지정된 건물이다. 먼지 하나 없이 관리되는 성당 건물과 잔디광장은 전형적인 영국식 교회의 모습으로, 고풍스러운 아름다움에 한참 넋을 잃게 만든다. 성당 내부의 스테인드글라스도 아름답기로 소문나 있다.

Access	MRT 시티홀 역 B 출구
Open	07:00~18:00
Cost	무료
Address	St Andrew's Cathedral 11 St. Andrew's Rd. Singapore 178959

Sightseeing

10

중앙 소방서 Central Fire Station

싱가포르에서 가장 오래된 소방서이다. '여기가 소방서야?' 싶을 정도로 고풍스러운 멋을 자랑하는 곳이지만, 다른 현대적인 소방서 못지않은 훌륭한 시설을 갖추고 있다. 1900년대 말부터 시작된 싱가포르 소방의 역사를 모아 놓은 '시빌 디펜스 헤리티지 갤러리Civil Defence Heritage Gallery'도 흥미로운 곳으로 무료로 일반에 공개되고 있다.

Access	MRT 시티홀 역 B번 출구 도보 10분
Open	10:00~17:00 (월요일 휴무)
Cost	무료
Address	62 Hill St. Singapore 179367
Tel	065-6332-2996
Web	www.scdf.gov.sg

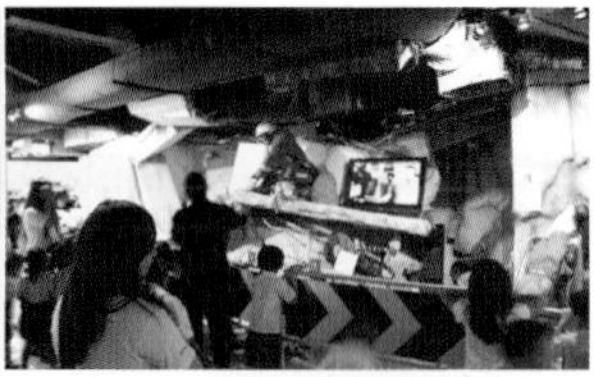

Sightseeing

11

아츠 하우스 The Arts House

1827년 건축가 콜맨에 의해 지어진 아츠 하우스는 1999년까지 국회의사당으로 사용되었던 곳이다. 현재는 각종 문화공연이 열리는 공연장과 갤러리 등이 자리하고 있으며 건축연도에서 이름을 딴 태국 음식점 1827, 활기 넘치는 팀버 등 레스토랑과 바도 자리하고 있다.

Access	시청을 등지고 우회전, 세인트 앤드류 로드를 따라 직진
Open	월~금 10:00~20:00 토 11:00~20:00 (일요일 휴무)
Address	1 Old Parliament Lane, Singapore 179429
Tel	065-6332-6900
Web	www.theartshouse.com.sg

Sightseeing

12

굿 셰퍼드 성당 Cathedral of the Good Shepherd

1847년 완공되어 싱가포르에서 가장 오래된 로마 가톨릭 성당이자 싱가포르 국립기념물이다. 맞은편에 있는 화려한 차임스에 비해 상대적으로 눈에 띄지 않는 소박한 모습의 작은 성당이다. 한국에서 순교한 앵베르 신부의 순교 당시 유언에서 성당의 이름이 지어진 이유로 한국과도 인연이 깊은 성당이다. 앵베르 신부는 프랑스에서 싱가포르로 온 최초의 성직자이기도 하다. 한인 천주교 사무실이 있으며 한인들을 대상으로 한 한국어 미사가 진행되고 있다.

Access	차임스 정문 맞은편
Open	07:00~19:00 (**한국어 미사** 수 10:00, 일 12:00)
Cost	무료
Address	4 Queens St.
Tel	065-6334-0105(싱가포르 한인 천주교회 사무실)

Sightseeing

13

에스플러네이드 Esplanade Theatres on the Bay

호주의 오페라 하우스 마이크 모양을 본떠 만들었다는 에스플러네이드는 두리안이라는 별칭으로 더욱 많이 알려진 복합엔터테인먼트 공간이다. 공연장, 전시관 등이 자리하고 있고 도서관도 있다. 또 꼭대기 층 테라스에서는 아름다운 야경을 만끽할 수 있다. 에스플러네이드몰에는 각종 쇼핑몰과 유명 식당들이 많이 있어 여행자들도 자주 찾는다.

Access	MRT 시티홀 역 혹은 에스플러네이드 역에서 도보 10분. 시티 링크몰, 마리나 스퀘어, 선텍 시티, 밀레니아 워크의 언더패스로 연결됨
Open	쇼핑몰 11:00~22:00, 라이브러리와 루프 테라스 11:00~21:00
Address	1 Esplanade Drive Singapore 038981
Tel	065-6828-8377
Web	www.esplanade.com.sg

Sightseeing

14

래플스경 상륙지 Sir Stamford Raffles Landing Site

역사적으로 의미가 있는 동상일 뿐 일부러 찾아갈 만큼 주변 볼거리가 풍성하진 않다. 싱가포르 건국의 아버지로 불리는 영국의 토마스 스탬포드 래플스경이 싱가포르에 처음 상륙했던 곳으로 알려진 이곳을 기념하기 위하여 만든 동상이다. 빌딩 숲을 배경으로 우뚝 서 있다.

Access	MRT 시티홀 역에서 도보 12분, 노스 보트 키에 있다.
Address	9 Empress Pl, Singapore 179556

Sightseeing

15

싱가포르 국립기록보관소 National Archives of Singapore

8만 6,000여 개의 파일 기록과 보도자료, 사진, 슬라이드, 필름 등의 시청각 자료를 보존하고 있는 보관소이다. 25년이 지난 후에야 공개가 가능한 탓에 기밀상태에 부쳐진 자료들도 많지만 부담 없이 둘러볼 수 있는 사진이나 포스터 자료들도 있어 가볍게 돌아볼 수 있다. 우표 박물관과 가까워 연계해 둘러보면 편리하다.

Access	싱가포르 우표 박물관 바로 건너편
Open	월~금 09:00~17:30, 토 09:00~13:30 (일, 공휴일 휴무)
Cost	무료
Address	1 Canning Rise, Singapore 179868
Tel	065-6332-7973
Web	www.nhb.gov.sg/nas

Sightseeing

16

부의 분수 Fountain of Wealth

링의 높이가 14m나 되는 거대한 분수대로, 세계에서 가장 큰 분수로 기네스북에도 오른 바 있다. 선텍 시티 단지 안, 정중앙에 있으며 저녁이면 조명이 들어와 훨씬 아름답고 신비스러운 느낌까지 풍긴다. 풍수지리 사상을 바탕으로 만들어 분수의 물에 손을 담그고 3바퀴를 돌면 부자가 된다는 재미있는 속설도 있다.

Access	MRT 시티홀 역에서 도보 10분, 선텍 시티 건물에 둘러싸여 있다.
Address	3 Temasek Blvd, Singapore 038983

Food

❶

해천루 Hai Tien Lo

최고의 전망과 최고의 음식이라는 찬사가 아깝지 않다. 팬 퍼시픽 시그니처 중식당인 해천루는 리노베이션 이후 3층에 새롭게 오픈하였으며 강렬한 레드 톤으로 화려하게 꾸며 놓았다. 정통 칸토니즈 메뉴가 주를 이루는데 런치타임에 방문했다면 해천루의 딤섬을 놓치지 말자. 한국인들에게 익숙한 새우딤섬 하까우와 돼지고기와 새우가 들어 있는 씨우마이는 물론이고 수십여 가지의 딤섬 메뉴들이 침샘을 자극한다. 디너 타임에는 시그니처 메뉴를 주문해보자. 3가지 극상의 맛을 느낄 수 있는 트리오 오브 트레저Trio of Treasures, 쫀득한 로브스터 요리, 로브스터 인 레몬버터소스Lobster in Lemon Butter Sauce 등이 있다. 특히 주말에는 60여 종의 딤섬은 물론 단품 요리도 맘껏 주문해 맛볼 수 있는 얌차 뷔페Yum Cha Buffet를 제공한다.

Access	팬 퍼시픽 호텔 3층
Open	12:00~14:30, 18:30~22:30, 얌차 뷔페 11:30~14:30 (주말 및 공휴일)
Cost	얌차 뷔페 SD68 (Tax & SC 17%)
Address	7 Raffles Boulevard Pan Pacific Hotel
Tel	065-6826-8240
Web	www.panpacific.com

Food

❷

TWG TWG Tea on the Bridge at Marina Bay Sands

싱가포르 최고 인기 선물 아이템으로도 꼽히는 TWG의 가장 아름다운 지점을 꼽으라면 마리나 베이 샌즈 지점을 빼놓을 수 없다. 이곳에만 2개의 TWG 지점이 있는데, 쇼핑몰 내에 설치된 물길을 따라 혹은 아치형의 다리 위에 자리하고 있어 마치 이탈리아 베네치아에 와 있는 듯한 착각이 들 정도로 아름답다.

아침 식사와 간단한 라이트 밀 메뉴도 제공되지만 역시나 인기가 있는 메뉴는 평일에 제공되는 티 세트. 금빛 티폿에 담겨 나오는 티는 워밍 작용에 의해 약 1시간 정도 따뜻하게 유지된다.

티를 즐기는 공간 옆에는 티 관련 상품을 구입할 수 있는 상점이 함께 자리하고 있는데, 진열장 가득 빼곡하게 채워져 있는 세계 여러 나라의 티들과 티 관련 상품들은 저절로 지갑을 열게 한다. 특히 이곳 마리나 베이 샌즈 지점에서만 맛볼 수 있는 티로 만든 특이한 아이스크림도 한 번쯤 맛보자.

Access	마리나 베이 샌즈 쇼핑몰 내
Open	10:00~23:00
	(주말 및 공휴일은 24시까지)
Cost	아침 식사 SD20~30, 크레페 SD12~,
	티타임 세트 메뉴 SD19~
	(Tax & SC 17%)
Address	The Shoppes at Marina Bay
	Sands, B2-65/68A 2 Bayfront
	Ave. Singapore 018972
Tel	065-6535-1837
Web	www.TWGTea.com

Food

3

군더스 Gunther's

최고의 권위를 자랑하는 미슐랭가이드의 추천 레스토랑으로 이름을 올린 군더스. 벨기에 출신 셰프인 군더 휴브레센Gunther Hubrechsen의 마법 같은 프렌치 퓨전을 맛볼 수 있다. 명성이 자자한 프렌치 레스토랑이라는 선입견을 간단하게 무너뜨리는 아담한 내부는 심플한 모노톤으로 오히려 음식에만 집중할 수 있는 분위기이다. 셰프의 음식 또한 인테리어만큼이나 거추장스러운 장식을 없애고 심플하면서 재료 본연의 맛을 최대한 살린 느낌이다. 예산이 부담스럽다면 비교적 만만한 평일 런치 코스를 노려보자.

Access	퍼비스 스트리트 초입
Open	12:00~15:00, 18:30~23:00 (일요일 휴무)
Cost	런치 SD40~, 디너 SD300~ (Tax & SC 17%)
Address	36 Purvis St. #01-03
Tel	065-6338-8955
Web	www.gunthers.com.sg

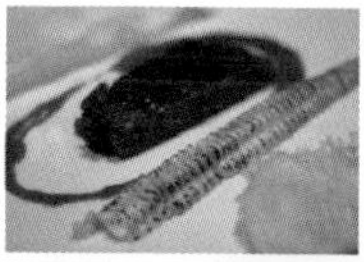

Food

4

가리발디 Garibaldi

다수의 수상 경력에 빛나는 정통 이탈리안 레스토랑으로 이탈리안 셰프인 로버트 가리발디Robert Garibaldi의 멋진 메뉴들을 만날 수 있다. 우리에게 친숙한 이탈리안 메뉴들이지만 정통 이탈리아 스타일의 음식들은 조금은 색다르게 느껴진다. 라자냐, 파스타 종류가 맛있는 편이며 양도 푸짐하다. 식사 후에는 가리발디 스위츠에서 직접 공수하는 이곳의 디저트를 꼭 맛보자. 보기만 해도 달콤한 디저트 트레이를 마주하면 무엇을 골라야 할지 망설여진다.

Access	군더스 바로 옆
Open	레스토랑 12:00~15:00, 18:30~23:00 바 12:00~24:00
Cost	파스타 SD30~, 세트 런치 SD40~ (Tax & SC 17%)
Address	36 Purvis St. Singapore 188613
Tel	065-6837-1468
Web	www.garibaldi.com.sg

Food

5

토다이 Todai

우리나라에서 한때 일었던 시푸드 뷔페 레스토랑의 선두주자였던 토다이를 싱가포르, 그것도 싱가포르의 최고의 힙 플레이스로 꼽히는 마리나 베이 샌즈 쇼핑몰에서 만날 수 있다. 더욱이 이곳의 토다이가 반가운 이유는 합리적인 가격에 한국음식은 물론이고 다양한 종류의 음식을 한꺼번에 맛볼 수 있다는 점이다. 특히 한국음식은 갈비와 각종 전은 물론이고 떡볶이까지 갖추어져 있다. 물론 시푸드 뷔페 레스토랑의 기본인 다양한 초밥과 회, 해산물에 싱가포르 명물 칠리 크랩도 갖추고 있다.

엄청나게 큰 규모의 뷔페 테이블을 한 바퀴 둘러보다 보면 접시 한가득 쌓고도 미처 담지 못한 음식이 많을 만큼 하나하나 식욕을 자극한다. 스태프의 90% 정도가 한국인이라는 점 또한 어쩐지 마음을 편하게 해주는 것이 이곳의 장점이다. 공연과 쇼핑과 연계해 푸짐한 식사로 마무리하는 것도 좋은 선택이 될 것이다.

Access	마리나 베이 샌즈 베이프런트 에비뉴 지하 2층
Open	월~금 11:30~15:00, 17:30~22:00 주말 및 공휴일 11:30~23:00
Cost	**런치**(어른/어린이) SD42/22(월~목), SD64/26(주말, 공휴일) **디너**(어른/어린이) SD58/26(월~목), SD68/26(주말, 공휴일) (Tax & SC 17%) *어린이 요금은 신장 130cm 미만을 기준으로 하며 연말연시에는 1, 2부제 시행, 요금의 변동이 있을 수 있으니 반드시 홈페이지에서 확인하자.
Address	#b2-01 The Shoppes at Marina Bay Sands, 2 Bayfront Ave. Singapore 018972
Tel	065-6688-7771
Web	www.todai.com.sg

Food

6

트루 블루 True Blue

전통 페라나칸 음식을 즐길 수 있는 곳이다. 입구의 작은 갤러리부터 페라나칸의 분위기를 느낄 수 있다. 다소 생소한 음식명이지만 한국인의 입맛에 잘 맞는 음식을 제공한다. 치킨과 블랙넛이 주재료인 매운 소스의 아얌 부쉬 끌로악과 타이거 프론과 달달한 커리소스의 우당 고랭 다온 커리가 추천 메뉴. 음료수나 맥주를 주문하면 물은 공짜이고 그 외에는 미네랄워터(SD3)를 주문해야 한다. 근처에 위치한 페라나칸 뮤지엄 1층에 같은 이름의 숍을 운영 중이다.

Access	MRT 시티홀 역, 페나라칸 뮤지엄 옆
Open	런치 11:30~14:30, 디너 18:00~21:30
Cost	아얌 부쉬 끌로악 SD18, 우당 고랭 다온 커리 SD15 (Tax & SC 17%)
Address	47/49 Armenian St. Singapore 179937
Tel	065-6440-0449/4548
Web	www.truebluecuisine.com

Food

7

바 앤 빌리어드 룸 Bar & Billiard Room

콜로니얼 풍의 클래식한 분위기를 지닌 래플스 호텔의 부속 레스토랑으로 하이 퀄리티 뷔페를 선보인다. 독특한 점은 레스토랑 내부에 한 세기를 넘어 지금까지 전해져 온 2개의 당구대가 실제로 자리하고 있다는 것. 가장 가격이 낮은 평일 점심 뷔페에도 파스타 섹션을 비롯해 육류, 시푸드, 샐러드, 디저트 등이 고르게 갖추어져 있으며 가짓수도 하나하나의 퀄리티도 훌륭하다. 이곳의 가장 큰 자랑은 선데이 브런치. 치즈가 무려 48종이 구비되며 로브스터, 푸아그라, 애쉬레 버터, 캐비어, 호주산 프라임립, 이베리코 돼지립 등 이름만으로 화려한 전 세계 유명 식재료들이 총출동한다.

Access	래플스 호텔 내에 있다.
Open	**런치** 화~토 11:30~14:00
	디너 화~토 19:00~22:00
	브런치 일 12:00~15:00
Cost	런치 SD55(성인), SD27.5(어린이)
	디너 SD78(성인), SD39(어린이)
	브런치 SD158(샴페인 불포함), SD188(Billecart-Salmon Brut Réserve 무제한), SD208(Billecart-Salmon Brut Rosé 무제한) (Tax & SC 17%)
Address	1 Beach Rd. Singapore
Tel	065-6412-1816

Food

8

티핀룸 Tiffin Room

품격 있는 래플스 호텔의 분위기를 만끽하며 달콤한 디저트와 함께 영국식 정통 하이 티를 즐길 수 있는 곳이다. 아침 시간에는 래플스 호텔 투숙객들의 아침 식사를, 점심에는 커리 뷔페를 제공한다. 가장 인기 있는 메뉴는 아무래도 부담 없이 즐길 수 있는 하이 티 세트이지만 커리 뷔페 또한 인기 만점. 일식이 약간 가미된 커리 뷔페로 티핀룸의 커리는 이미 아는 사람은 다 알 정도로 맛이 좋다. 하이 티와 커리 뷔페 모두 인기 있는 아이템인 데다 규모도 작아 방문 전 예약은 필수다.

Access	래플스 호텔 로비
Open	**런치** 12:00~14:30(월~토)
	선데이 브런치 11:30~14:30
	하이 티 15:30~17:30(월~일)
	디너 19:00~22:30(월~일)
Cost	하이 티(어른/어린이) SD55/27.5 (Tax & SC 17%)
Address	1 Beach Rd.
Tel	065-6412-1816
Web	www.raffles.com/singapore
Email	diningreservation.raffleshotel@raffles.com

Food

9

돌체 비타 Dolce Vita

이탈리아 본토 출신의 총괄셰프 Marco Pedrelli의 걸출한 이탈리안 푸드를 맛볼 수 있다. 최근 리노베이션을 막 마친 만다린 오리엔탈의 수영장 옆에 위치한 돌체 비타는 시원스러운 풀 뷰로 확 트인 느낌에 전체적으로 화사하고 모던한 분위기다. 3가지 소스와 곁들인 식전빵이 음식에 대한 기대감을 높이는데 그에 부응하듯 안티파스토부터 메인까지 음식 수준이 나무랄 데 없다. 식후엔 이곳의 특제 디저트인 수제 티라미수도 꼭 맛보자. 특히 주말에는 샴페인, 와인, 맥주 등 모든 주류와 돌체 비타의 훌륭한 메뉴들을 마음껏 즐길 수 있는 브런치도 제공된다.

Access	만다린 오리엔탈 내
Open	**런치** 12:00~14:30(월~금)
	브런치 12:00~15:00(토, 일)
	디너 18:30~22:30(월~일)
Cost	디저트 뷔페 SD120~,
	5코스 세트메뉴 SD170~
	(Tax & SC 17%)
Address	5 Raffles Ave. Marina Square,
	Singapore 039797
Tel	065-6885-3551
Web	www.mandarinoriental.com
Email	mosin-dolcevita@mohg.com

Food

10

엑시스 바 Axis Bar & Lounge

레드 컬러를 포인트로 한 강렬한 분위기의 엑시스 바. '스타일리시한 카푸치노 혹은 칵테일'이라는 슬로건에 걸맞게 낮에는 3단 트레이에 제공되는 달콤하고 예쁜 디저트와 함께 애프터눈 티를 즐길 수 있고 저녁 시간이면 우아한 라운지 뮤직을 감상하며 칵테일 한잔으로 하루를 마무리할 수 있는 곳이다. 특히 이곳의 시그니처 칵테일인 만다린 슬링, 만다린 모히토, 엔비 마티니와 디저트와 이름이 같은 달콤한 칵테일 티라미수는 다른 곳에선 맛볼 수 없는 특별한 맛을 선사한다.

Access	만다린 오리엔탈 내
Open	월~목 10:00~익일 01:00
	금, 토 10:00~익일 02:00
	일 10:00~24:00
	애프터눈 티 15:00~17:00
Cost	애프터눈 티 SD32~ (Tax & SC 17%)
Address	5 Raffles Ave. Marina Square,
	Singapore 039797
Tel	065-6885-3098
Web	www.mandarinoriental.com
Email	mosin-axis@mohg.com

Food

⓫

서머 파빌리온 Summer Pavilion

리츠 칼튼 호텔의 시그니처 레스토랑으로 셰프 폭 카이 위Fok Kai Yee의 모던 차이니스 퀴진을 경험할 수 있다. 96석의 실내는 식사 시간이면 언제나 가족 단위 손님들로 북적거린다. 싱가포르 관광청이 선정한 최고의 레스토랑, 최고의 딤섬 레스토랑 등 다양한 수상경력을 가지고 있다. 점심 시간에만 맛볼 수 있는 딤섬이 뭐니뭐니해도 가장 인기 메뉴. 다양한 딤섬을 고루 맛보려면 이왕이면 여럿이 함께 방문하는 것이 유리하겠다. 입가심으로는 망고와 사고, 아이스크림이 환상적인 하모니를 이루는 디저트로 마무리하자.

Access	리츠 칼튼 호텔 내
Open	11:30~14:30, 18:30~22:30
Cost	딤섬 SD4.8~ (Tax & SC 17%)
Address	7 Raffles Ave. Singapore 039799
Tel	065-6337-8888
Web	www.ritzcarlton.com/en/Properties/Singapore

Food

⓬

치훌리 라운지 Chihuly Lounge

리츠 칼튼 투숙객의 조식당으로 이용되기도 하는 치훌리 라운지는 천장이 높고 전체적으로 우아한 분위기를 자아내 애프터눈 티를 즐기는 곳으로 많은 사랑을 받고 있다. 평일에는 눈부터 즐거워지는 달콤한 디저트가 3단 트레이에 서브되는 우아한 정통 애프터눈 티를 즐길 수 있고 주말에는 좀 더 풍성한 메뉴로 구성된 티 뷔페를 즐길 수 있다. 애프터눈 티를 즐기는 동안 라이브 음악이 연주돼 엘레강스한 분위기를 더한다. 저녁이면 칵테일과 맥주를 마시며 라틴 재즈 라이브도 들을 수 있는 또 다른 분위기의 바로 변신한다.

Access	리츠 칼튼 호텔 내
Open	애프터눈 티 14:30~17:00
	칵테일 바 11:00~24:00
Cost	애프터눈 티(평일/주말) SD36/40 (Tax & SC 17%)
Address	7 Raffles Ave. Singapore 039799
Tel	065-6434-5288
Web	www.ritzcarlton.com/en/Properties/Singapore

Food

⑬

와 록 Wah Lok

소문만 무성한 맛집들에 비해 훨씬 내실 있고 만족도가 높은 숨은 맛집이다. 차분하게 꾸며진 내부에는 여행자들보다 현지인들이 많다. 분위기도 고급스러운 편이고 서비스도 좋아 마음을 편안히 해준다. 이곳에서 꼭 맛보아야 할 것은 딤섬! 대부분 맛이 있지만 Baked Barbecued Pork Buns은 꼭 맛보자. 달콤한 돼지고기 소와 바삭하고 고소한 만두피의 조화가 훌륭하다. 또, 이곳은 디저트 딤섬 쪽이 유난히 강한 편인데 특히 고열량인 점을 감내할 수 있다면 와 록의 달콤하고 고소한 Baked Custard Pastry and Egg Tart를 공략해보자.

Access	칼튼 호텔 내
Open	**런치** 11:30~14:30(월~토), 11:00~14:30(일, 공휴일) **디너** 18:30~22:30
Cost	Baked Barbecued Pork Buns SD4(1pc), Steamed Crabmeat with Egg White Dumplings SD4.8(3pc)
Address	76 Bras Basah Rd, Singapore 189558
Tel	065-6311-8188
Web	www.carlton.com.sg/wahlok.html

Food

⑭

마이 험블 하우스 My Humble House

이름과는 달리 전혀 '험블'하지 않은 분위기의 차이니스 퓨전 레스토랑으로 오랜 세월 꿋꿋이 자리를 지켜왔다. 독특하고 창의적인 메뉴와 젠 스타일의 모던한 인테리어로 상당한 인기를 끌었지만 현재는 약간 주춤세다.

마이 험블 하우스는 두 개의 공간으로 나뉘어 있는데 앞쪽에 위치한 공간은 주로 치킨라이스나 락사 등 간단한 로컬 메뉴 등을 취급하고 있으며 뒤쪽 공간은 정중하고 세련된 분위기의 파인 런치, 파인 다이닝을 목적으로 활용하고 있다.

Access	에스플러네이드 내
Open	12:00~14:30, 18:30~22:30
Cost	애피타이저 SD13~, 메인 SD20~ (Tax & SC 17%)
Address	8 Raffles Ave, #02-27~29 Esplanade Mall
Tel	065-6423-1881
Web	www.myhumblehouse.com.sg

Food

15

할리아 Halia

할리아를 시내 한복판에서도 만날 수 있다. 보타닉 가든의 여유로운 분위기는 느낄 수 없지만 좀 더 캐주얼한 분위기에서 할리아의 건강한 음식을 즐길 수 있다. 메뉴는 심플한 편으로 애피타이저용 스몰 플레이트와 메인인 빅 플레이트, 사이드 디시, 디저트로 구분해 놓았다. 특히 얇은 스파게티 면에 칠리 크랩 살이 듬뿍 버무려져 있는 할리아 칠리 크랩Halia Chili Crab(SD25)은 강추 메뉴. 거추장스럽게 게를 발라 먹지 않아도 좋고 입에 착착 달라붙는 매콤달콤한 양념도 맛이 있다. 달콤한 소스로 요리된 오리고기의 살을 발라 소면과 참기름을 곁들여 샐러드로 탄생시킨 오리엔탈 풀드 덕Oriental Pulled Duck(SD18)은 메인 디시 전 입맛을 살려주기에 최고다. 식사 후에는 바깥쪽에 마련된 할리아의 바에서 칵테일을 즐겨도 좋겠다.

Access	래플스 아케이드 내, 시아 스트리트 초입 쪽에 있다.
Open	월~금 11:30~22:00, 주말 및 공휴일 11:00~22:00
Cost	스몰 플레이트 SD12~24, 빅 플레이트 SD24~ (Tax & SC 17%)
Address	#01-22/23, 1 Beach Rd. Raffles Hotel, Singapore
Tel	065-9639-1148
Web	www.thehalia.com

Food

⑯

스카이 온 57 Sky On 57

마리나 베이 샌즈 57층에 자리 잡은 이곳은 압도적으로 아름다운 전망과 시크한 분위기로 언제나 사람들로 넘쳐난다. 아치형으로 배치된 창가는 예약이 없으면 자리 잡기도 어렵다. 스타 셰프 저스틴 퀵Justin Quek은 자주 손님들을 찾아다니며 음식에 대한 의견을 묻는 등 적극적인 모습을 보인다. 이곳에선 차이니스 퓨전 요리가 강세인데 로브스터 호키엔 미나판단으로 만든 마카롱 등 기발한 아이디어가 돋보인다. 깔끔한 맛이 일품인 차가운 파스타 샐러드, Pasta Marco Polo도 스카이 온 57이 자랑하는 메뉴다.

Access	마리나 베이 샌즈 호텔 57층
Open	07:00~24:00
Cost	디너 코스 SD180 (Tax & SC 17%)
Address	10 Bayfront Ave. Marina Bay Sands, Singapore 018956
Tel	065-6688-8857
Web	www.marinabaysands.com
Email	skyon57@marinabaysands.com

Food

⑰

잉타이 펠리스 Yingthai Palace

깔끔하고 고급스러운 분위기와는 달리 합리적인 가격에 제법 본토에 가까운 태국 요리를 맛볼 수 있다. 기본적으로 팟타이, 카오팟 등 면과 밥 요리는 일정 수준 맛이 있는 편이다. 좀 더 난이도 있는 메뉴에 도전해보고자 한다면 잘게 다진 돼지고기와 야채를 맵게 양념한 팟크라파오를 스팀 라이스에 얹어 먹어보자. 매콤한 불맛이 고스란히 느껴져 식욕이 확 돋는 느낌이 든다.

Access	퍼비스 스트리트, 군더스 바로 옆		
Open	11:30~14:00, 18:00~22:00		
Cost	팟크라파오 SD15, 스팀 라이스 SD1 (Tax & SC 17%)		
Address	36 Purvis St. #01-04		
Tel	065-6337-1161	Web	www.yhingthai.com

Food

⑱

1827

아츠 하우스 1층에 위치한 타이 퓨전 레스토랑이다. 1827년에 세워진 건물이라는 의미에서 레스토랑 이름도 1827이다. 고급스럽고 화려하기까지 한 붉은색 위주의 인테리어가 인상적이다. 퓨전식이라 맛이나 향신료가 강하지 않은 것이 특징으로, 무난하게 즐길 수 있는 메뉴들을 제공한다. 일반적인 태국식 메뉴도 있고 바삭한 오리 콩피(SD28), 생선부레 샐러드(SD18)도 특색 있는 메뉴다.

Access	아츠 하우스 1층에 위치
Open	**런치** 12:00~15:00, **디너** 18:30~22:30(월~토) (일요일 휴무)
Cost	애피타이저 SD14~16, 메인메뉴 SD14~30 (Tax & SC 17%)
Address	1 Old Parliament Lane #01-02, The Arts House Singapore 179429
Tel	065-6337-1871

Food

⑲

7107 플레이버스 7107 Flavours

7,107개의 섬이 있는 필리핀을 상징하는, 7,107가지의 맛을 만날 수 있는 필리핀 레스토랑이다. 싱가포르에서도 유명한 맛집으로, 넓은 실내와 밝은 분위기로 인기가 높은 곳이다. 필리핀의 대표 음식인 족발 튀김, 크리스피 빠따는 커다란 족발이 통째로 튀겨 나오는데 4인이 먹기에도 충분한 양이다. 매달 마지막 주 일요일에는 런치와 디너뷔페(런치 11:30~14:30, 디너 18:00~22:00)를 운영한다. 목~토요일에는 필리핀 출신 라이브 밴드의 공연이 펼쳐진다(20:00~22:00).

Access	마리나 스퀘어 2층 식당가
Open	월~토 11:30~23:30, 일 11:00~23:00
Cost	크리스피 빠따 SD27, 카레 카레 SD19.5 (Tax & SC 17%)
Address	6 Raffles Blvd. #02-02 Marina Square Singapore 039594
Tel	065-6334-7107

Food

⓴

막스 브래너 초콜릿 바
Max Brenner Chocolate Bar

초콜릿 마니아라면 그냥 지나칠 수 없는 곳이다. 다양한 종류의 초콜릿은 물론 직접 초콜릿을 녹여 만든 여러 종류의 초콜릿 음료도 마실 수 있다. 빽빽하게 들어찬 책장에는 선물용으로도 좋은 귀여운 초콜릿 관련 아이템들도 있어 달콤한 쇼핑과 휴식을 한꺼번에 즐길 수 있다.

Access	에스플러네이드 몰
Open	일~목 11:00~23:00
	금, 토 11:00~24:00
Cost	핫 초콜릿 SD5.9~,
	퐁뒤 SD20~30(2인) (Tax & SC 17%)
Address	8 Raffles Ave. #01-06/08
	Esplanade Mall
Tel	065-6235-9556
Web	www.maxbrenner.com

Food

㉑

쿠키 뮤지엄 Cookie Museum

귀족풍의 가구, 명화가 그려진 멋스러운 메뉴판, 금테가 곱게 둘려 있는 아기자기한 다기 등 여자들이라면 한 번쯤 들어가 보고 싶은 마음이 드는 앤티크 분위기의 티 하우스이다. 몇 가지 스테디셀러를 제외한 차 메뉴는 3달에 한 번씩 교체하고 있다. 쿠키와 차 등을 몇 가지 시음한 후 선택할 수 있다.

Access	래플스 시티 쇼핑센터 B1
Open	11:00~21:00
Cost	티 SD10~ (Tax & SC 17%)
Address	252 Horth Bridge Rd. #B1-49
Tel	065-6333-1965

Food

㉒

장수 숯불갈비 Jang Shou Korean BBQ

오랜 시간 꾸준히 사랑받아온 장수 숯불갈비는 해외의 한국음식점에 번번이 실망을 느꼈던 여행자들에게 단비 같은 존재이다. 대표 메뉴인 갈비와 너비아니 이외에도 깔끔하고 개운한 칡냉면은 한국인들뿐 아니라 현지인도 많이 찾는 메뉴. 점심에는 다양한 세트 메뉴도 즐길 수 있다.

Access	에스플러네이드 몰
Open	월~토 11:30~14:30, 17:30~22:00,
	일, 공휴일 17:30~22:00
Cost	1인 SD15 (Tax & SC 17%)
Address	8 Raffles Ave. #01-13B
	Esplanade Mall
Tel	065-6337-8880

Food

㉓

마칸수트라 글루턴스 베이 Makansutra Gluttons Bay

가장 로맨틱한 분위기의 호커센터로 꼽는 데 이의를 제기할 사람은 없을 듯하다. 다른 호커센터에 비해 가격대는 조금 높은 편이지만 싱가포르에서 인정받는 맛집만 모아놓은 곳이다. 언뜻 규모가 상당히 넓어 보이지만 9개의 점포로 구성되어 있다. 넓적한 쌀국수를 야채, 해산물과 함께 볶아낸 말레이식 면요리 차콰이테오와 푸짐한 치킨윙 등 보기만 해도 군침이 도는 메뉴들로 가득하다.

Access	에스플러네이드 몰 야외에 위치
Open	월~목 17:00~02:00
	금, 토 17:00~03:00
	일 16:00~01:00
Address	8 Raffles Ave. 1 Esplanade Drive,
	#01-15 Esplanade Mall

Food

㉔

라우 파 샷과 사테 스트리트

Lau Pa Sat Festival Market & Satay Street

옛 시장이라는 의미를 가진 라우 파 샷. 그래서 라우 파 샷 한쪽에는 예전 상인들이 물건을 사고파는 장면을 재미있게 재현해 놓은 모습도 보인다. 중국, 인도, 무슬림, 웨스턴, 한국 등 다양한 음식을 맛볼 수 있다. 라우 파 샷이 다른 곳보다 월등한 매력이 없음에도 주목을 받는 이유는 바로, 밤이면 불을 밝히는 바로 옆의, 사테 스트리트 때문이다. 해가 지면 하나둘 조명이 켜지고 매캐한 연기를 뿜으며 치킨을 비롯해 다양한 꼬치를 파는데 마치 야시장이나 축제에 온 듯 들썩이는 분위기를 느낄 수 있다.

Access	MRT 래플스 플레이스 역
Open	24시간
Address	18 Raffles Quay, Lau Pa Sat,
	Singapore 048582

Food

25

차임스 Chijmes

1983년까지 수녀들이 불쌍한 아이들을 돕기 위한 장소로 이용한 곳이다. 현재는 싱가포르 최고의 다이닝 공간으로 재탄생되었다. 고풍스러운 건물들로 더욱 아름다운 차임스는 연인들의 데이트 공간으로, 웨딩 촬영 장소로, 시민들의 휴식공간으로 많은 사랑을 받고 있다. 또한 여행자들에게는 다이닝과 나이트 라이프를 즐길 수 있는 핫플레이스로 꼽힌다.

호평을 받고 있는 칸토니즈 레스토랑 레이 가든Lei Garden Restaurant을 비롯해 카니보레, 규카쿠, 해리스, 하이랜더, 애플비, 시로키야, 테츠, 토스트 박스, 베를린 등의 레스토랑 및 바가 들어서 있다.

Access	MRT 시티홀 역에서 도보 약 5분
Address	Chijmes, 30 Victoria St. Singapore 187996
Tel	065-6337-7810
Web	www.chijmes.com.sg

Chijmes

1

규카쿠 Gyu-Kaku

일본에서도 인기 있는 고깃집의 싱가포르 지점이다. 일본식이라고는 하나 고기 굽는 방식부터 비빔밥, 김치 등의 메뉴가 한국의 고깃집과 비슷하다. 질 좋은 호주산 와규를 재료로 하고 김치가 제공되는 와라이 세트와 후쿠 세트는 다양하고 푸짐하게 즐길 수 있어 인기가 있다(2인 이상). 세트 주문 시 야채 샐러드 대신 상추와 쌈장을 선택할 수도 있다. 특히 칼칼하고 매콤한 김치는 한국에서 먹는 맛 그대로다. 일반 비빔밥 외에 돌솥비빔밥(SD8.9/12.9)도 인기가 높다. 차임스 외에도 홀랜드 빌리지, UE 스퀘어에 체인점이 있다.

Access	차임스 1층, 입구 왼쪽에 위치
Open	**런치** 12:00~15:00(금~일)
	디너 17:30~23:30(월~토),
	17:30~23:00(일)
Cost	와라이 세트 2인 SD149,
	비빔밥류 SD6.9~12.9
	(Tax & SC 17%)
Address	30 Victoria St. #01-01/03 Chijmes
	Singapore 187996
Tel	065-6333-4001
Web	www.gyu-kaku.com.sg
	(웹에서만 접속 가능)

Chijmes

2

재패니즈 다이닝 선 Japanese Dining Sun

일식의 고급화를 선도하며 차임스의 어엿한 파인 다이닝 레스토랑으로 자리 잡은 재패니즈 다이닝 선. 가격대는 높은 편이지만 신선한 최고의 재료만을 선택해 일본인 셰프의 섬세한 손길을 거쳐 탄생한 요리는 많은 호평을 받고 있다. 실내는 모던하면서도 진중한 분위기가 느껴지며 직원들의 서비스도 좋은 편이다. 점심에만 선보이는 레이디스 런치 세트는 다양한 메뉴를 고루 맛볼 수 있고 가격도 합리적인 편이라 특히 여성들에게 인기가 많은 메뉴라고.

Access	차임스 #02-01
Open	**런치** 12:00~15:00,
	디너 18:30~23:00(일~목),
	18:00~24:00(금, 토, 공휴일)
Cost	셰프 스페셜 사시미 SD120~
	(2~3인) (Tax & SC 17%)
Address	30 Victoria St. #02-01 Chijmes
Tel	065-6336-3166

★

시아 스트리트 & 퍼비스 스트리트

Seah Street & Purvis Street

시아 스트리트와 퍼비스 스트리트는 군더스, 가리발디 등 럭셔리한 파인 다이닝 레스토랑이 위치한 곳이기도 하지만 그와 상반된 오밀조밀한 맛집과 오랜 역사를 지닌 로컬 레스토랑들도 밀집되어 있다. 저녁 무렵 천천히 걸으며 군것질도 하고 현지인들과 함께 시끌벅적한 식사를 즐겨보는 것도 좋다.

Access MRT 시디홀 역 D출구에서 우회전해서 도보 3분, 래플스 호텔 지나 다음 골목

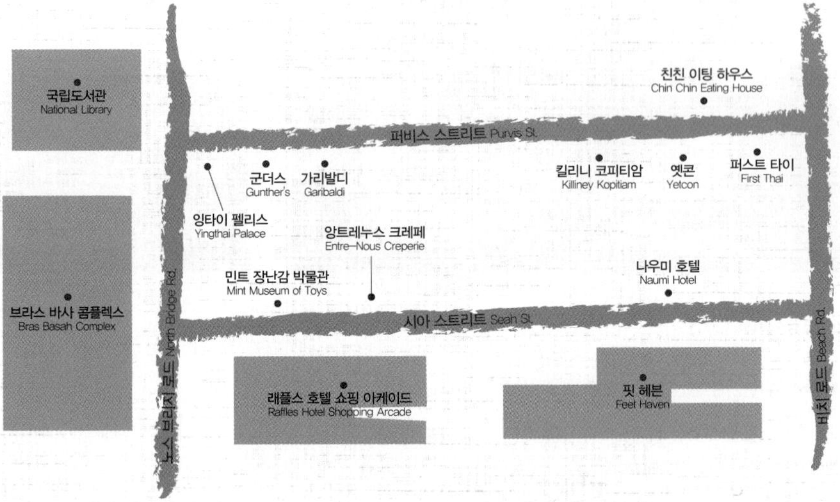

Seah St. & Purvis St.

❶

퍼스트 타이 First Thai

최근 여기저기 생겨나는 이 일대 태국음식점 중 가장 대중적인 곳이다. 가격대도 만만하고 맛 또한 훌륭한 편. 특히 달달하고 짭조름한 태국식 면요리 팟씨유나 달콤하고 고소한 팟타이, 깊은 맛이 일품인 똠얌꿍 등이 맛있다. 면이나 밥 등 일부 메뉴는 사이즈별로 3가지 중 선택할 수 있어 혼자 가면 부담 없고 여럿이 가면 이것저것 주문할 수 있어 좋다.

Open 12:00~15:00(14:15 라스트 오더), 18:00~22:00(21:15 라스트 오더) (월요일 휴무)
Cost 팟씨유 SD8~, 팟타이 SD8~
Tel 065-6339-3123

Seah St. & Purvis St.

❷

옛콘 Yetcon

1940년 오픈한 긴 역사를 가진 곳으로, 이곳의 치킨라이스를 맛보기 위해 식당 안은 언제나 북적거린다. 영어는 잘 통하지 않지만 워낙 다루는 메뉴가 한정적이라 주문하거나 계산하는 데 어려움은 없다. 하지만 여행자들의 입맛엔 지나치게 로컬스러워 의외로 실망할 수도 있으니 큰 기대는 말자.

Open	11:30~20:30
Cost	치킨라이스 SD5.6
Address	25 Purvis St.

Seah St. & Purvis St.

❸

앙트레누스 크레페 Entre-Nous Creperie

프랑스에서 건너온 조금 독특한 캐릭터의 주인이자 셰프는 크레페를 정통 프렌치 스타일로 선보인다. 우리가 알고 있는 달달한 디저트 크레페 이외에도 한 끼 식사로 충분한 다양한 토핑을 담은 기발한 크레페를 맛볼 수 있다. 이곳의 크레페들은 유기농 밀가루를 사용해 만든다고 한다. 크레페와 어울리는 음료를 추천해주기도 하는데 특히 멋진 병에 담겨 흡사 와인 같은 신기한 사이다와 함께 크레페를 즐겨도 좋겠다.

Open	화~금 12:00~15:00, 18:00~22:00, 토 11:00~22:00 일 11:00~18:00 (월요일 휴무)		
Cost	스위트 크레페 SD7.4~9.3 (Tax & SC 17%)		
Address	27 Seah St. #01-01		
Tel	065-6333-4671	Web	www.entrenous.sg

Seah St. & Purvis St.

❹

킬리니 코피티암 Killiney Kopitiam

처음 창업한 곳의 길 이름을 딴 킬리니 코피티암은 싱가포르의 로컬 체인점으로, 싱가포르에만 6개의 지점을 가지고 있어 종종 만나볼 수 있다. 하지만 이곳의 킬리니 코피티암은 다른 곳과는 확연히 다른 분위기를 풍긴다. 한가롭게 신문을 읽으며 커피를 마시는 할아버지와 수다를 떨며 토스트를 즐기는 현지인들의 모습에서 1919년 이래 100년이 다 되어가는 킬리니 본연의 모습을 볼 수 있다.

Open	10:00~22:00
Cost	면 SD3.8~, 커피 SD1.1~
Address	30 Purvis St. Singapore 188607
Tel	065-6337-7656
Web	www.killiney-kopitiam.com

Seah St. & Purvis St.

❺

친친 이팅 하우스 Chin Chin Eating House

다양한 로컬 음식을 맛볼 수 있는 곳으로 시설도 허름하고 서비스도 기대하기 어렵지만 푸짐하고 저렴하게 한 끼를 해결할 수 있다. 특히 새우, 생선, 오징어 등을 넣어 밥과 함께 볶은 볶음밥은 양도 많고 한국에서 먹던 맛과 비슷해 입맛에 맞는다. 삭힌 고추와 곁들여 먹으면 더욱 맛있다.

Open	11:00~21:00
Cost	Seafood Fried Rice SD4
Address	19 Purvis St. #01-01 Singapore 188598
Tel	065-6337-4640

Night Life

❶

에퀴녹스 콤플렉스 Equinox Complex

동남아시아 최고의 높이를 자랑하는 스위소텔 스탬포드 호텔의 69층부터 72층까지 자리한 5개의 레스토랑과 바를 일컬어 에퀴녹스 콤플렉스라 한다. 분위기에 압도될 만큼 정중하고 격조 있는 파인 다이닝 레스토랑 잔느와 에퀴녹스 레스토랑을 비롯해 인트로바, 중후한 느낌의 와인 바, 시티 스페이스, 젊은 감각의 뉴 아시아 바 등 모두 뛰어난 수준의 음식과 서비스로 인기가 많다. 이곳의 최고의 장점은 뭐니뭐니해도 백만 불짜리 야경이 한눈에 들어온다는 점. 바에 입장하기 위해 로비부터 줄을 길게 늘어서는 장면만 보아도 이곳의 인기를 짐작하고 남음이 있다. 드레스코드가 있으니 복장에 신경을 쓰는 것이 좋겠다.

Access	스위소텔 스탬포드
Open	**시티 스페이스**
	17:00~익일 01:00(일~목),
	17:00~익일 02:00(금, 토)
	뉴 아시아
	15:00~익일 01:00(일~화),
	15:00~익일 02:00(수, 목),
	15:00~익일 04:00
	(마지막 주 목요일),
	15:00~익일 03:00
	(금, 토, 공휴일 전날)
	인트로바
	15:00~익일 01:00(일~목),
	15:00~익일 02:00(금, 토)
	잔느 12:00~14:30(월~토),
	19:00~22:00(월~토)
	에퀴녹스 레스토랑
	런치 12:00~14:30(월~토),
	브런치 11:00~14:30(일),
	하이 티 15:30~17:00(매일),
	디너 18:30~22:30(매일)
Address	2 Stamford Rd. Swissotel The Stamford
Tel	065-6837-3322
Web	www.equinoxcomplex.com
Email	reservations@equinoxcomplex.com

Night Life

❷

쿠데타 Ku De Ta

마리나 베이 샌즈의 핫 이슈로 단박에 떠오른 스카이 바로, 200m 상공에 자리한 최고最高의 바입은 분명하다. 엄청난 규모의 쿠데타는 세 개의 복합 공간으로 나뉘어 있는데 세계적인 요리사들이 제공하는 메뉴를 즐길 수 있는 레스토랑과 스카이 바, 클럽 라운지와 풀 사이드 테라스 공간이다.

레스토랑 셰프인 댄 시걸Dan Segall은 홍콩의 주마Zuma에서 일한 경력이 있는 진취적이고 뛰어난 능력의 셰프로 쿠데타의 모든 음식을 책임진다. 식사는 차분한 분위기의 실내와 스카이 파크의 전망대 꼭대기에 위치한 원형 스카이 바에서도 즐길 수 있다.

마리나 베이 샌즈 자체가 최고의 핫플레이스인 만큼 언제나 들고나는 사람들로 어수선하다는 단점이 있지만 싱가포르와 인도네시아 해협까지 360도 파노라마 전경을 한 품에 안을 수 있다는 것만으로 쿠데타의 가치는 충분하다.

Access	마리나 베이 샌즈, 스카이 파크에 위치
Open	**레스토랑** 12:00~15:00, 18:00~23:00, 10:00~15:00(주말 브런치) **스카이 바** 12:00~Late **클럽 라운지** 18:00~Late **스카이 데크** 18:00~Late
Cost	런치 세트 SD58(2인 이상), 칵테일 SD20~ (Tax & SC 17%)
Address	10 Bayfront Ave. Marina Bay Sands, Singapore 018956
Tel	065-6688-7688
Web	www.kudeta.com.sg (웹에서만 접속 가능)

Night Life

❸

버터 팩토리 Butter Factory

현재 싱가포르의 가장 핫한 클럽을 꼽을 때면 빠짐없이 등장하는 버터 팩토리. 최고의 나이트클럽으로 꼽히는 '주크'가 10대 후반에서 20대 초반의 다소 과하게 영한 분위기의 클럽이라면 버터 팩토리는 20대 중반부터 30대 후반까지 다양한 연령대를 아우르는 좀 더 품위 있는 나이트클럽이라 하겠다. 인기를 증명하듯 늦은 시간이면 원 플러턴에 위치한 버터 팩토리 앞에는 항상 길게 줄이 늘어서 있다. 본격적인 댄스를 즐길 수 있는 공간은 물론 조용히 소파석에 앉아 칵테일을 즐기며 멋진 강변의 야경을 감상할 수 있는 공간 등 다양한 콘셉트로 구분되어 있어 골라 즐길 수 있다.

Access	원 플러턴에 위치
Open	22:00~익일 04:00 (수, 금, 토, 공휴일 전날)
Cost	칵테일 SD7~ (Tax & SC 17%)
Address	1 Fullerton Rd. #02-02/03/04, Singapore 049213
Tel	065-6333-8243
Web	www.thebutterfactory.com

Night Life

❹

소스 Sauce

미국식 슬랭으로 '술 마신다'라는 뜻을 가진 소스는 버터 팩토리가 매니지먼트한 따끈따끈한 신상이다. 언뜻 귀여운 인형들과 따뜻한 조명들, 아기자기한 야외 테이블과 의자까지 패밀리 레스토랑을 연상시키지만 실내는 시크하고 스타일리시하게 디자인되어 칵테일과 맥주를 마시는 사람들이 주를 이룬다. 이곳의 맛있는 음식들과 함께 와인을 즐기는 사람들도 많은 편이다. 술이 약한 여성이라면 소스의 특제 레모네이드를 주문해 보자. 오리지널 목테일인 That is a Lemonade는 깔끔한 맛으로 여성들에게 인기가 많다.

Access	에스플러네이드 몰에 위치
Open	월~목 17:00~익일 01:00 금, 일 17:00~익일 02:00 토 17:00~익일 03:00
Cost	런치 미트 칩스 SD18, 피시 앤 칩스 SD18, 칵테일 SD7~ (Tax & SC 17%)
Address	8 Raffles Ave. #01-10/12, Esplanade Mall, Singapore 039802
Tel	065-6837-2959
Web	www.saucebar.com.sg

Night Life

❺

팀버 Timbre @ The Arts House

목소리와 악기 톤이라는 의미가 있는 팀버는 이름처럼 싱가포르 로컬 밴드와 인터내셔널 밴드의 왕성한 라이브로 젊은이들의 아지트로 자리 잡은 인기 바이다. 월요일부터 토요일까지 매일 열정이 넘치는 젊은 밴드들의 라이브를 감상할 수 있으며 싱가포르 강변의 로맨틱한 분위기도 함께 즐길 수 있다. 공연은 보통 오후 8시 15분부터 시작하며 금요일과 토요일에는 9시 15분부터 시작한다. 간단히 맥주를 즐기는 사람이 대부분이지만 프레시 민트와 망고 시럽, 레모네이드가 들어간 망고 모히토와 애플 마티니, 코스모폴리탄 같은 다양한 칵테일도 인기 있는 편이다.

Access	아츠 하우스 건물
Open	월~목 18:00~익일 01:00 금, 토 18:00~익일 02:00 (일요일 휴무)
Cost	맥주 SD11~, 목테일 SD9~ (Tax & SC 17%)
Address	1 Old Parliament Lane, #01-04, Singapore 179429
Tel	065-6336-3386
Web	www.timbregroup.asia

Night Life

❻

폴라너 브로하우스 Paulaner Brauhaus

홀 중앙에 금빛의 맥주 기계가 위용을 자랑하는 정통 독일식 레스토랑 & 바이다. 퇴근 시간에는 한잔 즐기려는 주변 직장인들로 넓은 공간이 가득 차는 인기 있는 나이트 스폿이기도 하다. 이곳에서 직접 생산하는 뮌헨 라거Munich Larger는 애호가뿐 아니라 맥주를 마실 수 있는 이들에게 꼭 추천하고 싶다(300ml SD13/13.5). 보통맛과 진한맛 중 선택할 수 있는데 식도를 타고 실크가 흘러들어가는 듯한 목 넘김을 느낄 수 있다. 돼지고기 도가니 튀김은 이곳의 최고 인기 메뉴로 4인 정도가 충분히 즐길 만큼 양도 많고 맛도 좋다. 밤 시간에는 라이브밴드의 연주도 즐길 수 있다(19:00, 21:30).

Access	밀레니아 워크에 위치
Open	**Bar** 런치 12:00~14:30(월~금), 12:00~익일 01:00(일~화), 12:00~익일 02:00(금~토, 공휴일) **Restaurant** 런치 12:00~14:30(월~금), 디너 18:30~22:30, 선데이 브런치 11:30~14:30
Cost	맥주 SD13~, 소시지류 SD6.5~, 샐러드류 SD10.5~20, 메인 요리 SD12.5~33 (Tax & SC 17%)
Address	9 Raffles Blvd. #01-01 Millenia Walk 039596
Tel	065-6883-2572
Web	www.paulaner-brauhaus.com/singapore

Night Life

7

루프 Loof

유행처럼 번지는 싱가포르의 루프톱 바 열풍의 중심에 있는 루프는 어느 곳에 견주어도 우월한 세련된 분위기와 퀄리티 높은 메뉴들로 이미 많은 사랑을 받고 있다. 모던하면서 시크한 분위기의 에어컨석도 마련되어 있지만 자유분방한 오픈 에어 야외석이 인기가 많은 편이다. 맥주, 와인, 각종 칵테일과 목테일 등 다양한 주류 메뉴는 물론 신선하게 바로 구워낸 피자는 루프의 인기 메뉴 중 하나. 맛있는 사테를 무료로 무제한 제공하거나 마티니를 40% 할인된 가격에 즐길 수 있는 등 다양한 이벤트와 프로모션을 하니 방문 전 홈페이지에 들러 확인하자.

Access	래플스 호텔 건너편
Open	일~목 17:30~익일 02:00
	금, 토 17:30~익일 03:00
Cost	칵테일 SD13~, 목테일 SD8~,
	피자 SD8~ (Tax & SC 17%)
Address	331 North Bridge Rd. #03-07,
	Odeon Towers Extension Rooftop
	Singapore 188720
Tel	065-6338-8035
Web	www.loof.com.sg

Night Life

8

롱 바 Long Bar

싱가포르를 대표하는 싱가포르 슬링의 발상지이다. 롱 바에서는 싱가포르 슬링을 칵테일과 목테일로 모두 즐길 수 있다. 롱 바의 내부는 1920년대의 말레이 농장에서 영감을 받은 독특하면서도 편안한 분위기가 느껴지는데 특히 바닥에 아무렇게나 널브러진 땅콩껍질은 어느샌가 롱 바의 상징이 되어버렸을 정도이다. 이곳에서는 싱가포르 슬링과 관련된 다양한 상품을 구입할 수도 있고 스테이크 하우스를 겸하고 있어 맥주와 함께 간단히 식사를 즐길 수도 있다.

Access	래플스 호텔 내 위치
Open	**스낵** 11:30~22:30
	칵테일 11:00~24:30(일~목),
	11:00~01:30(금, 토)
Cost	싱가포르 슬링 SD22 (Tax & SC 17%)
Address	1 Beach Rd. 2~3F Raffles Hotel
Tel	065-6412-1816
Web	www.raffles.com/singapore
Email	diningreservation.raffleshotel@
	raffles.com

Shopping

1

밀레니아 워크 Millenia Walk

획일적이고 규모가 큰 싱가포르의 대표 쇼핑몰들과 비교하면 규모나 종류 면에서 만족도가 떨어질 수 있으나 개성만점 브랜드들과 걸출한 레스토랑 등이 많아 많은 이들이 찾는 곳이다. 특히 깔끔하고 단정한 느낌의 오피스룩 Van Laack과 가방 마니아라면 한 번 들러볼 만한 Halo Leather Bags 등 다른 쇼핑 스폿과는 차별화된 브랜드숍이 다수 입점되어 있다. 쇼핑 후에는 독일식 맥주와 푸짐한 안주를 맛볼 수 있는 폴라너 브로하우스에서 일정을 마무리하는 것도 좋겠다.

Access	MRT 프로미네이드 역에서 도보 약 3분
Open	10:00~22:00(매장마다 다르다)
Address	9 Raffles Blvd. Singapore 039596
Tel	065-6883-1122
Web	milleniawalk.com

층별 안내도

층별	업종	브랜드
1	Fashion & Accessories	Aston Blake, Alain Figaret, Celia Loe, Deja Vu Vintage, SOLE2SOLE, Van Laack
	기타	안경점
	주얼리	SKAGEN Denmark, Unique Fine Pearl & Gem, Fjord, Red Army Watches
	Home & Living	Platform
	카페 & 레스토랑	Madam Saigon, Oenotheque, Paulaner Brauhaus, Outback, Pullman Bakery, Paulaner Brauhaus, Cedele
	뷰티	Aésop, GNC, Guadian
2	아동	Boo-tiful(동화 같은 아동용품), Greenberry Loft
	Fashion & Accessories	Eternal Fit, Halo Leather Bags, Halo Leather Bag Hue
	Home & Living	Harvey Norman, Howards Storage World
	기타	태권도 학원, 키즈 퍼포먼스 학원 등

RIMOWA

IF MEN LIKED SHOPPING THEY'D CALL IT RESEARCH.
Aēsop
Sole Lovers

2

마리나 스퀘어 Marina Square

만다린 오리엔탈, 팬 퍼시픽, 마리나 만다린에 둘러싸여 있는 대형 쇼핑몰로 이 호텔들에 묵는다면 한 번쯤은 지나가게 되는 쇼핑몰이다. 명품 매장보다는 중저가의 실속 브랜드들 위주로 입점해 있고 매장의 규모도 큼직한 편이라 쇼핑하기에 편리하다. 쇼핑몰의 기본 브랜드인 자라, 톱숍, 막스 앤 스펜서, 찰스 앤 키스 등 일반적인 브랜드들은 물론이고 블랙 앤 화이트를 콘셉트로 모던한 디자인이 주를 이루는 M)phosis와 심플하고 베이직한 분위기의 의류부터 생활용품까지 다양한 아이템을 취급하는 무지, 합리적인 가격대의 신발 매장 바타 등 돌아볼 만한 숍들도 두루 갖추고 있다. 필리핀 전통 음식을 맛볼 수 있는 7017 Flavours, 상큼한 Salad Stop 등 다양한 레스토랑도 갖추고 있다.

Access	MRT 에스플러네이드 역, 마리나 링크에서 연결된다.
Open	10:00~22:00(매장마다 다름)
Address	6 Raffles Blvd, Marina Square, Singapore 039594
Tel	065-6339-8787
Web	www.marinasquare.com.sg

3

선텍 시티몰 Suntec City Mall

타워 1부터 5까지 5개의 건물에 걸쳐 자리하고 있는 매우 넓은 규모의 불편한 쇼핑몰이다. 사실상 각 건물의 1층에서 3층까지 정도만 쇼핑 공간으로 채워져 있고 나머지 공간들은 일반 사무실로 사용된다. 이곳은 테마에 따라 구역이 나뉘어 있다. 워낙 방대한 규모이므로 체력과 시간을 절약하기 위해서는 방문 전 살펴보고 미리 동선을 체크한 후 이동하는 것이 중요하다.

Access	MRT 에스플러네이드 역이나 프로미네이드 역에서 바로 연결된다. 혹은 MRT 시티홀 역 콜맨 스트리트에서 무료 셔틀버스를 타거나 시티 링크몰을 통해 도보로 이동한다. 약 15분 정도 걸린다. (주말에는 오차드 로드, 탕스 앞에서 무료 셔틀 이용 가능, 11:00~20:00, 1시간 간격)
Open	10:00~22:00(매장마다 다름)
Address	3 Temasek Blvd.
Tel	065-6825-2667
Web	www.sunteccitymall.com

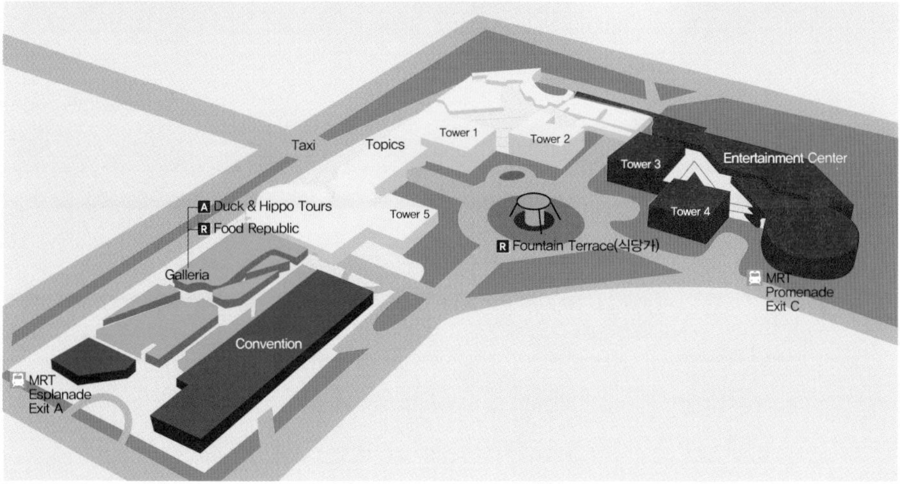

Entertainment Center(Red)

층별	업종	브랜드
1	카페 & 레스토랑	Bee Cheng Hiang, Ya Kun Kaya Toast, Han's, Old Chang Kee, Shin-Sapporo Ramen
	Fashion & Accessories	The Trvel Store
	헬스	Eu Yan Sang, GNC, Nature's Farm
	마트	Carrefour
	카페 & 레스토랑	Shin Sapporo Ramen, Sakae Sushi
	기타	ATM
2	Fashion & Accessories	U.R.S. & Inc, Pachebel
	마트	Carrefour
	Home & Living	Furniture & Furnishings
	기타	병원
3	카페 & 레스토랑	Pho Hoa, Wang Café
	Fashion & Accessories	Bless, Cherubin, Coco Bongo, de Closet, Que Sera
	아동	Simply Toys
	서점	Rock Bookstore
	기타	네일, 헤어숍, 병원, E Oasis(마사지) 외 스파, 댄스학원, 어린이 암재단
4	극장(공연장)	Rock Auditorium
7	기타	True Fitness

Galleria(Green)

층별	업종	브랜드
1	Fashion	Denizen, Dockers(남성 바지류로 유명), GAP, Guess, T.M.Lewin(영국, 남성셔츠 외)
	Fashion & Accessories	Charles & Keith, Charlotte(독일 보석브랜드), Dickson Watch & Jewelly, Ecco, Goldheart, LeSportsac, Schu(수제화), Swarovski, TCC
	카페 & 레스토랑	Gloria Jean's Coffees, Harry's Bar, Killiney Café, Mad for Garlic
	Beauty	Crabtree & Evelyn, Skin Food
	기타	Habonos(시거 담배 판매), 헤어숍, Times Bookstores

Topics(Yellow)

층별	업종	브랜드
1	Fashion(중저가 캐주얼)	Bruan Buffel, Cotton On, Dress Up, G2000, GG<5, Giordano, Glitter Glam, Hang Ten, Hypnosis, New Look
	스포츠	Adidas, Ashworth, Lacoste, Nike, Nike Golf, Royal Sporting House
	Fashion & Accessories	American Tourist, City Chain, Fossil, Hush Puppies, Samsonite, Swatch, Braun Buffel
	카페 & 레스토랑	Dome Express, Makan Makan, Salas Stop, Starbucks, The Cocoa Trees
	Beauty	Etuse House, The Body Shop, Watson's
	기타	Paria Miki(안경)
	기타	ATM, 환전소
	관광	Singapore Duck Tours
2	Fashion	Bossini, Geox, Samuel & Kevin
	Fashion & Accessories	Bata, Clarks, Hush Puppies, Red Wing Shoes Store, Rockport, Skechers
	Beauty	Beauty Language, Enavose, The Face Shop
	Home & Living	Aussino, Cellini, Slumberland, Harvey Noman, Kiitis The Lifestyle
	카페 & 레스토랑	Gelare Café, Wang Café
	헬스	Guardian Rx
	기타	AIBI Fitness, 뷰티숍, 헤어 & 네일숍, 마사지, 스파, 병원, 환전소, ATM
3	카페 & 레스토랑	Gaia Krean Restaurant, Kuisin Bo, Swiss Culture, Deliturk Turkish
	아동	Toys'R'Us, Awesome Kids, Flexa Shop 외

Convention(Blue)

층별	업종	브랜드
1		Brillante Collection(앤티크, 가구, 소품 등) Food Republic 외 식당

Fountain Terrace(부의 분수 주변 식당)

층별	업종	브랜드
B1	카페 & 레스토랑	KFC, McDonals's, Muthu's Curry, Pepper Lunch, Seoul Yummy, Sizzler, Siam Kitchen, Tonkichi, Tony Roma's, Astons Specialties, Bkerzine, Bali Thai, Fish & Co, Ichiban Boshi

래플스 시티 쇼핑센터 Raffles City Shopping Centre

아이온 오차드, 니안 시티 등 거대 쇼핑몰에 가려 여행자들에게 일순위가 되는 쇼핑몰은 아니지만 그 어느 쇼핑몰보다 트렌드에 민감하고 실속 있게 꽉 찬 쇼핑몰이라 할 수 있다. 명품 브랜드보다는 패스트 패션과 중저가의 핫한 브랜드들이 주를 이루어 싱가포르의 젊은 여성층에게도 인기가 많은 편이다. 디자인과 착화감이 뛰어난 Jwest는 매장 규모가 꽤 커서 다양한 종류를 갖추고 있으며 화려하고 과감한 디자인으로 마니아가 많은 Steve Madden, 오리엔탈리즘을 표방한 고급 브랜드 Shanghai Tang 등도 둘러볼 만하다. 또, 이곳의 1층 컨시어지(10:00~21:30)에서는 다양한 혜택을 받을 수 있는 투어리스트 프리빌리지Tourist Privilege를 제공하고 있으니 쇼핑 전 반드시 확인하자.

Access	MRT 시티홀 역 A 출구
Open	10:00~22:00(매장마다 다름)
Address	252 North Bridge Rd.
Tel	065-6423-1887
Web	www.rafflescity.com

Shopping

5

페닌슐라 플라자 Peninsula Plaza

여행자들의 이목을 끌지 못하는 비인기 쇼핑몰이지만 이곳의 바타 매장은 한 번 쯤 들러볼 만하다. 이곳의 바타 매장은 큰 규모를 자랑하며 세일 기간에는 황송할 정도로 가격이 내려가 몇 켤레씩 골라도 부담 없을 정도로 흐뭇한 할인율을 자랑한다. 실용적이고 디자인도 예쁜 여성용 구두와 가방 이외에도 아래층에는 어린이들을 위한 가방, 신발 등 매장이 따로 마련되어 있어 둘러볼 만하다.

Access	MRT 시티홀 역 B 출구로 나와 노스 브리지 로드를 따라 조금만 걸으면 오른편에 보인다.
Open	10:00~21:00(매장마다 다름)
Address	111 North Bridge Rd. Singapore 179098
Tel	065-6339-7000(바타 매장)

Shopping

6

시티 링크몰 City Link Mall

말 그대로 시티의 대표적인 스폿으로의 링크 역할을 하는 공간으로, 이동하는 동안 자연스레 돌아볼 수 있도록 다양한 숍과 레스토랑이 들어서 있다. 날씨에 상관 없이 쾌적하게 쇼핑을 즐길 수 있고 복잡한 동선 없이 큼직한 매장들이 단순하게 연결되어 있어 둘러보기 편리하다. 특히 무채색의 시크한 디자인이 돋보이는 Hypnosis와 심플한 디자인의 문구를 판매하는 Prints는 둘러볼 만하다.

Access	MRT 시티홀 역 A 출구에서 연결된다.
Open	10:00~22:00(매장마다 다름)
Address	1 Raffles Link
Tel	065-6339-9913
Web	www.citylinkmall.com

Special Land Mark

★

마리나 베이 샌즈

Mrina Bay Sands

2010년 개장한 이후 단숨에 싱가포르를 대표하는 랜드마크로 자리한 복합 엔터테인먼트 단지이다. 호텔은 물론 비즈니스, 엔터테인먼트 등 모든 것을 원스톱으로 해결할 수 있는 시설이 갖추어져 있다. 마리나 베이 샌즈가 생긴 이후 싱가포르의 관광 판도와 지형마저 바꾸어 놓았다고 해도 과언이 아니다.

Access	선텍 시티 컨벤션 센터에서 97, 133, 502, 518번 버스를 타거나 MRT를 이용한다(MRT 베이 프런트 역 B, C, D 출구). MRT 프로미네이드 역 A 출구에서 나오면 마리나 베이 샌즈로 가는 버스정류장이 있는데 이곳에서 버스를 타거나 걷는다. 도보로는 약 15분 정도 소요된다.
Address	10 Bayfront Ave. Singapore 018956
Tel	065-6688-8868
Web	www.marinabaysands.com

❶
마리나 베이 샌즈 호텔 Marina Bay Sands Hotel

2,561개의 객실을 갖춘 대형 호텔로 싱가포르 여행을 계획하는 여행자들이 꼭 묵어보고 싶은 호텔 일순위로 단숨에 뛰어오른 인기 호텔이다. 각종 드라마와 뮤직비디오의 배경에 등장함은 물론이고 꼭대기 층에 위치한 150m의 세계 최대 길이의 수영장의 모습은 이곳에 대한 호감도를 극상승시키는 데 한몫 톡톡히 한다. 총 3개의 타워로 구성되어 있으며 이들 타워는 23층에서 서로 연결되어 있다. 꼭대기 층에는 수영장 및 축구장 3개 넓이와 맞먹는 샌즈 스카이 파크가 조성되어 있다. 타워 1에 위치한 스카이 온 57과 타워 3에 위치한 스타일리시한 바 쿠데타는 각종 행사와 파티가 열리는 핫스폿으로 꼽힌다.
객실은 사이즈도 넉넉하고 베이지톤의 고급스러운 분위기로 꾸며져 있다. 부족할 것 없는 시설이지만 워낙 투숙객과 방문객이 많아 항상 붐비는 느낌이고 서비스의 편차가 심하다는 것은 이곳의 유일한 단점이다.

Cost	디럭스 USD360~
Tel	065-6688-8868
Web	www.marinabaysands.com

Legend
- Concierge
- Shopping Mall Concierge
- ATM
- Restrooms
- MRT-Bayfront Station
- Bus Stop
- Coach Bay
- Lift
- Taxi Stand
- Water Taxi
- Gardens by the Bay
- Parking

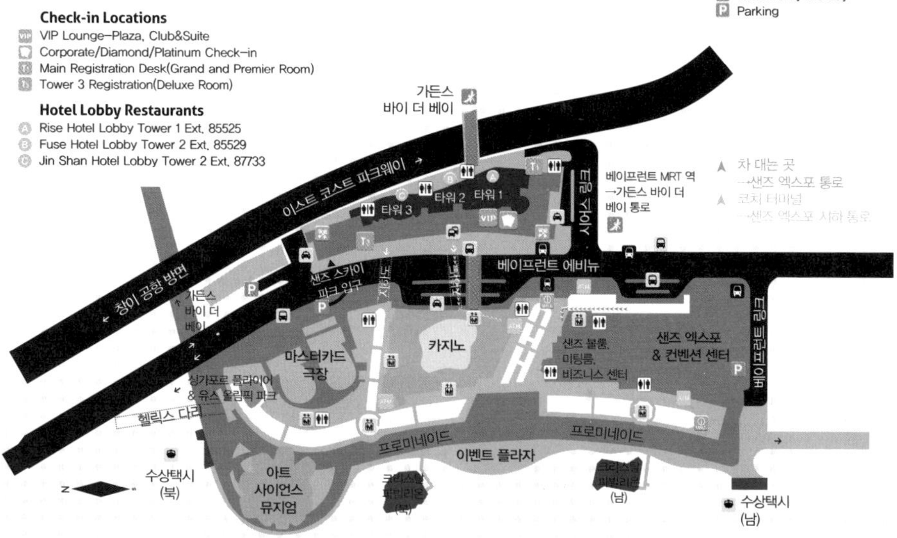

마리나 베이 샌즈의 스타 셰프들

마리나 베이 샌즈에는 50개가 넘는 다양한 레스토랑이 자리하고 있으며 그중에는 세계적으로 이미 명성이 자자한 스타 셰프들이 이름을 걸고 운영하는 레스토랑들도 있다. 가격대가 상당하지만 흔치 않은 스타 셰프의 음식을 맛볼 기회를 놓치지 않으려는 사람들이 많아 예약은 필수. 그런 탓에 쇼핑몰 내에 레스토랑에 대한 정보를 얻을 수 있고 예약도 대행해주는 공간이 따로 마련되어 있다.

컷 Cut

스타 셰프인 울프강 퍽Wolfgang Puck의 컷 레스토랑은 정통 스타일 스테이크 메뉴에 모던함을 더해 선보인다. 레스토랑 이름인 컷 또한 다양한 커팅 기법에 따라 맛이 달라지는 예민한 스테이크 요리에 대한 자부심을 엿볼 수 있는 대목. 컷은 울프강 퍽의 아시아 첫 진출 레스토랑이다.

Open	**메인 다이닝룸** 18:00~22:00(일~목), 17:30~23:00(금, 토) **바와 라운지** 17:30~24:00
Tel	065-6688-8517
Email	cutreservations@marinabaysands.com

디비 비스트로 모던 DB Bistro Moderne

헤럴드 트리뷴지가 선정한 세계 10대 레스토랑에 선정된 바 있는 걸출한 스타 셰프인 다니엘 불뤼Daniel Boulud의 환상적인 고품격 햄버거 요리를 맛볼 수 있다. 정통 프렌치와 모던 아메리칸의 퓨전 메뉴들을 주로 다룬다. 편안하면서도 세련된 인테리어에 185석을 갖추고 있다.

Open	17:30~ (주말 브런치, 런치 불규칙적 오픈)
Tel	065-6688-8525
Email	Daniel.boulud@marinabaysands.com

기 사보이 Guy Savoy

프랑스 최고의 셰프로 나이트 작위까지 부여받은 바 있는 기 사보이의 레스토랑을 만날 수 있다는 것은 행운이다. 프랑스 최고의 요리사 훈장, 프랑스 대통령 표창, 올해의 요리사로 선정, 미슐랭 3스타 획득 등 기 사보이를 수식하는 말들만으로도 그의 음식에 대한 기대감을 높인다.

Open	다이닝룸 18:00~22:45 바 15:00~22:45
Tel	065-6688-8513
Email	guy.savoy@ marinabay sands.com

산티 Santi

싱가포르 태틀러 가이드 2011년 베스트 레스토랑상에 빛나는 산티 레스토랑. 셰프인 산티 산타마리아는 카탈로니아 요리사로 현지에서 작은 레스토랑을 운영하며 최고의 영예인 미슐랭 3스타를 획득한 바 있다.

Open	다이닝룸 19:00~22:30, 타파스바와 라운지 18:30~23:00
Tel	065-6688-8501
Email	santi@marinabaysands.com

3

더 숍스 The Shoppes at Marina Bay Sands

싱가포르에서 손꼽히는 대규모 호화 쇼핑몰로 자리 잡은 더 숍스는 현재 버버리, 샤넬, 펜디, 지미 추, 마놀로 블라닉, 미우 미우 등 이름만 들어도 여성들의 가슴을 설레게 하는 명품 브랜드들이 자리하고 있다. 또한 안느 퐁텐Anne Fontaine, 폴 앤 죠Paul & Joe, 마리스프롤그Marisfroig, 쟈딕 앤 볼테르Zadig & Voltaire 등 좀처럼 만나보기 힘들었던 신생 브랜드들도 입점해 있다. 크리스털 파빌리온 쪽에는 루이비통 아일랜드 매장이 들어선다. 싱가포르에서 가장 먼저 최신상품을 만나볼 수 있다고 한다. 독특하게 쇼핑몰 내부에는 인공운하가 설치되어 곤돌라를 타고 쇼핑몰 내부를 이동할 수도 있다. 그 밖에 스케이트 링크와 TWG, 토다이 등 다양한 레스토랑과 카페 등도 만나볼 수 있다.

Open	일~목 10:00~23:00
	금, 토 10:00~24:00
	곤돌라 11:00~19:30
Cost	곤돌라(어른/어린이) SD10/6
Web	www.marinabaysands.com/ #shopping

Mrina Bay Sands

❹

극장 Theater

마리나 베이 샌즈에는 샌즈 극장과 그랜드 극장, 두 개의 극장이 있다. 샌즈 극장은 2층으로 되어 있으며 1,680명을 수용할 수 있는 규모로 현재 〈미녀와 야수 Beauty and the beast〉가 공연 중이다. 그랜드 극장은 3층으로 되어 있으며 2,155명 수용 가능한 규모이다. 두 극장의 오디오 시스템은 서라운드 사운드 스피커 리모트 컨트롤 레이저를 갖추고 있어 모든 위치에서 균형 잡힌 소리를 들을 수 있다.

Open	**3월 21일~5월 3일** 화~금 20:00, 토 14:00, 20:00, 일 13:00, 18:00
Cost	프리미엄 SD190, A~E석 SD65~170, VIP Box(For 4 Seats) SD760, Box Seats(For 4 Seats) SD460
Tel	065-6348-5555

Mrina Bay Sands

❺

카지노 Casino

4개 층의 단독건물로 구성되어 있는 마리나 베이 샌즈 카지노는 다양한 게임과 최신식 시설은 물론 천장에 설치되어 있는 13만 2,000개의 스와로브스키 크리스털 샹들리에 장식들로도 유명하다. 1만 5,000m²에 600개가 넘는 테이블과 1,500개에 달하는 슬롯머신과 다양한 다이닝 시설도 갖추어져 있다.

Mrina Bay Sands

❻

박물관 Museum

연꽃의 형상을 한 아트 사이언스 뮤지엄은 유명 건축가인 모세 샤프디에 의해 설계되었다. 이 형상은 싱가포르를 환영하는 손이라는 별명을 가지고 있기도 하다. 박물관의 천장이 빗물을 담을 수 있는 구조로, 모인 빗물을 박물관 내의 화장실에서 재사용한다고 한다.

박물관은 3층 건물로 21개의 갤러리에서 상설 전시와 대규모 국제전시 등이 열리고 있다.

Open	10:00~22:00
Cost	입장료(어른/어린이) SD24/16

Mrina Bay Sands

7

반얀트리 스파 Banyantree Spa

이미 세계적으로 유명한 스파 체인으로, 전통적인 아시아의 치료요법을 바탕으로 한 고급 스파 트리트먼트를 선보인다. 샤워실과 화장실 등 완벽한 시설을 갖춘 35개의 트리트먼트룸을 갖추고 있으며 뷰티 살롱과 스파 후 휴식을 취할 수 있는 티 라운지도 갖추어져 있다.

Open	10:00~22:00
Tel	065-6688-8825
Email	banyantreespa@marinabaysands.com

Mrina Bay Sands

8

라이트 쇼 원더 풀 Wonder Full

마리나 베이 샌즈를 배경으로 매일 밤 공연되는 환상의 쇼다. 레이저, 빛, 물, 그래픽 등을 이용해 약 13분간 공연되는데 오리지널 오케스트라 사운드에 맞추어 마치 춤추는 듯한 형상을 하는 아름다운 이 공연은 싱가포르의 밤을 더욱 아름답게 빛낸다.

Open	20:00, 21:30 (금, 토는 23:00 추가 공연)

Mrina Bay Sands

9

더블 헬릭스 다리 Double Helix Bridge

280m에 달하는 보행자 전용 다리로, 싱가포르 도심과 마리나 베이 샌즈를 연결하고 있다. 중간중간 싱가포르의 멋진 야경을 감상할 수 있는 포인트에 발코니가 설치되어 있어 일부러라도 한 번쯤 산책 삼아 걸어볼 만하다. 독특한 다리의 모양은 DNA 구조에서 영감을 얻었다고.

Stay

❶

래플스 호텔 Raffles Singapore

그저 고급 호텔이라는 말만으로는 설명이 부족한 싱가포르의 역사가 담긴 국보급 호텔이다. 1887년 페낭의 갑부 사키즈 형제Sarkies Brothers가 싱가포르에 호텔을 오픈하기로 하고 싱가포르를 탄생시킨 스탬포드 래플스경의 이름을 따서 붙였다. 처음엔 10개의 방으로 시작했고, 1899년 래플스 호텔의 메인 빌딩이 레오 르네상스 양식으로 세워졌다. 이 호텔은 1987년 싱가포르 정부로부터 국가기념물로 지정받았다고 한다. 영국 여왕, 빌 클린턴, 찰리 채플린, 마이클 잭슨 등 다 언급할 수 없을 정도로 저명인사나, 해외스타들이 머무는 초특급 호텔로 103개의 객실은 모두 스위트룸으로 운영된다. 객실은 페르시안 카펫과 샹들리에, 앤티크 가구들로 마치 소설 속 대저택에 있는 것 같은 착각을 들게 한다. 호텔 내에는 40개 이상의 점포가 입점된 쇼핑 아케이드를 비롯해 15개의 레스토랑 및 바 등 부대시설도 완벽하게 갖추고 있다. 다소 엄두가 나지 않는 가격 덕분에 주로 허니문이나 특별한 추억을 만들고 싶은 이들이 머무른다.

Access	MRT 에스플러네이드 역 F 출구, 우회전해서 횡단보도 건너면 보인다.
Cost	코트야드 SD1,350
Address	1 Beach Rd. Singapore 189673
Tel	065-6337-1886
Web	www.raffles.com/singapore

Stay

❷

만다린 오리엔탈 Mandarin Oriental Singapore

만다린 오리엔탈은 꼿꼿하게 최고의 자리를 놓치지 않는 호텔이다. 2008년 리노베이션을 마친 객실에 이어 최근 수영장과 레스토랑의 리노베이션을 끝마쳐 더 더욱 새로운 모습으로 태어났다. 로비에서부터 느껴지는 신비스럽고 오리엔탈한 분위기는 사람들을 매료시킨다. 그와 상반되게 수영장과 레스토랑은 더할 나위 없이 산뜻하고 모던한 분위기다. 만다린 오리엔탈의 상징인 부채꼴 모양의 객실 배치는 독특한 느낌이 든다. 편안한 침구와 최첨단 음향시설을 갖춘 객실은 물론이고 세계적인 수준의 서비스 마인드를 경험할 수 있어 세계적인 호텔 체인으로서의 면모가 여실히 느껴진다.

Access	MRT 에스플러네이드 역에서 도보 5분 혹은 MRT 시티홀 역에서 도보 8분, 마리나 스퀘어에서 이어진다.
Cost	디럭스 USD380~
Address	5 Raffles Ave. Marina Square, Singapore 039797
Tel	065-6338-0066
Web	www.mandarinoriental.com

Stay

❸

리츠 칼튼 밀레니아 The Ritz-Carlton Millenia Singapore

압도적인 전망을 자랑하는 욕실의 팔각창이 마스코트인 리츠 칼튼 밀레니아는 시설과 서비스, 전망 등 모든 면에서 손가락에 꼽힐 만한 최고의 호텔이다. 최근 리노베이션을 마쳐 더욱 산뜻하고 모던한 분위기를 더한 객실 내에는 훌륭한 침구를 갖추고 좀 더 나은 뷰를 위해 세심하게 키를 높인 침대가 배치되어 있으며 넉넉한 욕실은 대리석과 고급 어메니티가 세심하게 갖추어져 있다. 무도회장에 온 듯한 느낌의 나선형 돌계단을 따라 내려가면 시원한 미니 폭포와 그 앞으로 녹음으로 둘러싸인 수영장이 자리하고 있다. 레스토랑 또한 리츠 칼튼의 빼놓을 수 없는 자랑거리로, 애프터눈 티로 유명한 치흘리 라운지와 끝내주는 칸토니즈 레스토랑 서머 파빌리온은 이곳에 묵는다면 꼭 방문해보자. 최근 서클 라인이 새로 생긴 탓에 MRT까지의 접근성도 좋아져 리츠 칼튼의 가치는 더더욱 높아지고 있다.

Access	MRT 프로미네이드 역에서 도보 약 3분
Cost	디럭스 USD340~
Address	7 Raffles Ave. Singapore 039799
Tel	065-6337-8888
Web	www.ritzcarlton.com

4

팬 퍼시픽 호텔 Pan Pacific

2012년 9월 드디어 대대적인 리노베이션을 끝내고 모습을 드러낸 팬 퍼시픽. 이번 리노베이션은 팬 퍼시픽의 25년간의 역사 속에서 가장 큰 규모라고.
유명 호텔 브랜드답게 수준 있는 객실 컨디션과 시설을 자랑하는데 가장 하위 객실은 다소 크기가 작지만 공간이 효율적으로 디자인 되어 있으며 어느 방향에 묵어도 전망은 훌륭한 시티뷰이다. 특히 클럽룸과 스위트룸 투숙객들만 이용 가능한 라운지는 단언컨대 싱가포르 최고를 자부한다. 360도의 원형으로 좌석이 배치되어 있으며 무료로 제공되는 애프터눈 티와 이브닝 칵테일의 아이템도 상당히 다양하고 푸짐한 편이다. 그 밖에 F & B 리스트만 보면 당장이라도 이곳에 투숙하고 싶다는 생각이 들게 될 것이다. 그중 최고의 칸토니즈 레스토랑 해천루와 어메이징한 규모와 섹션을 자랑하는 푸드 시어터 엣지는 투 톱으로 꼽힌다. 또 밤이면 더욱 아름다운 모습을 자랑하는 건물 앞 쪽으로 독특하게 자리한 반원형 수영장 또한 팬 퍼시픽의 상징이다.

Access	마리나 스퀘어 근처, MRT 프로미네이드 A 출구에서 가깝다.
Cost	디럭스 USD290~
Address	7 Raffles Boulevard, Singapore 039595
Tel	065-6336-8111
Web	www.panpacific.com/singapore

Stay
5
스위소텔 스탬포드 Swissotel The Stamford

호텔보다는 스펙터클한 야경으로 유명한 에퀴녹스 콤플렉스 인기가 더 높은 곳이다. 클락 키에 위치한 스위소텔 머천코트보다는 도시적이고 시크한 분위기가 난다. MRT와 바로 연결되는 접근성과 깔끔한 룸 컨디션 등 부족함 없는 시설로 인기를 누리고 있지만 로비는 언제나 사람들로 북적이고 시끄러운 편이다. 수영장과 스파 등 일부 시설을 페어몬트 호텔과 공동으로 사용하고 있다.

Access MRT 시티홀 역에서 도보 3분
Cost 디럭스 USD324~
Address 2 Stamford Rd. Singapore 178882
Tel 065-6338-8585
Web www.swissotel.com/singapore-stamford

Stay
6
콘래드 호텔 Conrad Centennial Singapore

힐튼의 상위 계열로, 특히나 싱가포르의 콘래드는 아시아에서는 2번째로 선보인 곳이다. 네모 반듯한 외관만큼이나 객실, 부대시설, 서비스 등 모든 것이 모범생처럼 딱딱 떨어지는 느낌이다. 여행자보다는 비즈니스맨들의 이용률이 높은 편이지만 역시나 시원스럽게 네모 반듯하게 자리한 이곳의 넓은 수영장과 수준 높은 레스토랑은 가족여행자와 커플여행자들을 솔깃하게 한다.

Access 선텍 시티 맞은편
Cost 클래식 USD320~
Address 2 Temasek Blvd. Singapore 038982
Tel 065-6334-8888
Web www.conradhotels.com

Stay
7
나우미 Naumi

가치 있는 보석은 발견하기 어렵듯 지나치기 딱 알맞게 골목 안쪽에 크지 않은 간판을 달고 숨어 있다. 2007년 오픈한 나우미는 산스크리트어로 영원하다는 의미를 가지고 있다. 전반적으로 젊고 활기찬 분위기로, 프렌들리한 직원과 패셔너블한 로비, 깔끔한 룸 컨디션 등 손에 꼽히는 장점이 많다. 24시간 이용 가능한 피트니스 센터와 크지 않지만 확 트인 매력적인 수영장도 있다.

Access	시아 스트리트
Cost	프리미엄 SD330
Address	41 Seah St. Singapore 188396
Tel	065-6403-6000
Web	www.naumihotel.com

Stay
8
칼튼 호텔 Carlton Hotel

이제 막 리노베이션을 끝내고 새롭게 시작된 칼튼 호텔은 이제 싱가포르의 어느 고급 호텔에 견주어도 손색없는 룸 컨디션과 시설을 자랑한다. 미니멀하고 시크한 분위기로 객실은 물론 모든 레스토랑과 바의 분위기도 좀 더 고급스럽게 변신하였다. 더구나 MRT 역과도 가깝고 길 바로 건너엔 최고의 다이닝 스폿 차임스도 있으니 앞으로 칼튼의 주가는 지속적으로 높아질 전망이다.

Access	MRT 시티홀 역에서 도보 5분. 브라스 바사 로드에 있다.
Cost	슈피리어 USD356~
Address	76 Bras Basah Rd. Singapore 189558
Tel	065-6338-8333
Web	www.carlton.com.sg

Stay
9
페닌슐라 엑셀시어 Peninsula Excelsior Hotel

세계적인 호텔 페닌슐라와는 전혀 상관없는 중저가 호텔이다. 40년 가까운 역사를 자랑하는 이곳은 리즈너블한 가격에 MRT와 가깝고 주변에 저가의 쇼핑몰들과 레스토랑도 밀집되어 있어 이용객이 많은 편이다. 객실은 다소 낡은 편이지만 일부 카테고리의 객실은 2007년 리노베이션되어 깔끔한 편이므로 예약 시 체크해보는 것이 좋겠다.

Access	MRT 시티홀 역에서 도보 4분, 콜맨 스트리트에 있다.
Cost	슈피리어 USD151~
Address	5 Coleman St. Singapore 179805
Tel	065-6337-2200
Web	www.ytchotels.com.sg

Stay
10
페어몬트 호텔 Fairmont Singapore

700개가 넘는 객실과 저마다 다른 콘셉트의 16개의 레스토랑 및 바를 보유하고 있음에도 객실은 언제나 꽉꽉 들어차고 레스토랑도 늘 인기가 많은 호텔이다. 스위소텔 스탬포드와 함께 이리도 큰 인기를 끌고 있는 것은 무난하고 모던한 객실 때문이라기보다는 비즈니스에 편리한 위치적인 장점이 크게 작용한 결과다. 스파와 수영장 등 일부 시설을 바로 옆 스위소텔 스탬포드와 공용으로 사용하고 있으며 스위소텔 스탬포드보다는 좀 더 차분하고 프라이빗한 느낌이 강하다.

Access	스위소텔 스탬포드 옆
Cost	디럭스 USD378~
Address	80 Bras Basah Rd. Singapore 189560
Tel	065-6339-7777
Web	www.fairmont.com/singapore

MRT
250m
Shelter
ORCHARD R
CAUTION

오차드 로드 Orchard Road

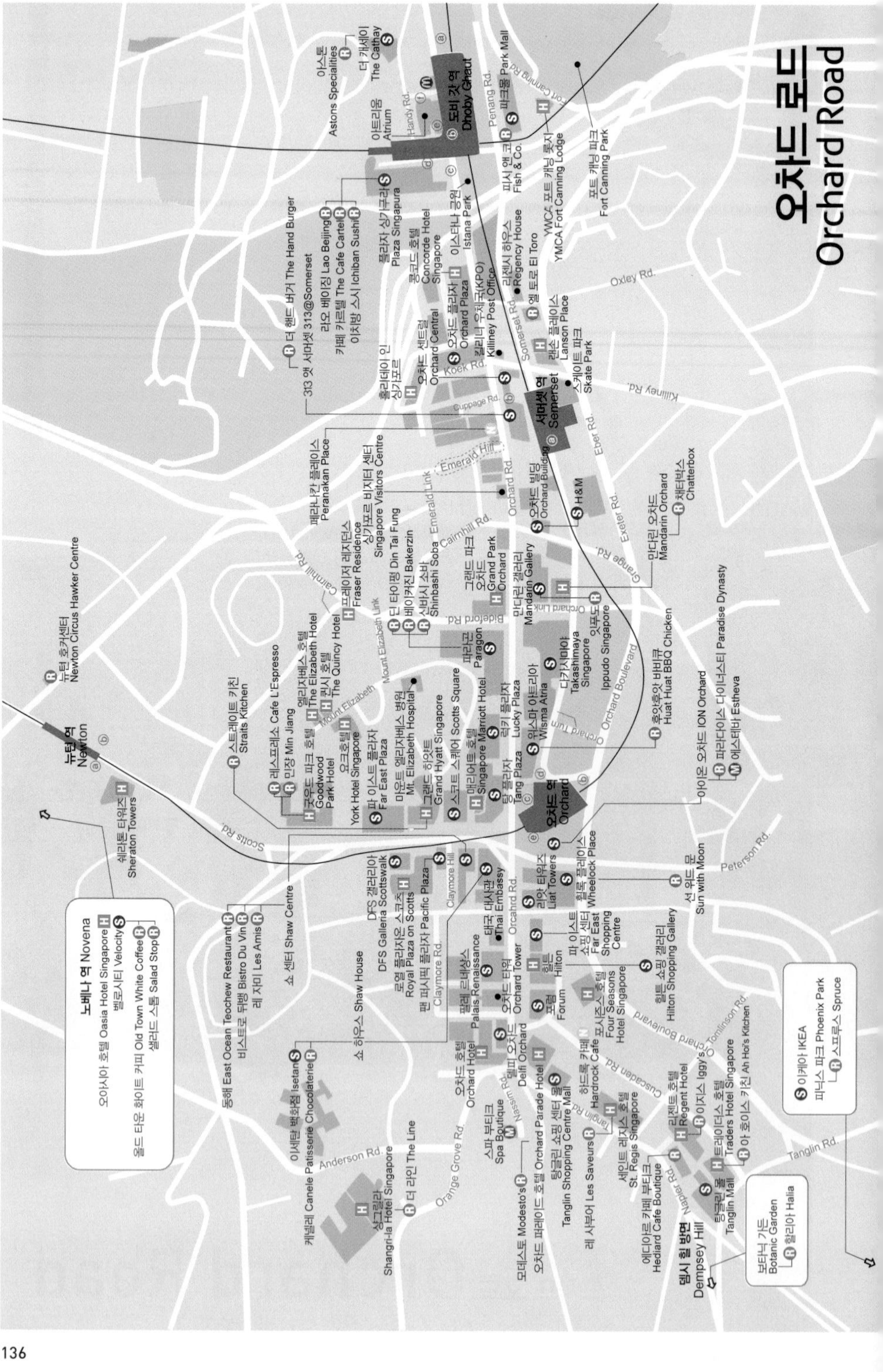

오차드 로드
Orchard Road
도비 갓 역
Dhoby Ghaut
서머셋 역
Somerset
오차드 역
Orchard
뉴턴 역
Newton
노베나 역 Novena
오아시아 호텔 Oasia Hotel Singapore
벨로시티 Velocity
올드 타운 화이트 커피 Old Town White Coffee
샐러드 스톱 Salad Stop
뉴턴 호커센터
Newton Circus Hawker Centre
쉐라톤 타워즈
Sheraton Towers
아스톤
Astons Specialities
더 캐세이
The Cathay
아트리움
Atrium
파크몰 Park Mall
피시 앤 코
Fish & Co.
YMCA 포트 캐닝 롯지
YMCA Fort Canning Lodge
포트 캐닝 파크
Fort Canning Park
313 앳 서머셋 313@Somerset
더 핸드 버거 The Hand Burger
라오 베이징 Lao Beijing
카페 카르텔 The Cafe Cartel
이치방 스시 Ichiban Sushi
플라자 싱가푸라
Plaza Singapura
콩코드 호텔
Concorde Hotel Singapore
이스타나 공원
Istana Park
리젠시 하우스
Regency House
엘 토로 El Toro
오차드 플라자
Orchard Plaza
킬리니 우체국(KPO)
Killiney Post Office
오차드 센트럴
Orchard Central
홀리데이 인 싱가포르
랜슨 플레이스
Lanson Place
스케이트 파크
Skate Park
페라나칸 플레이스
Peranakan Place
싱가포르 비지터 센터
Singapore Visitors Centre
Emerald Hill
오차드 빌딩
Orchard Building
H&M
만다린 오차드
Mandarin Orchard
채터박스
Chatterbox
프레이저 레지던스
Fraser Residence
딘 타이펑 Din Tai Fung
베이커진 Bakerzin
신바시 소바
Shinbashi Soba
그랜드 파크 오차드
Grand Park Orchard
만다린 갤러리
Mandarin Gallery
잇푸도
Ippudo Singapore
파라곤
Paragon
다카시마야
Takashimaya Singapore
위스마 아트리아
Wisma Atria
럭키 플라자
Lucky Plaza
엘리자베스 호텔
The Elizabeth Hotel
퀸시 호텔
The Quincy Hotel
레스프레소 Cafe L'Espresso
민장 Min Jiang
굿우드 파크 호텔
Goodwood Park Hotel
스트레이트 키친
Straits Kitchen
요크호텔
York Hotel Singapore
파 이스트 플라자
Far East Plaza
마운트 엘리자베스 병원
Mt. Elizabeth Hospital
그랜드 하얏트
Grand Hyatt Singapore
스코트 스퀘어 Scotts Square
메리어트 호텔
Singapore Marriott Hotel
탕 플라자
Tang Plaza
아이온 오차드 ION Orchard
파라다이스 다이너스티 Paradise Dynasty
에스테바 Estheva
후앗후앗 바비큐
Huat Huat BBQ Chicken
쇼 센터 Shaw Centre
동해 East Ocean Teochew Restaurant
비스트로 뒤뱅 Bistro Du Vin
레 자미 Les Amis
DFS 갤러리아
DFS Galleria Scottswalk
로열 플라자 온 스코츠
Royal Plaza on Scotts
팬 퍼시픽 플라자 Pacific Plaza
쇼 하우스 Shaw House
태국 대사관
Thai Embassy
리앗 타워즈
Liat Towers
윌록 플레이스
Wheelock Place
선 위드 문
Sun with Moon
파 이스트 쇼핑 센터
Far East Shopping Centre
힐튼
Hilton
힐튼 쇼핑 갤러리
Hilton Shopping Gallery
팰리 르네상스
Palais Renaissance
오차드 타워
Orchard Tower
포럼
Forum
포시즌스 호텔
Four Seasons Hotel Singapore
이세탄 백화점 Isetan
캐널리 Canele Patisserie Chocolaterie
오차드 호텔
Orchard Hotel
델피 오차드
Delfi Orchard
하드록 카페 Hardrock Cafe
스파 부티크
Spa Boutique
오차드 퍼레이드 호텔 Orchard Parade Hotel
탕글린 쇼핑 센터 몰
Tanglin Shopping Centre Mall
모데스토 Modesto's
레 사부어 Les Saveurs
세인트 레지스 호텔
St. Regis Singapore
리젠트 호텔
Regent Hotel
이지스 Iggy's
트레이더스 호텔
Traders Hotel Singapore
아 호이스 키친 Ah Hoi's Kitchen
에디아르 카페 부티크
Hediard Cafe Boutique
탕글린 몰
Tanglin Mall
샹그릴라 호텔
Shangri-la Hotel Singapore
더 라인 The Line
뎀시 힐 방면
Dempsey Hill
보타닉 가든
Botanic Garden
할리아 Halia
이케아 IKEA
피닉스 파크 Phoenix Park
스프루스 Spruce
Scotts Rd.
Orchard Rd.
Orchard Boulevard
Tanglin Rd.
Anderson Rd.
Orange Grove Rd.
Claymore Rd.
Cairnhill Rd.
Mount Elizabeth
Grange Rd.
Exeter Rd.
Killiney Rd.
Oxley Rd.
Penang Rd.
Fort Canning Rd.
Peterson Rd.
Cuscaden Rd.
Tomlinson Rd.
Nassim Rd.
Napier Rd.
Koek Rd.
Cuppage Rd.
Bideford Rd.
Somerset Rd.
Handy Rd.
Eber Rd.
Orchard Turn
Orchard Link
Emerald Link
Tanglin Rd.

✚ 오차드 로드 Orchard Road

MRT 도비 갓 역부터 오차드 역 넘어서까지 대로를 따라 각종 쇼핑몰과 호텔들이 늘어선 이곳은 '싱가포르' 하면 '쇼핑'이 제일 먼저 떠오르는 쇼핑족들의 성지라고도 할 수 있다. 하지만 아무리 쇼핑을 사랑한다 해도 이곳의 모든 곳을 다 돌아보기란 쉽지 않다. 따라서 자신의 취향이나 쇼핑 아이템 등을 고려해 한두 곳을 선택할 것을 추천한다. 쇼핑으로 지쳤다면 이스타나 파크나 포트 캐닝 파크에서 휴식을 취해보자. 보다 볼거리가 풍부하고 관광지로 방문해 볼 가치가 있는 곳은 단연 보타닉 가든이다. 도심에 있다고는 생각하지 못할 만큼 자연 그대로의 아름다움과 평화로움을 마음껏 즐길 수 있을 것이다. 특별한 분위기에서 훌륭한 식사를 즐기기 원한다면 최고의 다이닝 스폿 뎀시 힐도 놓치지 말 것.

> Tip.
> **오차드 로드 즐기기**
> 화려한 대형 쇼핑몰들이 밀집되어 있는 오차드 로드에서 모든 곳을 섭렵하려는 과욕은 버리자. 체력만 바닥난 채 정작 쇼핑은 제대로 즐기지 못하기 십상이다. 내 취향의 쇼핑몰 1~2개에 올인하는 것도 현명한 방법이다.

★ 추천 루트

313 앳 서머셋 → 다카시마야(니안 시티) → 파라곤 → 아이언 오차드 → 보타닉 가든 → 뎀시 힐

MRT 서머셋 역에서부터 오차드 역 방향으로 올라가며 313 앳 서머셋, 다카시마야(니안 시티), 파라곤, 아이언 오차드가 차례로 위치해 있다. 가볍게 윈도쇼핑을 즐기는 사람이라면 하나씩 훑어가도 좋고, 돈과 시간, 체력까지 절약하고 싶다면 넷 중 한두 개를 선택해 집중적으로 쇼핑한다. 아이언 오차드에서 오차드 블러바드로 나와 버스를 타면, 10분도 채 되지 않아 보타닉 가든에 닿게 된다. 여차하면 길을 잃을 만큼 엄청난 부지를 자랑하며, 세계에서 가장 큰 난초 정원 외에도 다양한 테마의 정원과 호수가 위치해 있으므로 지도를 참고하여 동선을 잡도록 한다. 긴 산책에 출출하다면 가든 내 레스토랑, 할리아를 추천한다. 보다 본격적인 파인 다이닝을 원한다면 주저 말고 뎀시 힐로 향하자. 여유롭고 낭만적인 분위기에 하루의 피로가 싹 달아날 것이다.

1

보타닉 가든 Singapore Botanic Gardens

발 디딜 틈 없는 쇼핑몰과 복잡한 거리를 피해 여유로운 시간을 보낼 수 있는 곳이다. 습하고 더운 날씨 덕분에 울창하게 뻗은 나무들과 여유롭게 펼쳐진 푸릇푸릇한 잔디밭, 이름 모를 화려한 꽃들이 몸과 마음에 진정한 휴식을 가져다 준다. 보타닉 가든은 관광객뿐 아니라 현지인들의 쉼터로도 사랑받고 있는데, 강아지와 함께 여유롭게 산책하는 사람들, 잔디밭에 앉아 도시락을 먹으며 담소를 즐기는 무리들, 이곳저곳 돌아다니며 예쁜 모습을 담는 웨딩 커플 등을 자주 목격할 수 있다. 공원 안에는 세계에서 가장 큰 규모를 자랑하는 국립 난초정원National Orchid Garden이 있는데 난의 종류가 2천 종이 넘는다고 한다. 또한 제이콥 발라스 어린이 정원Jacob Ballas Children's Garden에서는 다양한 식물에 대한 정보를 얻을 수 있고 재미난 놀이 시스템도 갖추어져 있어 아이들이 좋아한다. 공원을 둘러본 후 오키드 가든 바로 옆에 위치한 할리아에서 식사를 즐기는 일정을 연계해보는 것도 좋겠다.

Access	오차드 블러바드에서 버스 77, 106, 123, 174(택시로 10분 정도)
Open	**보타닉 가든** 05:00~24:00 **국립 난초정원** 08:30~19:00 **제이콥 발라스 어린이 정원** 08:30~19:00
Cost	**보타닉 가든** 입장료 무료 **국립 난초정원** 어른 SD5, 60세 이상 노인과 학생 SD1, 어린이 무료 **제이콥 발라스 어린이 정원** 입장료 무료(12세 이하 어린이와 보호자만 입장 가능)
Address	1 Cluny Rd. Singapore 259569
Tel	065-6471-7361
Web	www.sbg.org.sg

Sightseeing

❷

포트 캐닝 파크 Fort Canning Park

푸릇한 녹음으로 둘러싸인 이곳이 한때는 요새로 사용되었다는 사실을 짐작할 수 있는 사람이 몇 명이나 될까? 현재는 싱가포르 시민의 휴식공간이자 숙소와 멋스러운 레스토랑이 자리 잡은 포트 캐닝 파크는 제2차 세계대전 당시 요새로 사용되었던 곳이라고 한다. 오차드 로드와 시티의 중간 즈음에 자리 잡고 있어 센트럴 파크라는 별칭으로 불리기도 한다. 포트 캐닝 파크 내부에는 허브 가든도 있어 도심 여행에 지친 몸과 마음을 잠시 쉬어가는 것도 좋겠다.

Access	MRT 도비 갓 역에서 도보 7분
Open	점등 19:00~익일 07:00
Cost	무료
Address	51 Canning Rise, Singapore 179872
Tel	065-6332-1200
Web	www.nparks.gov.sg

Sightseeing

❸

페라나칸 플레이스 Peranakan Place

페라나칸은 중국과 말레이의 융합된 문화형태를 말한다. 이곳은 옛 모습 그대로의 페라나칸 스타일의 외관을 지니고 있으며 현재는 카페와 상점 등이 입점해 있다. 뒤쪽으로는 나이트 스폿이 집중되어 있는 에메랄드 힐이 자리하고 있으니 일부러 찾아갈 만큼은 아니지만 주변을 지나다 둘러보면 좋겠다.

Access	MRT 서머셋 역 B 출구
Address	180 Orchard Rd. Singapore 238846

Sightseeing

❹

이스타나 파크 Istana Park

말레이어로 궁전이라는 뜻을 지닌 이스타나 파크는 분수와 잔디광장, 나무와 꽃들로 평화로운 공원으로 연인들의 데이트 코스나 산책 코스로 주로 이용된다. 건너편에 대통령 관저 부지가 있는데 싱가포르를 구성하는 4개 민족의 설에만 개방된다. 매월 첫째 일요일엔 위병 교대식이 열린다.

Access	MRT 도비 갓 역
Open	**교대식** 매월 첫째 일요일 17:45~18:30
Address	Orchard Rd. Signapore
Tel	065-6736-6622

Food

❶

스트레이트 키친 Straits Kitchen

저마다 고급화 전략을 내세우기 바쁜 일반적인 호텔 뷔페들과는 달리 호텔 뷔페로는 특이하게 호커센터나 길거리에서 볼 수 있는 다양한 민족의 로컬 음식들을 모아 놓은 뷔페이다. 그런 덕에 호텔 뷔페치고는 가격도 합리적인 수준. 일본계 디자이너 수피 포테이토에 의해 디자인된 내부는 유니크하면서도 모던하고 로컬 음식들과 조화를 이루면서도 고급스럽게 꾸며 놓았다.

싱가포르 락사, 나시 고렝, 하이난식 치킨라이스, 치킨 커리, 로띠 프라타 등 싱가포르, 중국, 말레이시아, 인도의 다양한 로컬 음식들을 한눈에 보고 한 번에 다 맛볼 수 있다. 또, 각 섹션에서는 주문과 동시에 셰프가 바로바로 요리해주는 라이브 쿠킹 코너도 있어 더욱 맛있게 음식을 즐길 수 있다. 런치와 디너는 뷔페로 제공이 되며 뷔페 시간 이외에는 단품 메뉴 주문이 가능하다.

Access	그랜드 하얏트 호텔 1층에 위치
Open	**런치**
	월~금 12:00~14:30,
	토, 일, 공휴일 12:30~15:00
	디너 18:30~22:30
Cost	**런치**
	성인 SD45, 어린이(7~12세) SD25
	디너
	성인 SD55, 어린이(7~12세) SD30
	(Tax & SC 17%)
Address	10 Scotts Rd. Grand Hyatt, Singapore
Tel	065-6738-1234
Web	www.singapore.grand.hyattrestaurants.com/straitskitchen

Food

2

할리아 Halia

말레이어로 생강이라는 뜻을 지닌 할리아는 땀 흘리며 걷는 수고로움을 각오하지 않으면 식사를 허락하지 않는다는 듯이 보타닉 가든 안쪽에 자리하고 있다. 식사를 하는 건 단순히 음식을 섭취하는 것이 아니라 눈과 입과 마음까지 즐거워야 한다고 생각한다는 운영자의 생각이 반영되어서인지 전반적으로 모든 메뉴들이 재료가 신선할 뿐 아니라 맛과 모양에서도 뒤지지 않는다.
오렌지와 꿀, 생강으로 맛을 낸 할리아 특선 진저 자이브 한 잔을 보는 것만으로 즐거워지고 음식을 맛보다 보면 몸과 마음이 제대로 리프레시되는 느낌이다.

Access	보타닉 가든 내, 진저 가든에 위치
Open	12:00~17:30, 18:30~22:30
	(주말과 공휴일 브런치 10:00~16:00)
Cost	브런치 메인 SD17~29
	(Tax & SC 17%)
Address	1 Cluny Rd. Singapore 259569
Tel	065-6476-6711
Web	www.halia.com.sg

Food

3

아 호이스 키친 Ah Hoi's Kitchen

호텔 안에 숨어 있기에는 너무나 아까운 느낌이 들 정도로 제대로 맛있는 레스토랑이다. 수조에 가득 찬 팔딱팔딱 신선한 시푸드들을 마법처럼 하나씩 다른 조리 방식으로 선보이는데 하나하나 감탄이 절로 나올 정도로 맛이 있다. 게다가 호텔 레스토랑임을 감안했을 때 비교적 합리적인 가격 또한 아 호이스 키친의 미덕이다. 다양한 조리방법으로 선보이는 신선한 게 요리, 특히 블랙 페퍼 크랩은 이곳의 대표 요리로 호평 받는 메뉴다. 신선한 해산물과 야채를 걸쭉한 소스로 구수하게 조리한 면 요리 시푸드 호펀과 그릴드 포크립도 강력 추천한다.

Access	트레이더스 호텔 4층
Open	12:00~14:30, 18:30~22:30
Cost	Grilled Pork Ribs SD18, Honey Glazed Ginger Chicken SD12, Seafood Hor Fun SD15, Sri Lan Ka Crab SD72 (Tax & SC 17%)
Address	1A Cuscaden Rd. Singapore 249716
Tel	065-6831-4373
Web	www.shangri-la.com

Food

4

레 자미 Les Amis

세계적인 레스토랑 그룹인 레 자미의 대표 레스토랑이다. 우리에게 다소 생소하고 가격 또한 만만치 않은 프렌치 레스토랑에 거부감을 느껴왔다면 레 자미에서 한 번쯤 근사하게 차려입고 파인 다이닝을 즐겨보길 권한다. 차별화된 세련된 서비스의 스태프들과 우아하고 럭셔리한 인테리어로 치장한 레 자미이지만 그에 반해 메뉴는 심플하다. 그러면서도 기본에 충실한 이곳의 메뉴들은 이미 많은 사람들로부터 호평을 받아오고 있다. 디너 코스가 부담스럽다면 비교적(?) 합리적인 가격대의 런치를 즐겨보는 것도 좋겠다.

Access	오차드 로드, 쇼 센터에 위치. 쇼 센터를 왼쪽에 두고 바깥으로 조금만 걸으면 좌측에 입구가 보인다.
Open	12:00~Last Sitting 14:00, 19:00~Last Sitting 21:30 (일요일 휴무)
Cost	3코스 런치 SD70~ (Tax & SC 17%)
Address	1 Scotts Rd. #02-16 Shaw Centre, Singapore 228208
Tel	065-6733-2225
Web	www.lesamis.com.sg (웹에서만 접속 가능)

Food

5

스프루스 Spruce

MRT 역에서 한참 더 떨어져 있는 스프루스는 고생해 찾은 만큼의 보람을 느끼게 해주는 곳이다. 핫한 브런치집 순위에 밀려나지 않는 이곳은 주로 싱가포르의 젊은 여성들에게 인기다. 푸르른 녹음이 우거진 야외 테라스 좌석은 점심시간이 다가오면 어느새 발 디딜 틈 없이 손님들로 꽉 들어찬다. 이곳의 인기 브런치 메뉴는 푸짐하고 맛있는 햄버거류. 식사를 마친 후에는 이 집의 디저트와 빵을 맛보는 것도 잊지 말자. 최고의 파티시에가 만들어내는 환상적인 디저트와 빵들은 자꾸만 생각이 날 정도다. 햄버거빵도 당연히 이곳 스프루스에서 직접 만들어낸다.

Access	피닉스 파크 입구. 택시를 이용하는 것이 가장 좋다.
Open	**런치** 10:30~14:30(월~금)
	디너 17:30~22:30(월~일)
	브런치 08:00~14:30(토, 일)
	베이커리 & 티타임 14:30~17:30(월~일)
Cost	메인 SD17~46 (Tax & SC 17%)
Address	320 Tanglin Rd. Singapore 247980
Tel	065-6836-5528
Web	www.spruce.com.sg

Food

6

팀호완 Tim Ho Wan

이미 홍콩에서 대박성공을 거둔 딤섬 전문 레스토랑이다. 원래 팀호완은 포시즌즈의 셰프가 수준 높은 딤섬을 누구나 맛볼 수 있게 하기 위해 연, 저렴한 가격에 맛있는 딤섬을 파는 식당이다. 로컬식당으로서는 처음으로 미슐랭 스타를 받은 덕에 최고의 인기를 누렸으며 싱가포르로 건너오면서 가격대는 조금 올라간 모양새다. 새우가 통통하게 들어간 하카우와 중국인들이 열광하는 터닙 케이크 Turnip Cake 도 인기지만 이곳의 시그니처는 바비큐 포크가 들어간 찐빵을 바삭하게 구워낸 베이크드 번 위드 비비큐 포크 Baked Bun With BBQ Pork 다.

Access	MRT 도비 갓 역 D 출구와 연결되는 플라자 싱가푸라 1층에 있다.
Open	10:00~22:00
Cost	딤섬 SD3.8~ (Tax & SC 17%)
Address	68 Orchard Rd. #01-29A Plaza Singapura, Singapore
Tel	065-6383-2828

Food

7

라 브레짜 La Brezza

세인트 레지스 호텔 내에 있는 만큼 그 맛과 서비스는 보장이 되면서도 가장 캐주얼한 분위기에 합리적인 가격대를 형성하고 있는 곳이다. 메뉴의 대부분은 우리에게 친숙한 이탈리안 음식들이 대부분을 이루고 있지만 이곳 셰프의 손을 거쳐 기존에 알던 요리의 상식을 깨는 독특한 요리들을 맛볼 수도 있다. 넓고 납작한 면에 레드와인소스를 곁들인 오리고기와 트러플 치즈를 얹어낸 파파르델레Papardelle와 고급재료인 트러플을 아낌없이 써 고소함을 극강으로 느낄 수 있는 피자, 타르투포Tartufo, 모차렐라 치즈보다 한 수 위인 부라타 치즈와 파르마햄을 같이 먹는 부라타Burrata는 정말 추천하지 않을 수 없는 메뉴이다. 주말에는 안티파스티와 치즈, 파스타, 해산물, 그릴 등 다양한 메뉴를 무제한 주문할 수 있는 선데이 브런치를 선보인다.

Access	세인트 레지스 호텔 2층, 수영장 옆
Open	12:00~22:00
Cost	타르투포 SD39, 파파르델레 SD40, 부라타 SD12 (Tax & SC 17%)
Tel	065-6506-6884
Web	www.labrezzarestaurant.com

Food

8

얀팅 Yan Ting

현지 푸드 마니아들도 엄지손가락을 치켜들며 추천하는 세인트 레지스의 칸토니즈 레스토랑이다. 주방장 막[Mak]은 홍콩, 마카오의 포시즌즈 호텔의 총괄 셰프를 역임한 바 있다. 달콤한 맛이 일품인 돼지 바비큐 Barbecued Pork Glazed in Honey와 새우살 무스로 채운 집게발요리 Pan-Seared Crab Claw Stuffed With Shrimp Mousse는 최고의 추천요리. 런치에만 맛볼 수 있는 딤섬은 두말하면 잔소리다. 주말에 한해 14종의 딤섬 및 육류, 시푸드, 누들, 디저트를 무제한 주문할 수 있는 딤섬 브런치는 예약해야 할 정도로 인기다(전복 스프, 로브스터 디시 1종 포함).

Access	세인트 레지스 U1층
Open	12:00~14:30, 18:30~22:30
Cost	베이징 덕 Half SD42(2~3인), Full SD72, 딤섬 SD5~13.8 (런치에만 주문 가능), 주말 딤섬 브런치 SD98 (어린이 SD48, SD70 추가 시 샴페인 포함)
Address	29 Tanglin Rd, Singapore 247911
Tel	065-6506-6884
Web	www.yantingrestaurant.com

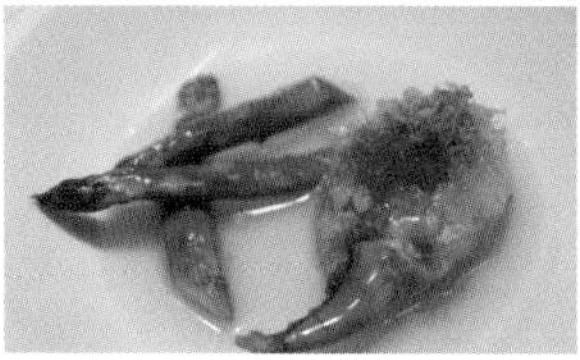

Food

9

브래서리 레 사부어 Brasserie Les Saveurs

이름만으로 가치와 수준이 짐작되는 세인트 레지스 호텔의 부속 레스토랑으로 가장 인기가 많은 코너는 선데이 브런치와 애프터눈 티다.

선데이 브런치는 높은 가격에도 불구하고 꾸준히 판매되고 있을 정도로 인기가 많은데 럭셔리함을 표방한 호텔답게 고급스러운 분위기에서 디저트를 비롯한 간단한 애피타이저는 뷔페 형식으로 제공되고 메인 메뉴는 선택할 수 있다. 가격적으로 부담이 적은 애프터눈 티도 여성들에게 인기가 있으므로 가기 전 예약은 필수. 고급 호텔인 만큼 가기 전 복장에 신경을 쓰고 가는 것이 좋겠다.

Access	세인트 레지스 호텔 로비층
Open	런치 12:00~15:00, 애프터눈 티 15:00~17:00, 디너 19:00~22:00
Cost	비즈니스 런치 SD48~(월~금), 레이디 아스토르 런치 딜라이트 SD58~(토), 애프터눈 티 SD46~56, 디너 세트 SD88~, 샴페인 브런치 SD148~195 (Tax & SC 17%)
Address	29 Tanglin Rd, Singapore
Tel	065-6506-6866
Web	www.brasserielessaveurs.com

Food

10

케넬레 Canele Patisserie Chocolaterie

레 자미 그룹의 또 하나의 스타로 비주얼과 맛 그 어느 면에서도 부족함이 없는 최고의 디저트를 맛볼 수 있다. 로버트슨 워크, 파라곤, 래플스 시티에서도 만나 볼 수 있으며 쇼 하우스 1층에도 지점이 있다. 1층은 아기자기하고 포근한 분위기가, 5층은 시크하고 스타일리시한 분위기가 느껴진다. 진열장 가득 자리를 차지하고 있는 알록달록 케이크들과 마카롱은 보는 것만으로도 엔도르핀을 돌게 만든다. 다양한 재료로 만들어진 마카롱은 이 집의 자랑. 케이크도 어느 것을 꼽을 수 없을 정도로 수준급이다. 달달하고 야들야들한 크레페도 추천할 만하다. 여유롭게 차나 커피와 디저트를 즐기고 싶다면 케넬레의 하이 티에 도전해보자.

Access	MRT 오차드 역, 쇼 하우스 1층과 5층
Open	11:00~22:00
Cost	마카롱 SD2.35(1piece), 크레페 SD15~16, 하이 티 SD12~18 (Tax & SC 17%)
Address	350 Orchard Rd. Shaw House #05-21, Singapore 238868
Tel	065-6735-5855
Web	www.canele.com.sg

Food

11

비스트로 뒤뱅 Bistro Du Vin

럭셔리한 프렌치 레스토랑 레 자미와 같이 프렌치를 다루고 있고 같은 그룹의 레스토랑이면서 분위기는 사뭇 다른 캐주얼한 프렌치 가정식 전문 레스토랑이다. 귀여운 간판과 벽을 가득 채운 와인 관련 그림과 사진들, 철제 의자 등 편안하면서도 포근한 느낌을 준다. 향긋한 프렌치 어니언 수프는 식전 식욕을 돋우는 데도 큰 역할을 한다. 고소하고 부드러운 팬프라이드 푸아그라와 정통 프랑스 가정식 돼지고기 요리인 꼬꼬뱅도 인기다. 식사 후엔 프랑스를 대표하는 디저트 크램 브륄레의 달콤한 유혹에 빠져보자.

Access	MRT 오차드 역, 쇼 센터 1층에 위치
Open	12:00~(마지막 입장 14:00), 18:30~(마지막 입장 22:00)
Cost	3코스 세트 런치 SD30, 꼬꼬뱅 SD33, 팬프라이드 푸아그라 SD24, 프렌치 어니언 수프 SD14 (Tax & SC 17%)
Address	1 Scotts Rd. Shaw Centre, #02-12 Singapore 228208
Tel	065-6733-7763
Web	www.lesamis.com.sg (웹에서만 접속 가능)

Food

⑫

채터박스 Chatterbox

1971년 지금의 호텔이 처음 오픈했을 당시부터 꾸준히 역사를 함께해온 레스토랑이다. 오랜 시간 사랑을 받은 가장 큰 이유는 이곳의 대표 메뉴인 만다린 치킨라이스 때문. 담백하고 깔끔하게 조리된 닭고기를 간간하게 지어진 밥 위에 얹어 여러 가지 소스와 함께 먹는데 그 맛이 끝내준다. 채터박스의 메뉴는 치킨라이스를 필두로 락사, 나시 르막 등 로컬 음식이 대부분이다. 로컬 음식을 고급화하여 선보이기 때문에 여행자에게는 로컬 음식을 경험할 수 있는 최고의 레스토랑이 아닐 수 없다. 이곳의 셰프는 이미 매스컴에 많이 노출된 스타 셰프로, 그가 추천하는 또 하나의 요리는 만다린 로브스터 락사. 2명이 먹어도 푸짐한 양에 고소하면서 매콤해 우리 입맛에도 잘 맞는다.

Access	마리나 오차드 호텔 내에 위치
Open	월~목 10:00~익일 01:00 주말 및 공휴일 10:00~익일 02:00
Cost	치킨라이스 SD25, 만다린 로브스터 락사 SD36 (Tax & SC 17%)
Address	333 Orchard Rd. Singapore 238867
Tel	065-6831-6288
Web	www.meritushotels.com

Food

⑬

이지스 Iggy's

싱가포르의 대표적인 파인 다이닝 레스토랑 베스트를 꼽을 때 절대 빠지지 않는 퓨전 레스토랑이다. 2004년 오픈한 이지스는 그 명성과 가격대에 비해 다소 소박한 분위기이지만 음식 맛에 있어서만큼은 절대 소박하지 않다. 메뉴는 다양한 코스 요리로만 제공되며 정기적으로 교체된다.

Access	MRT 오차드 역, 리젠트 호텔 3층에 위치
Open	**런치** 12:00~13:30(월~금) **디너** 19:00~21:30(월~일) (토, 일 런치 타임 휴무)
Cost	코스 런치 세트 SD55~, 디너 세트 SD115~ (Tax & SC 17%)
Address	Cuscaden Rd. The Regent Singapore 3F
Tel	065-6732-2234
Web	www.iggys.com.sg(웹에서만 접속 가능)

Food

⑭

베이커진 Bakerzin

오감을 만족시키는 디저트숍으로 래플스 시티, 다카시마야, 비보 시티 등에도 입점해 있다. 다양한 디저트 아이템 중 3, 5, 7가지 메뉴를 조금씩 맛보는 셀렉션 메뉴도 준비되어 있다. 또 이곳에서는 제대로 부푼 최고의 수플레를 맛볼 수 있는데, 알코올이 들어가 있는 것도 있으니 주문하기 전 점원에게 확인하자.

Access	MRT 오차드 역, 파라곤 2층
Open	일~목 11:30~22:00 금, 토, 공휴일 전날 11:30~22:30
Cost	웜 초콜릿 SD9.8 수플레 SD9.8~10.8 (Tax & SC 17%)
Address	290 Orchard Rd. #02-09 Paragon Singapore 238859
Tel	065-6333-6647
Web	www.bakerzin.com

Food

⑮

나라 타이 퀴진 Nara Thai Cuisine

2006년 방콕의 에라완에 첫 문을 연 후 센트럴 월드, 텅러 등 여러 지점을 거느리며 성공가도를 달리던 정통 타이 레스토랑 나라 타이 퀴진이 드디어 싱가포르에 상륙을 했다. 태국의 스트리트 푸드를 다양하게 풀어낸 나라 타이 퀴진은 한국인의 입맛에도 잘 맞는다. 특히 베스트 애피타이저 모둠, 오르뒈브르 나라Hors d'oeuvre Nara와 상큼한 포멜로 샐러드, 얌쏨오Yum Som O, 아유타야 보트 누들, 꿰띠아우 루아누아Kuay Tiew Rua Nua는 강력 추천 메뉴.

Access	MRT 오차드 역과 연결되는 아이언 오차드에 위치
Open	11:30~22:00 (라스트 오더 21:30)
Cost	Kuay Tiew Rua Nua SD12.9~, Hors d"oeuvre Nara SD17.9, Yum Som O SD13.9 (Tax & SC 17%)
Address	ION Orchard, 2 Orchard Turn, #B3-21 Singapore
Tel	065-6634-5787
Web	www.narathai.com.sg

Food

⑯

에디아르 카페 부티크 Hediard Café Boutique

150년이 넘는 긴 역사를 가진 프랑스의 에디아르 2호점을 싱가포르에서 만날 수 있다는 건 큰 행운이 아닐 수 없다. 절반은 식료품점으로 절반은 레스토랑 공간으로 꾸며져 있지만 멋쟁이 카페 주인장은 이곳을 레스토랑이 아닌 식료품 구매 전 테이스팅할 수 있는 공간 개념으로 이해해달라 당부한다. 직접 먹어보고 좋은 식재료를 이곳에서 구매해 가정에서도 멋진 음식을 즐길 수 있길 바라는 마음이다. 푸짐하고 알찬 아침 식사 메뉴도 괜찮고 다양한 옵션의 티 세트도 추천 메뉴. 좀 무리를 해서라도 식사와 디저트 양쪽 모두 놓치지 않기를 추천한다.

Access	MRT 오차드 역, 탕글린 로드를 따라 트레이더스 호텔 방면으로 걷다 보면 나온다.
Open	09:00~20:00
Cost	에디아르 브렉퍼스트 SD19, 더 스페셜 에디아르 SD29, 티 세트 SD25(Tax & SC 17%)
Address	123 Tanglin Rd, Tudor Court
Tel	065-6333-6683
Web	www.hediard.com.sg

Food

⑰

아스톤 Astons Specialities

퀄리티 있는 음식과 합리적인 서비스를 모토로 승승장구하는 캐주얼한 레스토랑이다. 아스톤은 콘셉트에 따라 익스프레스, 스페셜리티, 프라임으로 구분된다. 저렴한 가격에 맛도 있어 싱가포르 전역에 20개가 넘는 지점을 가지고 있을 정도로 승승장구하고 있다. 아스톤의 가장 큰 미덕은 꽤 괜찮은 스테이크를 저렴한 가격에 맛볼 수 있다는 점이다. 게다가 가격 안에 2가지의 사이드디시가 포함되고 양도 푸짐해 특히 싱가포르의 젊은이들이 자주 찾는다. 식사 시간대에는 줄을 길게 늘어서기 일쑤이므로 각오하고 가자.

Access	MRT 도비 갓 역, E번 출구에서
	도보 4분, 더 캐세이 4층
Open	일~목 11:30~22:00
	금, 토, 공휴일 전날 11:30~23:00
Cost	Grade 버거 SD4.3~5.5,
	Tajima Wagyu Grade 8+ SD59.9,
	Prime Rib Eye Steak SD14.5
	(Tax & SC 17%)
Address	2 Handy Rd. The Cathay Building
	#04-03 Singapore 229233
Tel	065-6887-5889
Web	www.astons.com.sg

Food

⑱

민장 Min Jiang

호텔의 명성을 뛰어넘는 최고의 차이니스 레스토랑 중 하나로, 쓰촨 스타일의 메뉴를 주로 다룬다. 실내는 고급스럽고 차분하게 단장되어 있으면서도 점심시간이면 옛 방식 그대로 딤섬 수레를 끌고 다니는 직원의 모습이 이채롭다. 민장의 모든 음식들이 대부분 훌륭하지만 그중 최고의 인기는 뭐니 뭐니 해도 퀄리티 높은 딤섬을 맘껏 즐길 수 있는 딤섬 하이 티이다. 딤섬 하이 티는 주말 및 공휴일 오후 3시부터 5시 30분까지 즐길 수 있으며 예약은 필수다.

Access	굿우드 파크 호텔 내에 위치
Open	11:30~14:30(월~토),
	11:00~14:30(일), 18:30~22:30
	(딤섬은 런치에만 제공됨)
Cost	**딤섬 하이 티 뷔페**
	어른 SD32.8(Nett), 어린이 SD16.4
Address	22 Scotts Rd. Singapore 228221
Tel	065-6730-1704
Web	www.goodwoodparkhotel.com

Food

⑲

레스프레소 Cafe L'Espresso

만화에서 툭 튀어나온 듯한 성 모양의 외관이 인상적인 굿우드 파크 호텔 내에 위치한 레스토랑이다. 레스프레소의 간판스타는 뭐니 뭐니 해도 애프터눈 티. 눈과 입이 즐거워지는 다양한 디저트 섹션은 말할 것도 없고 한 끼 식사로도 부족함이 없어 보이는 버라이어티한 핑거푸드는 보는 것만으로도 비명이 절로 나올 정도로 즐겁다. 별다른 분위기는 없지만 양과 질 두 마리 토끼를 잡은 이곳의 애프터눈 티를 즐기려는 여행자들로 오후 시간이면 언제나 붐비니 가기 전 예약을 하는 것이 좋다.

Access	굿우드 파크 호텔 로비층
Open	**런치** 12:00~14:00
	디너 18:00~22:30
	애프터눈 티 14:00~17:30(월~목),
	12:00~14:30, 15:00~17:30(금~일,
	공휴일은 1, 2부제)
Cost	**애프터눈 티**
	어른 SD45, 어린이 SD22.5
	(Tax & SC 17%)
Address	22 Scotts Rd. Singapore 228221
Tel	065-6730-1743
Web	www.goodwoodparkhotel.com

Food

⑳

더 라인 The Line

샹그릴라의 부속 레스토랑인 더 라인은 우아한 샹그릴라 호텔의 분위기와는 조금 동떨어진 느낌이다. 더없이 모던하고 심플한 인테리어에 상큼한 오렌지빛 조명으로 캐주얼하고 밝은 느낌이다. 음식의 디스플레이 또한 인상적인데, 동선에 맞게 편리하고 이름답게 진열된 메뉴들을 둘러보고 있노라면 어느 것부터 손대야 할지 망설이게 된다. 가격은 좀 비싼 편이지만 누들숍, 딤섬 키친, 웍 스테이션, 탄두리 오븐, 스시와 사시미 카운터, 피자 오븐, 그릴 코너 등 없는 게 없다.

Access	MRT 오차드 역, 샹그릴라 호텔 타워 윙, 로비층
Open	**Breakfast** 06:00~10:30 **Lunch** 12:00~14:30 (주말 및 공휴일은 15시까지) **Dinner** 18:30~22:30 (주말 및 공휴일은 18시부터) **Supper** 22:30~익일 06:00
Cost	Lunch SD23~47, Dinner SD42~97 (Tax & SC 17%)
Address	Shangri-la Hotel, Orange Grove Rd. Singapore 258350
Tel	065-6213-4275
Web	www.shangri-la.com

Food

㉑

카페 카르텔 The Cafe Cartel

비싼 물가로 유명한 싱가포르에서 착한 가격으로 푸짐하게 즐길 수 있는 캐주얼 레스토랑이다. 셀 수 없이 많은 메뉴가 일정 수준 이상의 맛을 유지한다. 크기에서부터 압도적인 폭립은 소스와 살코기가 입안에서 살살 녹는 강추 메뉴! 버거류와 파스타류도 인기가 있다. 메인 메뉴에 SD3.9를 추가한 세트는 빵, 수프, 음료가 제공된다. 수시로 벌어지는 이벤트를 잘 활용하면 더 저렴하게 이용할 수 있다.

Access	MRT 도비 갓 역, 플라자 싱가푸라 1층 출입구 옆
Open	월~목 11:30~23:30 금, 토, 공휴일 전날 08:30~익일 00:30 일 08:30~23:30
Cost	St. Louis Pork Ribs SD16.8, Southern Tender Chicken Burger SD14.6 (Tax & SC 17%)
Address	#01-32 Plaza Singapura
Tel	065-6449-9789
Web	www.cafecartel.com.sg (웹에서만 접속 가능)

Food

㉒

피시 앤 코 Fish & Co.

필리핀, 인도네시아, 말레이시아 두바이에 지점이 있는 피시 앤 코 그룹의 레스토랑이다. 캐주얼하고 밝은 느낌의 레스토랑으로, 신선하고 정성 어린 음식을 집에 온 듯 편안한 느낌으로 손님이 즐길 수 있도록 하는 것이 이곳의 콘셉트이다. 커다란 팬에 담겨 나오는 다양한 요리들은 그래서인지 더욱 식욕을 자극한다. 신선하고 건강에도 좋은 다양한 생선을 BPG[Baked, Poached, Grilled]로 조리해 내는 것이 주 메뉴다. 아이온 오차드, 선텍 시티 등 유명 쇼핑몰에 입점해 있다.

Access	MRT 도비 갓 역 B 출구, 파크 몰 옆에 위치
Open	11:30~22:00
Cost	The Best Fish & Chips in Town SD14.95~, Starter Platter, SD15.95 (Tax & SC 17%)
Address	9 Penang Rd. #01-24, The Park Mall Singapore 238459
Tel	065-6334-1858
Web	www.fish-co.com

Food

㉓

선 위드 문 Sun with Moon

차임스에 위치한 고급 레스토랑 재패니즈 다이닝 선과 같은 매니지먼트를 받고 있는 식당으로, 차임스의 레스토랑보다는 캐주얼한 느낌이 강하다. 휠록 플레이스 3층에 위치한 이곳에 들어서는 순간 일식 레스토랑이라는 느낌보다 멋진 카페에 온 듯한 착각이 든다. 곡선을 그리며 정렬된 창가 석에선 오차드 로드를 내다보며 하루 종일이라도 시간을 보낼 수 있을 것만 같다. 우리에게도 익숙한 솥밥 요리 카마메시가 추천요리이지만 커피 맛도 좋으며 커피와 함께 귀여운 새장에 서브되어 나오는 디저트도 추천할 만하다.

Access	휠록 플레이스 3층
Open	월~목, 일, 공휴일 12:00~23:00
	금, 토, 공휴일 전날 12:00~23:30
Cost	Kamameshi SD14.8~
	(Tax & SC 17%)
Address	501 Orchard Rd, #03-15,
	Singapore 238880
Tel	065-6733-6636
Web	www.sunwithmoon.com.sg
	(웹에서만 접속 가능)

Food

㉔

엘 토로 El Toro

색다른 음식의 매력에 빠져보고 싶다면 주저 없이 엘 토로에 방문해보자. 어메이징한 라틴 음식을 제공하는 이곳은 메인 로드에서 조금 안쪽으로 들어간 골목에 빼꼼히 숨어 있다. 알록달록한 내부 디자인은 금방이라도 정열적인 라틴 댄서들이 음악에 맞춰 춤을 출 듯한 흥겨운 분위기를 낸다. 퀘사딜라, 파에야, 파지타 등 대부분의 음식들이 수준급이며 양 또한 푸짐하다. 음식도 음식이지만 이 집의 다양한 소스는 음식 맛을 더욱 돋보이게 하는 일등공신이다. 간단하게 나초와 찍어 먹어도 더 이상 부러울 게 없다. 매주 금요일 밤엔 SD10 이상 도네이션을 하며 라이트 밀과 음료를 즐기는 Upper Room 행사가 열린다.

Access	MRT 서머셋 역, 킬리니 우체국에서
	가깝다.
Open	일~목 11:30~22:30
	금 11:30~17:30, 19:00~21:30
	(Upper Room)
	토 18:00~23:00
	(마지막 음식 주문은 평균 1시간 전
	마감)
Cost	퀘사딜라 SD10~12,
	엘 토로 시그니처 파지타 SD28~32
	(Tax & SC 17%)
Address	Winsland Conservation House,
	165 Penang Rd, Level 2,
	Singapore 238461
Tel	065-6887-4787
Web	www.eltoro.com.sg

Food

25

이치방 스시 Ichiban Sushi

회전초밥 전문점이지만 다양한 일식 요리를 만날 수 있는 곳이다. 합리적인 가격에 양도 푸짐하고 맛도 보장할 수 있다. 회전초밥은 물론이고 데리야키 메뉴는 고루 인기가 있다. 이치방 돈과 연어 회덮밥, 장어덮밥도 추천메뉴. 두 달마다 메뉴가 바뀌는 세 종류의 프로모션 세트(SD15.9~17.9)도 추천할 만하다. 선텍 시티와 주롱에도 체인점이 있다.

Access	MRT 도비 갓 역, 플라자 싱가푸라 6층
Open	월~금 11:30~22:00 토 11:30~22:30, 일 11:00~22:00
Cost	회전초밥 SD2.1~3.9, 연어 데리야키 SD10.9, 세트 SD12~19 (Tax & SC 17%)
Address	Plaza Singapura #06-05 /06 68 Orchard Rd.
Tel	065-6837-0113
Web	www.ichibansushi.com.sg

Food

26

신바시 소바 Shinbashi Soba

유명한 소바 장인이 만드는 정통 일식 소바 전문점이다. 모든 스태프들이 일본인이며 매장 바깥에서 통유리를 통해 소바 면과 우동 면을 뽑는 모습을 볼 수 있다. 직접 뽑은 만큼 단단하고 쫄깃한 식감이 비법으로 육수와 더불어 음식 맛을 더해준다. 새우튀김을 얹어내는 나베야키 우동과 버섯튀김이 가득 뿌려진 냉소바, 텐치라시 소바가 인기메뉴. 일체의 생선과 육류가 포함되지 않은 채식주의자를 위한 소바도 있다. 차와 디저트가 제공되는 일본식 하이 티 메뉴(SD6~14, 14:30~17:30)도 인기가 있다.

Access	MRT 오차드 역, 파라곤 지하 1층
Open	11:30~22:00
Cost	냉소바류 SD15.2~20.8, 온소바류 SD15.2~21.8, 스시 SD3~ (Tax & SC 17%)
Address	#B1-41 Paragon 290 Orchard Rd.
Tel	065-6735-9882
Web	www.sobaworld.com.sg

Food

27

딘 타이펑 Din Tai Fung

대만에 본점을 두고 있는 딘 타이펑은 세계적으로 25개 이상의 분점을 가지고 있고 이미 우리나라에도 진출한 최고의 딤섬 레스토랑이다. 이곳의 간판스타는 두말할 것도 없이 상하이식 딤섬인 소룡포(샤오롱빠오). 쫄깃한 만두피 안에 진한 육수가 가득 차 있다. 국물을 후루룩 마시고 딤섬 위에 생강과 간장을 올려 같이 먹으면 일품이다. 유리창 너머로 진지하게 딤섬을 만들고 있는 요리사들의 모습도 딘 타이펑에서만 볼 수 있는 볼거리 중 하나다.

Access	MRT 오차드 역, 파라곤 지하 1층
Open	월~목 11:00~22:00 금~일 10:00~22:00
Cost	Shrimp & Pork Shao Mai SD6.5 (Tax & SC 17%)
Address	290 Orchard Rd. Paragon, Singapore 238859
Tel	065-6836-8336
Web	www.dintaifungusa.com

Food

28

카페 스푼사 Café Spunsa

고급스러운 분위기의 오차드 로드는 밤이 되면 또 다른 모습으로 변모하는데, 카페 스푼사는 이런 분위기를 단적으로 느낄 수 있는 레스토랑이다. 주로 현지에 체류하는 태국인들이 자주 찾는데, 장소도 협소하고 시설도 열악하지만 음식 맛 하나는 태국 본토의 맛과 다름 없다. 푸짐한 똠얌꿍과 달달한 팟타이는 가장 인기가 많은 음식으로 태국음식 마니아라면 한 번 들러볼 만하다.

Access	오차드 로드, 팔레 르네상스 옆, 오차드 빌딩 3층
Open	11:00~익일 06:00
Cost	볶음밥 SD6~, 똠얌꿍 SD12, 누들 SD6~
Address	400 Orchard Tower #02-36 Orchard Rd. Singapore 238875
Tel	065-6737-0223
Email	café_supunsa@yahoo.com.sg

Food

29

TWG

싱가포르를 대표하는 티 브랜드로 싱가포르 내에 아이온 오차드, 마리나 베이 샌즈 쇼핑몰 등 6개의 지점을 가지고 있다. 각 지점은 인테리어를 비롯해 영업시간, 메뉴, 티폿의 형태 등 약간씩의 차이가 있지만 티 살롱과 제품을 구입할 수 있는 공간이 함께 자리하고 있다는 점은 같다. 전 세계의 수많은 티 종류를 구비하고 있으며 특히 다카시마야 지점은 실버톤의 티폿을 사용해 우아한 애프터눈 티 타임을 즐길 수 있다. 티로 만든 마카롱 및 디저트를 맛볼 수 있는 점도 TWG에서의 즐거움 중 하나이다.

Access	다카시마야(니안 시티) 2층에 위치
Open	10:00~22:00
Cost	Tea Time Set(평일 15:00~18:00) SD19~SD39 TWG Tea Salad SD29 (Tax & SC 17%)
Address	Takashimaya Department Store, F2 391 Orchard Rd. Singapore 238873
Tel	065-6827-0088
Web	www.twgtea.com

Food

30

더 핸드 버거 The Hand Burger

아기자기한 인테리어로 눈길을 사로잡는 더 핸드버거는 쇼핑몰 한쪽에 자리 잡은 작은 레스토랑으로 필리핀에 본점을 두고 있다. 다양한 프로모션과 푸짐한 양과 저렴한 가격으로 마니아가 있을 정도로 인기가 많다. 설명만 읽어도 벌써부디 군침이 도는 다양하고 푸짐한 햄버거 메뉴가 가장 인기 있지만 같이 곁들여주는 감자튀김도 맛이 좋다. 예쁜 색으로 눈길을 사로잡는 이곳의 다양한 음료 메뉴도 한 번 시도해보자.

Access	MRT 서머셋 역, 313 앳 서머셋 지하 2층
Open	일~목 11:30~22:00 금, 토 11:30~22:30
Cost	버거류 SD12.8~20.8, 사이드디시 SD5.8~ (Tax & SC 17%)
Address	313 Orchard Rd. #B2-17/18/19
Tel	065-6509-6214
Web	www.thehandburger.com

Food

31

샐러드 스톱 Salad Stop

양상추와 야채가 기본인 샐러드에 토핑과 드레싱을 추가해 원하는 대로 주문할 수 있는 샐러드 바이다. 주문 시 샐러드와 랩Rap 중 선택하고, 테이크아웃이 가능하다. 토핑 추가 시, 표시가 없는 토핑은 무제한 무료이며 블루, 그린, 옐로 등은 색깔별로 추가금액이 다르니 확인하고 주문해야 한다. 다양한 홈메이드 드레싱도 무료로 제공된다. 여성들이 선호할 만한 다이어트 건강식으로 선텍 시티, 마리나 스퀘어, 마리나 베이 쇼핑몰 등에 체인점이 있다.

Access	노베나 스퀘어 2층
Open	월~금 09:00~21:00 토, 일 11:00~21:00
Cost	기본 샐러드 SD9.5, 토핑 추가 SD1.5/2.5/3
Address	238 Thomson Rd. #02-24, Novena Square, Singapore 307683
Tel	065-6820-0158
Web	www.saladstop.com.sg

Food

32

라오 베이징 Lao Beijing

대중적인 차이니스 레스토랑인 라오 베이징. 합리적인 가격에 고급 중식요리를 맛볼 수 있다. 음식들이 깔끔하고 담백한 편이다. 육즙이 가득한 딤섬과 쫄깃하고 담백한 탄탄면이 인기메뉴. 한국식과는 전혀 다른 베이징식 짜장면(SD8)도 이색적이고, 돼지의 귀와 혀로 만든 롤 요리Pig's Ear and Tongue Rolls(SD8)도 쫄깃한 식감으로 거부감 없이 즐길 수 있다. 가족 단위 손님이 많은 편으로, 플라자 싱가푸라 외에 오차드 센트럴과 노베나 스퀘어에 지점이 있다.

Access	MRT 도비 갓 역, 플라자 싱가푸라 3층
Open	**런치** 11:30~14:30 **하이 티** 15:00~17:30 **디너** 18:00~22:00(월~금)
Cost	Steamed Juicy Meat Buns SD5(4pcs)/SD8(8pcs), "Dan Dan" Noodles SD8 (Tax & SC 17%)
Address	68 Orchard Rd. Plaza Singapura #03-01 Singapore 238839
Tel	065-6738-7207
Web	www.laobeijing.com.sg

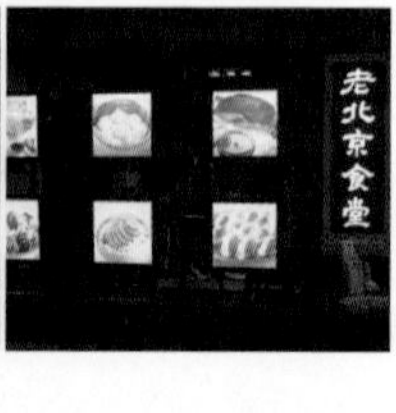

Food

33

뉴턴 호커센터 Newton Circus Hawker Centre

도심과는 조금 떨어진 뉴턴 역에 자리 잡고 있지만 여느 호커센터와는 다른 분위기로 많은 이들이 찾는 곳이다. 마치 공원 한가운데 있는 것처럼 나무들로 둘러싸인 공간에 동그란 테이블들이 옹기종기 모여 있는데 밤이 깊어갈수록 조명이 들어와 더욱 포근한 느낌이 든다. 가격대는 조금 비싼 편이며 다른 호커센터에서 맛보기 어려운 시푸드도 맛볼 수 있다. 쨍쨍한 낮보다는 저녁 무렵 방문하는 것이 좋다.

Access	MRT 뉴턴 역
Open	24시간
Address	500 Clemenceau Ave. Singapore 229495

Food

34

후앗후앗 바비큐 치킨윙 앤 프라이드 캐럿 케이크
Huat Huat BBQ Chicken Wing & Fried Carrot Cake

푸드 리퍼블릭 내에 입점한 작은 규모의 점포이지만 입에 짝짝 달라붙는 맛있는 치킨윙 하나로 입소문이 났다. 숯불에 구워져 겉은 바삭하고 속은 야들야들한 이 집의 바비큐 치킨윙은 보기만 해도 침이 꿀꺽 넘어갈 정도. 캐럿 케이크는 칠리소스와 곁들여 먹으면 느끼한 맛을 감해 더욱 맛있게 먹을 수 있다.

Access	MRT 오차드 역, 위스마 아트리아 4층
Open	10:00~22:00
Cost	BBQ Chicken Wing(3조각) SD3.9, Carrot Cake SD4
Address	L4, Wisma Atria, 435 Orchard Rd. Singapore 238877

Food

35

동해 East Ocean Teochew Restaurant

현지인에게 더 인기가 많은 광동 레스토랑으로 딤섬으로 유명하다. 글로벌화되어 있는 딤섬에 입맛이 길들어 있는 사람이라면 이곳의 딤섬은 다소 투박하게 느껴질 수도 있다. 요리를 주문하면 웰컴 티가 무료로 제공되므로 차는 따로 주문하지 않아도 되며 물수건과 밑반찬을 사용하고 먹으면 SD1.3의 추가요금이 붙는다. 딤섬은 점심에만 주문이 가능하다.

Access	오차드 로드, 쇼 센터 2층에 자리한다.
Open	**런치** 11:30~15:00 (주말 및 공휴일 10시부터) **디너** 18:00~23:00
Cost	Baked Barbecued Pork Pie SD5.8, Steamed Dumpling in Teochew Style SD3.5 (Tax & SC 17%)
Address	1 Scotts Rd. #02-18 Shaw Centre, Singapore 228208
Tel	065-6235-9088

Food

36

모데스토 Modesto's

편안하고 꾸밈없는 분위기의 캐주얼한 이탈리안 레스토랑으로, 벽면에 가득 찬 알록달록한 피자 그림만으로도 이곳의 대표 메뉴가 피자임을 알 수 있다. 오며 가며 맥주 한 잔에 간단히 요기를 하는 사람들로 저녁 시간이면 시끌벅적한 분위기가 된다. 매일 오후 3시 30분부터 6시까지는 해피아워로 알코올 음료가 30% 할인된다.

Access	탕글린 로드, 오차드 퍼레이드 호텔 1층
Open	12:00~24:00
Cost	피자 SD18.5~, 파스타 SD17~29 (Tax & SC 17%)
Address	1 Tanglin Rd. #01-09/10 Orchard Parade Hotel Singapore 247905
Tel	065-6235-7808 Web www.modestos.com.sg

Food

37

잇푸도 Ippudo Singapore

꾸준한 일식 열풍을 증명이라도 하듯 럭셔리 쇼핑몰 만다린 갤러리 내에 떡하니 자리 잡은 잇푸도. 정통 일본식 라멘을 맛볼 수 있는 곳이다. 돼지 뼈를 진하게 우려낸 국물이 느끼할까 걱정된다면 살짝 매콤한 가라카멘에 도전해보자. 탱탱하면서 가는 면발과 돼지고기, 양배추, 파 등 재료가 어우러져 개운한 느낌이다.

Access	MRT 오차드 역, 만다린 갤러리 4층에 위치
Open	월~토 11:00~23:00, 일 11:00~22:00
Cost	Siromaru Motoaji SD15, Karaka-Men SD17 (Tax & SC 17%)
Address	333A Orchard Rd. #04-02~04 Mandarin Gallery Singapore 238867
Tel	065-6235-2797

Food

38

파라다이스 다이너스티 Paradise Dynasty

먹기에 아까울 정도로 색이 고운 딤섬 메뉴 하나로 단박에 입소문이 나 많은 손님을 끌고 있는 차이니스 레스토랑이다. 시그니처 다이너스티 샤오롱빠오는 8개의 딤섬이 나오는데 각각 푸아그라, 트러플, 게살 등 다양한 재료로 만들어졌다. 가격대는 좀 있는 편이지만 편안하고 고급스러운 분위기에 수준 높은 차이니스 푸드로 좋은 평가를 받고 있다.

Access	MRT 오차드 역, 아이온 오차드 4층
Open	월~금 11:00~22:00 토, 일, 공휴일 10:30~22:00
Cost	Signature Dynasty Xiao Long Bao SD13.80 (Tax & SC 17%)
Address	2 Orchard Turn, #04-12A ION Orchard, Singapore 238801
Tel	065-6509-9118
Web	www.paradisegroup.com.sg/dynasty

Something Different Dining Spot

★

뎀시 힐

Dempsey Hill

뎀시 힐은 이제 그 명칭만으로도 최고의 다이닝 스폿을 대변하는 느낌이다. 오차드에서 조금 떨어진 곳에 위치한 뎀시 힐은 뭔가 다른 특별한 매력을 가지고 있다. 똑같은 브랜드의 레스토랑이 여러 곳이 있어도 이곳 뎀시 힐에 자리한 지점은 더 여유롭고 로맨틱하며 평화롭다. 이름난 시푸드 전문 레스토랑인 점보, 롱 비치를 비롯해 로컬들에게 큰 인기를 얻고 있는 새미스 커리, 그로서리를 겸하는 캐주얼한 레스토랑 쿨리나, 존스 더 그로서 등 뎀시 힐 구석구석을 돌아보며 어떤 레스토랑에서 어떤 것을 먹을까 생각하는 것만으로도 행복한 기분이 들 것이다.

Access	오차드 블러바드Orchard Boulevard 에서 택시로 약 10분, 혹은 버스 77, 106, 123, 174(Thai Embassy 앞, Four Seasons Park 등 홈페이지에서 약도 확인)
Address	25 Dempsey Rd.
Web	www.dempseyhill.com

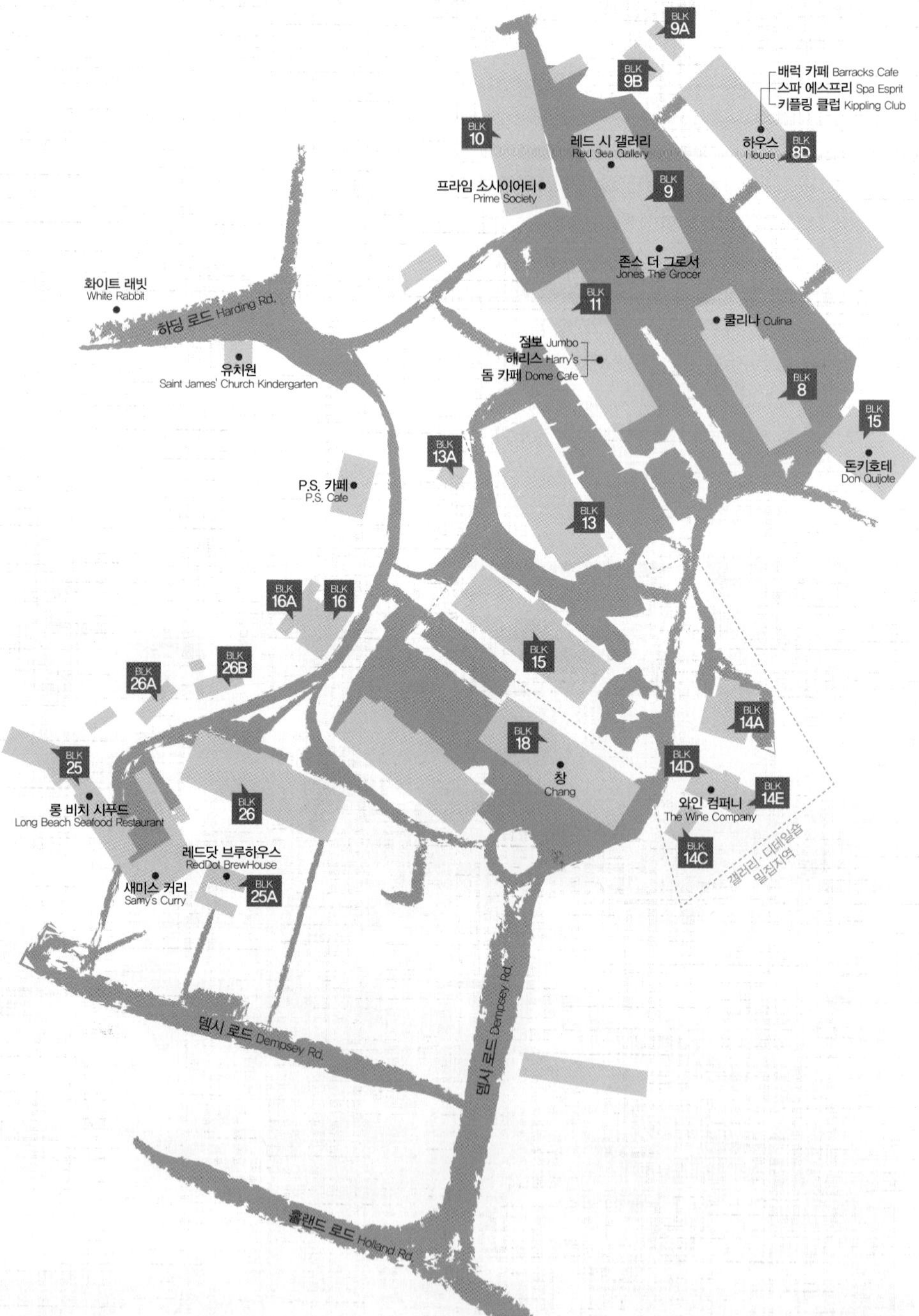
BLK 9A
BLK 9B
배럭 카페 Barracks Cafe
스파 에스프리 Spa Esprit
키플링 클럽 Kippling Club
하우스 House
BLK 8D
BLK 10
레드 시 갤러리 Red Sea Gallery
프라임 소사이어티 Prime Society
BLK 9
존스 더 그로서 Jones The Grocer
화이트 래빗 White Rabbit
하딩 로드 Harding Rd.
BLK 11
쿨리나 Culina
점보 Jumbo
해리스 Harry's
돔 카페 Dome Cafe
유치원 Saint James' Church Kindergarten
BLK 8
BLK 15
돈키호테 Don Quijote
BLK 13A
P.S. 카페 P.S. Cafe
BLK 13
BLK 16A
BLK 16
BLK 26B
BLK 26A
BLK 15
BLK 14A
BLK 25
BLK 18
창 Chang
BLK 14D
BLK 14E
롱 비치 시푸드 Long Beach Seafood Restaurant
BLK 26
와인 컴퍼니 The Wine Company
레드닷 브루하우스 RedDot BrewHouse
BLK 14C
새미스 커리 Samy's Curry
BLK 25A
갤러리·디테일숍 밀집지역
뎀시 로드 Dempsey Rd.
뎀시 로드 Dempsey Rd.
홀랜드 로드 Holland Rd.

Dempsey Hill

❶

배럭 카페 Barracks Cafe

더 하우스는 입이 떡 벌어지는 가격의 최고급 다이닝 티플링 클럽을 비롯해 럭셔리 부티크 스파인 스파 에스프리 등이 모여 있는 공간을 일컫는다. 그중 가격으로는 단연 만만하면서도 그 이상의 만족을 주는 배럭 카페는 소녀 취향의 여행자들에게 추천할 만한 레스토랑이다. 마감이 덜 된 듯한 느낌의 내추럴한 인테리어는 묘하게 이곳의 분위기를 더욱 세련되게 만든다. 배럭 카페에서 가장 추천할 만한 메뉴는 아이러니하게도 심플한 프렌치 포테이토. 생긴 모양새는 별다를 바 없으나 트러플 오일로 튀겨내어 풍미가 가득한 이곳의 프렌치 포테이토는 잠시 칼로리 걱정을 잊게 만든다. 애프터눈 티 또한 빠뜨릴 수 없는 코스. 동화 속에 나오는 듯한 아기자기한 테이블과 소품들로 눈마저 즐겁다. 특히 독특한 아이디어로 많은 인기를 얻고 있는 스키니 피자의 전 종류를 애프터눈 티 메뉴로 즐길 수 있다.

Open	12:00~23:00
Cost	브런치 SD12~32,
	애프터눈 티 SD22 (Tax & SC 17%)
Address	8D Dempsey Rd. Singapore
	249672
Tel	065-6475-7787
Web	www.dempseyhouse.com

Dempsey Hill

❷

화이트 래빗 White Rabbit

마치 숨바꼭질을 하듯 뎀시 힐 메인 로드와 조금 떨어져 있는 화이트 래빗은 입구부터 심상치 않은 분위기를 풍긴다. 거칠게 써 놓은 작은 나무 간판만 아니면 레스토랑이라기보다 오래된 성당이라고 여길 법하다. 실제로 이곳은 원래 성당이었던 건물을 최대한 변화 없이 개조해 레스토랑으로 재오픈한 곳이다. 스테인드글라스로 장식된 우아하고 웅장한 내부와 재미있는 소품들을 정신없이 둘러보다 보면 어디선가 이상한 나라의 앨리스가 튀어나올 것만 같은 느낌이 든다. 특히 주말에만 제공하는 브런치는 교외에 나온 듯한 이곳의 분위기로 언제나 인기 만점이다.

Open	**런치** 12:00~14:30(화~금)
	브런치 10:30~14:30(토, 일)
	디너 18:30~22:30(화~일)
Cost	런치 세트 SD38~ (Tax & SC 17%)
Address	Ebenezer Chapel, 39D Harding Road Singapore 249542
Tel	065-6473-9965
Web	www.thewhiterabbit.com.sg

Dempsey Hill

❸

P.S. 카페 P.S. Cafe

뎀시 힐의 평화롭고 여유로운 분위기를 주도하는 P.S. 카페는 뎀시 힐 메인 로드에서 약간 떨어져 있어 더욱 호젓한 분위기가 느껴진다. 햇살이 가득 들어오는 테라스 창 너머로 너른 잔디밭이 내다보이고 실내에는 달콤한 빵 냄새와 활기찬 직원들이 바쁘게 오간다. 보기만 해도 먹음 직한 빵과 케이크류도 맛나고 구수한 향이 일품인 커피도 맛난 편이다. 오차드 로드, 차이나타운의 안시앙 로드 등에도 지점을 가지고 있다.

Open	**런치** 11:30~17:00 (월~금, Food Last Order 16:00, Drink & Cake Last Order 17:00)
	디너 18:00~22:30(월~목, 일), 18:30~익일 01:30(금, 토, 공휴일 전날)
Cost	브런치 SD18~23, 케이크 SD10~, 카푸치노 SD6, 칵테일 SD16~18
Address	Blk 9 #01-12, Dempsey Rd.
Tel	065-9070-8782, 065-6479-3343
Web	www.pscafe.sg

Dempsey Hill

❹

쿨리나 Culina

존스 더 그로서와 비슷한 콘셉트의 델리숍 겸 레스토랑이다. 존스 더 그로서보다 후발주자로 아직 덜 알려져 있지만 규모나 분위기 면에서 뒤지지 않는다. 오히려 델리숍의 경우, 어지간한 슈퍼마켓 규모의 다양한 아이템과 하이퀄리티 제품을 다루므로 다른 곳에서 식사를 마친 후라도 한 번쯤 둘러보는 것도 좋다.
와인은 물론이고 각종 소스와 신선한 야채와 과일, 치즈와 육가공류, 푸아그라와 캐비어 등 구하기 어려운 식재료까지 없는 게 없다. 특히 자신의 이름을 걸고 만들어낸 테츠야의 식초와 소금은 인기 만점이다. 한쪽에서는 오이스터를 구입할 수 있고 진공포장된 고기들이 진열되어 있는데 등급별로 자신이 직접 고른 고기로 스테이크로 조리해준다. 최상급 고기에 바로 조리된 스테이크의 맛은 두말하면 잔소리.

Open	월~목 10:00~21:00
	금~일, 공휴일 09:00~21:00
Cost	Cooking Fee SD15(스테이크 1인분 기준), Side Dish SD4~6, Pasta SD22~ (Tax & SC 17%)
Address	Blk 8, Dempsey Rd. #01-13 Dempsey Hill Singapore 247696
Tel	065-6474-7338
Web	www.culina.com.sg

Dempsey Hill

❺

롱 비치 시푸드 레스토랑 Long Beach Seafood Restaurant

1946년 문을 연 이래 60여 년간 꾸준히 사랑을 받아오고 있는 시푸드 레스토랑이다. 싱가포르 내에 5개의 지점을 가지고 있지만 뎀시 힐에 위치한 이곳을 제외하곤 대부분이 도심 외곽에 자리하고 있어 여행자들에게는 인기가 떨어지는 편이다. 매콤달콤한 칠리 크랩이 한국인에게 많은 사랑을 받고 있긴 하지만 롱 비치 시푸드에서는 페퍼 크랩을 맛보길 강추한다. 블랙 페퍼 크랩을 처음 시도한 레스토랑이라고 하는데 푸짐한 게는 스팀이 아니라 워크 프라이 방식으로 조리되어 숯불향이 나며 더욱 쫀득하고 블랙 페퍼 소스와 환상적으로 조화를 이룬다. 우리에게도 약간 매운 편. 잘게 다진 마늘을 튀겨 뱀부크램 위에 보슬보슬 얹어내는 Bamboo Clam with Minced Garlic도 이 집의 대표 메뉴 중 하나. 식사 후에는 달콤한 아이스크림과 쫄깃한 흑미 찹쌀의 멋진 궁합 Black Glutinous Rice with Ice Cream으로 입가심을 해보는 것도 좋겠다.

Open	11:00~15:00, 17:30~익일 01:30
Cost	Crab SD45(1kg), Golden Stripe Lobster SD30 (Tax & SC 17%)
Address	25 Dempsey Rd.
Tel	065-6323-2222
Web	www.longbeachseafood.com.sg

Dempsey Hill

❻

새미스 커리 Samy's Curry

오랜 전통을 가진 레스토랑으로 현지인들과 관광객들에게 큰 인기가 있는 인도 음식점이다. 뎀시 힐의 세련된 다른 레스토랑과 달리 로컬 분위기가 물씬 풍기지만 어떤 메뉴를 선택해도 후회하지 않을 정도로 맛을 보장하는 곳이다. 진열된 음식 중 원하는 것을 선택하면 커다란 바나나 잎에 주문한 음식을 담아주는 것도 즐거운 경험으로 남는다. 국내에서 인기 있는 탄두리 치킨(SD5.5, 1조각)등은 따로 주문해야 한다. 커리 선택이 어렵다면 매운맛의 램 커리와 맵지 않은 커리인 치킨 쿠루마를 추천할 만하다. 매콤한 국물 맛이 일품인 피시 헤드 커리도 강력 추천메뉴다.

Open	**런치** 11:00~15:00 **디너** 18:00~22:00 (화요일 휴무)
Cost	마살라 치킨 SD4.70(1조각), 피시 커틀렛 SD1.60(1개), 밥, 플레인 난 SD2.20, 피시 헤드 커리 SD18(S, 2~3인분) (Tax 7%)
Address	25 Dempsey Rd. Singapore 249670
Tel	065-6472-2080
Web	www.samyscurry.com

Dempsey Hill

❼

창 Chang

뎀시 힐의 유일한 고급 한식 BBQ 레스토랑이다. 넓은 실내에 좌식룸이 있고, 한국 주류를 고루 구비하고 있다. 질 좋은 육류 BBQ 외에도 각종 찌개류와 전골, 매운 닭갈비찜, 묵은지찜 등 다양한 한식 메뉴가 고루 인기 있고, 매운 정도를 선택할 수 있는 비빔냉면도 추천메뉴다. 부기스의 일루마 쇼핑몰에 2호점이 있다.

Open	런치 12:00~15:00 디너 18:00~22:00
Cost	런치 세트 SD29/39(1인), 식사류 SD16~, 묵은지찜 SD45(2, 3인), 냉면 SD16 (Tax & SD 17%)
Address	Blk 18C Dempsey Rd. Singapore 249670
Tel	065-6473-9005
Web	www.changbbq.com

Dempsey Hill

❽

돈키호테 Don Quijote

이국적인 분위기의 스페인 레스토랑. 영어 설명이 있긴 하지만 스페인어로 된 메뉴들이 낯설다. 신선한 해산물이 가득한 팬요리 Paella Especial Don Quijote와 쫀득한 가는 면발의 새까만 오징어먹물파스타 Fidena Negra가 추천메뉴다.

Open	11:30~23:00
Cost	Paella Especial Don Quijote SD48/78/98(S/M/L), Fidena Negra(Squid ink) SD30/45/60 (Tax & SC 17%)
Address	Blk 7 Dempsey Rd. #01-02S
Tel	065-6476-2811
Web	www.don-quijote-restaurants.com

Dempsey Hill

9

존스 더 그로서 Jones The Grocer

델리숍을 겸하는 이곳은 부담 없는 식사를 하거나 커피를 마시며 시간을 보내려는 현지인들과 식재료를 둘러보고 구입하려는 사람들로 언제나 북적인다. 규모는 작지만 이곳의 식재료숍에는 희귀한 소스와 파스타, 홈메이드로 만들어진 귀여운 머핀과 컵케이크 등 다양한 아이템이 구비되어 있다. 도서관이 연상되는 심플한 느낌의 테이블에서는 혼자 식사를 하거나 커피를 마셔도 어색하지 않은 편안한 느낌이 든다.

Open	마켓 09:30~23:00
	키친 09:30~21:30
Cost	커피 SD4.5~ (Tax & SC 17%)
Address	#01-12 Dempsey Rd. Dempsey
	Hill Block9 Singapore, 247697
Tel	065-6476-1512
Web	www.jonesthegrocer.com

Dempsey Hill

10

프라임 소사이어티 Prime Society

벽마다 들어찬 강한 느낌의 그림과 장식, 높은 천장과 차분한 실내 분위기가 예사롭지 않은 프라임 소사이어티는 스테이크 맛에 큰 자부심을 가지고 있는 고품격 레스토랑이다. 부위별로 9가지의 커팅 기법으로 고기를 다루어 제대로 된 스테이크를 맛볼 수 있다. 이 집만의 깊은 맛의 소스와 함께 어우러지는 부드러운 육질의 스테이크는 더운 날씨에 땀 흘려가며 뎀시 힐에 방문한 보람을 느끼게 해줄 것이다.

Open	12:00~15:00 18:00~22:30
Cost	샐러드 SD14~,
	와규 비프 스테이크 SD46~
	(Tax & SC 17%)
Address	Blk10 #01-20, Dempsey Rd.
Tel	065-6474-7427
Web	www.theprimesociety.com

Dempsey Hill

11

스파 에스프리 Spa Esprit

다른 건 둘째치고 싱가포르에서 가장 크리에이티브하고 아름다운 공간을 가진 스파라는 점에 이의를 제기할 사람은 없는 듯하다. 뎀시 힐 하우스 2층에 위치한 스파 에스프리는 총 20개의 룸을 보유하고 있는데 각각의 룸과 화장실 휴게실 등의 공간은 Pink Tree, Row a Boat, Mirror on The Wall 등 저마다 다른 이름을 가지고 다른 콘셉트로 꾸며져 있어 룸이라기보다는 예술작품을 보는 느낌이다.
18명의 테라피스트들에 의해 철저하게 예약제로 운영되고 있으며 프라이빗하면서 럭셔리한 면모를 모두 가지고 있다.

Open	일~수 10:00~21:00
	목~토 10:00~익일 01:00
Cost	House Proud SD120(60분) (Tax 7%)
Address	25 Dempsey Rd. Block 8D House
Tel	065-6479-0070
Web	www.spa-esprit.com

Night Life

❶

에메랄드 힐 Emerald Hill

페라나칸 플레이스 옆 작은 언덕을 따라 Que Pasa, Ice Cold Beer, No.5 등 몇 개의 시크하고 감각적인 바들이 옹기종기 모여 있다. 대로변에서 보면 그저 조용하고 어두컴컴한 언덕길일 뿐이지만 안쪽으로 발을 디디는 순간 또 다른 세계가 펼쳐진다. 모여 있는 바들은 대부분 아주 작은 입구를 지나 길게 바가 설치되어 있고 바를 중심으로 복도를 따라 서서 술을 마시거나 하는 구조로 되어 있다. 밤이 깊을수록 이곳을 찾는 사람들이 점점 늘어나 서 있을 공간이 없을 정도다. 조용하게 맥주 한잔하며 시간을 보내려는 여행자에게는 비추. 사람들과 부대끼며 흥겹게 시간을 보내려는 여행자에게 적합하다.

Access	MRT 서머셋 역에서 도보 3~4분
Open	월~목 12:00~익일 02:00
	금, 토, 공휴일 전날
	12:00~익일 03:00
	일, 공휴일 17:00~익일 02:00
	(업소별로 조금씩 다름)
Cost	피자 SD15~, 칵테일 SD15~
	(Tax & SC 17%)
Address	Emerald Hill Rd. Singapore
	229289
Tel	065-6732-6966

Night Life

❷

페라나칸 플레이스 Peranakan Place

과거의 예스러운 건물양식을 고스란히 간직한 채 현대적인 색채를 덧입힌 이국적인 곳으로 앨리 바Alley Bar, 애시드 바Acid Bar, 아웃도어Outdoors 이렇게 3개의 바가 모여 있다. 이 근방에서 가장 힙한 핫 스폿으로 손꼽히며 유행에 민감한 트렌드세터들이 즐겨 찾는 곳이다. 앨리 바는 어둡고 강렬한 인테리어로 고급스러운 느낌을 주는 바이며 애시드 바는 캐주얼한 분위기로 주로 라이브 공연(홈페이지 참조)이 많이 이루어진다. 아웃도어는 노천 호프광장 같은 느낌으로 언제나 사람들이 북적인다.

Access	MRT 서머셋 역에서 도보 3~4분
Open	**애시드 바, 앨리 바**
	17:00~익일 02:00
	아웃도어 11:00~익일 02:00
Cost	드래프트 비어 SD8.9
	(앨리 바는 SD9.9) (Tax & SC 17%)
Address	180 Orchard Rd. Peranakan
	Place Singapore 238846
Tel	**애시드 바** 065-6738-8828
	앨리 바 065-6738-8818
	아웃도어 065-6738-8898
Web	www.peranakanplace.com

Night Life

❸

아스토르 Astor

싱가포르를 대표하는 칵테일이 싱가포르 슬링이라면 세인트 레지스를 상징하는 칵테일은 바로 블러드 매리. 블러드 매리가 처음 탄생한 것은 세인트 레지스 뉴욕의 한 바텐더로부터였다고 하니 세인트 레지스의 바, 아스토르에서 블러드 매리(SD22)를 한 잔 마시는 것은 그 나름의 의미가 있겠다. 오리지널 블러드 매리는 사실 약간 짜고 괴상한 맛으로 처음엔 낯설게 느껴지니 그 의미에 만족하자. 고추, 레몬글라스 등 아시아적인 요소를 가미한 세인트 레지스 싱가포르 한정판 블러드 매리도 맛볼 수 있다.

Access	세인트 레지스 호텔 로비층
Open	12:00~02:00
	(샴페인 아워 18:30~19:00,
	라이브 재즈 18:00~01:00,
	주말 애프터눈 티 15:00~17:00)
Cost	칵테일 SD21, 목테일 SD15
	(Tax & SC 17%)
Address	29 Tanglin Rd. Singapore 247911
Tel	065-6506-6859

Spa

❶

에스테바 Estheva

고급스러운 시설과 품격 있는 서비스, 테크니컬한 마사지로 유난히 단골손님이 많은 에스테바. 최근 인기를 입증하듯 핫플레이스 아이온 오차드로 자리를 옮겼다. 5개의 커플룸을 포함한 13개의 트리트먼트룸을 갖추고 있으며 10명의 숙련된 테라피스트들에 의해 운영되고 있다. 특히 몸 안의 독소를 빼준다는 디톡스 오일을 사용하여 강한 자극을 주는 Aviva Massage는 강한 마사지를 원하는 한국인에게 특히 인기가 좋다. 전신 마사지 외에 체계적인 페이셜 마사지도 평가가 좋다.

Access	아이온 오차드 3층에 위치
Open	10:00~22:00
Cost	Aromatic Head & Shoulder Massage SD35, Anti-Stress Massage SD52 (Tax 7%)
Address	2 Orchard Turn #3-25 ION Orchard Singapore 238801
Tel	065-6509-3900
Web	www.estheva.com

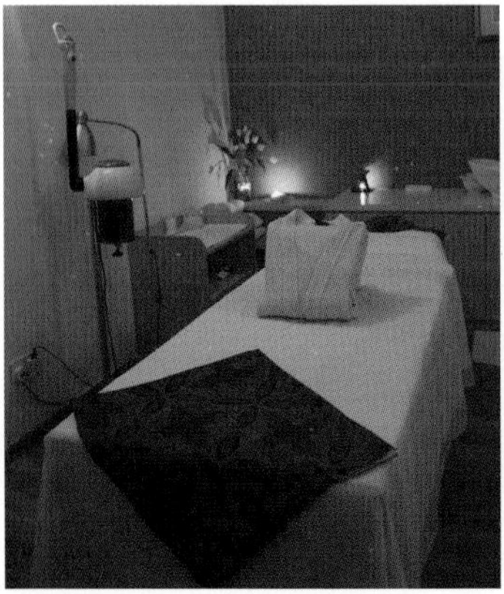

Spa

❷

레메데 스파 Remede Spa

럭셔리 호텔의 선두주자인 세인트 레지스의 부속 스파라니 대강 분위기와 가격대가 짐작이 되고도 남음이다. 레메데 제품을 사용한 페이셜 트리트먼트와 일반 마사지 메뉴들까지 구성이 다양한 편이다. 특히 싱가포르 세인트 레지스 호텔의 레메데 스파에는 세계적으로 유명한 패디큐리스트 바스티앙 곤잘레스Bastien Gonzalez의 스태프들이 파견되어 품격 있고 차원이 다른 패디, 매니큐어 프로그램을 경험해볼 수 있다. 그중 퍼펙트 시너지Perfect Synergy는 패디를 담당하는 패디큐리스트와 페이셜을 담당하는 테라피스트 두 명의 스태프가 투입되어 몸의 밸런스를 고려한 섬세한 터치와 호흡을 맞추어 편안하면서도 완벽한 75분간의 경험을 선사한다. 페이셜 마사지와 어깨 등 마사지, 발 각질 제거와 패디큐어가 포함되어 있으며 끝난 후 스스로의 발을 확인하고 놀랄 만한 변화에 깜짝 놀랄 수도 있다.

Access	세인트 레지스
Open	09:00~22:00
Cost	페이셜 SD180~ (60분), 매니큐어 SD145~ (45분), 매니큐어 컬러 터치 SD30(20분) (Tax & SC 17%)
Address	29 Tanglin Rd. Singapore
Tel	065-6506-6896
Web	www.remedespasingapore.com

Spa

3

스파 부티크 Spa Boutique

도심 한복판에 있는 오아시스 같은 곳으로 완벽한 휴식과 재충전이 가능한 스파이다. 개인 맞춤형 서비스를 위한 노력을 아끼지 않으며 비교적 젊은 테라피스트들이 전문적이고 꼼꼼하게 관리하고 있다. 넓은 공간임에도 6개의 룸과 6명의 테라피스트뿐이어서 특별하게 관리받는 기분이 든다. 실외에는 스파 후 이용 가능한 야외 수영장과 야외 바가 있는데, 웨딩 등 파티가 열리기도 한다. 그 옆으로 요가와 필라테스 클래스가 열리는 널찍한 공간이 있다. 스케줄에 따라 예약 후 1회도 이용 가능하다. 추천 서비스는 8개의 다른 아로마오일을 등에 떨어뜨려 마사지와 테라피를 진행하는 Quantum Raindrop Theraphy. 심신의 긴장을 완화하고 디톡스 효과도 있는 요법이다.

Access	오차드 로드와 탕글린 로드 사이 나심 로드 안쪽에 위치
Open	10:00~21:00
Cost	Quantum Raindrop Theraphy SD165(90분)
Address	6 Nassim Rd. Singapore 258373
Tel	065-9221-6897
Web	www.spaboutique.com.sg

Shopping

❶

아이온 오차드 ION Orchard

싱가포르의 쇼핑몰 중 규모와 브랜드, 세련된 인테리어, 접근성 등 그 어느 분야에서건 일순위로 꼽지 않을 수 없는 쇼핑몰의 지존이라 하겠다.
무엇을 사고 싶건 아이온 오차드에 가면 된다는 말이 있을 정도로 없는 브랜드가 없다는 것이 가장 큰 장점이지만 방대한 규모인 만큼 쇼핑 전 효율적인 동선을 따지지 않고 계획 없이 돌아다니다 보면 시간과 체력만 낭비한 채 제대로 쇼핑을 즐기지 못하는 경우도 있으니 유의하자. 자세한 층별 안내와 쇼핑몰 정보는 아이폰용 앱을 다운로드하여 이용하면 편리하다.

Access	MRT 오차드 역 E번 출구와 연결된다.
Open	10:00~22:00
Address	2 Orchard Turn, Singapore 238801
Tel	065-6238-8228
Web	www.ionorchard.com

ION Orchard

❶

티 바 T Bar

티셔츠만을 전문으로 취급하는 당찬 숍이다. 규모는 작지만 매장 안은 다양한 티셔츠로 빼곡하게 들어차 있다. 귀여운 프린트가 박힌 티셔츠부터 기발한 디자인의 티셔츠, 심플하고 베이직한 티셔츠까지 캐주얼한 복장을 즐기는 티셔츠 마니아라면 한번 둘러볼 만한 매장이다.

ION Orchard

❷

다이소 Daiso

일본발 저가용품 전문숍으로 우리나라에서도 쉽게 볼 수 있다. 무엇을 고르든 SD2라는 파격적인 조건을 걸고 다양한 아이템을 구비해 놓고 있다. 이미 익숙한 숍이긴 하지만 신기한 일본의 군것질거리, 귀여운 모양의 컵과 소품들 등 한 번쯤 둘러볼 만하다.

층별 주요 입점 브랜드

	Shopping	Dining	Etc.
ION Sky		Salt Grill, Sky Bar	ION Sky
L5	Prologue(서점)	Balaclava	
L4	The Planet Traveller, Sony Centre	Paradise Dynasty, Taste Paradise, Imperial Treasure	Three Sixty Market Place, ION Art Gallery, Singapore Airlines, Money Changer
L3	Agnes b. Anteprima, alldressedup, Vivienne Tam, XYQT	Canton-I, The Marmalade Pantry	Estheva Spa, Next(미용실)
L2	Louis Vuitton, Giorgio Armani, Christian Dior, Dolce & Gabbana, Marc Jacobs, Prada	TWG	
L1	Haan, DSquared2, Sephora, Franck Muller, MiuMiu, Valentino	TWG, Alfresco Guesto	Atrium, Singapore Visitors Centre
B1	Samantha Thavasa, Bebe, Camper, Karen Millen, Massimo Dutti, Paul Frank, Swarovski, Thann, Warehouse	Coffee Bean, Swensen's	ATM, Bank
B2	Aldo, Mango, New Look, Skechers, Pull & Bear, Steve Madden, T Bar, Uniqlo, Topshop, Zara	Bread Society, tcc, Xin Wang Hong Kong Cafe, Itacho Sushi	Bank, Singapore Post, MRT
B3	North Face, Charles & Keith, Mphosis, New Look, Topman, Uniqlo, Zara	AOBA Ramen, Balithai, Starbucks, The Soup Spoon, Fish & Co	
B4	Watsonas, Eu Yan Sang, Daiso, Muji, G2000, GNC	(식당가) Food Opera, Tori Q, Go India, Killiney Café, Lim Chee Guan, Cornery, Mei Heong Yuen	Citibank ATM, Money Changer, JTB

ION Orchard

❸
무지 Muji

심플하고 베이직한 디자인과 튼튼함으로 이미 좋은 평가를 받고 있다. 실용적인 아이템이 많고 가격도 비싸지 않은 편으로 식품부터 패브릭 제품, 식기류, 의류까지 취급하고 있다.

ION Orchard

❹
세포라 Sephora

화장품에 관심 많은 여성들이라면 이곳을 놓치지 말자. 수많은 코스메틱 브랜드들이 다 모여 있어 한 번에 둘러보고 테스트도 해볼 수 있다. 컬러 제품에 두각을 나타내는 안나 수이 코너도 있고 화장품 브랜드뿐 아니라 W 등 고급 호텔 등에서 어메니티로 제공되기도 하고 고급 스파에서 사용되는 블리스Bliss 제품과 버츠비Burt's Bees 등도 만날 수 있다.

ION Orchard

❺
사만다 타바사 Samantha Thavasa

상식을 깨는 과감한 디자인으로 유명한 사만다 타바사의 가방을 둘러볼 수 있다. 가방 크기에 비하면 다소 과한 사이즈의 곰인형이 가방에 붙어 있어 소녀들이나 좋아할 법하지만 거친 느낌의 징을 박아 언밸런스하면서도 조화로운 느낌을 살린 재미있는 디자인이 눈에 띈다.

ION Orchard

❻
뉴 룩 New Look

우리나라에도 잘 알려진 포에버 21과 자웅을 겨루는 저가 편집숍이다. 상대적으로 저렴한 가격 때문에 유난히 10대의 여성고객이 많은 편이다. 의류는 물론이고 구두, 가방, 액세서리 등 다양한 아이템을 원스톱 쇼핑할 수 있는 공간이다.

ION Orchard

❼
올 드레스드업 All Dressedup

중저가의 편집숍으로 말 그대로 머리부터 발끝까지 올 드레스드업할 수 있는 아이템들로 가득하다. 심플하면서도 대담하게 포인트를 준 원피스부터 베이직한 아이템까지 취향에 맞게 쇼핑할 수 있다.

ION Orchard

❽
탕 Thann

스파 제품에 관심이 많은 사람이라면 눈이 번쩍 뜨일 매장이다. 하이퀄리티로 이미 태국 등지에서 많은 사랑을 받고 있다. 천연 재료를 이용해 향과 퀄리티가 뛰어난 각종 보디제품뿐 아니라 아로마오일 등이 포함된 다양한 패키지 상품도 만날 수 있다. 가격대는 좀 있는 편이지만 고급스러운 느낌이 강해 선물용으로도 좋다.

2

만다린 갤러리 Mandarin Gallery

여길 가나 저길 가나 브랜드로는 별 차별성이 없는 오차드 로드의 쇼핑 판도에 신선한 바람을 불어넣은 쇼핑 스폿이다. 명품 일색일 것만 같은 럭셔리한 입구를 지나 안으로 들어가면 희소성이 있는 다양한 신진 디자이너들의 브랜드숍부터 특색 있는 매장들을 만날 수 있다. 만다린 갤러리의 의외성은 헬로 키티를 접목한 저가 편집숍 체체Cheche나 청바지 마니아들이 반색할 만한 데님 스토어The Denim Store만 보아도 짐작이 된다.

층별 입점 브랜드

1층
패션 Emporio Armani, D&G, Boss Shop, Y-3, Marc By Marc Jacobs
패션 액세서리 C.K. Accesery, Tumi, Monblanc, Vertu
카페 & 레스토랑 Larique

2층
패션 Emporio Armani, D&G, Marc By Marc Jacobs, Ashley Isham, Tribeca
패션 액세서리 Monblanc, Samsonite, Agatha Paris, Folli Folli
카페 & 레스토랑 Rimowa, Tonkatsu ma Maison, Antoinette, Sweet Garibaldi

3층
패션(영캐주얼) Adidas&Taylormade, The Denim Store
패션 액세서리 Samas
기타 M.A.D(Museum of Art&Design), 네일숍, 헤어숍

4층
패션 액세서리 EGG3, Atomi
카페 & 레스토랑 Lawry's The Prime Rib, Ippudo, Jones the Grocer
홈 & 인테리어 Platform
기타 스파, 치과

3

다카시마야 Takashimaya Singapore

아이온 오차드가 오차드 로드에 들어서기 전까지만 해도 오차드 로드의 대표 쇼핑몰 넘버 원의 자리를 꿰찼던 곳이다. 니안 시티라는 별칭에서 말해주듯 마치 쇼핑의 도시 같은 느낌이 들 정도로 큰 규모를 자랑한다. 시설 면에서는 새로 생긴 쇼핑몰들에 비해 다소 올드한 느낌이 있긴 해도 명품부터 중저가 브랜드까지 고루 갖추며 꾸준한 사랑을 받고 있다.

Access	MRT 오차드 역
Open	10:00~21:30(매장에 따라 다름)
Address	391 Orchard Rd. Singapore 238872
Tel	065-6738-1111
Web	www.takashimaya-sin.com

층별 안내도

층별	업종	Takashimaya Department Store
B2	패션(저가)	Giordano, Commode
	카페 & 레스토랑	Cedele, Food Court
	기타	전자, 약국, 왓슨스, ATM, 슈퍼마켓
B1	카페 & 레스토랑	맥도날드, KFC
	뷰티	Aesop, Aveda, Cratree & Evelyn, L'OCCITANE, M.A.C, True Colours, Molton Brown London
	패션(영패션, 중저가)	A/X Armani Exchange, Bebe, Club Monaco, Guess, m)phosis, Mango, Zara, Harley-Davisdon
	패션 액세서리	Evita Peroni, Monsoon Accessorize
1	명품	Burberry, Celine, Christian Dior, Fendi, Tiffany & Co, Cartier, Channel, Louis Vuitton, Hugo Boss, Monblanc, Loewe
	기타	ATM
2	명품	Louis Vuitton, Chole, Channel
	기타	Marc By Marc Jacobs
	카페 & 레스토랑	Sushi Tei, Marmalade Toast, TWG
3	패션(영)	Shaghai Tang, Juicy Couture
	카페 & 레스토랑	Coffee Club(기노쿠니야 내)
	서점	Books Kinokuniya
	기타	환전소, 아동, 스포츠, 골프
4	카페 & 레스토랑	Crystal Jade, Tonkichi
	기타	환전소, 아동, 스포츠, 골프, ATM, 피트니스
5	카페 & 레스토랑	서울가든
	기타	뷰티, 헤어숍, 스파, 마사지, 전자

Takashimaya Singapore

1

짐 톰슨 Jim Thomson

태국의 고급 실크제품 브랜드로 이미 마니아층이 형성되어 있을 정도로 품질 면에서는 인정을 받고 있다. 태국의 상징인 코끼리 모양의 프린트가 촘촘하게 박힌 파우치나 미니 백, 손수건 등 가격대가 만만한 소품들도 있으니 한번 들러보자.

Takashimaya Singapore

2

몰튼 브라운 Molton Brown

영국 브랜드로 싱가포르의 특급 호텔들이 어메니티로 선택한 고급 목욕용품 브랜드이다. 심플하면서도 세련된 디자인의 용기에 담긴 다양한 제품들을 직접 향도 맡아보고 구입할 수 있다. 향은 다른 브랜드에 비해 다소 강한 편이다.

Takashimaya Singapore

3

크랩트리 앤 에블린 Crabtree & Evelyn

일체의 동물 실험 없이 천연 성분으로만 만든 유기농 욕실용품 전문 숍이다. 포장이 귀여워 선물용으로도 좋다. 바른 즉시 끈적임 없이 피부가 보들보들해지는 보디로션과 보디샴푸 등도 훌륭하다.

4

313 앳 서머셋 313@Somerset

멀리서도 눈에 확 띄는 독특한 느낌의 쇼핑몰로, 오픈한 이래로 특히 10~20대의 젊은 여성들에게 절대적인 지지를 받고 있다. 비디오아트 느낌이 드는 독특한 외관만 봐도 쇼핑몰 내부에 어떤 브랜드가 입점되었는지 쉽게 짐작이 되고 또, 자연스레 발걸음을 옮기게 만드는 매력이 있다. 이곳을 채우고 있는 매장은 대부분이 중저가의 로컬 브랜드나 패스트 패션 위주의 숍들이다. 특히 포에버 21과 유니클로는 다른 곳에 비해 매장 규모가 상당히 큰 편. 자라, 망고, 뉴 룩 등 유행에 민감하며 부담 없는 패스트 패션에 관심 있다면 주저 말고 이곳으로 향하자.

Access	MRT 서머셋 역과 연결됨
Open	10:00~23:00
Address	313 Orchard Rd. Singapore 238895
Tel	065-6496-9313
Web	www.313somerset.com.sg

313@Somerset

1

미스 에밀리 Miss Emily

러블리한 느낌이 강한 아이템이 주를 이루는 편집숍이다. 디자인이 심플하면서도 배색으로 착시효과를 일으키는 디자인이라든가 잔잔한 프린트를 넣고 프릴을 다는 등 포인트를 주어 개성이 강한 느낌을 준다. 과하지 않으면서 여성스러운 느낌으로 싱가포르 직장여성들에게도 인기가 많은 브랜드다.

313@Somerset

2

레몬글라스 하우스 Lemonglass House

천연재료를 이용해 만든 각종 스파 제품을 구입할 수 있다. 은은한 향의 에센셜 오일은 피부에도 좋을 뿐 아니라 몸과 마음을 편안하게 하고 효과에 따라 다양한 종류가 구비되어 있다.

313@Somerset

3

뉴 룩 New Look

포에버 21과 함께 젊은 여성들을 타깃으로 꾸준히 성장 중인 브랜드다. 가격이 부담 없어 평소에 망설였던 볼드한 디자인의 액세서리와 과감한 의류 등을 한번 시도해 보는 것도 괜찮겠다.

층별 안내도

층별	업종	Takashimaya Department Store
B3	상점	Eu Yan Sang, Guadian Health & Beauty
	카페 & 레스토랑	Tarafuku, Fish & Co, Yoshinoya, Bee Cheng Hiang 외
	기타	Cold Storage
B2	패션	New Look, G2000, M)phosis, Outfitter Girls
	잡화, 액세서리	Bossini, SK Jewel Avenue
	뷰티	Lamongrass House, The Face Shop
	카페 & 레스토랑	Bread Talk, Toast Box, Citisems, The Hand Burger, Din Tai Fung
	기타	ATM, MRT 역과 연결, 스파, 네일숍
B1	패션, 잡화 (보세, 로컬)	Ribbons, Vena, Mika, Honey & Bee, Hula & Co
	뷰티	Beauty Language
	카페 & 레스토랑	KFC, Coffee Bean
1	패션	Forever21, ZARA, Cotton On, Levi's Lady's, ECCO
	잡화, 액세서리	Lee Hwa Diamond Gallery
	기타	ATM, 환전소
	카페 & 레스토랑	Marche, Brotzeit, Charlie Brown Café
2	패션	Forever21, ZARA, Esprit, Levi's, Promod, Puma, Triumph, Mango, Lacoste
	잡화, 액세서리	Aldo, Pedro, Watch Station, Fossil, Charles & Keith
	카페 & 레스토랑	Starbucks
3	패션	Uniqlo, Vintage FB, Nichii, Chaos
	잡화, 액세서리	Bata, Nichii
	기타	헤어숍, 스파
4	스파	Kenko
	음반	HMV
	기타	헤어, 네일숍, 안경숍
5	스포츠	Stadium by Royal Sporting House
	카페 & 레스토랑	Food Republic

5

위스마 아트리아 Wisma Atria

새롭게 단장한 위스마 아트리아는 젊은 층에게 어필하는 다양한 브랜드와 걸출한 다이닝 브랜드, 일본계 백화점 이세탄이 입점되어 있는 쇼핑몰이다. 싱가포르 메인 쇼핑몰에 비한다면야 규모 면에서 떨어지지만 짜임새 있는 심플한 동선과 쾌적한 분위기로 인기를 끌고 있다. 퀄리티 있는 중저가 브랜드 코튼 온Cotton On과 코튼 온 키즈Cotton On Kids, 갭 키즈Gap Kids와 베이비갭BabyGap 등 아동복에 관심 있다면 들러보자. 젊은이들이 열광하는 토리버치Tory Burch도 만날 수 있으며 귀엽고 독특한 아이템이 가득한 스미글Smiggle도 들러볼 만하다. 홍콩발 패션편집매장 I.t 매장에서는 b+ab, 5cm 등 젊은 감각의 홍콩 브랜드를 모아 놓았다.

Access	MRT 오차드 역 D 출구와 연결된다 (아이온 오차드 옆).
Open	10:00~22:00
Address	435 Orchard Rd. Singapore
Tel	065 6235 2103
Web	www.wismaonline.com

층별 주요 매장

B1층
패션 브랜드 찰스 앤 키스, 나인 웨스트, 페드로, 코튼 온, 갭, MDS 컬렉션
다이닝 브래드 토크, 토스트 박스, 미스터 빈, 쉐어 티, 소피 베이커리
기타 GNC, Lush, 왓슨스, 빅토리아 시크릿, 스미글

1층
패션 브랜드 ALDO, 도로시 퍼킨스
다이닝 Coffee Stars By Dao
기타 Sasa

2층
패션 브랜드 코치, 포에버 뉴, Liu.Jo, 토리 버치
다이닝 파리 바게트, TCC

3층
패션 브랜드 I.t
다이닝 하겐다즈, 스타벅스
기타 세븐 일레븐

4층
다이닝 푸드 리퍼블릭, 딘 타이펑

Shopping
6
H & M

그랜드 오픈 전부터 모든 이들의 기대를 한몸에 받았던 패스트 패션의 대표주자로, 2011년 9월 싱가포르에 처음 상륙했다. 이미 일본, 홍콩, 중국, 우리나라에서도 큰 인기를 끌고 있는 H & M은 오픈하자마자 인기를 증명하듯 줄을 서서라도 쇼핑을 하고야 말겠다는 손님들로 매장 앞이 장사진을 이루었다. 기본 라인인 티셔츠와 카디건, 원피스 등 실용적인 아이템들도 두루 갖추고 있으며 다소 파격적인 디자인의 파티룩도 완성해 볼 수 있겠다. 1, 2층은 여성패션, 3층은 남성과 어린이 패션이 자리하고 있다.

Access	MRT 서머셋 역, 오차드 빌딩 1층
Open	10:00~22:00
Address	1 Grange Rd. 1F, Orchard Building
Tel	065-6235-1459
Web	www.hm.com/sg

Shopping
7
이세탄 백화점 Isetan

일본계 백화점으로 합리적인 소비를 하는 20~30대 패셔니스타들에게 사랑받는 곳이다.
명품 브랜드의 세컨 라인과 디자이너 부티크숍들이 있고 일본계 중저가 브랜드들도 입점해 있다. 1층에 위치한 클럽 21 매장은 폴 스미스, 캘빈 클라인, 이세이 미야케 등 가방 편집매장으로 백[Bag] 마니아들이라면 꼭 들러봐야 한다. 위즈마 아트리아 건물에도 이세탄 백화점이 있다.

Access	MRT 오차드 역 오차드 로드 쇼하우스에 위치. 탕 플라자 건너편에 있다.
Open	10:00~21:30
Address	350 Orchard Rd. Shaw House Singapore 238868
Tel	065-6733-1111
Web	www.isetan.com.sg

Shopping

8

DFS 갤러리아 DFS Galleria Scottswalk

시내 중심에 있어 편리한 면세 쇼핑몰로 1층에는 선물용으로 좋은 아이템들과 술, 시계, 2층은 코스메틱 멀티숍 세포라를 비롯한 화장품 매장이 자리하고 있다. 3층에는 15여 종의 명품 브랜드만 엄선하여 판매하고 있는데 한국인 직원이 상주하므로 명품 쇼핑을 할 예정이라면 이곳에서 하는 것이 좋겠다. 4층에는 가방, 의류 등과 고객서비스센터가 자리하고 있다.

Access	MRT 오차드 역, 스코츠 로드를 따라 걷다 보면 좌측에 있다.
Open	11:00~22:00(금, 토는 22:30까지)
Address	25 Scotts Rd. Singapore 228220
Tel	065-6229-8121
Web	www.dfsgalleria.com

Shopping

9

힐튼 쇼핑 갤러리 Hilton Shopping Gallery

최고급의 엄선된 브랜드만 모아 놓은 힐튼의 아케이드로 10여 개의 매장이 넉넉한 공간에 고급스럽게 자리하고 있다. 브랜드 종류에서는 다른 쇼핑몰에 비해 턱도 없이 부족하지만 〈섹스 앤 더 시티〉의 캐리의 구두로 유명한 마놀로 블라닉 등 원하는 브랜드가 뚜렷하고 차분한 분위기에서 여유 있게 쇼핑을 즐기고자 하는 사람에게는 좋은 선택이 될 수 있겠다.

Access	힐튼 호텔 1층. MRT 오차드 역에서 도보 5분
Open	10:00~19:00(매장에 따라 다름)
Address	581 Orchard Rd. Singapore, 238883
Tel	065-6737-2233
Web	www.hiltonshoppinggallery.com

Shopping

10

리앗 타워즈 Liat Towers

오차드 로드에서 가장 큰 자라 매장으로 더 많이 기억되고 있는 건물로 자라 매장 이외에도 에르메스, 마시모 듀티 등의 브랜드도 찾아볼 수 있다. 특히 자라 매장은 다른 지점보다 더욱 고급스럽고 아이템도 많은 편이다.

Access	MRT 오차드 역 E 출구에서 도보 약 3분
Open	10:30~20:00(매장에 따라 다름)
Address	541 Orchard Rd. Singapore 238881

Shopping

⑪ 포럼 Forum

규모는 크지 않지만 아르마니 주니어, 디올 베이비, DKNY 키즈 등 명품 브랜드의 어린이 버전 숍을 둘러볼 수 있다. 그 밖에 Bread & Butter, Club 21, Tsumori Chisato 등 의류브랜드와 섹시한 구두숍 Scarlet & Ebony도 들러볼 만하다. 3층에는 어린이들의 천국 토이저러스도 자리하고 있다.

Access	MRT 오차드 역 E 출구에서 도보 약 10분
Open	10:00~20:00(매장에 따라 다름)
Address	583 Orchard Rd.
Tel	065-6732-2469
Web	www.forumtheshoppingmall.com.sg

Shopping

⑫ 탕글린 몰 Tanglin Mall

주로 하이퀄리티 생활용품을 많이 취급하는 쇼핑몰로 현지에 거주하는 외국인들이 단골손님이다. 주부들이 좋아할 만한 아이템이 많으며 특히 I Wanna Go Home은 인테리어 잡화에 관심 있는 사람이라면 시간 가는 줄 모르게 될 것이다. 마니아층이 있을 정도로 독특한 재질의 귀여운 디자인 제품인 Cath Kidston도 들러볼 만하다. 지하에는 푸드코트가 있어 쇼핑 후에 식사를 하기에도 적당하다.

Access	MRT 오차드 역에서 도보 15분, 탕글린 로드에 있다.
Open	10:00~21:00(매장에 따라 다름)
Address	163 Tanglin Rd.
Tel	065-6736-4922
Web	www.tanglinmall.com.sg

Shopping

⑬ 오차드 센트럴 Orchard Central

오차드 로드의 새롭게 떠오르는 쇼핑몰. 정문 앞에 지상 4층까지 이어지는 에스컬레이터가 눈길을 끈다. 스타일리시한 젊은 층들이 좋아할 만한 디자이너 브랜드와 편집매장들이 입점해 있다. 피규어 전문 매장과 스포츠 용품 편집숍, 지포Zippo 라이터 전문점 등 독특한 매장이 있다. 모던하고 엣지있는 디자인의 '더 레클리스 숍The Reckless Shop'과, 싱가포르 로컬 디자이너들의 세련된 감각을 느낄 수 있는 컬렉션숍 '블랙 마켓Black Market'은 패셔니스타라면 꼭 들러봄 직하다.

Access	오차드 로드, MRT 서머셋 역 B번 출구
Open	11:00~23:00
Address	181 Orchard Rd. 238896
Tel	065-6238-1051
Web	www.orchardcentral.com.sg

Shopping

14

벨로시티 Velocity

노베나 스퀘어 내에 위치한 쇼핑몰로 규모는 크지만 오차드 로드의 인기 쇼핑몰들에 견주어 짜임새 있거나 알찬 느낌은 덜하다.
유명한 화장품 편집숍 샤샤와 인기 싱가포르 구두 브랜드 찰스 앤 키스 등 있어야 할 브랜드는 다 입점해 있다. 특히 어린이를 위한 상점이나 문구나 선물숍이 많은 편인데 아이가 있는 여행자라면 레고 전문 숍 토이즈 헌트Toy's Hunt나 키티 펠리스Kitty Palace 등은 들러봄 직하다. 슈퍼마켓인 콜드 스토리지도 입점해 있다. 그 밖에 하이퀄리티 베이커리 케델레Cedele와 라오 베이징, 올드 창키, 브래드 토크, 모스 버거, 샐러드 스톱, 올드타운 화이트 커피 등 유명 레스토랑 브랜치들이 자리 잡고 있어서 쇼핑과 식사를 한 번에 해결하기에 부족함이 없다.

Access	MRT 노베나 역과 연결된다.
Open	10:00~22:00(매장마다 다름)
Address	Novena Square #03-32b, 238 Thomson Rd. Singapore 307683
Tel	065-6256-3325
Web	www.novenasquare.com

Shopping

15

이케아 IKEA

인테리어용품과 소품에 관심 있다면 이케아는 그야말로 파라다이스다. 내부가 실제 방이나 거실, 주방의 모습 그대로 꾸며져 있어 더더욱 구매 욕구가 솟는다. 인테리어 용품과 침구 등 다양한 아이템을 갖추고 있는데 저렴한 가격으로 손에 넣을 수 있는 주방용품과 소품들도 많아 구경하는 재미가 쏠쏠하다.

IKEA Tampines

Access	27, 34, 58, 168번 버스를 타고 Aft TPE 정류장에서 하차
Open	10:00~22:00
Address	60 Tampines North Drive 2, Singapore 528764
Tel	065-6786-6868
Web	www.ikea.com/sg/en

IKEA Alexandra

Access	51, 111, 145, 186, 195, 970번 버스를 타고 MRT 퀸스타운 역에 하차
Open	10:00~22:00
Address	317 Alexandra Rd. Singapore 159965
Tel	065-6786-6868
Web	www.ikea.com/sg/en

Shopping

⑯

휠록 플레이스 Wheelock Place

하늘로 치솟은 원뿔 모양의 독특한 외관으로 오차드 로드의 랜드마크로서의 역할을 톡톡히 하고 있는 쇼핑몰이다. 브랜드의 수와 다양함에서는 조금 떨어지지만 막스 앤 스펜서Marks & Spencer 매장이 무척 크고 종류도 다양해 관심 있는 마니아라면 가볼 만하다. 또, 케델레, 스키니 피자, 더 파스타 숍, 사케 스시, 선 위드 문 등 다양한 레스토랑이 있어 다이닝 공간으로도 손색이 없다.

Access	MRT 오차드 역 E번 출구
Open	10:30~20:00 (매장에 따라 다름)
Address	501 Orchard Rd.
Tel	065-6733-1188

Shopping

⑰

플라자 싱가푸라 Plaza Singapura

다른 오차드 로드의 쇼핑몰처럼 화려하진 않지만, 오랜 역사와 편리한 쇼핑구조로 현지인에게 사랑을 받고 있다. 지하 2층부터 7층까지 패션, 잡화, 리빙, 가전 등 다양한 브랜드들과 대형마트 콜드 스트리지, 막스 앤 스펜서 백화점, 다이소까지 입점해 있다. 층별로 패스트푸드와 패밀리 레스토랑 등 인기 있는 식당 체인들도 자리하고 있어 원하는 쇼핑과 휴식을 즐기기에 모자람이 없다. 인기 있는 중저가 브랜드가 대부분인 알찬 쇼핑몰이다.

Access	MRT 도비 갓 역 D번 출구 B2와 연결된다.
Open	10:00~22:00
Address	Dhoby Ghaut, Singapore 238839
Tel	065-6332-9298
Web	www.plazasingapura.com.sg

Shopping

⑱

더 캐세이 The Cathay

여행자보다 현지인들에게 더 인기가 있는 장소로, 본격적인 쇼핑 공간으로서보다 복합문화공간으로 더욱 많이 이용되고 있다. 4층에는 저렴한 가격에 스테이크를 즐길 수 있는 아스톤이 자리하고 있으며 대부분 내부에는 익숙지 않은 중저가의 만만한 브랜드들이 자리 잡고 있다. 그중 귀여운 문구잡화점 포레스트 엔 트리즈Forest N Trees는 들러볼 만하다.

Access	MRT 도비 갓 역에서 도보 약 5분
Open	12:00~22:00
Address	2 Handy Rd.
Tel	065-6732-7332
Web	www.thecathay.com.sg

Shopping

⑲

파라곤 Paragon

고가의 브랜드들이 주를 이루는 하이 레벨 쇼핑몰이다. 우리나라에서도 인기가 많은 바나나 리퍼블릭Banana Republic과 여성들에게 특히 많은 지지를 받는 미우 미우Miu Miu도 만날 수 있다. 또, 세계적으로 유명한 딤섬 레스토랑 딘 타이펑과 손맛으로 유명한 신바시 소바 등 인기 많은 레스토랑이 한데 모여 있어 다이닝을 즐기기에도 손색이 없다.

Access	MRT 오차드 로드 역, 다카시마야 건너편
Open	10:00~22:00(매장에 따라 다름)
Address	Orchard, Singapore 238367
Tel	065-6738-5535
Web	www.paragon.sg

Stay

1

세인트 레지스 St. Regis Singapore

스타우드 호텔그룹 중 최상위 호텔로 꼽히는 세인트 레지스 호텔. 세인트 레지스 싱가포르는 작정한 듯한 고급스러움으로 중무장하고 있다. 철제 느낌의 새하얀 외관은 다소 차갑고 단순하여 내부가 이렇듯 화려하게 꾸며져 있는 호텔이라고는 생각지 못할 수도 있겠다. 4가지 타입의 룸과 6가지 타입의 스위트룸으로 구성되어 있으며 객실은 파스텔 톤의 다양한 색으로 인해 고급스러우면서도 부섭지 않고 산뜻한 느낌으로 전체적으로 유러피안 스타일을 유지하고 있다. 아침부터 밤 10시까지 운영되는 수영장은 길이도 길고 스타일리시하게 꾸며져 있지만 앞이 막혀 있어 다소 답답한 느낌이 들 수도 있겠다. 칸토니즈 레스토랑인 얀팅부터 애프터눈 티로 유명한 브래서리 레 사부어 등 이곳에 투숙한다면 놓치지 말아야 할 주옥 같은 레스토랑들도 포진하고 있다.

Access	MRT 오차드 역에서 도보 약 7분. 탕글린 로드 선상에 있다.
Cost	디럭스 USD600~
Address	29 Tanglin Rd. Singapore 247911
Tel	065-6506-6888
Web	www.stregissingapore.com

Stay

2

그랜드 하얏트 싱가포르 Grand Hyatt Singapore

1973년 싱가포르에 처음 문을 연 그랜드 하얏트는 오랜 연륜에서 비롯된 섬세한 서비스와 모던하고 시크한 객실, 다양하고 퀄리티 있는 레스토랑 등으로 꾸준한 인기를 끌고 있다. 그랜드윙과 테라스윙에 46개의 스위트룸을 포함 총 677개의 객실을 보유하고 있는데 특히 2012년 리노베이션을 마친 테라스윙은 주목할 만하다. 동급의 다른 비즈니스 호텔에 비해 넓은 객실과 새롭게 단장한 수영장의 시원스러운 전망도 즐길 수 있다. 전체적으로 우드 톤의 바닥재에 오렌지빛 조명을 써서 편안하면서도 모던한 느낌이 든다. 엄청난 규모의 라이브 쿠킹 섹션을 갖춘 메자 나인과 가장 유니크한 로컬 음식 뷔페 스트레이트 키친은 이곳의 자랑. 도심 속 비즈니스 호텔임에도 내부에 실내 5층 높이의 인공폭포를 설치하고 정원도 잘 가꾸는 등 자연을 느끼도록 한 점도 높이 살만하다.

Access	MRT 오차드 역 A 출구, 매리어트 옆 스코츠 로드Scotts Rd 쪽으로 조금만 올라가면 우측에 보인다.
Cost	Grand King USD350~
Address	10 Scotts Rd, Singapore 228211
Tel	065-6738-1234
Web	singapore.grand.hyatt.com

Stay

3

싱가포르 매리어트 호텔 Singapore Marriott Hotel

싱가포르 쇼핑과 다이닝의 중심, 오차드 로드 중에서도 MRT 오차드 역과 붙어 있어 최적의 위치를 자랑하는 매리어트 호텔. 동양적인 느낌이 물씬 드는 호텔 외관은 이미 랜드마크로 유명하다. 372개의 객실을 운영하고 있는데 비즈니스맨들이 많이 찾는 호텔답게 깔끔하고 모던하고 쾌적하고 편리한 요소들이 잘 갖추어져 있다. 좀 더 부드럽고 로맨틱한 객실을 찾는다면 매리어트의 숨은 보석, 풀 테라스Pool Terrace 객실을 주목하자! 허니무너에게 추천해도 손색이 없을 정도로 훌륭한데 객실 자체도 넓고 화사하고 로맨틱하게 꾸며져 있을 뿐 아니라 풀 주변에 자리해 수영장과의 접근이 편리하며 작지만 테라스도 마련되어 있어 흡사 다른 휴양지에 온 듯한 느낌을 잠시나마 느낄 수 있다. 또, 매리어트는 식음료가 훌륭하기로 유명하다. 아침 식사도 그러하지만 매리어트 카페에서 하는 뷔페는 칠리크랩을 필두로 굴, 스노크랩, 새우 등 특히 시푸드 섹션이 유명하니 여력이 된다면 한 번 시도해보자.

Access	MRT 오차드 역 A 출구로 나와 왼쪽으로 1분
Cost	디럭스 USD400~
Address	320 Orchard Rd. Singapore
Tel	065-6735-5800
Web	www.marriott.com

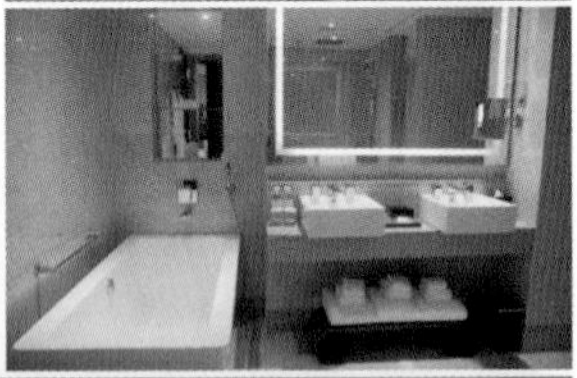

4

샹그릴라 Shangri-la Hotel Singapore

말이 필요 없는 세계적인 호텔 샹그릴라. 센토사에 있는 샹그릴라와는 또 다른 분위기로 좀 더 세련되고 우아한 느낌이다. 750여 개의 객실은 타워윙, 밸리윙, 가든윙으로 나뉘는데 특히 밸리윙의 객실은 별도의 로비가 있으며 더욱 세심하고 차별화된 서비스를 만끽할 수 있다.
샹그릴라의 자랑거리 중 하나는 바로 수영장. 녹음이 우거진 야자수 밑에 큼직하게 자리한 수영장은 오차드 로드 한복판에 위치한 호텔이라고 믿기지 않을 정도로 트로피컬하고 여유로운 분위기이다. 키즈 풀과 자쿠지 시설도 갖추고 있어 그야말로 도심 속 휴양을 즐기기에는 제격이다.
또한 정통 차이니스 레스토랑인 샹 펠리스, 최고의 인터내셔널 뷔페 더 라인, 애프터눈 티로 유명한 로즈 베란다 등 4개의 레스토랑과 3개의 바도 호평을 받고 있다. 오차드 로드 주요 쇼핑몰과 MRT 역 사이 무료 셔틀을 운행하고 있다.

Access	MRT 오차드 역에서 도보 약 15분. 오차드 로드를 따라 걷다 탕글린 로드로 꺾어지기 전, 델피 오차드 지나 바로 오른쪽 골목으로 꺾어 올라간다.
Cost	디럭스 USD350~
Address	22 Orange Grove Rd. Singapore 258350
Tel	065-6737-3644
Web	www.shangri-la.com

Stay

5

굿우드 파크 호텔 Goodwood Park Hotel

신데렐라라도 살고 있을 것 같은 로맨틱한 유럽 저택의 모습을 한 굿우드 파크 호텔. 우리나라 TV에서도 방영된 한 신용카드의 광고에 등장해 낯익은 모습이다. 1900년대 싱가포르에 거주하는 독일인들의 화려한 사교장으로 이용되던 건물로, 100년이 넘는 시간 동안 화려하고 우아한 분위기를 고스란히 간직하고 있다. 200개가 넘는 객실은 반짝이는 새것은 아니나 관리가 잘되어 불편하기보다 포근하고 익숙하게 느껴진다. 부대시설 또한 나무랄 데 없는데 특히 2개의 수영장은 비교적 넓은 메인 수영장과 숲에 온 듯한 느낌의 아기자기한 또 하나의 수영장으로 각기 다른 매력이 느껴진다. 레스토랑 또한 굿우드 파크 호텔의 자랑거리로 빠지지 않는다. 특히 정통 차이니스 레스토랑인 민장과 애프터눈 티로 유명한 레스프레소는 외부 손님이 끊이지 않는 인기 레스토랑이므로 이곳에 투숙한다면 꼭 도전해보길 권한다.

Access	MRT 오차드 역에서 도보 8분, 스코츠 로드에 있다.
Cost	디럭스 SD239~
Address	22 Scotts Rd, Singapore 228221
Tel	065-6737-7411
Web	www.goodwoodparkhotel.com

Stay

6

퀸시 호텔 The Quincy Hotel

파격적인 서비스와 스타일리시한 객실로 야심차게 오차드 로드의 호텔 격전지에 도전장을 낸 따끈따끈한 신생 부티크 호텔이다. 108개의 객실을 보유하고 있는데 일단 로비부터 객실 카드가 있어야 진입이 가능한 점부터 독특하다. 각 객실을 부족함 없이 깔끔하고 스타일리시하게 단장하였으며 욕실도 사이즈가 큰 편은 아니지만 시크한 스타일로 몰튼 브라운 어메니티도 제공된다. 객실에는 커피 머신과 아이폿 도킹 스테이션 등 최신식 시설은 물론이고 컵라면과 스낵, 음료 등 모든 미니 바와 스낵들이 무료로 제공된다. 퀸시의 가장 파격적인 혜택은 뭐니 뭐니 해도 세 끼가 모두 포함된 올 인클루시브 호텔이라는 점. 로비층에 자리한 레스토랑에서는 다양한 메뉴 중 선택해 무료로 식사를 즐길 수 있다. 스타일리시하고 로맨틱한 아웃도어 수영장 또한 퀸시 호텔의 매력 중 하나. 요가 클래스 등 무료액티비티도 이용할 수 있다.

Access	MRT 오차드 역, 마운트 엘리자베스 병원을 왼편에 두고 직진하다 보면 우측에 보인다.
Cost	스튜디오 USD300~
Address	22 Mt Elizabeth, Singapore 228517
Tel	065-6496-7699
Web	www.quincy.com.sg

Stay

7

오아시아 호텔 Oasia Hotel Singapore

시크하고 스타일리시한 부티크 호텔로 노베나 역에서 가깝다. 객실은 미니멀한 느낌에 베이지톤으로 차분하다. 사이즈가 큰 편은 아니지만 효율적인 동선으로 객실이 넉넉한 느낌이다. 오아시아 호텔의 가장 큰 자랑거리는 수영장을 비롯한 부대시설이다. 호텔 규모에 비해 큰 편인 수영장이 2군데 자리하고 있는데 특히 메인풀은 주변의 나무들과 미니 산책 코스가 꾸며져 있어 잠시 도심에 있는 것을 잊게 만든다. 자쿠지와 스팀룸이 설치된 피트니스 센터와 독특한 인테리어의 레스토랑 등 하나하나 예사롭지 않다. 노베나 역까지 셔틀을 운행한다.

Access	MRT 노베나 역, 시나란 드라이브 뒷길
Cost	슈피리어 USD150~
Address	8 Sinaran Dr. Singapore 307470
Tel	065-6664-0333
Web	www.oasiahotel.com

Stay

8

트레이더스 호텔 Traders Hotel Singapore

세계적인 호텔 체인 샹그릴라와 같은 계열로, 객실은 모두 546개로 기능과 혜택에 따라 다양한 카테고리를 준비해 두고 있다. 가장 일반적인 디럭스룸과 슈피리어룸은 인테리어와 사이즈는 같고 층수에 따른 뷰의 차이만 있으며, 16층에 위치한 아파트룸은 키친과 거실이 딸린 큼직한 객실로 가족 여행자들에게 인기가 좋다. 부대시설도 만족스럽다.

Access	MRT 오차드 역 E번 출구에서 도보 약 20분. 탕글린 로드 거의 끝자락에 위치해 있다.
Cost	슈피리어 SD230~
Address	1A Cuscaden Rd. Singapore 249716
Tel	065-6738-2222 Web www.shangri-la.com

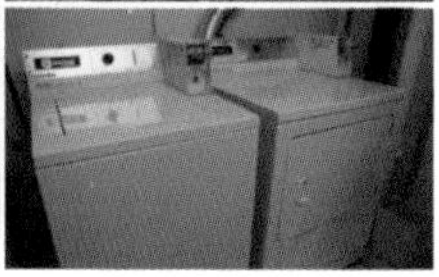

Stay

9

힐튼 Hilton Singapore Hotel

황금색으로 꾸며진 외관 벽만으로도 눈길을 확 잡아끄는 힐튼의 장점을 꼽으라면 뭐니뭐니해도 오차드 로드로 둘러싸인 좋은 위치를 들 수 있겠다. 오픈한 지 40년이 되어가지만 연륜이 묻어나면서도 룸 컨디션은 모던하고 편리하게 유지되고 있는 편이다.

Access	MRT 오차드 역, 아이온 오차드를 등지고 왼쪽으로 2블럭쯤 가면 나온다.
Cost	디럭스 SD280~
Address	581 Orchard Rd. Singapore 238883
Tel	065-6737-2233 Web www.hilton.com

Riverside 리버사이드

RIVERSIDE POINT

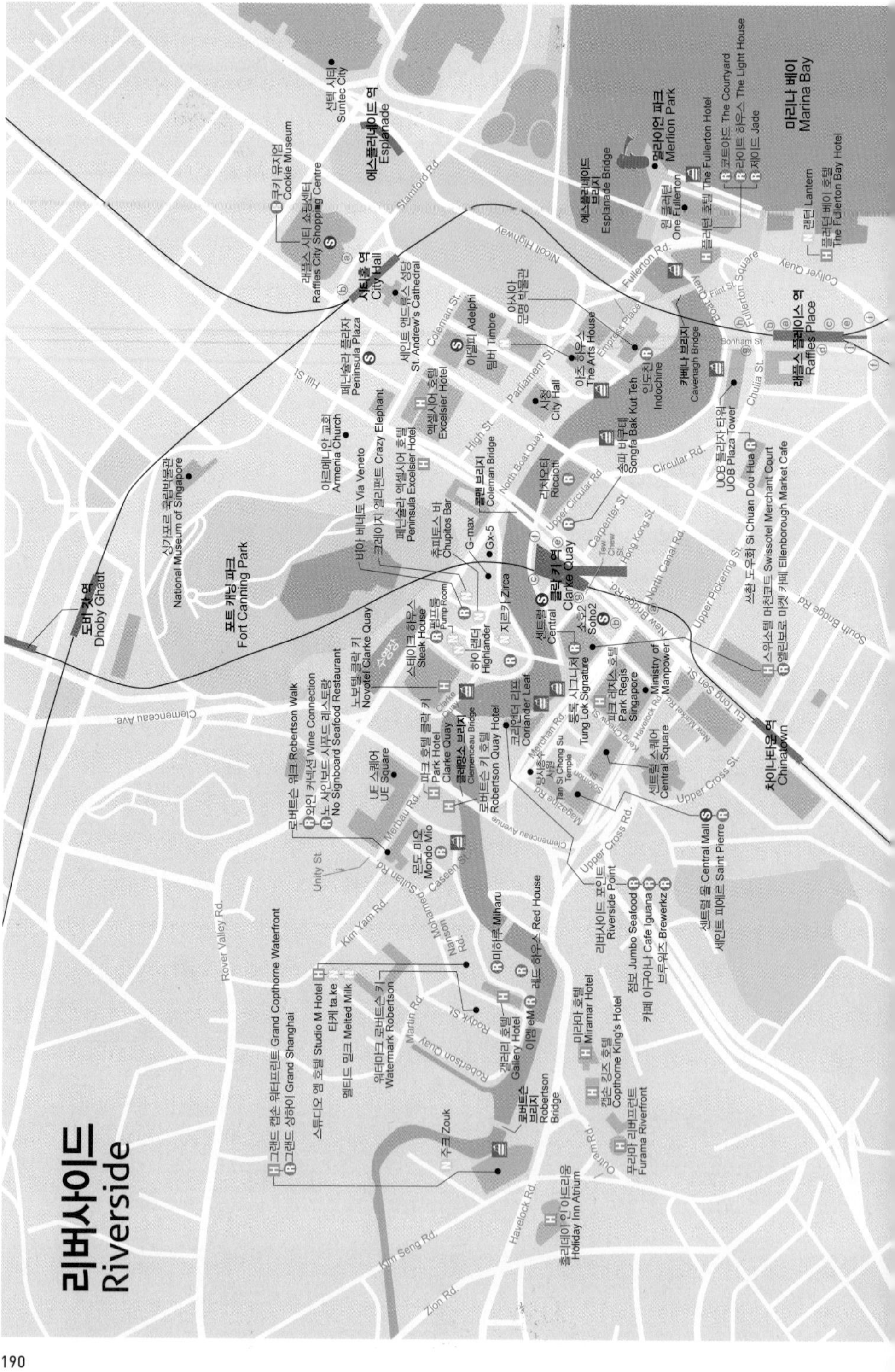

리버사이드
Riverside
싱가포르 국립박물관 National Museum of Singapore
포트 캐닝 파크 Fort Canning Park
도비 갓 역 Dhoby Ghaut
에스플러네이드 역 Esplanade
선텍 시티 Suntec City
쿠키 뮤지엄 Cookie Museum
래플스 시티 쇼핑센터 Raffles City Shopping Centre
시티홀 역 City Hall
세인트 앤드루스 성당 St. Andrew's Cathedral
페닌슐라 플라자 Peninsula Plaza
아르메니안 교회 Armenia Church
엑셀시어 호텔 Excelsier Hotel
아델피 Adelphi
팀버 Timbre
시청 City Hall
아시아 문명 박물관
아츠 하우스 The Arts House
에스플러네이드 브리지 Esplanade Bridge
멀라이언 파크 Merlion Park
원 풀러턴 One Fullerton
풀러턴 호텔 The Fullerton Hotel
코트야드 The Courtyard
라이트 하우스 The Light House
제이드 Jade
마리나 베이 Marina Bay
랜턴 Lantern
풀러턴 베이 호텔 The Fullerton Bay Hotel
카베나 브리지 Cavenagh Bridge
인도친 Indochine
송파 바쿠테 Songfa Bak Kut Teh
래플스 플레이스 역 Raffles Place
UOB 플라자 타워 UOB Plaza Tower
리치오티 Ricciotti
콜먼 브리지 Coleman Bridge
페닌슐라 엑셀시어 호텔 Peninsula Excelsior Hotel
크레이지 엘리펀트 Crazy Elephant
비아 베네토 Via Veneto
츄피토스 바 Chupitos Bar
G-max
Gx-5
지르카 Zirca
클락 키 역 Clarke Quay
센트럴 Central
소호2 Soho2
펌프룸 Pump Room
스테이크 하우스 Steak House
하이랜더 Highlander
노보텔 클락 키 Novotel Clarke Quay
코리앤더 리프 Coriander Leaf
퉁록 시그니처 Tung Lok Signature
파크 레지스 호텔 Park Regis Singapore
Ministry of Manpower
스위소텔 머천코트 Swissotel Merchant Court
엘렌보로 마켓 카페 Ellenborough Market Cafe
쓰촨 도우화 Si Chuan Dou Hua
차이나타운 역 Chinatown
센트럴 스퀘어 Central Square
탄시총수 사원 Tan Si Chong Su Temple
센트럴 몰 Central Mall
세인트 피에르 Saint Pierre
리버사이드 포인트 Riverside Point
점보 Jumbo Seafood
카페 이구아나 Cafe Iguana
브루웍스 Brewerkz
로버트슨 워크 Robertson Walk
와인 커넥션 Wine Connection
노 사인보드 시푸드 레스토랑 No Signboard Seafood Restaurant
UE 스퀘어 UE Square
파크 호텔 클락 키 Park Hotel Clarke Quay
클레망소 브리지 Clemenceau Bridge
로버트슨 키 호텔 Robertson Quay Hotel
몬도 미오 Mondo Mio
미하루 Miharu
레드 하우스 Red House
그랜드 캡손 워터프런트 Grand Copthorne Waterfront
그랜드 상하이 Grand Shanghai
스튜디오 엠 호텔 Studio M Hotel
타케 ta.ke
멜티드 밀크 Melted Milk
워터마크 로버트슨 키 Watermark Robertson
갤러리 호텔 Gallery Hotel
이엠 eM
미라마 호텔 Miramar Hotel
캡손 킹즈 호텔 Copthorne King's Hotel
푸라마 리버프런트 Furama Riverfront
로버트슨 브리지 Robertson Bridge
주크 Zouk
홀리데이 인 아트리움 Holiday Inn Atrium
Stamford Rd.
Nicoll Highway
Coleman St.
Hill St.
High St.
North Boat Quay
Parliament St.
Empress Place
Fullerton Rd.
Boat Quay
Flint St.
Fullerton Square
Collyer Quay
Bonham St.
Chulia St.
Circular Rd.
Upper Circular Rd.
Carpenter St.
Hong Kong St.
Tew Chew St.
North Canal Rd.
New Bridge Rd.
Upper Pickering St.
South Bridge Rd.
Eu Tong Sen St.
New Market Rd.
Havelock Rd.
Keng Cheow St.
Merchan Rd.
Solomon St.
Upper Cross St.
Magazine Rd.
Clemenceau Avenue
Clemenceau Ave.
Upper Cross Rd.
Merbau Rd.
Unity St.
Sultan Rd.
Caseen St.
Kim Yam Rd.
Mohamed Sultan Rd.
Nanson Rd.
River Valley Rd.
Martin Rd.
Rodyk St.
Robertson Quay
Outram Rd.
Havelock Rd.
Kim Seng Rd.
Zion Rd.

✚ 리버사이드 Riverside

리버사이드는 플러턴 호텔 앞 강줄기에서 시작해 서쪽으로 뻗어나가며 로버트슨 브리지에까지 이르는 강 양안을 말하는데, 특별한 볼거리보다 분위기 있는 레스토랑과 바를 중심으로 나이트라이프를 즐기기에 제격이다. 수많은 관광객들과 함께 화려하면서도 왁자지껄하고 화끈한 밤을 보내고 싶다면 클락 키가 제격이지만, 마천루의 화려한 조명을 즐기며 강가를 산책하고 인근 직장인 및 현지인들과 어울려 상대적으로 소박한 나이트라이프를 즐기고 싶다면 보트 키도 나쁘지 않다. 로버트슨 키는 좀 더 서쪽으로 치우쳐 있어 앞서 있는 두 곳보다 관광객의 발길이 덜한 것은 사실이지만 그만큼 한적한 데다 근처에 거주하는 외국인 레지던스들 덕에 분위기 있는 레스토랑과 바가 곳곳에 숨어 있어 차분하게 이국적인 정취를 즐길 수 있다.

> Tip.
> 리버사이드 즐기기
>
> 도보 20~30분 거리의 이 코스는 걷는 데도 크게 무리는 없지만, 강 양안을 좀 더 편안하게 감상하고 싶다면 리버 크루즈를 탑승하도록 한다(자세한 정보는 p.351 참조). 낮과 밤 모두 장단점이 있지만, 화려한 조명 때문에 야경을 즐기려는 탑승자가 더 많다.

★ 추천 루트

카베나 브리지 → 보트 키 → 클락 키 → 로버트슨 키

아시아 문명 박물관 앞쪽 카베나 브리지 건너 보이는 건물은 옛날 우체국을 개조한 플러턴 호텔이다. 고풍스러운 옛 건물과 그 앞을 지나 다리 쪽으로 다가오는 유람선의 풍경은 파리 센 강의 한 장면이 떠오를 만큼 낭만적이다. 근방 곳곳에는 싱가포르의 대표적인 길거리 간식, 아이스크림 샌드위치(SD1) 판매상이 눈에 띈다. 가격이 가격이니만큼 고급 아이스크림을 생각하면 오산. 하지만 더운 날씨에 잊지 못할 시원함은 1달러 이상의 가치를 한다. 클락 키를 목표로 길을 나섰다면, 보트 키를 거치는 것보다 래플스경 상륙지가 있는 강 반대편을 지나며 산책하듯 마천루와 보트 키의 전경을 즐겨보는 것이 좋다. 이 구간은 야경이 아름다워 한밤의 산책 코스로도 좋다. 보트 키에서 클락 키로 넘어가면 칠리 크랩으로 유명한 점보 레스토랑이 한눈에 들어온다. 우리나라 관광객들의 성지와도 같은 곳으로 예약은 필수이다. 클락 키에서 식사를 마쳤다면 소화도 시킬 겸 10분 정도 걸어 로버트슨 키에서 커피 혹은 술 한 잔을 즐겨보자.

Sightseeing

1

지맥스 리버스 번지 & 지엑스 파이브 익스트림 스윙

G-MAX Reverse Bungy & GX-5 Extreme Swing

땅에서 하늘로 솟아오르는 역번지 어트랙션 지맥스로 인해 클락 키는 새벽까지 즐거운 비명이 끊이지 않는다. 3명이 탈 수 있는 지맥스는 시속 200km의 속도로 지상 60m까지 비상하고, 5명이 탈 수 있는 지엑스 파이브는 시속 120km로 회전축의 길이가 무려 50m다. 국내의 자이로스윙보다 더한 아찔함을 경험할 수 있다. 솟아오르는 순간에 정신이 혼미해서 눈을 감아버릴 수도 있지만, 되도록 침착함을 유지해 풍경을 감상하며 하늘을 나는 자유로움을 만끽해보자. 지상에 있는 대형 모니터에서 번지하는 광경을 실시간으로 볼 수 있고, 내려와서는 타는 모습이 담긴 DVD(SD15)와 사진(SD10)을 구입할 수도 있다. 아슬아슬 스릴만점인 이 두 어트랙션은 매우 안전하므로 안심하고 이용해도 된다. 금, 토요일에는 새벽 3시까지 운영되어 밤에 하는 번지라는 특별한 경험도 할 수 있다.

Access	MRT 클락 키 역 E번 출구
Open	월~목 14:00~익일 01:00
	금 14:00~익일 03:00
	토 13:00~익일 03:00
	일 13:00~익일 01:00
Cost	**G-MAX & GX-5**
	성인 SD45, 학생 SD30,
	MAX 콤보 성인 SD60, 학생 SD50
Address	3E River Valley Rd.
Tel	065-6338-7766
Web	www.gmax.com.sg

Sightseeing

2

카베나 브리지 Cavenagh Bridge

원래 에딘버러 공작의 방문을 기념하기 위해 Edinburgh Bridge라고 불리던 곳으로, 영국 식민지 시절 마지막 제독이었던 카베나 경의 이름을 따서 카베나 브리지로 변경되었다. 1869년 싱가포르 강의 다리 중 3번째로 만들어졌다. 다른 다리에 비해 정교하고 밤이면 은은한 조명이 비쳐 우아한 플러턴 호텔과 강가를 배경으로 더욱 근사한 풍경을 자아낸다. 원래는 모든 교통수단이 통과할 수 있는 다리였지만 1880년대 무역이 번성했던 시기, 다리 통행량의 과부하로 무리가 생겨 그때 이후로는 보행으로만 다리를 건널 수 있게 되었다.

Access	MRT 래플스 플레이스 역에서
	도보 5분, 플러턴 호텔의 강변 쪽
Address	Connaught Drive

Food

1

리치오티 Ricciotti

군더스, 가리발디 등 이름만 들어도 쟁쟁한 레스토랑을 다수 보유한 가리발디 그룹의 숨은 맛집이다. 평범하고 캐주얼한 이탈리안 레스토랑처럼 보이지만 맛에서만큼은 비범함이 엿보인다. 체크무늬 테이블보가 씌워진 아담한 테이블과 벽면 가득 장식된 컬러풀한 그림과 와인병이 따뜻한 느낌을 준다. 자리를 잡고 앉으면 일단 상큼한 부르스게타를 주문해 식욕을 돋우자. 피자와 파스타도 종류가 다양한데 깔끔한 맛을 원한다면 쌉쌀한 루꼴라와 짭조름한 파르마햄이 얹혀진 Al Crudo도 좋고 파스타로는 게살을 잘게 다져 크리미한 토마토소스와 곁들인 Linguine Al Granchio도 추천할 만하다. 식사 후에는 스위츠 가리발디에서 직접 공수되는 입에서 살살 녹는 디저트로 마무리하면 완벽하겠다.

Access	MRT 클락 키 역, 리버 워크, 점보 바로 옆에 있다.
Open	10:00~23:00
Cost	부르스게타 SD8.5~13.8, 파스타 SD16.5~, 피자 SD15.5~ (Tax & SC 17%)
Address	20 Upper Circular Rd. B1-49/50 The Riverwalk, Singapore 058416
Tel	065-6533-9060
Web	www.ricciotti.com.sg

Food

❷

엘린보로 마켓 카페 Ellenborough Market Café

스위소텔 머천코트의 뷔페 레스토랑으로 고급 호텔의 이미지와는 상반되는 흥겹고 캐주얼한 분위기이다. 이곳의 가장 큰 장점은 리즈너블한 가격대와 다양하게 갖추어져 있는 아시안 푸드를 마음껏 맛볼 수 있다는 점이다. 신선한 게와 새우, 연어 등의 해산물은 물론이고 싱가포르의 로컬푸드를 비롯한 아시아 각국의 요리와 디저트 섹션까지 다양하게 갖추어져 있다. 중국풍이 가미된 맛있는 단품요리들도 별도로 추가 주문이 가능하다. 런치와 디너 뷔페뿐 아니라 SD30으로 주말에는 하이 티 뷔페도 이용할 수 있다.

Access	스위소텔 머천코트
Open	런치 12:00~14:30
	디너 18:30~22:00
	하이 티 15:30~17:30(토, 일, 공휴일)
Cost	**런치** SD33(월~금),
	SD35(토, 일, 공휴일),
	디너 SD40(월~목),
	SD42(금~일, 공휴일 전날과 공휴일)
Address	20 Merchant Rd. Singapore
	058281
Tel	065-6239-1848
Web	www.swissotel.com

Food

❸

통록 시그니처 Tung Lok Signatures

마이 험블 하우스, 라오 베이징 등 걸출한 레스토랑을 다수 보유하고 있는 통록 레스토랑 그룹의 대표 레스토랑으로, 통록 그룹 이그제큐티브 셰프인 리 만 Li Man의 멋진 메뉴들을 맛볼 수 있다. 2007년 오픈한 이래 꾸준한 사랑을 받아오고 있으며 음식도 음식이지만 멋진 전망과 고급스러운 인테리어도 인기의 비결 중 하나이다.

다양한 가격대의 메뉴들이 있지만 예산이 허락된다면 로브스터를 두 가지 방식으로 조리해 신선한 과일과 곁들인 Lobster Prepared in Two Ways나 바삭한 두부껍질과 부드러운 푸아그라의 환상적인 조화가 돋보이는 Pan-Fired French Foie Gras with Crispy Beancurd Skin Served with Pancake에 도전해보자. 통록 시그니처는 하버프런트의 비보 시티에도 또 하나의 지점이 있다.

Access	MRT 클락 키 역, 더 센트럴 2층에 위치
Open	11:00~15:00
	(일, 공휴일은 11시 30분부터)
	18:00~22:30
Cost	Sliced Pork with Garlic Sauce
	SD7, Dan Dan Noodles SD8
	(Tax & SC 17%)
Address	#02-88, The Central, 6 Eu
	Tong Sen St. Singapore 059817
Tel	065-6336-6022(더 센트럴)
	065-6376-9555(비보 시티)
Web	www.tungloksignatures.com

Food

4

점보 Jumbo Seafood

말이 필요 없는 싱가포르 여행의 필수 코스다. 이제는 싱가포르를 상징하는 레스토랑이 되어버린 점보는 1987년 창업한 이래 하루 평균 4,000명 이상의 관광객이 찾는 인기 레스토랑이다. 이곳 이외에도 뎀시 힐, 클락 키, 이스트코스트 등 싱가포르 전역에 7개의 지점을 가지고 있다. 가까운 클락 키 지점과 이곳 리버워크점은 특히 관광객들이 많이 찾는데, 리버워크점이 클락 키 지점보다 아주 약간 차분한 분위기다. 점보에서 주문해야 할 메뉴라고 하면 설명할 필요 없이 칠리 크랩. 프라이드 번과 곁들여 손가락에 묻은 양념까지 남김 없이 먹게 된다. 가격은 유명 레스토랑답게 비싼 편이고 손님이 많다 보니 다소 서비스의 편차가 심하다는 단점이 있다. 예약없인 허탕을 치기 일쑤니 반드시 예약하고 방문하자.

Access	MRT 클락 키 역, 리버워크
Open	12:00~15:00, 18:00~24:00
Cost	크랩 SD40~(1kg) (Tax & SC 17%)
Address	20 Upper Circular Rd, Singapore 058416
Tel	065-6534-3435
Web	www.jumboseafood.com.sg

Food

5

세인트 피에르 Saint Pierre

프랑스 스태프들로 구성된 프렌치 퓨전 레스토랑. 미소, 덴푸라 등을 이용한 일식 퓨전 메뉴들이 있다. 런치에는 합리적인 가격의 세트를 제공한다. 이곳의 와인 리스트는 꽤나 유명하다. 매니저 겸 소믈리에인 '가브리엘'이 엄선한 세계 각국의 다양한 와인들을 즐길 수 있어 와인 마니아들에게 각광을 받는 곳이기도 하다. 와인을 잘 모르는 사람이라도 가브리엘에게 추천받는다면 입맛에 맞는 와인을 만날 수 있다.

Access	MRT 클락 키 역 B번 출구 도보 5분, 센트럴 몰에 위치해 있다. 클락 키 역의 더 센트럴과 다른 곳.
Open	**런치** 12:00~15:00(월~금) **디너** 21:00~23:00(월~금), 21:00~24:00(토) (일, 공휴일 휴무)
Cost	런치 세트 SD32~52, 코스 SD108/148 (Tax & SC 17%)
Address	3 Magazine Rd. #01-01 Central Mall, Singapore 059570
Tel	065-6438-0887
Web	www.saintpierre.com.sg

Food

6

라이트 하우스 The Light House

호텔 내부에 숨겨져(?) 있기에는 아까울 정도로 맛과 분위기가 나무랄 데 없는 이탈리안 레스토랑이다. 새하얀 테이블보로 단장한 내부는 동화 속에 들어온 듯한 분위기로, 들어서자마자 산뜻하고 화사해 감탄사가 저절로 나온다. 연결되어 있는 루프톱 공간도 꽤나 운치 있는 편이다.

Access	플러턴 호텔
Open	18:30~22:30
Cost	4코스 런치 SD68, 5코스 디너 SD128 (Tax & SC 17%, 2인 이상)
Address	1 Fullerton Square Singapore 049178
Tel	065-6877-8933
Email	thecourtyard@fullertonhotel.com

Food

7

코트야드 The Courtyard

싱가포르를 찾는 여행자라면 꼭 한번 시도해보는 애프터눈 티. 애프터눈 티를 즐길 수 있는 곳은 셀 수 없이 많은데 그중 코트야드는 다섯 손가락에 꼽힐 정도로 인기가 좋다. 유수의 고급 호텔에서 제공되는 애프터눈 티를 제치고 코트야드가 많은 사랑을 받고 있는 데는 흠잡을 데 없는 메뉴와 격조 있는 분위기를 들 수 있겠다. 높은 천장과 콜로니얼한 호텔 내부, 푸릇푸릇한 식물들이 어우러져 편안하면서도 고급스러운 분위기다. 게다가 기본에 충실한 스콘에 부드러운 클로티드 크림만 먹어도 충분히 만족스러울 만큼 훌륭한데 같이 제공되는 샌드위치, 스위츠류도 나무랄 데 없다. 런치에는 커리 뷔페, 디너에는 다양한 알라카르테 메뉴가 제공된다. 예약은 필수.

Access	플러턴 호텔 로비층
Open	일~목 08:30~24:00
	금, 토 08:30~익일 01:00
	(애프터눈 티 평일 14:30~17:00)
Cost	잉글리시 애프터눈 티 SD42~
	(Tax & SC 17%)
Address	1 Fullerton Square Singapore
	049178
Tel	065-6877-8129
Web	www.fullertonhotel.com/dining
Email	thecourtyard@fullertonhotel.com

Food

8

제이드 Jade

플러턴 호텔의 레스토랑 중 코트야드와 함께 가장 대중적으로 인기가 많은 레스토랑으로, 정통 차이니스 메뉴들을 선보인다. 특히 주말에는 딤섬 뷔페 브런치를 선보이는데 분위기 만점에 딤섬의 맛도 훌륭해 찾는 사람이 많다. 딤섬 뷔페 런치를 맛보려면 당연히 예약은 필수. 1부와 2부로 나누어 예약을 받으며 다양한 딤섬을 맘껏 주문해 먹을 수 있다.

Access	플러턴 호텔
Open	11:30~15:00, 18:30~23:00
	딤섬 브런치
	11:00~12:45, 13:15~15:00
Cost	딤섬 뷔페 SD38(어린이 SD19)
	(Tax & SC 17%)
Address	1 Fullerton Square
	Singapore 049178
Tel	065-6877-8188
Email	jade@fullertonhotel.com

Food

9

쓰촨 도우화 Si Chuan Dou Hua

쓰촨 출신 요리사들이 만들어낸 제대로 된 쓰촨요리를 맛볼 수 있는 곳이다. 분위기 좋고 음식이 맛있어 가격이 엄청나게 비쌀 것 같지만 의외로 부담 없는 편이다. 인테리어도 고급스럽고 서비스도 좋고 무엇보다 차이니스 레스토랑치고 차분한 편에 속해 조용하게 식사를 즐길 수 있다. 차는 25종류 정도가 갖추어져 있으며 보통 SD2.5 정도 추가 부과된다. 그렇다고 추가 요금을 내기 싫어 차를 주문하지 않는 실수를 범하진 말자. 이곳에선 변발 스타일의 소년이 긴 주전자로 묘기를 부리듯 차를 따라주니 이것 또한 놓칠 수 없는 즐거움 중 하나. 매운 요리를 좋아한다면 바싹 말린 고추를 닭과 함께 고소하게 튀겨낸 요리 Chong Qing을 추천한다. 맥주와 함께라면 입안이 얼얼해질 때까지 손이 멈추지 않을 것이다. 점심에는 쓰촨식 딤섬도 먹을 수 있는데 평균 3조각씩 나오는 딤섬은 SD5 선이다. 식사 후에는 이곳에서 직접 만들어내는 신선한 두부 디저트를 맛보는 것도 괜찮다.

Access	클락 키, UOB 플라자 1 60층
Open	런치 11:30~14:30
	하이 티 14:30~18:00
	디너 18:30~22:30
Cost	딤섬 SD5~ (Tax & SC 17%)
Address	80 Raffles Place, #60-01
	UOB Plaza 1, Singapore 048624
Tel	065-6535-6006
Web	www.sichuandouhua.com

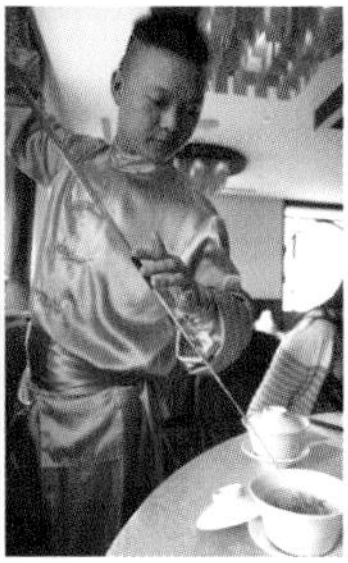

Food

10

송파 바쿠테 Songfa Bak Kut Teh

식사 시간이면 어김없이 줄이 늘어서 있는 이 식당은 바쿠테 하나만으로 수많은 사람들을 불러들인다. 바쿠테는 우리나라의 갈비탕 비슷한 것으로 식당에 따라 맛의 편차가 있다. 자칫 여행자의 입맛에 맞지 않을 수도 있다. 하지만 이곳의 바쿠테는 마늘이 듬뿍 들어가 칼칼하면서도 개운해 부담 없이 즐길 수 있고 고기의 육질도 상당히 부드러워 어느새 한 그릇을 뚝딱 비우게 된다. 양은 그리 많지 않은 편으로 부담 없이 맛보기에도 좋다. 바쿠테를 다 먹고 나면 달콤하고 진한 밀크 티로 식사를 마무리하는 것도 좋겠다.

Access	클락 키, 센트럴 도로쪽 건너편에
	위치, 리버 워크 옆
Open	07:00~22:00(월요일 휴무)
Cost	Bak Kut Teh SD6
Address	11 New Bridge Rd. #01-01
Tel	065-6533-6128

Food

⑪

이치방 보시 Ichiban Boshi

오차드 로드에 위치한 이치방 스시와 같은 매니지먼트를 받는 레스토랑으로 이치방 스시의 업그레이드 버전이라고 할 수 있다. 내부 인테리어에서도 차분하고 고급스러운 분위기가 느껴지며 메뉴들도 구성이 더욱 풍부하고 고급화되어 있다. 특히 회전초밥은 초밥 접시 밑에 마이크로칩이 장착되어 있어 일정 시간이 되면 자동 폐기되어 신선함을 유지한다. 한쪽에는 미니 마켓이 있어서 다양한 해산물과 완제품 스시와 사시미, 양념들을 판매하고 있는데 이곳에서 직접 해산물을 구입하면 추가 쿠킹비 없이 구워주기도 한다. 스시의 표면을 살짝 익혀 불맛이 제대로 느껴지는 Tokusen Aburi Sushi는 이곳의 추천메뉴.

Access	그레이트 월드 시티 B1층에 위치
Open	월~토 11:30~22:00 일 11:00~22:00
Cost	Tokusen Aburi Sushi SD19.9, Tsuki Sashimi SD28.0 (Tax & SC 17%)
Address	1 Kim Seng Promenade Great World City #B1-07
Tel	065-6734-3433
Web	www.ichibanboshi.com.sg

Food

⑫

쿠리야 다이닝 Kuriya Dining

본격 재패니즈 파인 다이닝으로 오차드 로드 한복판에 옮겨 놓아도 전혀 뒤지지 않는 시크한 분위기가 느껴진다. 골드와 우드톤으로 꾸며진 내부에는 스시 바와 별도의 룸이 잘 갖추어져 있다. 다양한 세트 메뉴와 코스 메뉴가 준비되어 있고 음식도 뛰어난 편이지만 가격은 다소 비싸다. 오차드 로드에 하이 엔드 버전인 쿠리야 펜트하우스도 있다.

Access	그레이트 월드 시티 1층
Open	11:30~14:30 (마지막 주문 14:15), 18:00~23:00 (마지막 주문 22:00)
Cost	시즈널 런치 세트 SD40~, 런치 코스 SD38~ (Tax & SC 17%)
Address	#01-28 Great World City, 1 Kim Seng Promenade Singapore 237934
Tel	065-6736-0888
Web	www.kuriyadining.com.sg

Food

⑬

쿠이신보 Kuishin Bo

선텍 시티에 위치한 인기 뷔페 레스토랑 쿠이신보를 그레이트 월드 시티에서도 맛볼 수 있다. 다양하고 풍성한 뷔페 섹션과 음식 맛은 선텍 시티점과 별다를 바 없지만 디너 타임에는 야외에서 바비큐 코너도 마련되는 등 프리미엄 메뉴들을 선보여 선텍 시티보다는 약간 가격이 비싼 편이다.

Access	그레이트 월드 시티 2층
Open	11:30~15:00, 17:30~22:00
Cost	**런치**(어른/어린이) SD35.9/18.9(월~금), SD40.9/18.9(주말 및 공휴일) **디너**(어른/어린이) SD45.9/18.9(월~목), SD49.9/18/90(금~일, 공휴일 및 공휴일 전날) (Tax & SC 17%, 어른 2명과 어린이 1명 입장 시 할인)
Address	1 Kim Seng Promenade Great World City, #02-41A/42
Tel	065-6836-5877
Web	www.kuishinbo.com.sg

Food

⑭

그랜드 상하이 Grand Shanghai

붉은 조명 아래 간드러지는 중국 노래가 흘러나오는 이곳은 이름처럼 싱가포르에 상하이를 옮겨 놓은 듯한 착각이 든다. 1940년대 상하이 스타일로 꾸며진 이곳에서는 상하이식 딤섬 소룡포를 비롯해 전문적인 상하이 음식을 접할 수 있다. 튀긴 장어나 어두를 정성스럽게 고아낸 수프는 인상이 찌푸려지는 사람도 있겠지만 몸에 좋은 보양식이다. 특히 튀긴 장어는 겉모양과 달리 달콤하고 고소하다.

Access	그랜드 캡손 워터프런트 호텔, 킹스 센터 1층
Open	12:00~14:30, 18:30~23:00(LO 22:15)
Cost	1인 SD15~ (Tax & SC 17%)
Address	390 Havelock Rd. Singapore 169662
Tel	065-6836-6866
Web	www.grandshanghai.com.sg(웹에서만 접속 가능)

Food

⑮

비아 베네토 Via Veneto

산뜻한 화이트와 블루톤의 인테리어가 단박에 눈에 들어오는 비아 베네토는 이탈리아 남부 요리를 취급하는 곳으로, 믿음 직한 로투스 계열의 레스토랑이다. 아담하지만 분위기가 좋아 와인과 음식을 조용히 즐기기에 좋다. 새콤달콤한 문어 샐러드도 맛있고 조개가 푸짐하게 들어간 봉골레 파스타도 이 집의 추천요리 중 하나. 식사 후에는 달콤한 아이스크림과 디저트로 마무리를 하면 완벽하겠다.

Access	MRT 클락 키 역
Open	11:00~15:00, 18:00~23:00
Cost	1인 SD20~ (Tax & SC 17%)
Address	3E River Valley Rd. #01-06 Traders Market Clarke Quay Singapore 179024
Tel	065-6334-1983

Food

⑯

카페 이구아나 Cafe Iguana

시간이 늦어질수록 열기가 더해지는 흥겨운 멕시코 요리 전문점으로 화끈한 멕시코 요리와 시원한 맥주를 함께 즐기려는 사람들로 언제나 발 디딜 틈이 없다. 퀘사딜라, 타코 등 우리에게 익숙하고 입맛에도 잘 맞는 멕시코 요리부터 새로운 메뉴까지 무려 100여 가지의 음식을 다룬다고 한다.

Access	MRT 클락 키 역에서 도보 3분, 리버사이드 포인트 1층
Open	월~목 16:00~익일 01:00 금, 공휴일 전날 16:00~익일 03:00 토 12:00~익일 03:00, 일 12:00~익일 01:00
Cost	퀘사딜라 SD15, 파이타 SD25~30 (Tax 7%)
Address	30 Merchant Rd. #01-03 Riverside Point Singapore 058282
Tel	065-6236-1275 Web www.cafeiguana.com

Food

⑰

인도친 Indochine

다양한 콘셉트의 레스토랑과 바를 매니지먼트하는 인도친 그룹의 작품이다. 클락 키와는 조금 떨어져 있어 강가의 여유롭고 호젓한 분위기를 만끽할 수 있어 더욱 인기가 많다. 주메뉴는 아시아 퓨전이 대부분이며 낮보다는 늦은 시간에 가는 것이 더욱 분위기가 좋다.

Access	아시아 문명 박물관 옆
Open	**런치** 12:00~15:00(월~금) **디너** 18:30~23:30(일~목), 18:30~24:30(금, 토)
Cost	스타터 SD14~, 누들 SD16~ (Tax & SC 17%)
Address	IndoChine Empress Place, Asian Civilisations Museum, Singapore 179555
Tel	065-6339-2876 Web www.indochine-group.com

Special Food

★

로버트슨 키

리버사이드의 또 다른 힙 플레이스

클락 키의 화려하고 로맨틱한 강변 분위기를 즐기면서도 번잡스러움은 살짝 피하고 싶다면 로버트슨 키로 발길을 옮겨보자. 로버트슨 키는 주변에 현지 외국인 거주자들의 레지던스가 모여 있어 자연스럽게 형성된 힙 플레이스로, 그런 만큼 분위기도 좋고 음식 맛도 좋은 레스토랑들이 다수 모여 있다. 레드 하우스, 케델레 등과 같은 유명한 체인은 물론 작은 명소들이 구석구석 숨어 있다.

Access MRT 클락 키 역에서 도보 약 10분

Robertson Quay

❶

레드 하우스 Red House

로버트슨 키에 위치한 해산물 레스토랑으로 특히 다른 곳에 비해 달달한 칠리소스로 요리한 칠리 스튜는 이곳의 대표 메뉴이다. 크랩은 알래스카 크랩과 스리랑카 크랩 중 선택이 가능한데 알래스카 크랩이 더 비싼 편이다. 다른 곳과 비슷한 칠리 크랩인 클래식 커리 소스도 있다. 일반적으로 크랩 한 마리는 800g~1.3kg으로 2~4인이 먹을 수 있다. 물, 차, 물수건(SD1.8/1인, 리필 가능)과 피클(SD3, 리필 가능)은 별도 주문이다. 칠리 크랩 양념에 플레인 번(SD0.9/1개)을 주문해서 찍어 먹는 것은 필수 코스. 칠리소스가 들어 있는 스팀 번과 프라이드 번(SD8)도 별미로, 딤섬처럼 담겨져 나온다. 이스트 코스트에도 지점이 있다.

Open	월~금 11:30~23:30
	토, 일, 공휴일 10:00~23:30
Cost	레드 하우스 칠리 스튜 약 SD46/1kg,
	크리미 카드타드 프론 SD7/100g
	(Tax & SC 17%)
Address	#01-13/14 The Quayside 60
	Robertson Quay Singapore
Tel	065-6442-3112
Web	www.redhouseseafood.com

Robertson Quay

❷

몬도 미오 Mondo Mio

작고 아담한 규모의 레스토랑이지만 수준급 음식솜씨와 친절한 서비스로 식사 시간이면 언제나 활기를 띠는 식당이다. 특히 피자는 테이크아웃 손님들도 많은 편이다. 차분한 분위기의 실내석도 준비되어 있지만 거리를 내다보며 식사할 수 있는 야외 테이블이 더욱 인기가 있다. 다양한 종류의 와인도 준비되어 있어 식사와 함께 즐길 수 있다.

Open	11:00~22:00
Cost	육류 메인 요리 SD22~, 파스타 SD14~ (Tax & SC 17%)
Address	30 Robertson Quay, Singapore 238251
Tel	065-6736-2503
Web	mondomiosingapore.com

Robertson Quay

❸

와인 커넥션 Wine Connection

와인이라는 키워드만큼 로버트슨 키에 잘 어울리는 단어가 있을까? 와인 커넥션은 아시아는 물론 싱가포르에만 8개의 지점을 가지고 있는 와인 전문점이다. 매장 한쪽에는 다양한 종류의 와인이 산더미처럼 쌓여 있는데 직접 와인을 보고 골라 이곳에서 즐길 수도 있다. 그래서인지 실내는 협소한 편이지만 언제나 옹기종기 모여 와인을 즐기는 외국인들로 왁자지껄한 분위기다.

Open	10:00~24:00
Cost	와인 SD20~ (Tax & SC 17%)
Address	11 Unity St. #01-05/06 Robertson Walk, Singapore 237995
Tel	065-6238-6878
Web	www.wineconnection.com.sg

Robertson Quay

❹

이엠 eM

갤러리 호텔의 부속 레스토랑 겸 바로, 갤러리 호텔의 감각이 고스란히 전해져 온다. 마치 동화 속에 나오는 숲 속 작은 레스토랑처럼 따뜻한 조명과 푸르른 나무들이 묘한 조화를 이룬다. 가격은 다소 비싼 편이지만 날이 어두워질수록 아름다운 이엠의 매력에 이끌려 많은 이들이 하나둘 들어찬다. 평일 5시부터 9시까지는 해피아워로 할인혜택을 받을 수 있다.

Open	월~목 09:00~익일 02:00 금 09:00~15:00 주말 및 공휴일 08:00~15:00
Cost	파스타 SD15~, 칵테일 SD15~ (Tax & SC 17%)
Address	1 Nanson Rd. #01-05, The Gallery Hotel
Tel	065-6836-9691

Night Life

❶

랜턴 Lantern

신생 호텔 플러턴 베이 호텔이 문을 열자마자 함께 유명세를 타고 있는 바이다. 최고의 호텔 바로 꼽히기도 하는 랜턴의 가장 큰 자랑거리는 역시 압도적인 전망이다. 마리나 베이가 펼쳐진 스카이라인이 고스란히 눈에 들어와 황홀한 느낌마저 든다. 트렌디한 느낌의 멋진 야외 수영장 또한 랜턴의 분위기를 돋우는 큰 요인 중 하나다. 밤이 깊어지면 날아갈 듯 차려입은 멋진 선남선녀들이 몰려드는 힙플레이스로 자리를 굳힌 랜턴. 이곳에선 시그니처 칵테일인 레드 랜턴Red Lantern, 멀라이언Merlion을 맛보자. 칵테일과 함께 트러플 오일로 튀겨내 풍미가 끝내주는 트러플 프라이Truffle Fries를 곁들이면 금상첨화. 예약을 하는 것이 좋으며 어느 정도 차려입고 가는 센스를 발휘하는 것이 좋겠다.

Access	플러턴 베이 호텔 내
Open	일~목 08:00~01:00 금, 토, 공휴일 전날 08:00~익일 02:00
Cost	레드 랜턴 SD24, 멀라이언 SD24 (Tax & SC 17%)
Address	80 Collyer Quay Singapore 049326
Tel	065-6597-5299
Web	www.fullertonbayhotel.com
Email	lantern@fullertonbayhotel.com

Night Life

❷

주크 Zouk

최근 불고 있는 싱가포르의 루프톱 바 광풍에 밀려 주춤하고 있긴 하지만 여전히 싱가포르의 나이트라이프를 책임지는 최고의 나이트클럽으로 많은 인기를 끌고 있다. 특히 춤을 추며 즐기는 노골적인 나이트클럽으로는 신성 버터 팩토리와 함께 최고로 꼽아도 좋을 정도. 3,000명이 동시에 입장해도 될 만큼 규모도 크다. 늦은 시간이면 어김없이 입구에 줄을 서 있는 젊은이들의 모습을 목격할 수 있다. 다른 곳보다 이곳을 찾는 사람들의 연령대는 상당히 낮은 편으로 그런 탓에 최신 트렌드의 흥겨운 음악을 제대로 즐길 수 있는 곳이기도 하다.

Access	그랜드 캡손 워터프런트 호텔 뒤편에 위치
Open	수 21:00~익일 04:00 금, 토 22:00~익일 05:00
Cost	입장료(음료 2잔 포함) SD15~25 (Tax & SC 17%)
Address	17 Jiak Kim St.
Tel	065-6738-2988
Web	www.zoukclub.com

Night Life
❸
츄피토스 바 Chupitos Bar

20대의 젊은 여사장이 운영하는 기발하고 귀여운 바로, 보기만 해도 호기심이 자극되는 수십여 종의 슈터가 주 종목이다. 한쪽 벽면을 가득 채우고 있는 알록달록한 슈터는 이름부터 재료까지 젊은 여사장이 하나하나 고안해낸 것이라고 하니 가히 그 노력이 짐작된다. 슈터는 강도에 따라 Fruity, Yummy, Dare, Deadly로 구분해 놓았다. 실내는 협소한 편이지만 턴테이블과 조명을 갖춘 댄싱 공간도 마련되어 있고 야외석은 키높이 의자와 테이블을 두었다. 다양한 프로모션과 파티도 많이 열리는 편이다.

Access	MRT 클락 키 역, 다리 건너편 분수대 근처 3C 구역
Open	18:30~익일 01:30 (수, 금, 토는 03:30까지)
Cost	슈터 SD12(1샷) (Tax & SC 17%)
Address	3C River Valley Rd, Clarke Quay #01-02B
Tel	065-6333-5735
Web	www.thechupitosbar.com

Night Life
❹
타케 ta.ke

타케는 일본어로 대나무라는 의미다. 이름처럼 타케는 넓은 아웃도어 공간에 푸릇한 대나무와 편한 카바나(예약 필수)와 소파 등을 여유롭게 꾸며 놓아 밤늦은 시간까지 편안하게 즐길 수 있는 곳이다. 특히 이곳에선 독특한 일본스타일 칵테일을 맛볼 수 있는데 그중 달콤하고 향긋한 Sakuranbo, Choya Tea, Don Yakuza 등이 추천 칵테일이다. 특히 Choya Tea는 주전자에 서브되는데 달콤한 향이 강하고 알코올기가 거의 없어 여성에게 안성맞춤이다. 출출할 땐 술과 함께 퓨전 데리야키 치킨 피자 같은 일본식 퓨전 요리를 곁들이는 것도 괜찮다.

Access	스튜디오 엠 호텔 2층에 위치
Open	월~토 18:00~익일 01:00 (일요일 휴무)
Cost	칵테일 SD18~20, 퓨전 데리야키 치킨 피자 SD19 (Tax & SC 17%)
Address	L2 Studio M Hotel, No. 3 Nanson Rd, Singapore 238910
Tel	065-6808-8888

Night Life

❺

멜티드 밀크 Melted Milk

타케와 같은 매니지먼트를 받는 비어 가든으로 타케와는 사뭇 다른 캐주얼하고 흥겨운 분위기이다. 멜티드 밀크의 가장 큰 장점은 뭐니뭐니해도 500여 종의 다양한 맥주를 마음껏 맛볼 수 있다는 것. 그중에는 본 적도 없고 들어본 적도 없는 희귀한 제3세계의 맥주도 있어 신기한 경험이 되기도 한다. 더구나 버킷을 주문하면 종류가 다른 5개의 맥주를 선택할 수 있어 좋다. 맥주의 종류는 4개월에 한 번씩 업데이트 된다고. 알코올이 강한 것부터 약한 것까지 두루 갖추고 있어 직원에게 문의하면 신기한 맥주를 소개해주기도 한다. 수요일부터 금요일까지 저녁 7시 15분부터 라이브 연주도 들을 수 있다.

Access	스튜디오 엠 호텔 1층 야외에 위치함
Open	18:00~24:00
Cost	맥주 SD5~ (Tax & SC 17%)
Address	L1 Studio M Hotel, No. 3 Nanson Rd. Singapore 238910
Tel	065-6808-8888

Night Life

❻

포비든 시티 Forbidden City

인도친 계열의 복합 다이닝 공간이다. 1층은 편안하고 캐주얼한 분위기의 코쿤 바로 운영되고 있고 2층은 마치 과거의 중국으로 온 듯한 느낌이 드는 레스토랑 마담 버터플라이가 있다. 실내뿐 아니라 이곳의 입구 또한 눈에 확 들어온다. 붉은 등이 양쪽으로 늘어선 중앙 길을 따라 레스토랑에 입장할 때면 마치 중국의 작은 성에 들어가는 듯한 묘한 기분이 든다. 이곳에서 맛볼 수 있는 음식은 컨템포러리 차이니스 퀴진으로, 유수의 레스토랑 상을 수상한 바 있을 정도로 음식 맛도 훌륭하다.

Access	MRT 클락 키 역 내려 다리 건너 반대편 강변에 있다.
Open	런치 12:00~15:00 (주말 및 공휴일은 휴무) 디너 18:30~23:00 (일요일 휴무)
Cost	칵테일 SD15~ (Tax & SC 17%)
Address	3A Merchant's Court, River Valley Rd. #01-02, Singapore 179020
Tel	065-6557-6266
Web	www.indochine.com.sg

Night Life

❼

하이랜더 Highlander

특이한 콘셉트의 바와 레스토랑으로 즐비한 클락 키의 한가운데서도 단연 눈에 띄는 분위기의 하이랜더는 은은한 조명과 사슴뿔이나 동물의 박제 등 희귀한 아이템으로 꾸며져 있어 산장 같은 느낌이 든다. 남녀 스태프 모두가 스코틀랜드의 전통 복장을 한 채 분주히 오가는 모습이 이국적이며 손님들에게 다정히 이야기를 건네는 맘 좋은 주인아저씨 덕에 밤이면 술 한잔하려는 관광객들로 언제나 왁자지껄하다.

Access	MRT 클락 키 역 다리 건너편 분수대 근처
Open	월~목 17:00~익일 01:00 금, 토, 공휴일 전날 12:00~익일 02:00 일 12:00~익일 01:00
Cost	맥주 SD10~, 메인 메뉴 SD28~ (Tax & SC 17%)
Address	#01-11 The Foundry, 3B River Valley Rd. Clarke Quay
Tel	065-6235-9528

Shopping

1

센트럴 Central

클락 키에서 가장 큰 규모의 대형 쇼핑몰로 클락 키 역과 연결되어 편리하다. 로컬 브랜드부터 중저가의 패스트 패션까지 다양하게 갖추어진 편이지만 다른 쇼핑몰들에 비해 짜임새가 없어 아기자기한 느낌은 떨어진다. 오히려 쇼핑보다는 유명한 레스토랑들이 많이 입점해 있어서 다이닝의 공간으로 더욱 많이 활용된다. 오차드 로드의 대형 쇼핑몰들과 비교해 조금 떨어지지만 짧은 스케줄로 클락 키 내에서 모든 것을 해결해야 하는 여행자라면 요긴한 쇼핑몰이 아닐 수 없다. 귀엽고 아기자기한 캐릭터 아이템을 판매하는 모나 앤 레미 Mona & Remi 와 GG<5, 드레스 업, 신데렐라, 아일랜드 숍 등 싱가포르 로컬 브랜드와 중저가 브랜드들을 타깃으로 둘러보는 것이 좋다.

Access	MRT 클락 키 역에서 바로
Open	11:00~22:00(매장에 따라 다름)
Address	Central, 6 Eu Tong Sen St. Singapore 059817
Tel	065-653-2922
Web	www.thecentral.com.sg

Shopping

2

리앙 코트 Liang Court

쇼핑을 목적으로 일부러 찾아갈 만큼 효율적인 쇼핑공간은 아니다. 주로 현지인들이 자주 찾는 곳으로, 1층의 숍들 정도만 둘러보면 된다. 중앙의 넓은 홀에는 주로 할인 가판대들이 자리하고 있고 둥그런 형태로 숍들이 배치된 구조이다. 중저가 브랜드인 JoJo와 M.O.S 등이 자리하고 있는데 우리나라 동대문이나 남대문에서 볼 수 있는 디자인이 대부분이라 식상한 편이다.

Access	MRT 클락 키 역에서 도보 약 7분 (2012년 1월부터 셔틀버스 운행)
Open	10:00~22:00
Address	177 River Valley Rd. Singapore 179030
Tel	065-6336-7184
Web	www.liangcourt.com.sg

3

그레이트 월드 시티 Great World City

이름처럼 규모가 상당히 큰 쇼핑몰이지만 접근성이 떨어져 여행자에게는 다소 낯설게 다가온다. 그레이트 월드 시티는 현지인이 자주 찾는 생활밀착형 쇼핑몰로, 일반적인 브랜드들이 고루 입점되어 있음은 물론 아이와 주부들을 위한 아이템이 특히 충실한 편이다. 아이들을 위한 각종 아이템과 소품들을 구입할 수 있는 마더스 워크Mother's Work를 비롯해 기발하고 스타일리시한 인테리어 선물숍 아이 워너 고 홈I Wanna Go Home이 대표적이다. 쇼핑몰 내에는 합리적인 가격에 마사지를 받을 수 있는 마사지숍도 있고 아이들이 즐겁게 놀 수 있는 아마조니아Amazonia도 있다. 게다가 규모가 크다 보니 세포라, 막스 앤 스펜서, 에스프리 등 매장 크기도 커서 다양한 아이템을 두루 볼 수 있다는 장점도 있다. 슈퍼마켓도 갖추고 있고 푸드 정션 및 각종 레스토랑도 있어 원스톱 쇼핑 공간으로 부족함이 없어 보인다. 층별로 테마가 다른 화려한 화장실도 독특하니 한번 들러보자.

Access	버스 5, 16, 175(Kim Seng Rd.)번을 타거나 무료 셔틀을 이용한다. 셔틀은 오차드 로드 럭키 플라자 앞, 시티홀 역 아델피 앞, 차이나타운 Blk34 버스정류장 앞에서 승차할 수 있으며 11시(오차드 로드, 차이나타운) 혹은 11시 30분(시티홀)부터 1시간 간격으로 운행한다.
Open	10:00~22:00
Address	1 Kim Seng Promenade Singapore 237994
Tel	065-6737-3855
Web	www.greatworldcity.com.sg

Stay

1

플러턴 베이 호텔 The Fullerton Bay Hotel

오픈하자마자 호텔업계에 큰 파장을 일으켰을 정도로 럭셔리하면서도 감각 있는 디자인과 차별화된 서비스로 중무장한 플러턴의 새로운 야심작이다. 원 플러턴 쪽에 자리 잡고 있어 일단 전망 하나는 끝내주는 데다가 객실이 마리나 베이 쪽으로 튀어나와 있어 발코니에 서 있으면 마치 크루즈를 타고 강 위에 떠 있는 느낌이 든다. 1층 객실은 특히나 넓은 발코니가 딸려 있어 운치 있다.

100개의 모든 룸이 프라이빗 발코니를 갖춘 스위트룸이며 비즈니스 전반에 걸친 완벽한 시설은 물론 몰튼 브라운 어메니티와 40종의 커피를 갖춘 네스프레소 머신, 실크 티팩의 Gryphon Tea 등 세심한 부분까지 총력을 기울인 모습이다. 부대시설 또한 나무랄 데 없다. 25m의 스타일리시한 수영장과 멋진 루프톱 바 랜턴, 우아하기 짝이 없는 랜딩 포인트 The Landing Point, 클리포드 Clifford 등의 레스토랑은 외부에서 일부러 찾는 사람이 많을 정도로 인기 만점이다.

Access	MRT 래플스 플레이스 역에서 도보 7분, 플러턴 호텔 맞은편에 있다.
Cost	프리미어룸 USD380~
Address	80 Collyer Quay Singapore 049326
Tel	065-6333-8388
Web	www.fullertonbayhotel.com

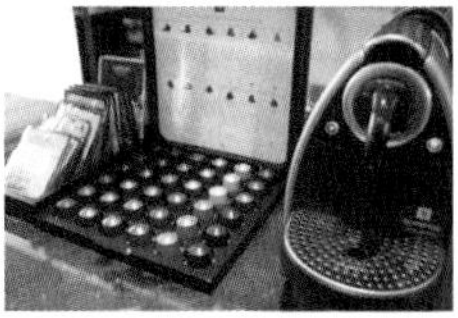

Stay

2

플러턴 호텔 The Fullerton Hotel

옛 우체국 건물을 개조해서 최고의 시설을 갖춘 호텔로 2001년 새롭게 탄생했다. 재미있게도 호텔 구석구석 옛 우체통이나 그 당시의 사진 등이 전시되어 있어 기념사진을 찍거나 둘러보기에도 좋다. 호텔은 전체적으로 우아하고 격조 있다는 느낌이 든다. 고풍스러운 외관, 콜로니얼 풍의 내부 인테리어, 높은 천장에서 느껴지는 분위기도 있지만 무엇보다 호텔 직원들의 격조 높은 서비스가 플러턴 호텔의 품격을 한층 높인다. 총 객실 수는 400개로 모던한 느낌은 덜하지만 차분하고 관록이 느껴진다. 플러턴 호텔의 가장 큰 매력이라면 수영장과 레스토랑을 빼놓을 수 없다. 25m의 멋진 수영장은 싱가포르 강과 화이트 톤의 호텔과 어우러져 환상의 조화를 이룬다. 애프터눈 티로 유명한 코트야드, 최고급 이탈리안 라이트 하우스, 스타일리시한 포스트 바, 정통 차이니스 레스토랑, 제이드 등등 하나하나 빼놓을 수 없는 수준 있는 레스토랑은 일부러 찾는 사람이 많을 정도로 인기가 좋다. 호텔 주변에 멀라이언 파크, 래플스경 상륙지, 아시아 문명 박물관 등 볼거리도 다양해 관광을 위한 여행자에겐 더욱 좋다.

Access	MRT 래플스 플레이스 역에서 도보 5분
Cost	코트야드 더블룸 USD316~
Address	1 Fullerton Square Singapore 049178
Tel	065-6733-8388
Web	www.fullertonhotel.com

Stay
3

파크 레지스 호텔 Park Regis Singapore

상대적으로 호텔 가격이 비싼 싱가포르에서 합리적인 가격과 깔끔한 객실 및 부대시설로 대중적으로 많은 지지를 받고 있는 호텔이다. 모던하고 쾌적한 분위기이며 직원들도 친절한 편이다. 총 203개의 객실을 운영하고 있는데 객실의 크기는 다소 작은 편이지만 동선을 고려하여 최대한 효율성을 높였다. 객실 건물에 둘러싸여 있는 수영장은 총 길이가 25m로 호텔의 규모에 비해 큰 편이며 아기자기하고 운치 있다. 피트니스 센터, 레스토랑, 비즈니스 센터 등 부대시설도 충실히 갖추어져 있다. 파크 레지스 호텔의 가장 큰 미덕을 꼽자면 합리적인 가격과 더불어 최상의 위치라는 것. 싱가포르 대표 힙 플레이스 클락 키와 바로 연결되어 밤늦은 시간까지 다이닝과 나이트라이프를 즐기기에 최적이다.

Access	MRT 클락 키 역, B 출구로 나와 대각선에 위치. 스위소텔 머천코트 호텔과 가깝다.
Cost	파크 트윈룸 USD190~
Address	23 Merchant Rd. Singapore 058268
Tel	065-6818-8888
Web	www.parkregissingapore.com

Stay
4

스위소텔 머천코트 Swissotel Merchant Court

클락 키를 즐기기에 이보다 더 좋은 호텔이 있을까? 시티에도 같은 계열의 스위소텔 스탬포드가 자리하고 있지만 이곳과는 확연히 다른 분위기를 풍긴다. 스위소텔 스탬포드가 차갑고 도시적인 비즈니스맨 위주의 호텔이라면 스위소텔 머천코트는 가족이나 커플 여행자가 묵어도 좋을 만큼 아기자기하고 로맨틱한 분위기가 느껴진다. 객실은 무난한 스타일로, 특히 클락 키 쪽 객실들은 테라스나 창을 통해 화려한 클락 키의 야경을 백퍼센트 만끽할 수 있어 인기가 좋다. 유선형의 수영장은 야외에 있어 분위기가 좋으며 작은 미끄럼틀도 갖추고 있어 아이와 함께 시간을 보내기에도 좋다. 레스토랑들 또한 평판이 좋은 편인데, 특히 다양한 아시안 요리들을 맛볼 수 있는 엘린보로 마켓 카페는 한 번쯤 시도해볼 만하다.

Access	MRT 클락 키 역에서 도보 약 3분
Cost	클래식룸 USD177~
Address	20 Merchant Rd. Singapore 058281
Tel	065-6337-2288
Web	www.swissotel.com

Stay
5
푸라마 리버프런트 Furama Riverfront

활기차고 자유분방한 느낌의 푸라마 리버프런트는 인도네시안 식당인 킨타마니를 포함한 레스토랑으로 더욱 유명하지만 룸 컨디션도 쾌적하고 직원들의 응대도 좋은 편이다. 낮은 천장의 로비를 통유리로 시원스럽게 보이게 하고 인공의 작은 폭포를 보며 아침을 먹을 수 있게 하는 등 넓지 않은 공간을 최대한 고려해 삭막하거나 답답해 보이지 않게 노력한 흔적이 보인다. 위치적으로 애매하지만 시내까지 무료로 셔틀버스를 운영하고 있다.

Access	홀리데이 인 아트리움 건너편
Cost	슈피리어 USD184~
Address	405 Havelock Rd. Singapore 169633
Tel	065-6333-8898
Web	www.furama.com/riverfront

Stay
6
홀리데이 인 아트리움 Holiday inn Atrium

콩코드 호텔이 리노베이션하여 다시 태어났다. 호텔 건물이 아트리움 형태로 되어 있어 로비에서 천장을 올려다보는 느낌이 색다르다. 총 450개의 객실은 3개의 카테고리를 가지고 있으며 차분한 컬러로 모던한 느낌이다. 24시간 운영되는 피트니스 센터나 키즈풀이 딸려 있는 수영장 등에서 비즈니스맨부터 가족 여행자까지 섭렵하려는 노력이 엿보인다.

Access	오트램 로드
Cost	슈피리어 USD155~
Address	317 Outram Rd. Singapore 169075
Tel	065-6733-0188
Web	www.holidayinn.com/atrium-sin

Stay
7
노보텔 클락 키 Novotel Clarke Quay

세계적인 호텔 체인인 아코르Accor 계열을 대표하는 호텔로 리즈너블한 가격과 편리한 위치 때문에 선호도가 높다. 400개가 넘는 객실은 깔끔하고 스타일리시한 느낌이 든다. 부대시설도 충실히 갖추어져 있는 편이고 무엇보다 최고의 관광 포인트 클락 키와 인접해 있어 모든 면에서 편리하다. 아코르 계열은 일 년에 한 번 수퍼 세일 프로모션을 진행하므로 여행기간이 맞는다면 이 프로모션을 노려보는 것도 좋겠다.

Access	MRT 클락 키 역에서 도보 5분, 리버밸리 로드에 있다.
Cost	스탠더드 USD176~
Address	177A River Valley Rd. Singapore 179031
Tel	065-6338-3333
Web	www.novotel-clarkequay.com.sg

Stay
8
갤러리 호텔 Gallery Hotel

외관만 봐도 기대가 되는 갤러리 호텔의 감성은 객실에서 최고조를 이룬다. 호텔 이름처럼 객실이라기보다 인테리어의 한 작품을 감상하는 갤러리에 있는 느낌이 든다. 디자인 대회 출신 16명의 젊은이들에 의해 디자인된 객실 이외에는 다소 평범한 편. 톡톡 튀는 객실에 묵고 싶다면 반드시 홈페이지를 통해 확인하자.

Access	MRT 클락 키 역에서 도보 15분, 로버트슨 키에 있다.
Cost	갤러리 USD155~
Address	1 Nanson Rd. Singapore 238909
Tel	065-6849-8686
Web	www.galleryhotel.com.sg

Stay
9
그랜드 캡손 워터프런트 Grand Copthorne Waterfront

워터프런트는 전 세계적으로 많은 호텔을 보유하고 있는 호텔 브랜드이지만 그랜드 캡손 워터프런트는 이런 명성에 비하면 약간 부족한 느낌이 들긴 한다. 객실은 무난하지만 비즈니스맨을 위한 서비스는 출중하게 갖추어져 있는 편이다. 1층에 유명 레스토랑 그랜드 상하이가 자리하고 있고 호텔 바로 뒤쪽으로 가면 유명한 나이트클럽 주크가 있어 편리하다.

Access	MRT 클락 키 역에서 도보 15분
Cost	슈피리어 USD209~
Address	392 Havelock Rd. Singapore 169663
Tel	065-6733-0880
Web	www.grandcopthorne.com.sg

Stay
10
스튜디오 엠 호텔 Studio M Hotel

시크하고 스타일리시한 분위기에 가격까지 리즈너블해 최근 많은 사랑을 받고 있는 호텔로 특히 여성 여행자들에게 인기가 많다. 밀레니엄 호텔의 매니지먼트를 받는 만큼 복층 구조로 된 모던한 객실뿐 아니라 호텔 로비에 자리한 레스프레소 카페, 비어 가든인 멜티드 밀크와 스타일리시한 바, 타케까지, 늦은 시간까지 여유로운 시간을 보낼 수 있는 장소가 많아 편리하다.

Access	MRT 클락 키 역에서 도보 10분, 로버트슨 키에서 가깝다.
Cost	스튜디오 로프트 USD155~
Address	3 Nanson Rd. Singapore 238910
Tel	065-6808-8888
Web	www.studiomhotel.com

Stay
11
캡손 킹즈 호텔 Copthorne King's Hotel

깔끔한 스타일의 중급 호텔로 무엇보다 가격이 비슷한 다른 호텔들에 비해 부대시설이 충실히 갖추어져 있다. 자쿠지, 사우나가 구비되어 있는 수영장과 피트니스 센터가 있으며 비즈니스 센터도 24시간 운영되고 있다. 대중교통으로 이동 시 불편한 점을 해소하기 위해 시티, 오차드 로드까지 셔틀을 운영하고 있다.

Access	해브록 로드, 푸라마 리버프런트 옆
Cost	디럭스 USD171~
Address	403 Havelock Rd. Singapore 169632
Tel	065-6733-0011
Web	www.millenniumhotels.com.sg/copthornekingssingapore

東亞
TECK LIM RD
東亞
海鮮煮炒
咖啡茶室
TONG AH
EATING HOUSE

차이나타운 Chinatown

차이나타운
Chinatown

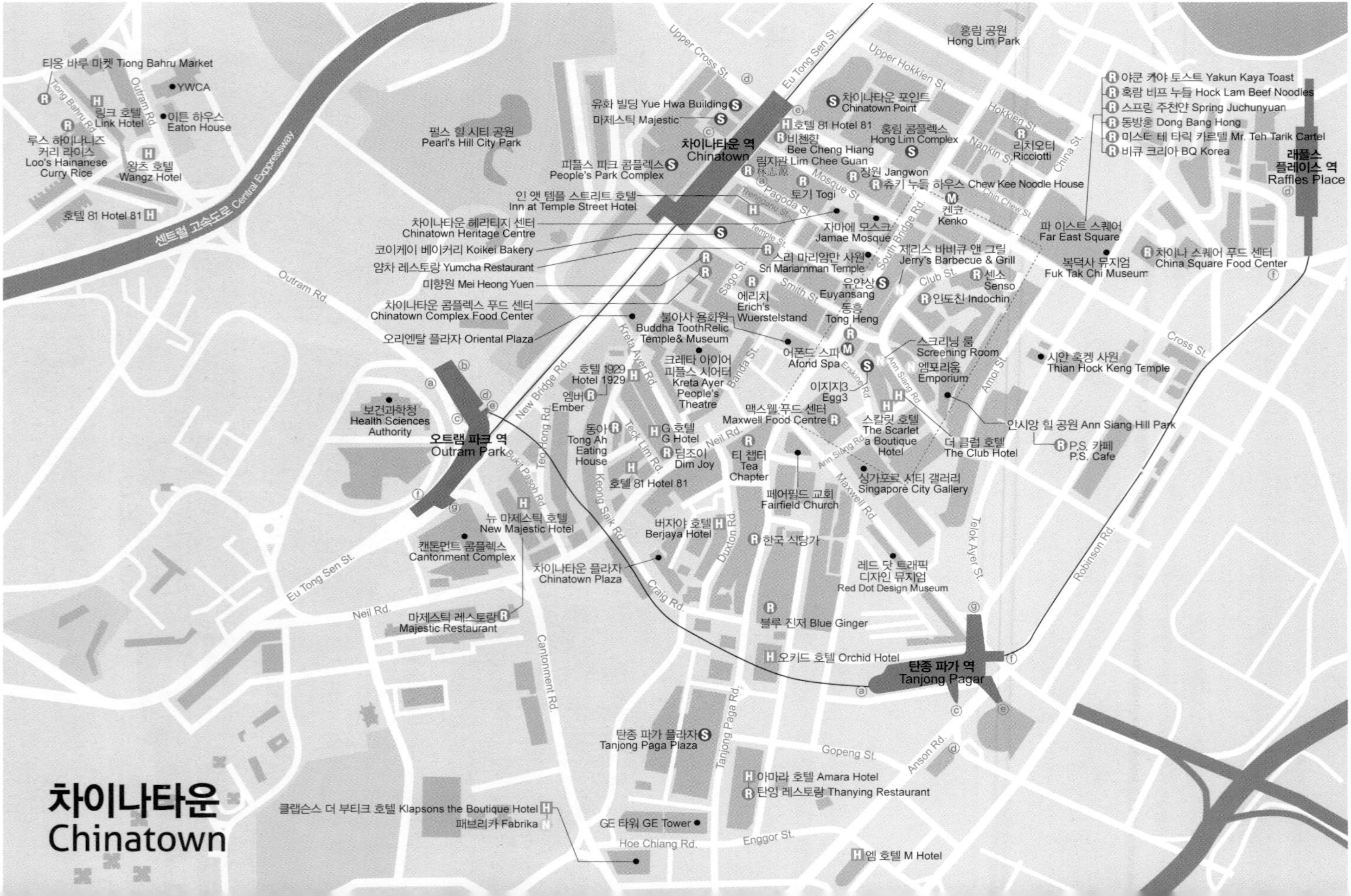

✚ 차이나타운 Chinatown

차이나타운은 싱가포르 여행에서 즐길 수 있는 모든 것을 한곳에 모아 놓은 종합선물세트 같은 곳이다. 중국, 아랍, 인도 문화가 공존해 있고 한국인들에게 유명한 맛집들이 즐비하다. 저렴한 가격에 기념품들을 구입하고 알록달록 개성 넘치는 싱가포르식 숍하우스 거리를 산책하며, 안시앙 로드와 클럽 스트리트, 혹은 파 이스트 스퀘어에서 나이트라이프까지 즐길 수 있다.

Tip.
차이나타운 즐기기

❶ 안시앙 로드와 클럽 스트리트의 펍과 바에서는 리버사이드와 달리 소박하면서도 좀 더 현지화된 나이트라이프를 즐길 수 있다. 특히 안시앙 힐 P.S. 카페 앞 데크에서 보는 스카이라인 야경은 한 편의 매직 아이를 보는 듯, 색다른 경험이 될 것이다. 강력 추천한다.
❷ 파 이스트 스퀘어를 코스 종착점으로 삼았다면, 다시 차이나타운 역으로 가기보다 래플스 플레이스 역이 더 가깝다.

★ 추천 루트

MRT 차이나타운 역 → 미향원(망고빙수) → 코이케이 베이커리 → 비첸향 → 차이나타운 헤리티지 센터 → 스리 마리암만 사원 → 트렝가누 스트리트 → 불아사 → 맥스웰 푸드 센터 → 안시앙 로드 → 시안 혹켕 사원 → 야쿤 카야 토스트 본점 → 미스터 테 타릭 카르텔(말레이시아 밀크티)

그 어느 곳보다 먹는 즐거움이 큰 루트이다. 시작은 템플 스트리트의 디저트집, 미향원이다. 최근 그 맞은편에 오픈한 마카오의 명물, 코이케이 베이커리 아몬드 쿠키 시식 역시 놓칠 수 없다. 그 후 파고다 스트리트로 넘어와 육포계의 1인자 비첸향을 즐긴다. 먹을 만큼 먹었으니 본격 관광(?)을 나서보자. 차이나타운의 역사를 알 수 있는 차이나타운 헤리티지 센터와 싱가포르에서 가장 오래된 힌두교 사원 스리 마리암만 사원을 지나 쇼핑의 거리, 트렝가누 스트리트를 둘러본다. 차이나타운의 하이라이트는 불아사이다. 대체로 1층만 둘러보고 나가버리지만 2~3층의 불교 박물관(무료), 4층의 거대한 기도바퀴와 1만 개의 불상이 들어선 만불각 등 볼거리가 풍부하니 꼭 전 건물을 둘러보도록 한다. 불아사에서 큰길 건너 나오는 맥스웰 푸드 센터는 싱가포르 맛집 중 맛집. 열이면 아홉은 티안티안 치킨라이스를 먹는다. 소화도 시킬 겸 안시앙 로드와 아모이 스트리트, 텔록 아이어 스트리트를 산책해 보자. 아시아 문화와 서양 문화가 혼합된 독특한 건축양식의 알록달록한 숍하우스들이 줄줄이 서 있어 사진 찍는 재미가 쏠쏠하다. 시작과 마찬가지로 마지막은 맛집에서! 파 이스트 스퀘어의 야쿤 카야 토스트와 테 타릭은 놓치지 말자.

Sightseeing

❶

레드 닷 트래픽 디자인 뮤지엄 Red Dot Design Museum

효율성은 디자인에서 종종 등한시되곤 한다. 레드 닷 어워드는 이런 관념을 뒤집어 당장에라도 상품화가 되어 실생활에서 쓰일 수 있는 효율성 측면에 가치를 둔 독특하고 권위 있는 디자인 상이다. 이런 레드 닷 어워드의 신선한 수상작들을 감상할 수 있는 곳이 바로 이곳, 레드 닷 트래픽 디자인 뮤지엄이다. 연간 방문자 수가 삼만 명을 넘을 정도로 인기가 많은 이곳에서 톡톡 튀는 젊은 디자이너들의 감각도 엿보고 내부에 마련된 카페와 레스토랑에서 잠시 휴식을 가져보는 것도 좋겠다.

Access	MRT 탄종 파가 역에서 도보 5분
Open	월, 화, 금 11:00~18:00
	토, 일 11:00~20:00 (수, 목 휴무)
Cost	어른 SD8, 학생과 어린이 SD4
Address	28 Maxwell Rd. Singapore 069120
Tel	065-6327-8027
Web	www.reddottraffic.com

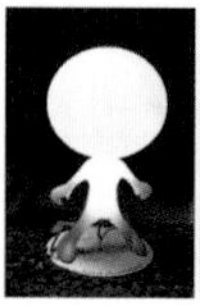

Sightseeing

❷

싱가포르 시티 갤러리 Singapore City Gallery

싱가포르의 도시 계획을 한눈에 둘러볼 수 있는 독특한 곳으로 10가지 테마영역을 50여 가지의 시청각 인터랙티브를 통해 관람할 수 있는 복합 갤러리이다. 싱가포르의 현재부터 미래의 모습이 어떻게 바뀌어나갈지 한눈에 돌아볼 수 있어 관람하다 보면 여행자임에도 미래의 싱가포르 모습에 대한 기대감이 한껏 높아진다. 영상, 사진, 미니어처 등 다양한 형태의 설치로 되어 있어 흥미롭게 돌아볼 수 있으며 하루에 한 번 평일 11시 45분에는 깊이 있는 설명을 들을 수 있는 투어 프로그램도 마련해 놓고 있다.

Access	MRT 탄종 파가 역, G 출구에서 도보 약 15분, 레드 닷 트래픽 디자인 뮤지엄과 가깝다.
Open	월~금 09:00~19:00
	토 09:00~17:00 (일, 공휴일 휴무)
Cost	입장료 무료
	투어(어른/어린이) SD6/4
Address	45 Maxwell Rd.
Tel	065-6321-8321
Web	www.singaporecitygallery.sg

Sightseeing

3

파고다 스트리트 & 트렝가누 스트리트

Pagoda Street & Tranganu Street

파고다 스트리트는 차이나타운의 메인 스트리트라 할 수 있다. 우리네 재래시장처럼 흥겹고 부산스러운 분위기로, 특히 파고다 스트리트 중간 즈음에 차이나타운 헤리티지 센터가 있어 차이나타운의 역사를 한눈에 돌아볼 수 있어 더욱 의미 있다. 트렝가누 스트리트는 예전 숍스타일의 독특한 점포들이 줄지어 서 있는 작은 거리로, 아기자기한 상점들과 기념품 가게들이 많아 관광객들도 많이 찾는다. 찬찬히 살펴보면 꽤 괜찮은 아이템을 건질 수도 있으니 보물찾기를 하는 기분으로 분위기를 만끽하며 걸어보자.

Access 파고다 스트리트는 MRT 차이나타운 역, A 출구에서 연결되며 파고다 스트리트를 따라 걷다 첫 번째 골목에서 우회전하면 트렝가누 스트리트가 나온다.

Sightseeing

4

스미스 스트리트 Smith Street

차이나타운 중심을 관통하는 작은 거리로, 비공식적인 명칭으로 헤이 유엔 카이 Hei Yuen Kai라고도 불린다. 이 비공식 명칭은 극장 스트리트라는 의미를 담고 있는데, 1880년대부터 1927년까지 이 지역에서 칸토니즈 오페라가 자주 상연되곤 했다고 한다. 현재 이 거리는 여전히 붉은 등을 밝히며 예술축제 대신 매일 음식의 축제를 벌인다. 날이 어둑해지면 호커센터의 옛 모습을 재현하듯 음식을 파는 가판대가 길을 따라 늘어선다. 오후가 되어야 제대로 북적거리니 저녁 시간에 찾아가 보는 것이 좋겠다. 화장실이 있긴 하나 깨끗하지 못하니 유의할 것.

Access MRT 차이나타운 역, A 출구로 나와 파고다 스트리트로 직진하다 오른편에 트렝가누 스트리트가 나오면 우회전하여 두 블록 정도 직진하면 보인다.

Address Smith St. Chinatown

Sightseeing

5

차이나타운 헤리티지 센터 Chinatown Heritage Centre

차이나타운의 역사를 그 당시의 생활 모습 그대로 재현한 다양한 모형과 자료를 통해 지루하지 않게 접근할 수 있도록 전시해 놓았다. 1층에서는 옛 숍하우스처럼 다양하고 아기자기한 중국풍 액세서리와 기념품 등을 판매하고 있으며 간단한 음식과 커피를 마실 수 있는 코피티암도 자리하고 있다. 각 층은 차이나타운의 각기 다른 시대별 특징을 느낄 수 있도록 하였으며 차이나타운의 숨겨진 과거 이야기를 흥미롭게 알아볼 수 있는 공간이다.

Access	MRT 차이나타운 역 A 출구로 나와 파고다 스트리트로 직진 왼편에 보인다.
Open	09:00~20:00(마지막 입장 19:00)
Cost	입장료 어른 SD8, 어린이 SD4.8
Address	48 Pagoda St. Singapore 059207
Tel	065-6325-2878
Web	www.chinatownheritage.com.sg

Sightseeing

6

불아사 용화원 Buddha Tooth Relic Temple & Museum

다양한 종파의 특징을 받아들여 독특한 형식으로 건축된 비교적 큰 규모의 4층 건물로, 멀리서도 한눈에 띌 정도다. 420kg의 순금 사리탑과 불교 문화 박물관이 있다.

Access	MRT 차이나타운 역, A 출구로 나와 파고다 스트리트를 따라 직진. 사우스 브리지 로드를 만나면 우회전해 조금만 가다 보면 우측에 있다.
Open	07:00~19:00
Cost	무료
Address	288 South Bridge Rd. Singapore 058840
Tel	065-6220-0220
Web	www.btrts.org.sg

Sightseeing

7

시안 혹켕 사원 Thian Hock Keng Temple

싱가포르에서 가장 중요하고 오래된 도교 사원으로, 어부들의 안전과 풍요로운 수확을 바다의 여신에게 기원하기 위해 1839년 텔록 에이어 스트리트에 세워졌다. 사원은 전통적인 중국 남부 건축양식으로 지어졌으며 전체적으로 못이 없이 조립된 놀라운 걸작품이다.

Access MRT 탄종 파가 역 G 출구로 나와 앞으로 가면 Telok Ayer St.로 꺾어져 직진. 왼쪽에 Amoy St.가 나오고 그 길을 따라 조금만 걸으면 오른쪽에 있다.
Open 06:30~17:30
Address 158 Telok Ayer St. Singapore 058613
Tel 065-6423-4616 Web www.thianhockkeng.com.sg

Sightseeing

8

복덕사 뮤지엄 Fuk Tak Chi Museum

1824년 완공된 사원으로 중국의 유민 집단인 객가客家와 중국계 이민자들이 지었다. 가장 오래된 중국식 사원이기도 하다. 보기 드물게 유교와 도교가 합쳐진 형태이고, 중국의 민간신인 투아 펙 콩大伯公을 모시는 곳이기도 하다. 규모가 작아 둘러보는 데 오래 걸리지 않는다.

Access 파 이스트 스퀘어 내에 위치
Open 10:00~22:00 Cost 무료
Address Far East Square, 76 Telok Ayer St.
Web www.fareastsquare.com.sg

Sightseeing

9

스리 마리암만 사원 Sri Mariamman Temple

1827년 건립된 싱가포르에서 가장 오래된 힌두 사원이다. 힌두교를 대표하는 신들의 모습을 사원 벽에 화려하게 조각해 놓은 모습은 보기만 해도 감탄스럽다. 사원에 들어갈 때는 입장 전, 신발을 벗고 의식을 치르는 등 예의를 갖추는 것을 잊지 말자.

Access MRT 차이나타운 역 사우스 브리지 로드
Open 07:30~11:30, 17:30~20:30
Cost 무료(SD3 도네이션 요구)
Address 244 South Bridge Rd. Singapore 058793
Tel 065-6223-4064
Web www.heb.gov.sg

Sightseeing

10

자마에 모스크 Jamae Mosque

싱가포르에서 가장 오래된 이슬람 사원으로 1827년 세워졌다. 신비스럽지만 밋밋해 보이는 외관만큼이나 내부도 별다른 특징은 없다. 최고最古의 사원이라는 의미만 있을 뿐, 일부러 들를 만큼 볼거리가 풍성하지는 않다. 단 예배가 있을 때는 입장은 불가능하지만 새어나오는 경건하고 독특한 기도 소리에 한번 귀 기울여 보는 것도 좋겠다.

Access MRT 차이나타운 역 사우스 브리지 로드
Open 10:00~18:00 Cost 무료
Address 218 South Bridge Rd. Singapore 058767
Web www.mosque.org.sg

1

마제스틱 레스토랑 Majestic Restaurant

마제스틱 레스토랑은 부티크 호텔 뉴 마제스틱 호텔의 부속 레스토랑이다. 뉴 마제스틱 호텔은 호텔 1929, 원더러스트 호텔 등과 같은 매니지먼트를 받고 있는데 각각의 호텔이 보유한 엠버, 꼬꼬뜨 등의 면면만 보아도 마제스틱 레스토랑에 대한 기대는 한껏 부풀어오를 수밖에 없다.

이곳은 발랄하고 경쾌한 컨템포러리 차이니스 푸드를 주로 다루고 있는데, 차이니스 푸드가 한국인의 입맛에 잘 맞는 데다가 트렌디한 느낌이 가미되니 금상첨화다.

추천메뉴는 이곳의 대표 메뉴로만 구성된 디럭스 세트 런치(SD60)인데 가격은 부담스러우나 구성이 훌륭하다. 좀 더 편안한 식사를 원하면 런치 타임에만 서브되는 이곳의 딤섬을 맛보는 것도 좋겠다. 더욱 다양한 종류의 딤섬을 맛보고 싶다면 평일보다는 주말을 노리자.

Access	MRT 오트램 역, 뉴 마제스틱 호텔 내에 위치
Open	11:45~15:00, 18:30~23:00
Cost	Deluxe Set Lunch SD60, Crispy Durian Ice Cream SD10 (Tax & SC 17%)
Address	31 Bukit Pasoh Rd, Singapore 089845
Tel	065-6511-4700
Web	www.newmajestichotel.com

Food

②

혹람 비프 누들 Hock Lam Beef Noodles

1921년 창업 이래 무려 90년이 넘는 역사를 자랑하는 진국 식당이다. 이곳 파 이스트 스퀘어 이외에 세랑군 지점도 있지만 접근성은 이곳이 편리하다. 쇠고기, 천엽, 도가니 등 다양한 부속물이 들어간 국물에 말아진 면은 보기엔 꺼려지지만 일단 편견을 갖지 말고 맛보자. 처음엔 한약재 냄새도 나고 낯설지만 먹으면 먹을수록 자꾸만 손이 간다. 국물 속 고기와 부속물들은 칠리소스에 찍어 먹으면 한결 맛이 더 살아난다. 고집스럽게 지켜온 진한 국물 맛 덕에 현지인들은 물론 여행자들에게 꾸준히 사랑을 받고 있는 곳이다.

Access	차이나타운 파 이스트 스퀘어
Open	10:00~21:00
Cost	비프 누들 SD6.5
Address	Far East Square 22 China St. Singapore 049564
Tel	065-9018-0508
Web	hocklambeef.com

Food

③

티 챕터 Tea Chapter

영국의 엘리자베스 여왕이 다녀간 곳으로 유명한 티 챕터는 각종 차와 다기류 등 차와 관련한 상품들을 판매하는 1층의 리테일[Retail]과 직접 차를 마시며 쉬어갈 수 있는 2, 3층의 티 하우스[Tea House]로 구분되어 있다. 티 하우스에서 차를 마실 경우 미니멈 차지가 있으며 추가 요금이 붙는 좌석도 있으니 앉기 전에 물어보는 것이 좋다. 자리에 앉아 차를 주문하면 차를 마시는 방법과 다기를 다루는 방법들을 자세히 설명해주며, 마시고 남은 차는 집으로 가져가도 된다.

Access	MRT 탄종 파가 역, 네일 로드
Open	티 하우스 11:00~23:00
	Retail 10:30~22:30
Cost	찻잎 SD25~(100g)
Address	9 Neil Rd. Singapore 088808
Tel	065-6226-1175
Web	www.tea-chapter.com.sg

Food

4

미향원 Mei Heong Yuen Dessert 味香園

12년 전 오픈한 디저트 전문점으로 망고에 열광하는 한국여행자들에게 맞춤형 디저트와 같은 망고빙수 하나로 입맛을 사로잡고 있다. 사실 망고빙수도 맛있긴 하지만 망고에 집착하지 않는다면 말레이시아 디저트 첸돌Chendol을 맛보길 권한다. 코코넛의 고소한 맛을 기본으로 눈꽃처럼 부드럽게 갈린 얼음 위에 시럽, 팥, 젤리 등을 섞어 먹는다. 독특하면서도 달콤하니 맛있다. 톡톡 튀는 포멜로와 사고를 곁들인 망고 디저트도 맛있으니 메뉴판을 천천히 둘러보고 다양한 시도를 해 보는 것도 좋겠다.

Access	MRT 차이나타운 역 A 출구. 템플 스트리트로 접어들어 오른쪽
Open	10:30~22:00
Cost	망고 스노 아이스 SD5, 포멜로와 사고를 곁들인 망고 디저트 SD4, 첸돌 SD6
Address	63-67 Temple St. Chinatown, Singapore 058611
Tel	065-6221-1156

Food

5

센소 Senso

싱가포르 최고의 이탈리안 다이닝으로 꼽히는 센소는 엉뚱하게 차이나타운에 자리 잡았지만 그곳이 클럽 스트리트이기에 고개가 끄덕여진다. 입구를 지나면 마치 다른 세상에 온 양 콘셉트별로 잘 꾸며져 있는 실내와 안쪽 중앙의 아담한 정원과 야외석이 있다. 차분하고 조용한 실내석에 비해 야외석은 떠들썩하며 축제 같은 분위기가 느껴진다. 최고의 이탈리안 다이닝답게 700여 종의 와인리스트도 갖추고 있다.

Access	차이나타운 클럽 스트리트
Open	월~목 12:00~15:00, 18:00~23:00(토요일은 디너만) 일 11:30~15:30, 19:00~23:00
Cost	안티 파스토 SD22~, 파스타 SD30~ (Tax & SC 17%)
Address	21 Club St. Singapore 069410
Tel	065-6224-3534 Web senso.sg

Food

6

탄잉 레스토랑 Thanying Restaurant

탄잉은 '귀부인들'이라는 뜻으로, 말 그대로 태국 왕실을 연상시키는 호화스러운 디자인으로 되어 있으며 실제로 태국 왕족들도 자주 들른다고도 한다. 새콤달콤한 신선한 샐러드, 얌쏨오로 일단 시작을 해보자. 메인은 태국 똠얌꿍이나 팟타이가 좋다. 센토사의 아마라 생크추어리(065-6825-3881)에도 하나의 분점을 가지고 있다.

Access	아마라 호텔 2층
Open	11:00~15:00, 18:30~23:00
Cost	똠얌꿍 SD10, 얌쏨오 SD16, 팟타이 SD18 (Tax & SC 17%)
Address	The Amara, 165 Tanjong Pagar Rd. Singapore 088539
Tel	065-6222-4688
Web	www.amarahotels.com
Email	thanying@amaraholdings.com

Food

7

앙드레 Andre

최고의 프렌치 레스토랑으로 꼽히는 스위소텔 스탬포드의 장Jann의 셰프를 역임했던 앙드레 치앙Andre Chiang이 독립해 낸 프렌치 레스토랑이다. 1층은 키친과 프라이빗룸, 2층은 메인 다이닝룸, 3층은 오피스 겸 개인 뮤지엄(셰프 앙드레가 직접 모은 수집품들과 책, 자서전, 지인들로부터 받은 사인들, 자신이 직접 만든 작은 소품들 등으로 꾸밈-게스트의 요청이 있으면 직원이 동반하여 가이드)으로 되어 있다. 앙드레는 오픈하자마자 '아시아 및 월드 베스트 레스토랑 50'에 이름을 올리는 기염을 토했다. 런치 5코스, 디너 8코스도 제공되며 예약은 4~6주 전 필수다.

Access	MRT 오트램 파크 H 출구로 나와 오른쪽 Teo Hong Rd.를 따라 100미터, 맞은편으로 보이는 뉴 마제스틱 호텔 레스토랑 오른쪽 옆 하얀 건물
Open	**런치** 화~금 12:00~15:00 **디너** 화~일 19:00~23:00
Cost	런치 SD128 디너 SD298 (SC & Tax 17%)
Address	41 Bukit Pasoh Rd, Singapore
Tel	065-6534-8880
Web	restaurantandre.com

Food

8

블루 진저 Blue Ginger

페라나칸 음식을 처음 맛본다면 이곳이 최고의 선택이다. 블루 진저는 페라나칸 음식 전문점으로, 쾌적하고 차분한 분위기에 직원들도 젊고 활기차고 친절하다. 페라나칸 스타일의 음식은 말할 것도 없고 밑반찬으로 나오는 피클도 새콤달콤 맛이 좋다. 대부분의 음식이 간간한 편이라 밥과 함께 먹는 것이 좋다. 향신료를 사용한 말레이 음식과 중국 음식이 적절히 조화된 메뉴들은 우리 입맛에 잘 맞는 편이다. 가격도 비교적 저렴해서 이것저것 다양한 메뉴를 맛보기에도 좋다.

Access	탄종 파가 플라자 건너편
Open	12:00~14:15, 18:30~22:00
Cost	1인 SD10~ (Tax & SC 17%)
Address	97 Tanjong Pagar Rd, Singapore 088518
Tel	065-6224-4581 Web www.theblueginger.com

Food

9

얌차 레스토랑 Yumcha Restaurant

싱가포르의 높은 물가가 무색할 정도로 저렴한 가격에 맛있는 딤섬을 맛볼 수 있는 곳이다. 차이나타운에 있어 더욱 빛이 나는 얌차 레스토랑의 인기는 저렴한 딤섬 이외에도 옛 스타일 그대로 딤섬 수레를 끌고 다니는 종업원도 한몫한다. 특히 평일 오후 3시부터 6시까지 무제한으로 딤섬을 즐길 수 있는 딤섬 하이 티 뷔페를 제공하는데 여행자들에게 인기가 많다. 주변 숙소에 묵는다면 이곳의 딜리버리 서비스를 이용해 야식을 즐기는 것도 좋은 방법이다.

Access	템플 스트리트 초입
Open	월~금 11:00~23:00 토, 일, 공휴일 09:00~23:00 딤섬 하이 티 뷔페 15:00~18:00(평일)
Cost	**딤섬** SD2.5~5, **딤섬 뷔페**(어른/어린이) SD23.8/16.8 (Tax & SC 17%)
Address	20 Trengganu St, Singapore 058479
Tel	065-6372-1717 Web www.yumcha.com.sg

Food

⑩

맥스웰 푸드 센터 Maxwell Food Centre

싱가포르를 찾는 한국인들이 가장 많이 찾는 호커센터를 꼽으라면 단연 맥스웰 푸드 센터다. 차이나타운에 위치하고 있어 유난히 중국 스타일의 음식이 많아 우리 입맛에 잘 맞는 덕도 있고 차이나타운 속 로컬푸드센터가 가지는 미묘한 향수를 좀 더 느낄 수 있기 때문일 것이다. 꾸준히 인기 있는 티안 티안 치킨라이스 등 유명 맛집 이외에도 독특하고 맛있는 다양한 음식을 접할 수 있으니 여럿이 가서 이것저것 주문해 함께 나누어 먹는 것이 좋겠다.

Access 차이나타운 역 A 출구로 나와 파고다 스트리트로 직진, 사우스 브리지 로드에서 오른쪽 방향에 위치. 도보 8분

Open 24시간

Address 1 Kadayanallur St, Singapore 069184

Food

⑪

야쿤 카야 토스트 Yakun Kaya Toast

가격대로 치자면 극과 극을 달리지만 칠리 크랩과 함께 싱가포르에서 맛보아야 할 필수 음식 중의 하나로 자리 잡은 야쿤 카야 토스트. 그중 60년에 가까운 엄청난 역사를 자랑하는 이곳 본점은 성지 중의 성지다. 독특하게 숯불에 구워 나오는 고소한 빵에 판단과 코코넛 밀크로 만든 달콤한 카야잼이 발려 나오는 것이 전부라 잠시 실망할 수도 있겠으나 별것 아닌 것처럼 보이는 심플한 토스트 한쪽에서 무한한 매력을 발견할 수 있을 것이다.

Access MRT 차이나타운 역, 래플스 플레이스 역에서 도보 5분, 파 이스트 스퀘어

Open 월~금 07:30~18:30 토, 일 08:30~17:00 (공휴일 휴무)

Cost 카야 토스트 SD1.6, 아이스커피 SD1.5, 세트 SD3.7 (Tax & SC 17%)

Address 18 China St, #01-01, Singapore 049560

Tel 065-6438-3638 Web www.yakun.com

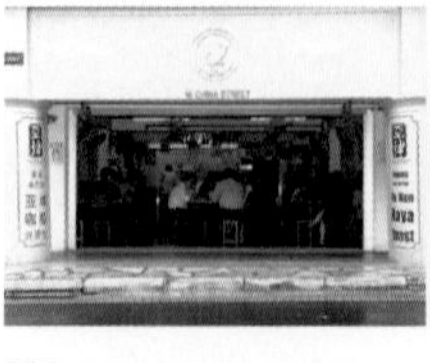

Food

⑫

루스 하이나니즈 커리 라이스 Loo's Hainanese Curry Rice

1946년에 시작된 루스 하이나니즈 커리는 3일이나 걸려 만든 깊은 맛의 커리 하나로 지금까지 그 역사를 이어오고 있다. 식사 시간이면 길게 줄을 늘어서는 이 일대 최고의 인기 식당이기도 하다. 별다른 간판도 없고 다루는 메뉴도 커리 하나뿐이다. 하이난식 커리 위에 토핑을 고르고 밥 위에 덮느냐 덮지 않느냐만 결정해주면 그걸로 끝. 영어가 잘 통하지 않지만 주문하기는 그다지 어렵지 않다. 다만 문전성시를 이루는 집인 만큼 친절과 위생에 대한 기대는 잠시 버리자.

Access 티옹 바루 마켓 정문 바로 건너편

Open 08:00~14:00 (목요일 휴무)

Cost 1인 SD10 이하

Address 57 Eng Hoon St, Tai Kwang Huat Coffee Shop #01-88, Singapore 160057

Tel 065-6225-3762

Food

13

티옹 바루 마켓 Tiong Bahru Market

현지인들에게 최고의 호커센터로 꼽히는 곳이다. 그를 증명하듯 TV에 나오는 온갖 맛에 관한 쇼들은 이곳을 거치지 않는 곳이 없다고. 1층은 웻마켓으로 각종 과일과 야채, 육류 등을 판매한다. 사지 않더라도 활기차고 이색적인 모습을 볼 수 있으니 식사 전 한 바퀴 돌아보는 것도 좋다. 2층으로 올라가면 본격적인 호커센터가 나타나는데 한 바퀴 돌아보는 것만으로 힘이 부칠 정도로 규모가 큰 편이다. 어느 곳을 가든 평균 이상은 하지만 그래도 요령껏 가장 줄이 긴 집을 골라 가는 것도 괜찮은 방법이다(티옹 바루 마켓 추천 맛집은 p.57 참조).

Access	MRT 티옹 바루 역, 티옹 바루 플라자를 좌측에 두고 티옹 바루 로드를 따라 계속 직진한다. 왼편에 킴 퐁 로드Kim Pong Rd.가 나오고 좌회전하면 주택단지가 나오는데 42구역 뒤편에 자리한다. 티옹 바루 마켓을 모르는 주민이 없으니 물어보며 가자.
Open	09:00~21:00(점포마다 다르다)
Address	83 Seng Poh Rd.

Food

14

스프링 주천얀 Spring Juchunyuan

중국의 대저택 같은 고풍스러운 대문과 인테리어가 인상적인 차이니스 레스토랑. 중국에서는 1876년부터 제공된 Buddha Jumps Over The Wall(1인 SD98)이 스프링 주천얀의 자랑이다. 샥스핀, 전복, 해삼, 부레, 돼지힘줄 등 최고의 보양식 재료로 만들어졌으며 10인분의 주문이 가능하다(이틀 전 예약). 프라이빗 룸이 있는 2층은 중국 전통 소품들이 전시된 작은 갤러리다.

Access	파 이스트 스퀘어 Fire Gate 들어서자마자 왼편에 위치해 있다.
Open	런치 11:00~14:30, 디너 18:00~22:30
Cost	세트 SD38~128, 요리류(스몰 기준) SD16~35 (Tax 7%)
Address	130 Amoy St. #01-01 Far East Square Singapore 049959
Tel	065-6536-2655
Web	www.juchunyuan.com.sg

Food

15

미스터 테 타릭 카르텔 Mr. Teh Tarik Cartel

말레이식 밀크 티인 테 타릭은 싱가포르에서도 국민음료라 할 정도로 인기가 있다. 너무 달지도 않고 홍차의 쓴맛도 거의 없어 부드럽게 즐길 수 있는 게 테 타릭의 매력이다. 테 타릭 오리지널과 좀 더 강한 진저 맛이 있는데 실제로 진저 맛도 그리 강하지 않다. 타릭은 음료를 만드는 방법으로, 컵에서 컵으로 여러 번 음료를 이동시켜 부드러운 맛을 더한다. 운이 좋으면 타릭 쇼도 볼 수 있다.

Access	파 이스트 스퀘어 Fire Gate에서 직진하여 왼쪽에 위치
Open	07:00~22:00
Cost	테 타릭 SD1.2~3
Address	135 Amok Street, #01-01 Far East Square
Tel	065-6742-5522
Web	www.mrtehtarik.com.sg

Food
16
동아 Tong Ah Eating House

한눈에 봐도 역사와 포스가 느껴지는 동아 커피숍. 많은 현지인들이 이곳에서 토스트와 커피로 아침 식사를 해결한다. 두툼한 토스트는 많이 달지도 않으면서 바삭바삭하여 맛이 있다. 커피도 야쿤 카야 토스트의 커피보다 단맛이 덜해 오히려 토스트와 더 잘 어울린다.

Access	MRT 차이나타운 역, A 출구 뒤로 나와 왼쪽으로 걷다 케옹섹 로드를 따라 직진한다. 도보 약 10분
Open	06:30~22:00(격주 수요일 휴무)
Cost	토스트와 커피 SD2.6, 토스트와 아이스커피 SD2.8
Address	36 Keong Saik Rd. Tel 065-6223-5083

Food
17
동방홍 Dong Bang Hong

한국인 주방장이 한국식으로 만드는 중화요리를 맛볼 수 있는 곳. 실내 인테리어부터 메뉴판, 단무지와 생양파까지 동방홍에 들어서면 비행기 없이 한국의 중국집으로 돌아온 듯하다. 시원하고 담백한 국물에 시원한 해산물이 듬뿍 들어간 삼선짬뽕이냐 쫄깃한 면발에 윤기가 좔좔 흐르는 짜장면이냐는 역시나 어려운 선택이다.

Access	MRT 차이나타운 역 E 출구에서 파 이스트 스퀘어 Fire Gate를 지나 큰길가에 위치해 있다.
Open	런치 11:30~15:00, 디너 17:30~22:00 (매월 2, 4주 월요일 정기휴일)
Cost	짜장면 SD11, 삼선짬뽕 SD15, 탕수육 SD27 (Tax & SC 17%)
Address	92/94 Telok Ayer St. #01-01 S048472
Tel	065-6327-9036

Food
18
츄키 누들 하우스 Chew Kee Noodle House

담백하고 맛있는 치킨 누들을 맛볼 수 있는 로컬 레스토랑이다. 약간 퍼진 듯한 면에 닭고기가 함께 나오는데 국물이 짜지 않고 야채가 많아 개운한 맛이 난다. 특히 삭힌 고추를 반찬으로 마음껏 먹을 수 있는데, 닭고기를 삭힌 고추 국물에 찍어 고추 한 개와 함께 먹으면 환상적인 궁합을 이룬다. 단, 사람도 많고 바쁜 집이니 친절은 기대하지 말자.

Access	MRT 차이나타운 역 E 출구로 나와 크로스 로드 방향으로 도보 약 10분
Open	08:00~18:00(일정치 않다)
Cost	치킨 누들 SD3.5
Address	32 Upper Cross St. Singapore 058339
Tel	065-6221-3531

Food
19
동흥 Tong Heng

달콤하고 부드러운 에그타르트를 맛볼 수 있는 곳이다. 통상적인 에그타르트의 형태와는 달리 마름모꼴의 모양을 하고 있는데 그 맛이 끝내준다. 원조 격인 마카오의 에그타르트와는 달리 표면의 바삭함은 떨어지지만 동흥의 에그타르트는 그 나름대로 매력이 있다. 고소한 맛이 일품인 아몬드타르트도 맛있다. 점포 앞으로 앉아서 먹을 수 있는 좌석도 마련되어 있다.

Access	불아사를 등지고 왼쪽으로 조금 걷다 보면 건너편에 보인다.
Open	09:00~22:00
Cost	에그타르트 SD1.4, 아몬드타르트 SD3.5
Address	285 South Bridge Rd.
Tel	065-6223-3649

Food

⓴

에리치 Erich's Wuerstelstand

작은 규모와는 달리 하이퀄리티의 독일과 오스트리아 스타일의 그릴 소시지를 모든 사람들에게 맛보인다는 큰 포부를 지닌 가게이다. 다양한 소시지와 곁들여 먹을 수 있는 샐러드, 수프, 빵 등이 있다. 소시지들은 맛은 있는데 그냥 먹기에는 조금 간간한 편. 소시지만큼이나 맛있는 이 집의 어니언 번이나 크리스피 롤과 함께 먹으면 좋다.

Access	트렝가누 스트리트를 따라가다 사고 스트리트와 만나는 부분에 위치
Open	15:00~
Cost	스모크드 포크 소시지 SD3, 미니 소시지 콤보 SD3, 어니언 번 SD2.5
Address	Kiosk No.2 & 3, Trengganu St.
Tel	065-9627-4882
Web	www.wuerstelstand.blogspot.com

Food

㉑

돈 유어 퍼스널 파이 클럽 Don Your Personal Pie Club

푸짐하고 맛있는 치킨 파이 하나로 단박에 모든 이들의 마음을 사로잡은 작은 식당이다. 안쪽으로는 먹고 갈 수 있는 공간도 마련되어 있다. 치킨 파이는 한 판으로도 구입이 가능하며 4분의 1조각씩 판매하는데 양이 꽤 넉넉한 편이다. 안에는 각종 야채와 치킨이 넉넉히 들어가 있어 한 끼 식사로도 충분하다. 그 밖에 아메리칸 치즈 케이크 등 디저트 메뉴도 준비되어 있고 특이하게 크랩을 이용한 메뉴도 접할 수 있다.

Access	MRT 차이나타운 역 E 출구에서 직진, 좌측에 차이나 스트리트가 나오고 꺾어 들어가면 보인다.
Open	08:00~21:00
Cost	돈스 치킨 파이(한 판/1/4판) SD18/4.6
Address	20 Cross St. #01-34 China Square Central
Tel	065-6536-0925

Night Life

❶

패브리카 Fabrika

러시아어로 '공장'이라는 뜻을 가진 패브리카는 클랩슨스 더 부티크 호텔 17층에 있다. 오픈된 공간으로 자연 바람을 맞으며 석양을 볼 수 있는, 싱가포르에서는 보기 드문 스카이 테라스 바이다. 모던한 클랩슨스 건물과는 전혀 다른 분위기로 타일아트로 꾸며진 벽과 중동의 앤티크 소품들로 이국적인 분위기를 물씬 풍긴다. 엘리베이터도 별도로 운행된다. 시끌벅적한 분위기가 아니어서 대화에 지장을 받지 않고 즐길 수 있다. 과일을 그대로 얼린 볼이 들어 있는 Green apple, Melon bail, Apple mint martini 등은 얼음이 녹을수록 과일향이 진해지는 칵테일로 이곳의 대표 음료이다. 목~토요일에는 어쿠스틱과 라운지 뮤직을 연주하는 라이브 밴드의 공연을 볼 수 있다.

Access	클랩슨스 더 부티크 호텔 17층
Open	월~목 17:00~24:00 금, 공휴일 17:00~익일 01:00 토 18:00~익일 01:00
Cost	칵테일 SD16~24, 목테일 SD12 (Tax & SC 17%)
Address	15 Hoe Chiang Rd. Singapore 089316
Tel	065-6521-9029
Web	www.klapsons.com

Spa

1

어폰드 스파 A Fond Spa

화려하고 럭셔리하진 않지만 7명의 전문 테라피스트들에 의해 철저하게 관리되는 연륜 있는 스파다. 자쿠지와 샤워 시설이 있는 커플룸도 갖추어져 있으며 그 밖에 일반 트리트먼트룸도 깔끔하게 관리되고 있다. 일반적인 딥 티슈 마사지도 좋지만 이곳의 특기는 스파 메뉴들. 특히 커플들에게 인기가 많은 메뉴는 Yummy Chocolate Body Wrap. 스크럽과 자쿠지 이용 등의 프로그램이 포함된 2시간 30분짜리 트리트먼트로, 보습효과도 뛰어나고 달콤한 향이 나는 초콜릿을 주재료로 사용한 이 트리트먼트를 받다 보면 달콤한 향기에 한 번 취하고 연륜 있는 테라피스트의 솜씨에 또 한 번 취한다. 간판이 눈에 잘 띄지 않는 편이지만 에그타르트로 유명한 동흥 바로 옆에 있어 찾기가 어렵지 않다.

Access	MRT 차이나타운 역, A 출구에서 도보 약 5분, 불아사 건너편
Open	월~금 11:00~21:00 주말 및 공휴일 10:30~18:30
Cost	Yummy Chocolate Body Wrap SD120 (Tax 7%)
Address	293 South Bridge Rd.
Tel	065-6836-0676
Web	www.afondspa.com

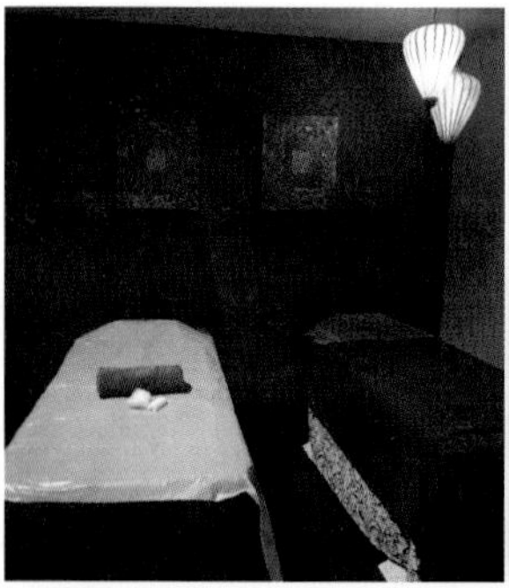

Shopping

1

코이케이 베이커리 Koikei Bakery

마카오에 발도장이라도 찍어봤다 싶은 여행자라면 한 번쯤은 들어보았을 유명 베이커리 브랜드다. 마카오 특산물인 아몬드 쿠키를 필두로 다양한 쿠키와 육포, 파이 등을 파는 곳이다. 선물용으로 좋은 크고 작은 패키지 상품도 있어 부담 없이 지갑을 열기 쉽다. 마카오 아몬드 쿠키는 첫 맛은 텁텁하고 낯설지만 중독성이 있는 편이다. 매장 내에서 시식이 가능하니 한 번 맛보고 구매하는 것이 좋겠다.

Access	MRT 차이나타운 역 하차. 템플 스트리트로 접어들어 왼쪽, 미향원 맞은편에 있다.
Open	11:00~21:00
Address	56 Temple St. Chinatown, Singapore
Tel	065-6225-7677

Shopping
②
림지관 Lim Chee Guan 林志源

싱가포르 현지에서는 비첸향만큼 인기 있는 육포 전문점이다. 현장에서 참숯으로 구워지는 육포를 사기 위해 실제로 손님들의 줄이 끊이지 않는다. 모든 메뉴가 두루두루 인기 있는데 시식 후 구입할 수 있다. 인기 메뉴인 Signature Sliced Pork와 BBQ Chilli Pork 외에도 치킨, 생선, 새우 등으로 만든 다양한 육포가 있다. 물론 맛은 보장된다. MRT 차이나타운 역에 본점과 2호점이 있고, Ion Orchard 쇼핑몰에 3호점(#B4-37)이 있다.

Access	MRT 차이나타운 역 출구 A에서 가깝다.
Open	09:00~22:00 (다른 지점은 10:00~22:00)
Cost	300g당 SD12.6~13.8 (Tax 7%)
Address	203 New Bridge Rd.
Tel	065-6227-83032
Web	www.limcheeguan.com.sg

Shopping
③
비첸향 Bee Cheng Hiang

이미 우리나라에도 입점해 그 희소성은 떨어졌지만 비싼 가격에도 불구하고 많은 사랑을 받고 있는 육포 전문점이다. 숯불에서 구워낸 육포는 우리나라의 육포와는 달리 달달하면서도 부드러워 인기 만점. 다양한 아이템으로 포장제품도 많으나 원칙적으로 반입이 불가하므로 현지에서 맛보는 것으로 만족하자.

Access	MRT 차이나타운 역		
Open	10:00~22:00(지점에 따라 다름)		
Address	69 Pagoda St. Singapore 059228		
Tel	065-6323-0049	Web	bch.com.sg

Shopping
④
유얀상 Euyansang

약재뿐 아니라 건강식품 등을 판매하며 증상을 말하면 그 자리에서 약을 추천해 주기도 한다. 선물하기 좋은 호랑이 연고나 차 세트 같은 저렴하고 간단한 상품도 판매하고 있다. 이곳 외에도 부기스 정션, 오차드 로드의 파라곤, 선텍 시티, 비보 시티, 래플스 시티, 창이 공항 등에 40여 개의 지점이 있다.

Access	MRT 차이나타운 역 스리 마리암만 사원 앞
Open	08:30~18:00(일, 공휴일 휴무)
Address	269A South Bridge Rd. Singapore 058818
Tel	065-6749-8830
Web	www.euyansang.com

Focus on Street

★

안시앙 로드 & 클럽 스트리트

개성만점 부티크숍과 클럽 밀집지역

획일적이고 딱딱한 싱가포르 거리의 숍들에서 벗어나 뭔가 새로운 분위기를 느끼고 싶다면 안시앙 로드와 클럽 스트리트로 고고씽! 이곳은 우리나라의 홍대 뒷골목처럼 개성만점 아기자기한 부티크숍과 스타일리시한 바들로 골목골목이 들어차 있다. 저녁 무렵 도착해 숍들을 둘러보고 식사도 즐기고 마지막으로 시크한 바에서 칵테일이나 맥주로 하루를 마무리한다면 완벽한 일정이 될 것이다.

Access MRT 차이나타운 역을 나와 파고다 스트리트를 따라 직진한다. 사우스 브리지 로드가 나오면 우회전해 조금만 가면 안시앙 로드와 연결되는 골목이 보인다.

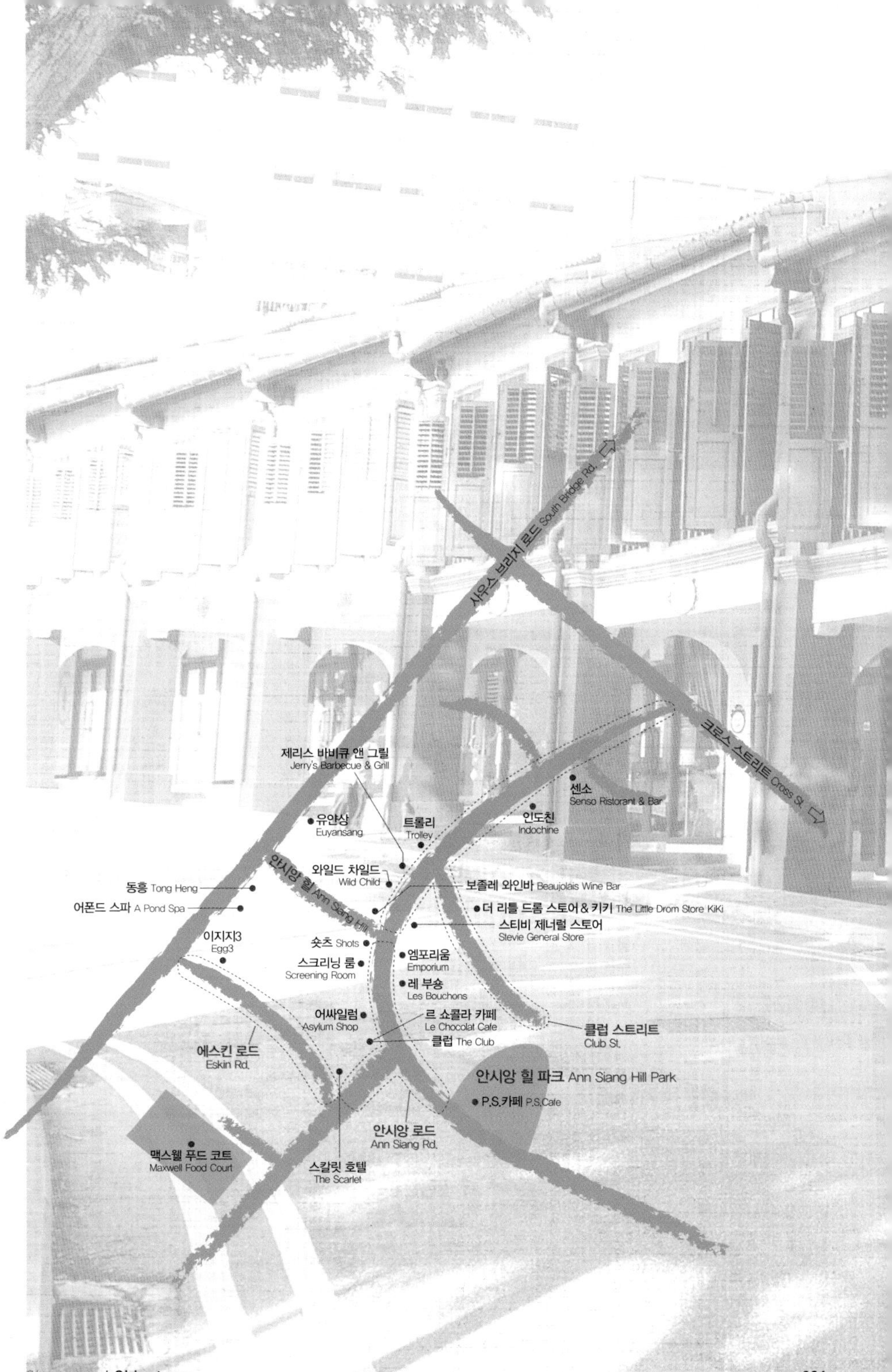

사우스 브리지 로드 South Bridge Rd.
크로스 스트리트 Cross St.
제리스 바비큐 앤 그릴
Jerry's Barbecue & Grill
센소
Senso Ristorant & Bar
인도친
Indochine
유얀상
Euyansang
트롤리
Trolley
와일드 차일드
Wild Child
안시앙 힐 Ann Siang Hill
동흥 Tong Heng
어폰드 스파 A Pond Spa
보졸레 와인바 Beaujolais Wine Bar
더 리틀 드롬 스토어 & 키키 The Little Drom Store KiKi
스티비 제너럴 스토어
Stevie General Store
이지지3
Egg3
숏츠 Shots
스크리닝 룸
Screening Room
엠포리움
Emporium
레 부숑
Les Bouchons
어싸일럼
Asylum Shop
르 쇼콜라 카페
Le Chocolat Cafe
클럽 The Club
클럽 스트리트
Club St.
에스킨 로드
Eskin Rd.
안시앙 힐 파크 Ann Siang Hill Park
P.S.카페 P.S.Cafe
안시앙 로드
Ann Siang Rd.
맥스웰 푸드 코트
Maxwell Food Court
스칼릿 호텔
The Scarlet

Ann Siang Road & Club Street

❶

스크리닝 룸 Screening Room

클럽 스트리트의 가치를 더욱 높여주는 신개념 멀티플렉스 공간으로, 바나 클럽으로 의미를 단정 지을 수 없을 정도로 다양한 옵션이 있다. 지하에는 바가 자리하고 있으며 1층은 본격적인 다이닝 공간이, 2층은 프라이빗 홀이 마련되어 있고 3층에는 영화를 감상할 수 있는 미니 영화관도 설치되어 있다. 스크리닝 룸의 절정은 뭐니뭐니해도 4층의 루프톱 바. 시원한 바람을 맞으며 칵테일을 즐기기에 더없이 로맨틱한 분위기를 자아낸다.

Open	**1층** 12:00~14:30, 18:30~22:00, **지하 & 루프톱** 18:00~익일 02:00 (금~토요일은 03:00까지)
Address	12 Ann Siang Rd. Singapore 060692
Tel	065-6221-1695
Web	www.screeningroom.com.sg

Ann Siang Road & Club Street

❷

엠포리움 Emporium

싱가포르에서 가장 섹시하고 작은 바라는 콘셉트를 지닌 엠포리움은 클럽 스트리트를 한 번쯤 방문했던 사람이라면 뚜렷하게 기억에 남을 만큼 아름다운 모습을 하고 있다. 선데이 브런치와 요크셔 푸딩 등 정통 영국식 메뉴들을 다루고 있긴 하지만 밤늦게 방문해 칵테일과 맥주를 간단히 즐기는 사람들이 훨씬 많은 비중을 차지한다.

Open	월 16:00~24:00 화, 수, 일 11:30~24:00 목~토 11:30~익일 02:00
Cost	The Great British Menu SD20~, Dessert SD12~ (Tax & SC 17%)
Address	5 Ann Siang Rd.
Tel	065-6225-4816

Ann Siang Road & Club Street

❸

보졸레 와인 바 Beaujolais Wine Bar

협소한 공간에 뭔가 잔뜩 어질러놓은 듯한 어수선함이 느껴지지만 반대로 그만큼 친근한 느낌이 드는 작은 바이다. 여행자보다는 거주 외국인들이 오며 가며 들러 와인 한 잔씩 하는, 사랑방이나 아지트 격의 바이다.

Open	월~목 11:00~24:00 금 11:30~익일 02:00 토 18:00~24:00
Cost	와인 1잔 SD16, 와인 1병 SD72.5 (Tax & SC 17%)
Address	1 Ann Siang Hill Rd. Singapore 069784
Tel	065-6224-2227

Ann Siang Road & Club Street

❹

제리스 바비큐 앤 그릴 Jerry's Barbecue & Grill

정통 미국식 바비큐를 전면으로 내세운 바비큐 그릴이다. 훈제 오븐에서 아메리칸 스타일로 구워낸 바비큐 메뉴와 스테이크가 추천메뉴다. 두툼한 패티가 들어간 푸짐한 버거 메뉴도 맥주와 곁들여 손님들이 자주 찾는 메뉴 중 하나. 평일 오후 12시부터 2시 30분까지만 제공되는 3코스의 이그제큐티브 런치 세트는 수프와 메인 요리에 커피 혹은 아이스크림이 포함된 알찬 코스다.

Open	12:00~22:00
Cost	이그제큐티브 런치 세트 SD15.95~ (Tax & SC 17%)
Address	92 Club St. Singapore 069460
Tel	065-6323-4550
Web	www.jerrybbq.com.sg

Ann Siang Road & Club Street

❺

르 쇼콜라 카페 Le Chocolat Cafe

초콜릿 조각을 연상시키는 문을 열고 들어서면 여유로운 배치가 돋보이는 시원스럽고 심플한 실내석이 마련되어 있다. 편한 라탄 의자에 앉아 달콤한 케이크와 풍미 가득한 이곳의 커피와 음료를 즐기다 보면 잠시나마 싱가포르의 더위와 여행의 피로를 잊게 된다.

Open	08:00~22:00
Cost	케이크 SD5~7 (Tax & SC 17%)
Address	28 Ann Siang Rd. Singapore 069708
Tel	065-6808-2188~9

Ann Siang Road & Club Street

❻

레 부숑 Les Bouchons

빨간 차양으로 반쯤 가려진 이곳의 내부는 다소 어둡고 진중한 분위기로 불규칙한 느낌의 벽돌로 장식된 벽을 가득 채운 사진과 그림도 그 분위기를 더한다. 프렌치가 가미된 웨스턴 메뉴를 다루는데 가격이 사악하기로 소문난 프렌치 요리를 비교적 합리적인 가격에 맛볼 수 있다. 메인 요리에 딸려 나오는 홈메이드 프렌치 프라이도 큰 즐거움 중 하나.

Open	월~금 12:00~14:00, 19:00~22:00 토 19:00~22:00
Cost	애피타이저 SD18, 메인요리 SD18~ (Tax & SC 17%)
Address	7 Ann Siang Rd. Singapore 069689
Tel	065-6423-0737

Ann Siang Road & Club Street

7

숏츠 Shots

미니멀하고 시크한 분위기의 카페로 보이지만 파스타 등 일반적인 메뉴들은 물론이고 맛있는 일식 메뉴들도 맛볼 수 있다. 그날그날 달라지는 셰프 스페셜은 가츠동과 비프 스튜 등 퓨전 일식이 주를 이루며 맛도 있다. 특히 일본에서 예전 선풍적인 인기를 끌었던 독특한 음료 라무네도 이곳에서 맛볼 수 있다.

Open 일~목 10:00~22:00, 금, 토 10:00~익일 01:00

Cost 메인 요리 SD10~17 (Tax & SC 17%)

Address A Cafe On 8 Ann Siang Hill Singapore 069788

Tel 065-6224-8502 Web www.shots.com.sg

Ann Siang Road & Club Street

8

P.S. 카페 P.S. Cafe

분위기 좋기로 소문난 P.S. 카페. 뎀시 힐 지점이 유명하지만 제일 먼저 오픈한 곳은 안시앙 로드에 있다. 빈티지한 3층 건물로 1층과 3층은 바를 운영하고 있다. 전체적으로 여유롭고 편안한 분위기. 주말 브런치를 비롯, 모든 메뉴가 빠지지 않게 훌륭한 편이고, 특히 감자튀김Truffle Shestring Fries은 푸짐하고 맛있어서 자꾸자꾸 손이 간다. 파스타류와 스테이크도 인기 디너 메뉴.

Access 안시앙 힐 파크에 있다. The Club 부티크 호텔 대각선 방향으로 언덕을 오르면 안시앙 힐 파크 정문이 나온다.

Open **런치** 12:00~16:00(월~금) **디너** 18:30~24:00(매일) **브런치** 09:30~16:00(토, 일 공휴일)

Cost Truffle Shestring Fries SD15, T-Bone For One SD79 (Tax & SC 17%)

Address 45 Ann Siang Rd. #02-02 Singapore 069719

Tel 065-9797-0648 Web www.pscafe.sg

Ann Siang Road & Club Street

9

어싸일럼 Asylum Shop

톡톡 튀는 요거트 아이스크림 전문점 프로릭과 뎀시 힐의 힙플레이스 화이트 래빗 등 심상치 않은 인테리어 디자인을 선보였던 싱가포르의 크리에이티브 디자이너 크리스 리의 매장이다. 뛰어난 감각의 크리스 리가 하나하나 선택한 아이템들로 채워진 어싸일럼은 그야말로 패션에 흥미가 있는 사람들이라면 꼭 한번 둘러봐야 할 필수 코스라고 할 수 있다.

Open 월~토 12:00~20:30, 일, 공휴일 12:00~18:30

Address 22 Ann Siang Rd. Singapore 069702

Tel 065-6325-3019

Web www.theasylum.com.sg/shop

Ann Siang Road & Club Street

10

이지지3 Egg3

그냥 지나칠 수 없게 하는 마력을 지닌 멀티숍으로 에스킨 로드 초입에 있다. 지난해보다 두 배가 넓어진 매장을 가득 채운 시크하고 트렌디한 제품들은 남녀를 가리지 않고 쇼핑 욕구를 자극한다. 떠오르는 로컬 & 해외 디자이너들의 최신 감각을 만날 수 있는 곳으로, 패션은 물론, 주얼리, 홈인테리어 제품 등 없는 게 없다.

Access 불아사 건너편 에스킨 로드 초입

Open 월~목 10:00~20:00, 금~일 10:00~18:00

Address 33 Erskine Rd. #01-10/11/12 Singapore 069333

Tel 065-6536-6977 Web eggthree.com

Ann Siang Road & Club Street

⓫

더 리틀 드롬 스토어 The Little Drom Store

안시앙 힐에 위치한 빈티지 & 키치 소품 숍. 'K ki'라는 카페와 공간을 나누어 사용하고 있다. 디자인 소품부터 문구, 서적, 빈티지 & 키치 아이템 등이 판매되고 있다. 작은 규모이지만 흔히 볼 수 없는 제품들이라 구경하는 재미도 쏠쏠하고, 운이 좋으면 한정판 레어 아이템들도 만날 수 있다.

Open	월~수, 금, 토 12:00~20:30, 목 12:00~19:00 일 13:00~19:00
Address	7 Ann Siang Hill, Singapore 069791
Tel	065-6225-5541
Web	www.thelittledromstore.com

Ann Siang Road & Club Street

⓬

우즈 인 더 북스 Woods in The Books

디자인이나 아트북에 관심이 있는 사람이라면 놓치지 말아야 할 숍이다. 전 세대를 아우르는 그림책을 전문으로 다루는데 기발한 상상력과 그래픽 기술로 어른들을 위한 창작그림소설도 제작해 판매하기도 한다. 귀여운 홈페이지와 블로그, 페이스북도 운영하고 있으며 웹상에서 아이디어 가득한 작품들도 둘러볼 수 있으니 한번 방문해보자.

Open	월~토 11:00~20:00, 일, 공휴일 12:00~18:00
Address	58 Club St. Singapore 069433
Tel	065-6222-9980
Web	www.woodsinthebooks.sg

Ann Siang Road & Club Street

⓭

스티비 제너럴 스토어 Stevie General Store

아기자기한 소품과 옷들로 가득한 보물창고다. 대부분이 수공예품이라 가격대는 꽤 있는 편이지만 디자인과 질에 있어서만큼은 자부심이 대단하다. 자유분방한 사장님의 독특한 감각이 돋보이는 다양한 아이템을 구경하는 것만으로도 즐거운 추억이 될 것이다.

Open	15:00~(일정치 않다. 월요일과 공휴일은 쉰다)
Address	93 Club St. Singapore 069461
Tel	065-6536-8590
Web	www.steviegeneralstore.com

Ann Siang Road & Club Street

⓮

와일드 차일드 Wild Child

아기를 키우고 있는 엄마라면 눈이 번쩍 뜨일 만한 고급 육아용품 전문숍이다. 핸드메이드로 고급스럽게 만들어진 각종 인형과 의류, 유모차, 아기침대 등 아기와 관련된 제품들을 판매하고 있다. 일요일과 공휴일에는 문을 열지 않지만 구입할 의사를 밝히고 미리 전화로 예약을 하면 가게 문을 열어주기도 한다.

Open	11:00~17:00 (일요일 휴무)
Address	94 Club St. Singapore 069462
Tel	065-9617-8248
Web	www.wildchild.com.sg

Stay
❶
왕츠 호텔 Wangz Hotel

가족이 경영하는 소규모 부티크 호텔로, 다년간 호텔리어로 근무해온 경험을 살려 작은 규모의 호텔임에도 체계화된 서비스와 관리가 돋보인다.
41개의 객실은 꽃, 곤충, 동물 등 다양한 테마를 가지고 디자인되었으며 사이즈와 인테리어에 따라 카테고리가 구분된다. 특히 왕츠 호텔 건물이 동그랗고 독특한 철골 구조로 되어 있는데 자칫 휑하고 차가워 보일 수 있는 점을 장점으로 살려 객실의 욕실이나 거실 등의 디테일을 매력적으로 살렸다. 수영장은 없지만 6층에 마련된 라운지에서는 밤이 되면 야경을 즐기며 로맨틱한 시간을 보낼 수 있다.

Access MRT 오트램 파크 역, 티옹 바루 로드와 오트램 로드의 교차로에 위치
Cost 슈피리어 USD182~
Address 231 Outram Rd. Riverside, Singapore 169040
Tel 065-6595-1388 Web www.wangzhotel.com

Stay
❷
클랩슨스 더 부티크 호텔
Klapsons the Boutique Hotel

2009년 오픈한 새로운 부티크 호텔이다. 로비에 들어서서 가장 눈길을 끄는 곳이 리셉션이다. 소리가 중앙으로 모이도록 설계되어 있어서 우주에서 대화를 나누는 것 같은 독특한 체험을 하게 된다. 이탈리아 출신 디자이너 윌리엄 사와야William Sawaya가 디자인한 가구들을 만날 수 있다. 총 17개의 객실 중 넓은 발코니와 자쿠지가 있는 스위트룸이 4개이고, 가장 낮은 급인 The Executive에만 발코니가 없다. 전자동 시스템이어서 버튼으로 모든 시스템이 작동 가능하다. 전 객실의 미니바가 무료. 객실의 샤워부스가 오픈되어 있는 디자인이어서 당황스럽지만 재미난 경험이 되기도 한다.

Access MRT 탄종 파가 역, AMARA 호텔 대각선 방향이다. 택시를 탈 경우 주소를 지참할 것
Cost 클랩슨스 스위트 USD279~
Address 15 Hoe Chiang Rd. Singapore 089316
Tel 065-6521-9000 Web www.klapsons.com

Stay
❸
스칼릿 호텔 The Scarlet a Boutique Hotel

여성들에게 특히 인기가 많은 스칼릿 호텔은 동화 속 공주가 살고 있을 법한 화려하고 우아한 분위기가 느껴진다. 1920년대의 숍 하우스 건물 양식을 고수하면서 내부는 완벽하게 럭셔리한 객실로 바꾸어 놓았다. 전체적으로 샹들리에를 포인트로 레드, 블랙 톤의 엘레강스한 느낌이다. 객실은 크지 않지만 각기 콘셉트가 다르고 기능도 다르게 설계되었다. 부티크 호텔인 만큼 별다른 부대시설은 없다.

Access 맥스웰 푸드센터 왼쪽 Cost 스탠더드 USD167~
Address 33 Erskine Rd. Singapore 069333
Tel 065-6511-3303 Web www.thescarlethotel.com

Stay
❹
뉴 마제스틱 호텔 New Majestic Hotel

2006년 오픈한 뉴 마제스틱은 이미 독특한 디자인으로 타임, 인사이드 등에 리뷰가 실리기도 했다. 객실은 거울로 꾸며진 방, 다락방을 이용한 방, 귀여운 그림으로 가득한 방 등 싱가포르의 젊은 예술가들로부터 탄생한 특색 있는 방이 저마다 다른 콘셉트를 가지고 손님을 맞이하고 있다. 부대시설을 기대하기 어려운 부티크 호텔로는 드물게 스타일리시한 수영장과 피트니스 센터를 갖추고 있다. 주변이 조용하고 MRT 오트램 역에서 가까워 편리하지만 택시를 탈 경우 택시 기사들이 위치를 모르는 경우가 많으니 호텔 주소를 적어 다니는 것이 좋다.

Access MRT 오트램 파크 역 Cost 프리미어 풀 USD294~
Address 31 Bukit Pasoh Rd. Singapore 089845
Tel 065-6511-4700 Web www.newmajestichotel.com

Stay

5

호텔 1929 Hotel 1929

이름처럼 1929년에 지어진 건물 형태를 고스란히 지니고 있는 호텔 1929는 앤티크한 유러피안 스타일의 새하얀 외관이 골목에 들어서는 순간 한눈에 들어올 만큼 예쁘다. 반면 객실이 좁고 창문이 없는 등의 단점도 만만치 않다. 수영장은 따로 없으며 공동 자쿠지가 한쪽에 마련되어 있다. 방은 깔끔한 편으로 모든 객실에서 무료로 인터넷을 사용할 수 있다.

Access	MRT 오트램 파크 역에서 5분
Cost	슈피리어 USD174~
Address	50 Keong Saik Rd. Singapore 089154
Tel	065-6347-1929
Web	www.hotel1929.com

Stay

6

링크 호텔 Link Hotel

싱가포르에서 가장 큰 규모의 부티크 호텔임을 자부하는 링크 호텔의 객실은 4가지의 각기 다른 테마를 가지고 있는데 모던, 인디안, 차이니스, 말레이 스타일이 그것이다. 옛 건물의 형태를 보존하기 위해 연결된 두 개의 건물을 객실로 사용하고 있다. 객실은 깔끔하게 잘 관리되고 있으며 운이 좋으면 호텔 옆에서 열리는 버드 아레나[Bird Arena]를 즐길 수도 있다.

Access	MRT 파 이스트 역, 티옹 바루 로드
Cost	슈피리어 USD123~
Address	50 Tiong Bahru Rd.
Tel	065-6622-8585
Web	www.linkhotel.com.sg

Stay

7

아마라 호텔 Amara Hotel

센토사의 럭셔리 리조트 아마라 생크추어리와 같은 계열로, 주 고객층과 콘셉트는 다르지만 기본적으로 객실을 비롯한 시설은 아마라 계열의 호텔답게 만족스럽다. 차이나타운의 여러 관광지들과 유명 레스토랑들과 가까이 있어 편리하며 호텔 내의 탄잉 레스토랑은 정통 태국 요리로 유명하다.

Access	MRT 탄종 파가 역, 탄종 파가 로드
Cost	디럭스 USD140~
Address	165 Tanjong Pagar Rd. Singapore 088539
Tel	065-6879-2555
Web	www.amarahotels.com

Wayan Retreat Balinese Spa

Bugis & Arab Street & Little India

부기스 & 아랍 스트리트 & 리틀 인디아

부기스 & 아랍 스트리트
Bugis & Arab Street

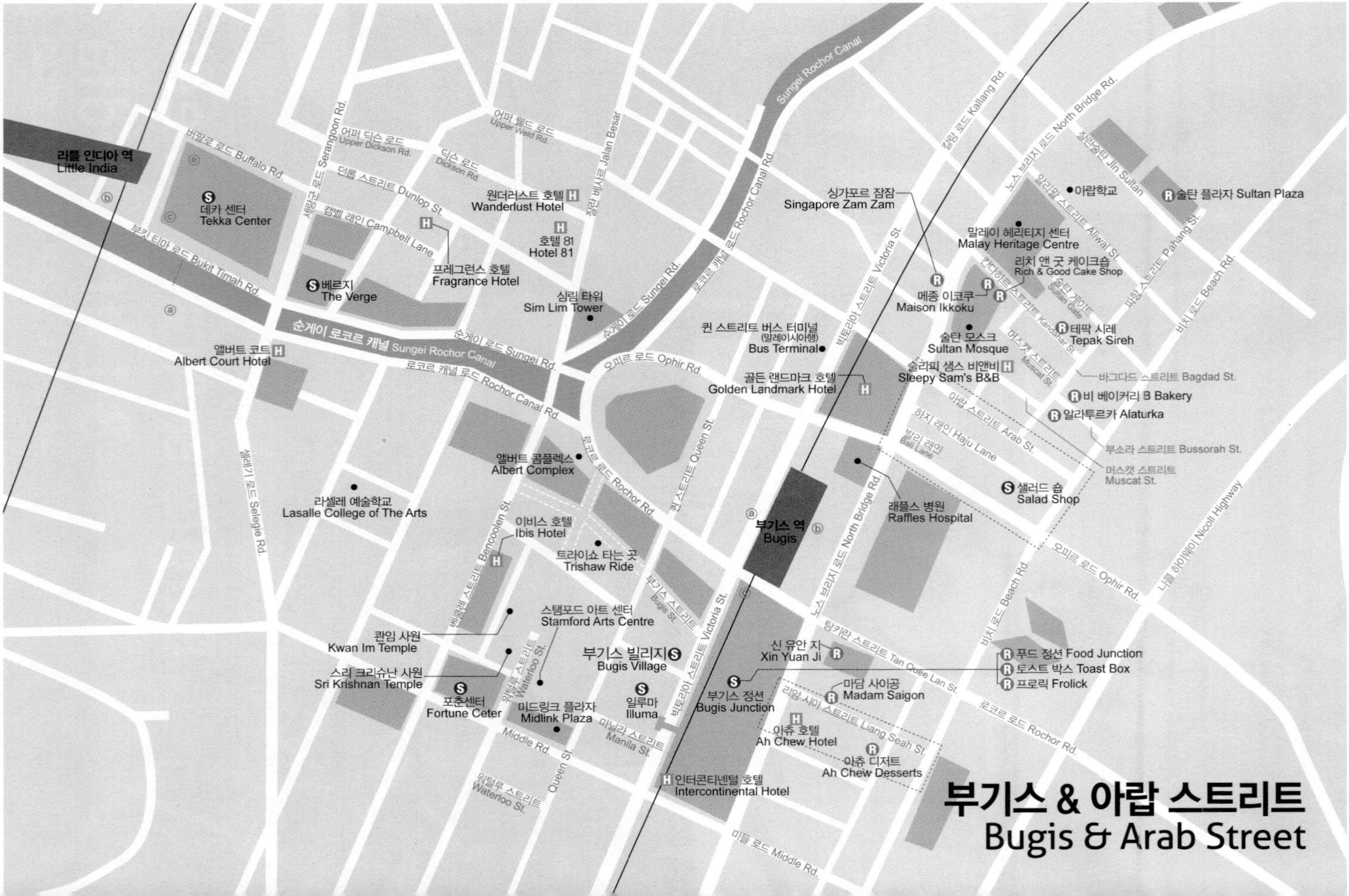

✚ 부기스 & 아랍 스트리트 Bugis & Arab Street

'쇼핑' 하면 오차드 로드를 먼저 떠올리지만, 만만한 가격에 실제 싱가포르 젊은이들이 많이 찾는 곳, 부기스 정션 역시 놓칠 수 없다. 게다가 그 근방으로 부기스 플러스와 부기스 빌리지, 우리나라의 남대문 시장 같은 부기스 스트리트까지 포함시킨다면 쇼핑족들의 발은 더 바빠지게 된다. 쇼핑으로 허기진 배는 맛집 골목, 리앙 시아 스트리트가 책임진다. 부기스에서 빅토리아 스트리트를 따라 북쪽으로 올라가면 이슬람 문화 지역이 펼쳐진다. 이곳에서 싱가포르의 가장 오래된 이슬람 사원과 아랍 분위기가 물씬 풍기는 부소라 스트리트를 둘러보며 한국에서 보기 힘든 이국정취에 젖어보자.

Tip.
부기스 & 아랍 스트리트 즐기기

❶ 말레이시아 문화에 관심이 많다면 부소라 스트리트에서 모스크 오른쪽으로 위치한 말레이 헤리티지 센터를 방문한다. 잘 가꿔진 마당 정자는 쉬어 가기에 좋다.
❷ 리틀 인디아 쪽으로 넘어간다면, 부기스 빌리지를 왼쪽에 끼고 로코르 로드를 따라 직진한다.

★ 추천 루트
MRT 부기스 역 → 부기스 정션 → 하지 래인 → 부소라 스트리트 → 술탄 모스크 → 싱가포르 잠잠

부기스 역 C번 출구로 나와 부기스 정션부터 둘러본다. 쇼핑에 관심이 많다면 부기스 정션 2층과 연결된 부기스 플러스(구 일루마) 및 그 근방 쇼핑 스폿까지 한 큐에 해결한다. 부기스 역에서 아랍 스트리트로 넘어가기 전, 매력적인 쇼핑 골목으로 소문났던(?) 하지 래인이 있다. 개성 넘치는 숍들로 한때를 풍미했다 하지만, 지금은 비어 있는 숍들이 꽤 눈에 띌 정도. 하지만 여전히 센스 있는 디스플레이나 아기자기한 골목 분위기가 둘러보는 재미, 사진 찍는 재미를 준다. 이슬람 전통 의상이나 카펫 판매상 등으로 가득한 아랍 스트리트를 지나 부소라 스트리트로 들어서면 정면에 거대한 모스크가 보이고 이국적인 아랍 분위기가 물씬 풍긴다. 모스크는 누구에게나 무료로 개방되므로 꼭 한 번 방문해볼 것. 아랍 문화 여행의 마지막 코스는 싱가포르 잠잠에서 이슬람식 부침개 무르타박으로 장식한다.

Sightseeing

1

술탄 모스크 Sultan Mosque

1824년까지 거슬러 올라가는 긴 역사를 지닌 곳으로 싱가포르에서 가장 오래된 이슬람 사원이다. 황금색 돔 지붕이 이국적이고 신비한 분위기를 연출한다. 5,000여 명의 신도가 한꺼번에 예배를 드릴 수 있는 큰 규모의 예배당으로, 남녀가 각각 다른 예배당을 이용한다. 예배를 드리기 전에 손과 발을 씻는 게 원칙이어서 사원 밖에서 손발을 정갈히 하는 신도들을 볼 수 있다. 관광객의 입장시간이 따로 정해져 있으므로 꼭 확인해야 한다. 입장 시에는 먼저 신발을 벗고, 민소매나 반바지 차림이라면 입구에서 가운을 대여해 입어야 한다(무료 대여). 신도만 입장 가능한 메인 예배당과 2층은 입장이 제한된다. 정숙을 지키는 것은 기본사항. 사진 촬영은 가능하지만 비디오 촬영은 사전 승인이 필요하다.

Access	MRT 부기스 역 B번 출구. 도보 약 10분, 아랍 스트리트에 위치
Open	월~목, 토, 일 09:00~12:45, 14:00~16:00 금 14:30~16:00
Cost	무료
Address	3 Muscat St. 198833 Singapore
Tel	065-6293-4405
Web	www.sultanmosque.org.sg

Sightseeing
2
부소라 스트리트 Bussorah Street

술탄 모스트 정면으로 이어지는 이 일대에서는 번화하고 활기가 넘치는 편이다. 얼마 되지 않는 짧은 거리이지만 저렴하고 깔끔한 게스트하우스부터 다양한 나라의 음식을 맛볼 수 있는 레스토랑, 기념품, 의류, 액세서리 등의 아이템을 판매하는 숍 등을 둘러보기에도 좋고 기념사진을 찍으면 가장 이국적으로 나오는 거리이기도 하다. 저녁 무렵이면 아름답게 조명을 밝힌 술탄 모스크와 어우러져 더 더욱 황홀한 풍경을 선사한다.

Access MRT 부기스 역에서 도보 약 10분, 술탄 모스크 정문 앞쪽으로 펼쳐짐

Sightseeing
3
아랍 스트리트 Arab Street

주로 무슬림들의 전통 의상이나 간식거리, 양탄자 등을 판매하는 상점들이 대부분을 이루는 작은 거리이다. 여행자들이 살 만한 물건들도 없는 편이고 그다지 흥미를 유발할 만한 곳도 없지만 천천히 아랍 스트리트를 걸으며 다민족 국가 싱가포르의 색다른 매력을 느껴보는 것도 좋다. 부소라 스트리트와 함께 이국적인 분위기가 물씬 풍기므로 기념사진을 찍어보는 것도 좋겠다.

Access MRT 부기스 역, 하지 래인과 부소라 스트리트 중간에 껴 있다.

Sightseeing
4
관임 사원
Kwan Im Temple

1884년 사람들의 행운과 자비를 기도하며 지어진 불교 사원으로 원래의 이름은 Kwan Im Thong Hood Cho Temple이라는 긴 명칭이다. 외벽은 중국 사원답게 붉은색으로 칠해져 있으며 사원 안쪽에는 관음상이 있어 언제나 기도를 하려는 사람들로 북적인다.

Access	MRT 부기스 역에서 도보 5분, 워털루 스트리트에 있다.
Open	08:00~18:00
Address	178 Waterloo St. Singapore 187964
Tel	065-6337-3965

Focus on Street

★

골라 먹는 재미가 있다! 리앙 시아 스트리트

Liang Seah Street

부기스 정션 맞은편에 평범해 보이는 작은 골목, 리앙 시아 스트리트가 있다. 리앙 시아 스트리트에는 베트남, 태국, 한국 등 다양한 아시아의 음식을 맛볼 수 있는 식당들과 각국의 이색적인 전통 디저트숍들도 만나볼 수 있다. 매일 밤 축제 같은 이곳에서 식사까지 해결해도 좋고 다른 곳에서 식사를 이미 했다면 이곳에서 리앙 시아 스트리트의 달콤함을 맛보는 것도 좋겠다.

Access	MRT 부기스 역, 부기스 정션에서 노스 브리지 로드를 건너(토스트 박스 앞 차도를 건너면 된다) 맞은편 약간 우측에 위치한 골목

Liang Seah Street

❶

아츄 디저트 Ah Chew Desserts

현지인들에게도 인기가 있는 디저트숍으로, 언제나 사람들로 북적대 금방 눈에 들어온다. 중국식으로 꾸며진 작은 테이블과 의자, 벽면 가득 걸려 있는 의미를 알 수 없는 한자 메뉴판에 잠시 당황하지만 걱정은 붙들어 매자. 사진으로 된 메뉴가 있어 주문하는 데 크게 어렵지 않다. 망고를 필두로 한 과일 디저트와 부드러운 우유 디저트가 인기가 있는 편으로, 특히 달콤한 망고와 쫄깃한 사고, 상큼한 포멜로가 들어간 디저트 망고 사고 포멜로(아이스크림을 얹을 경우 SD0.9 추가)와 쿠키, 팥, 생강주스 등 재료를 추가해 먹는 스팀 밀크 에그Steamed Milk Egg 가 추천할 만하다.

Open	월~목 12:30~23:30 금 12:30~24:30, 토 13:30~24:30 일 13:30~23:30
Cost	Mango Sago Pomelo SD4, Steamed Milk Egg SD3.2~3.4
Address	1 Liang Seah St. #01-11 Liang Seah Place
Tel	065-6339-8198

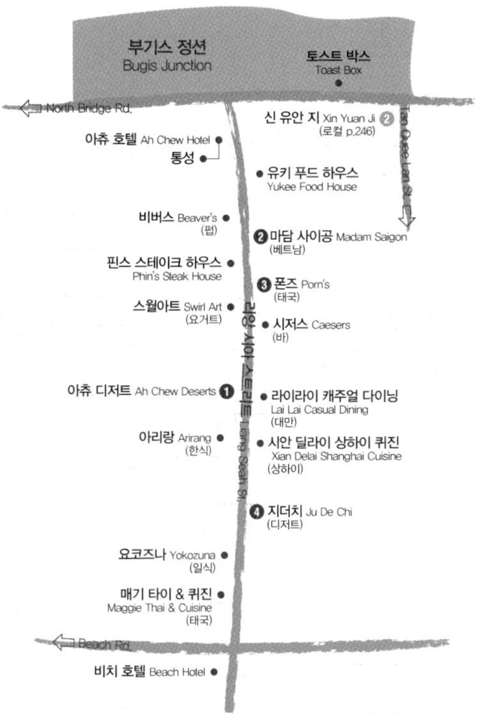

Liang Seah Street

②

마담 사이공 Madam Saigon

부기스 지역 최고의 먹자골목인 리앙 시아 스트리트에서도 명성이 자자한 베트남 쌀국수 전문점이다. 한국에서 먹는 쌀국수보다 국물이 맑고 담백하며 면이 굵은 편이다. 간도 적당하고 다이어트에도 도움이 되는 건강식. 좁은 공간에 많은 손님들로 북적이지만 소홀함 없이 친절한 서비스를 받을 수 있다. 가격도 합리적인 편. 쌀국수 외에도 진하게 드립커피로 내려지는 베트남 커피(SD5.9)는 강추 메뉴다. 밀레니아 워크에서도 새로 오픈한 마담 사이공을 만날 수 있다.

Open	**런치** 11:30~15:00(월~금), 12:00~16:00(토) **디너** 18:00~23:00(월~금), 12:00~16:00(토), 17:30~22:30(일)
Cost	쌀국수류 SD8/90~11.9, 사이드 메뉴 & 샐러드류 SD6.5~20.5 (Tax & SC 17%)
Address	30 Liang Seah St. Singapore
Tel	065-6333-9798 Web www.madamsaigong.com

Liang Seah Street

③

폰즈 Porn's

언뜻 보면 귀여운 카페처럼 느껴지는 폰즈는 태국음식 전문점이다. 섹시 타이 푸드라는 슬로건과 앙증맞은 코끼리 마스코트가 눈에 확 띄는데 산뜻한 가게의 인테리어만큼이나 음식도 깔끔하고 맛있다. 가장 인기 있는 메뉴는 누가 주문해도 무난한 달콤한 팟타이와 구수한 맛의 팟씨유. 태국 정통 스타일이라기보다는 퓨전 느낌이다. 신선한 파파야를 매콤하게 무친 쏨땀도 개운하다.

Open	월~목 11:45~15:00, 18:00~22:30 금~일 11:45~15:00, 18:00~23:30
Cost	Som Tum SD7.9, Noodles SD8.9~10.9 (Tax & SC 17%)
Address	28 Liang Seah St. Singapore 189049
Tel	065-6337-5535

Liang Seah Street

④

지더치 Ji De Chi

독특하고 맛있는 홍콩과 대만식 디저트를 맛볼 수 있는 곳이다. 늦은 시간이면 실내는 물론 야외석까지 발 디딜 틈이 없을 정도로 인기 만점. 우유를 얼려 곱게 갈아낸 대만식 눈꽃빙수Sweet in Heart With Snowy Ice는 실제로 대만에서도 큰 인기가 있는 아이템으로 이곳에서도 똑같은 맛을 느낄 수 있다. 오리지널 우유 맛을 비롯해 녹차, 망고 등 다양한 선택을 할 수 있다.

Open	일~목 11:00~23:00 금~토 11:00~23:30
Cost	Sweet in Heart with Snowy Ice SD5~6, Mango with Sago SD4
Address	No. 8 Liang Seah St. #01-03
Tel	065-6339-9928 Web www.jidechi.com.sg

Food

❶

싱가포르 잠잠 Singapore Zam Zam

다민족 국가인 싱가포르의 로컬음식을 제대로 맛볼 수 있는 곳으로 100년이 넘는 전통을 가졌다. 식사 시간에는 줄을 서야 할 정도로 명성이 자자하다. 가장 인기 있는 메뉴는 무슬림 음식인 무르타박Murtabak으로 로띠 프라타 반죽 안에 다진 고기와 계란, 양파 등을 넣은 지짐 요리이다. 바나나 튀김Pisang Goreng 등 말레이식 튀김 요리도 별미로 즐길 수 있다. 현지의 식도락을 즐기고 싶은 여행객에게 강추!!! 단, 그때그때 달라지는 서비스에 대한 기대는 금물이다.

Access	술탄 모스크 뒤 큰길 쪽 맞은편에 있다. 한 건물에 두 곳이 있다.
Open	08:00~23:00
Cost	무르타박 SD5~12, 테 타릭 SD1~, 브리야니 SD5.5~6.5
Address	697, 699, 709 North Bridge Rd.
Tel	065-6287-7011

Food

❷

신 유안 지 Xin Yuan Ji 新源記

리앙 시아 스트리트 바로 옆 조용한 골목에 유일하게 사람들로 북적이는 레스토랑이 있다. 다양한 재료를 토핑한 면 요리가 강세인 곳이다. 그중 돼지고기, 새우, 오징어, 청경채 등이 들어간 Seafood Mee Hoon은 함께 나오는 붉은 고추를 국물에 넣어 먹기도 하고 고추에 간장을 부어 건더기를 찍어 먹으면 맛있다. 면 주문 시, 우유를 넣을 것인지 아닌지 선택할 수 있다.

Access	토스트 박스 앞 도로를 건너 왼편
Open	11:00~23:45
Cost	Seafood Mee Hoon SD5.5, Lemon Ice Tea SD1.8
Address	31 Tan Quee Lan St. #01-01 Singapore
Tel	065-6334-4086

Food

❸

알라투르카 Alaturka

이국적인 분위기가 물씬 풍기는 터키 요리 전문 레스토랑이다. 터키에서 직접 공수해온 소품들로 꾸며진 내부 인테리어보다 눈에 먼저 들어오는 것은 우리에게도 낯이 익은 도네르 케밥. 긴 꼬챙이에 먹음직한 고기가 켜켜이 쌓여 있는데 가장 빨리 익은 겉 부분을 살살 잘라내 서브해준다. 그 외에도 여러 종류의 케밥을 맛볼 수 있는데 대부분 우리 입맛에 잘 맞는 편이다.

Access	술탄 모스크 앞쪽으로 이어진 부소라 스트리트를 걷다 보면 나온다.
Open	11:00~02:00
Cost	애피타이저 SD6~, 케밥 SD16~ (Tax 10%)
Address	16 Bussorah St.
Tel	065-6294-0304

Food

4

비 베이커리 B Bakery

이국적인 풍경의 부소라 스트리트의 노천카페 골목에 위치한 비 베이커리. 카페에서 직접 구운 빵으로 만든 샌드위치 메뉴들이 푸짐한 양과 깔끔한 맛으로 골고루 인기가 있고, 케이크도 맛있기로 유명하다. 붐비는 점심시간을 피해 가는 게 좋고, 실내보다는 야외 테라스석이 분위기가 더 좋다. 소규모로 운영되는 곳이라 직원도 적고 바빠서 세련된 서비스를 기대하긴 어려우나 저렴한 가격과 맛에 강점이 있다.

Access	부소라 스트리트, 알라투르카 옆
Open	**런치** 11:30~18:00(월~수), 11:30~22:00(목~토) **디너** 18:00~22:00(월~토) (일요일 휴무)
Cost	케이크류 SD4~6, 샌드위치류 SD6.5~11, 피자, 파스타류 SD7.5~23 (SC 10%)
Address	15 Bussorah St. Singapore
Tel	065-6293-9010

Food

5

피카 Fika

피카는 스웨덴어로 좋은 사람들과 커피를 마시거나 일을 멈추고 휴식을 취한다는 의미로, 말 그대로 더운 날씨와 고된 여행 일정 중에 단비 같은 휴식을 취할 수 있는 편안하고 아기자기한 스웨디시 카페 겸 비스트로다. 피카에서는 스웨덴식 디저트와 메뉴들을 즐길 수 있는데, 커피와 함께 스웨덴식 브라우니 Kladdkaka를 즐겨도 좋고 스웨덴식 미트볼로 가볍게 식사하기도 좋다.

Access	아랍 스트리트와 비치 로드가 만나는 코너에 위치
Open	일~수 11:00~22:00 목~토 11:00~23:00
Cost	Kladdkaka SD8.9, Swedish Meatballs SD17.5 (Tax & SC 17%)
Address	No.257 Beach Rd. Arab St. Singapore 199539
Tel	065-6396-9096
Web	www.fikacafe.com

Food

6

테팍 시레 Tepak Sireh

눈에 띄는 노란색 건물에 있는 테팍 시레는 정통 말레이 음식을 만날 수 있는 뷔페 식당이다. 이방인에겐 다소 낯설지만, 일단 맛을 보면 생각보다 우리 입맛에 잘 맞는다는 걸 알게 된다. 코코넛 소스가 들어간 양념 소고기 요리인 조린 렌당이 대표 요리이고, 식사 후 말레이식 디저트도 꼭 맛볼 것. 찹쌀과 코코넛으로 만든 형형색색의 말레이 떡 Kueh는 빼놓지 말자.

Access	MRT 부기스 역, 아랍 스트리트, 말레이 헤리티지 센터 정문 쪽에도 입구가 있다.
Open	런치 11:30~14:30 디너 18:30~21:30 (일요일 휴무)
Cost	런치 SD16.9, 디너 SD20
Address	73 Sultan Gate, Singapore
Tel	065-6396-4373

Food

7

메종 이코쿠 Maison Ikkoku

싱가포르 젊은이들이 열광하는 카페테리아다. 메종 이코쿠가 큰 인기를 누릴 수 있었던 이유는 전문적인 지식과 기술을 지닌 바리스타들이 뽑아내는 다양한 커피에 있다. 과학실험실을 방불케 하는 다양한 도구와 방법으로 뽑아낸 커피는 코와 입을 즐겁게 한다. 주말이면 하루 종일 주문이 가능한 실한 아침 식사와 브런치 메뉴 또한 인기. 배가 고프지 않다면 달달한 레드벨벳 케이크를 비롯한 큼지막한 메종 이코쿠의 디저트 메뉴를 즐겨보는 것도 좋겠다.

Access	MRT 부기스 역, 술탄 모스크 뒤편, 말레이 헤리티지 센터 정문 앞쪽에 위치
Open	24시간
Cost	주말 아침 식사 메뉴 SD20~, 커피 SD3.5~ (Tax & SC 17%)
Address	20 Kandahar St. Singapore
Tel	065-6294-0078
Web	www.maison-ikkoku.net

Food

8

아스톤 Astons Specialities

고급 웨스턴 요리에 합리적인 가격을 제시한다는 콘셉트의 그릴 하우스이다. 치킨류가 SD9~, 스테이크류는 SD14부터 가능하며 사이드 메뉴(샐러드류, 포테이토류, 라이스 등) 중 2가지를 선택할 수 있어 식탁은 더욱 풍성해진다. 스테이크는 두툼하고 부드러우며 소스는 감칠맛 난다. 파스타류를 주문할 경우 오늘의 수프가 함께 제공된다.

점심이나 저녁 시간에는 웨이팅이 있을 만큼 현지인들에게도 인기가 있다. 참고로 비싸고 특별히 먹을 것 없다는 유니버설 스튜디오 내에도 입점해 있어 더욱 반갑다.

Access	MRT 부기스 C번 출구로 나와 부기스 빌리지 지나 다음 건물인 부기스 플러스(부기스 정션 2층에서 연결) 5층에 위치
Open	일~목 11:30~22:00, 금, 토 11:30~23:00
Cost	그릴웍 치킨류 SD8.9~, 피셔맨즈 프라이드(생선류) SD9.5~, 스테이크 & 찹스류 SD14.9~
Address	201 Victoria St. Bugus + #05-08 188067 Singapore
Tel	065-6884-5397
Web	www.astons.com.sg

Food

9

프로릭 Frolick

젊고 활기찬 분위기로 눈길을 끄는 아이스크림식 요거트 하우스 프로릭. 싱가포르 로컬 브랜드로, 시원하고 상큼한 프로릭의 요거트는 건강식 디저트로 젊은 층의 큰 사랑을 받고 있다. 오리지널 요거트와 과일맛 요거트 중 선택할 수 있고, 과일맛 요거트는 2종류가 있는데 매장마다 다르며 2주에 한 번씩 바뀐다. 토핑을 추가할 경우 추가 요금이 있다. 밀레니아 워크와 홀랜드 빌리지 등에도 체인점이 있다.

Access	부기스 정션 1층
Open	11:00~22:00
Cost	요거트 SD3~ (Tax & SC 포함)
Address	80 Middle Rd. #01-K1 Singapore 188966
Tel	065-9642-7506
Web	www.frolick.com.sg (웹에서만 접속 가능)

Food

10

푸드 정션 Food Junction

부기스 정션 내에 위치한 푸드코트로 다양한 음식들을 쾌적하게 맛볼 수 있다는 점이 장점이다. 하지만 푸드코트인 점을 감안한다면 음식값은 다른 곳에 비해 비싼 편. 이미 많이 알려진 수프 마스터와 후앗후앗 바비큐 앤 프라이드 캐럿 케이크도 만나볼 수 있으며 내부에 토스트 박스도 자리하고 있다.

Access	MRT 부기스 역, 부기스 정션 옆 파르코 건물, 부기스 정션과 연결된다.
Open	10:00~22:00
Address	200 Victoria St. Bugis Junction 3F
Tel	065-6334-0163

Food

11

토스트 박스 Toast Box

귀여운 이름과 귀여운 인테리어로 호기심을 자극하는 토스트 박스는 싱가포르의 유명 외식 체인으로, 다양한 토스트와 커피, 간단한 식사를 취급한다. 올망졸망 모여 있는 작은 테이블에 앉아 간단히 요기하려는 사람들로 언제나 인기 만점이다. 야쿤 카야 토스트와 함께 싱가포르 여행의 필수 체험 코스로 자리 잡고 있다.

Access	MRT 부기스 역, 부기스 정션, 1층 도로 상에 위치한다.
Open	08:00~22:30
Cost	버터 토스트 SD1.4, 락사 세트 SD6
Address	200 Victoria St. Bugis Junction #01-67
Tel	065-6333-4396
Web	www.toastbox.com.sg

Shopping

❶

부기스 정션 Bugis Junction

오차드 로드나 시티의 대형 쇼핑몰과는 사뭇 다른 친숙하고 만만한 분위기의 쇼핑 콤플렉스다. BHG백화점과 젊은 감각의 파르코와 각종 미니 점포들로 구성되어 있다. 중저가의 개성만점 브랜드들이 많아 유난히 연령층이 젊은 편이다. 쇼핑몰도 매력 있지만 통로 쪽에 수레 같은 미니 보세 점포들도 다양한 아이템을 다루고 있어 재미있게 둘러볼 수 있다. 쇼핑 공간으로서뿐 아니라 레스토랑도 다수 입점해 있어 쇼핑과 다이닝의 원스톱 공간으로 부족함이 없다.

Access	MRT 부기스 역 B 출구에서 도보 1분
Open	월~금 10:30~22:00 주말 및 공휴일 10:00~22:00
Address	200/230 Victoria St.
Tel	065-6223-2222
Web	www.bugisjunction-mall.com.sg

Bugis Junction 1

뮤이 MU-EE

깜찍하고 기발한 팬시용품 및 잡화를 구입할 수 있다. 컬러풀한 문구류부터 심플하고 세련된 명함 지갑, 담배 케이스 등 실용적이면서도 패셔너블한 상품들이 많아 선물을 사기에도 적합하다. 하버프런트의 비보 시티에도 또 하나의 지점을 가지고 있다.

Bugis Junction 2

파찌온 Pazzion

여성들의 로망인 하이힐부터 발이 편한 단화까지 슈즈를 판매하는 전문 매장이다. 가격이 저렴하진 않지만 우리나라에서는 흔하지 않은 디자인이 많고 착화감이 좋아 한 번 사 두면 오래 신을 수 있는 구두들을 판매한다.

Shopping

❷

리치 앤 굿 케이크 숍 Rich & Good Cake Shop

싱가포르에서 가장 맛있는 스위스롤을 판매한다고 소문난 곳이다. 사실 그렇다고 하기에는 외관이 소박하다 못해 초라해 보이긴 하지만 특히 주말이면 이곳의 케이크를 사기 위해 줄을 서 있는 모습을 심심치 않게 목격하게 된다. 카야롤, 두리안롤이 베스트셀러이고 오렌지, 딸기, 커피 등 다양한 맛이 있다. 롤케이크는 부드럽고 폭신하며 내용물이 실하고 신선하다. 24시간 안에 다 먹을 것을 권한다.

Access	MRT 부기스 역, 술탄 모스크 뒤편, 말레이 헤리티지 센터 정문 앞쪽에 위치, 메종 이코쿠와 같은 라인에 있다.
Open	월~금 08:30~17:00, 토 08:30~16:00 (일, 공휴일 휴무)
Cost	롤케이크 한 줄 SD7.5~
Address	24 Kandahar St. Singapore
Tel	065-6294-3324

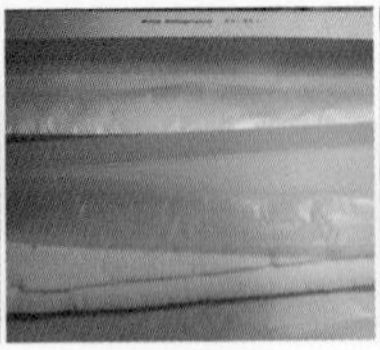

Shopping

3

부기스 빌리지 & 부기스 스트리트

Bugis Village & Bugis Street

우리나라의 남대문이나 동대문 시장 같은 분위기의 재래시장이다. 부기스 스트리트를 따라 작고 아담한 점포들이 다닥다닥 붙어 있다. 물건들은 다소 조악하지만 가격이 무척 저렴하다. 한류 붐을 타고 우리나라 상품도 많이 눈에 띄니 웃돈을 주고 한국 제품을 사는 오류를 범하지 않도록 하자.

부기스 빌리지 또한 저렴한 아이템들이 주를 이루며, 의류나 기념품 이외에도 신선한 과일과 군것질거리를 파는 곳도 있어 둘러보는 것 자체로 재미가 있다.

Access	MRT 부기스 역, 부기스 정션 맞은편
Open	14:00~22:00(점포마다 다르다)
Address	New Bugis St.

Shopping

4

부기스 플러스 Bugis +

크리스털 메쉬The Crystal Mesh라는 새로운 미디어 파사드Media Facade를 이용한 외관으로, 저녁 시간에는 화려하게 빛을 뿜어내는 멀티플렉스 쇼핑몰 부기스 플러스. 1층부터 5층까지 연결되는 긴 에스컬레이터가 있다. 4, 5층에는 식당가가 있고, 5층에는 Filmgrade Cineplex가 자리하고 있다. 부기스 정션 2층과 연결통로가 있어 접근성이 좋다.

Access	MRT 부기스 역, 부기스 정션 건너편이고 2층에 이어지는 통로가 있다.
Open	10:00~22:00
Address	201 Victoria St. Singapore 188067
Tel	065-6634-6810
Web	www.bugis-plus.com.sg

Focus on Street

★

하지 래인

Haji Lane

획일적인 브랜드와 부담스러운 가격대의 명품 쇼핑몰에 지친 쇼핑족들에게 개성 넘치는 쇼핑 아이템들을 제공해 숨은 쇼핑 명소로 각광받던 곳이다. 하지만 언제부터인가 3~6개월마다 상점 주인이 바뀌더니 점차 비어 있는 매장이 늘어날 만큼 활기를 잃은 것은 사실. 하지만 분위기 있는 숍하우스와 독특한 그래피티, 센스 있는 디스플레이 등으로 둘러보는 재미가 있다.

Access MRT 부기스 역에 내려 래플스 병원Raffles Hospital 방면으로 나온다. 발리 래인Bali Lane과 아랍 스트리트Arab St. 사이에 위치

Haji Lane

❶

빅토리아 조모 Victoria Jomo

두 명의 보스인 조이스와 모이스의 이름을 따서 빅토리아 조모라는 간판을 걸고 오픈한 이 귀여운 숍은 다양한 나라를 여행하며 모아온 컬렉션을 아기자기하게 진열해두고 판매하고 있다. 향수를 자극하는 오래된 장난감부터 기발한 상상력의 소품, 신비스러운 분위기의 액세서리 등 보유하고 있는 아이템의 수에서는 타의 추종을 불허한다. 별다른 체계 없이 자유분방하게 물건이 진열되어 있어서 속속들이 구경하며 물건을 고르고 있노라면 마치 보물찾기라도 하는 듯 기분이 좋아질 것이다. 우리나라의 TV에도 소개돼 찾는 사람들이 많아졌다고.

Open 13:00~22:00

Address 9 Haji Lane, Singapore 189202

Tel 065-6298-2469

Haji Lane

❷

샐러드 숍 Salad Shop

패션에서 리빙까지 아우르는 토털 라이프스타일 숍으로, 모던하고 심플한 콘셉트다. 세심하게 컬렉팅한 제품들을 한정판매하여 독특함과 희소성을 높이고 있는 하지 래인의 인기 상점이기도 하다. 여성스러운 실루엣을 살려주는 모노톤의 의류와 코디하기 쉬운 액세서리류는 관광객들에게도 인기가 높다.

Open	11:30~20:30 (일요일 휴무)
Address	25 Haji Lane
Tel	065-6299-5805
Web	the-salad-store.blogspot.com

Haji Lane

❸

순리 Soon Lee

감각적인 디스플레이가 돋보이는 멀티숍 순리. 의류, 가방, 액세서리뿐 아니라 인테리어 소품과 책까지 취급하고 있다. 전 세계에서 수입한 제품들이 주를 이루고, 의류와 액세서리는 싱가포르의 유망한 신진 디자이너 브랜드를 판매하기도 한다. 유니크한 디자인과 합리적인 가격으로 쇼핑의 만족도가 높은 숍이다.

Open	월~토 12:00~21:00
	일 13:00~20:00
Address	73 Haji Lane, Singapore
Tel	065-6297-0198
Web	soonlee.sg

Haji Lane

❹

82 테일스 Eighty Two Tales

귀엽고 독특한 모습에 이끌려 누구나 한 번쯤 들여다보게 만드는 82 테일스. 내부에 들어서면 톡톡 튀는 아이디어에 감탄하게 된다. 금방이라도 이사하기 위해 짐을 꾸리다 만 아가씨의 집을 방문한 것처럼 싱크대, 옷장 등 다양한 장치를 이용해 의류와 아이템들을 전시해 놓았다. 82 테일스는 판매 아이템뿐 아니라 실내 인테리어까지, 일러스트를 전공한 주인장의 솜씨가 고스란히 담겨 있다.

Open	월~금 13:00~21:00
	토, 일 13:00~22:00
Address	78A Haji Lane

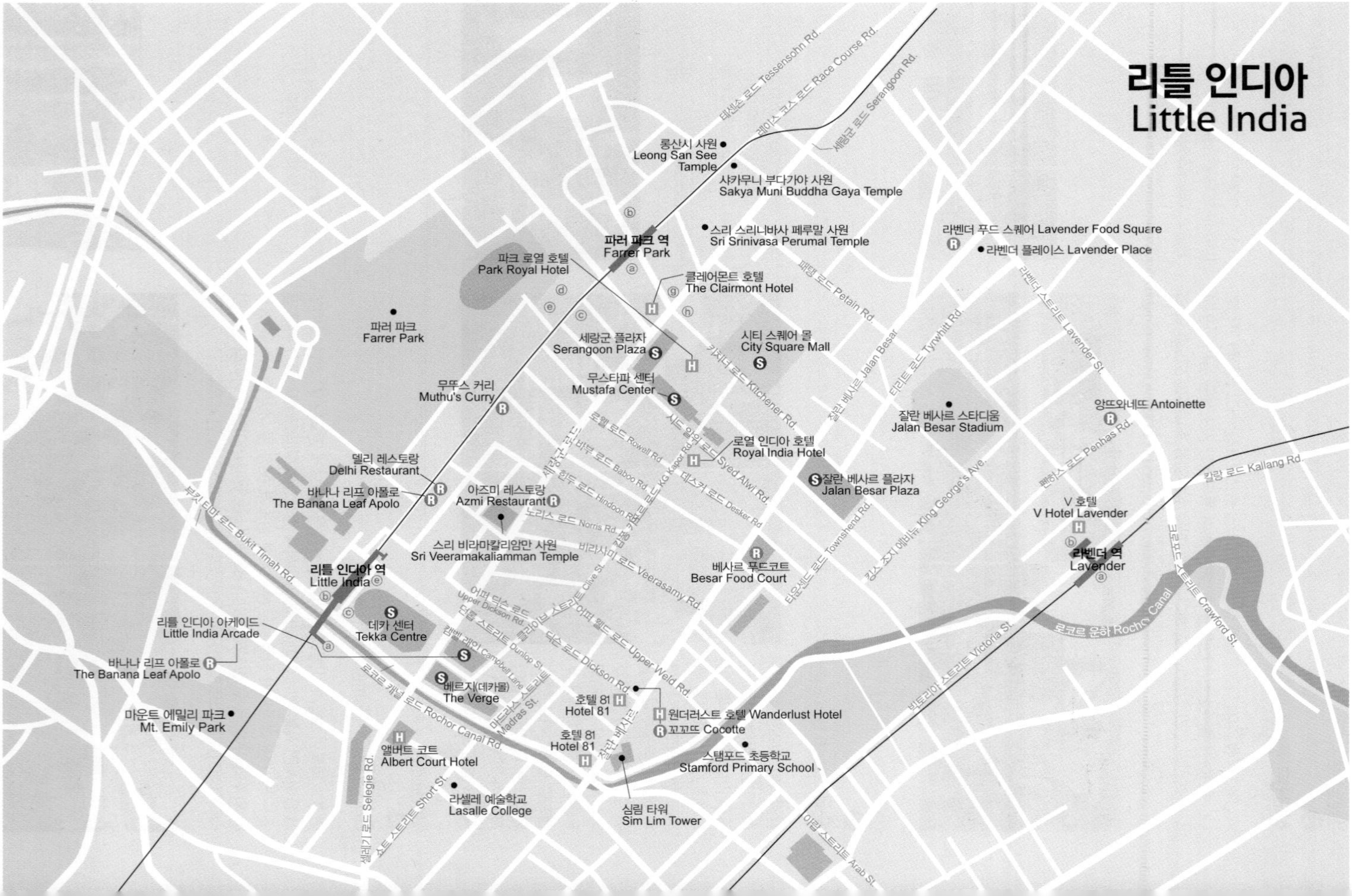
리틀 인디아
Little India
태센손 로드 Tessensohn Rd.
레이스 코스 로드 Race Course Rd.
세랑군 로드 Serangoon Rd.
롱산시 사원 Leong San See Tample
사카무니 부다가야 사원 Sakya Muni Buddha Gaya Temple
스리 스리니바사 페루말 사원 Sri Srinivasa Perumal Temple
라벤더 푸드 스퀘어 Lavender Food Square
라벤더 플레이스 Lavender Place
파러 파크 역 Farrer Park
파크 로열 호텔 Park Royal Hotel
클레어몬트 호텔 The Clairmont Hotel
패탱 로드 Petain Rd.
라벤더 스트리트 Lavender St.
파러 파크 Farrer Park
세랑군 플라자 Serangoon Plaza
시티 스퀘어 몰 City Square Mall
잘란 베사르 Jalan Besar
티르윗 로드 Tyrwhitt Rd.
키치너 로드 Kitchener Rd.
무스타파 센터 Mustafa Center
무뚜스 커리 Muthu's Curry
잘란 베사르 스타디움 Jalan Besar Stadium
앙뜨와네뜨 Antoinette
펜하스 로드 Penhas Rd.
로웰 로드 Rowell Rd.
바부 로드 Baboo Rd.
로열 인디아 호텔 Royal India Hotel
시드 알위 로드 Syed Alwi Rd.
델리 레스토랑 Delhi Restaurant
잘란 베사르 플라자 Jalan Besar Plaza
킹스 조지 애비뉴 King George's Ave.
칼랑 로드 Kallang Rd.
바나나 리프 아폴로 The Banana Leaf Apolo
아즈미 레스토랑 Azmi Restaurant
힌두 로드 Hindoon Rd.
KG Kapor Rd.
데스커 로드 Desker Rd.
노리스 로드 Norris Rd.
V 호텔 V Hotel Lavender
부킷 티마 로드 Bukit Timah Rd.
스리 비라마칼리암만 사원 Sri Veeramakaliamman Temple
비라사미 로드 Veerasamy Rd.
베사르 푸드코트 Besar Food Court
타운센드 로드 Townshend Rd.
라벤더 역 Lavender
크로포드 스트리트 Crawford St.
리틀 인디아 역 Little India
어퍼 딕슨 로드 Upper Dickson Rd.
클라이브 스트리트 Clive St.
리틀 인디아 아케이드 Little India Arcade
데카 센터 Tekka Centre
던롭 스트리트 Dunlop St.
캠벨 레인 Campbell Lane
어퍼 웰드 로드 Upper Weld Rd.
딕슨 로드 Dickson Rd.
로코르 운하 Rochor Canal
빅토리아 스트리트 Victoria St.
바나나 리프 아폴로 The Banana Leaf Apolo
베르지(데카몰) The Verge
마드라스 스트리트 Madras St.
호텔 81 Hotel 81
원더러스트 호텔 Wanderlust Hotel
꼬꼬뜨 Cocotte
마운트 에밀리 파크 Mt. Emily Park
로코르 캐널 로드 Rochor Canal Rd.
호텔 81 Hotel 81
잘란 베사르
스탬포드 초등학교 Stamford Primary School
앨버트 코트 Albert Court Hotel
쇼트 스트리트 Short St.
라셀레 예술학교 Lasalle College
세레기 로드 Selegie Rd.
심림 타워 Sim Lim Tower
아랍 스트리트 Arab St.

✚ 리틀 인디아 Little India

리틀 인디아는 "길에 소만 풀어놓으면 딱 인도"라는 말에 백퍼센트 동감할 만큼 인도의 판박이이다. 거리는 온통 인도인들로 가득하며 상점마다 틀어대는 인도 가요가 활기를 더한다. 리틀 인디아를 방문하는 여행객의 8할은 무뚜스 커리나 바나나 리프 아폴로에서 본격 인도 음식을 맛보고 24시간 오픈하는 무스타파 센터에서 3대 쇼핑 품목(히말라야 수분크림, 아울 커피, AXE 오일-삔 데, 멍든 데, 각종 통증에 즉효)을 구입한다. 하지만 이곳에도 꽤 볼만한 힌두교 사원, 모스크, 불교 사원이 있으니 한 시간 정도만 더 투자해서 함께 둘러볼 것을 권한다.

> Tip.
> 리틀 인디아 즐기기
>
> ❶ 주말에 무스타파 센터는 입구를 막고 입장객을 분산시킬 만큼 인산인해를 이룬다. 웬만하면 평일을 이용하자. 규모가 워낙 커서, 같은 제품들을 이곳저곳에 배치해 놓았다. 다 떨어졌다고 안타까워하지 말고 곳곳을 둘러보자. 계산 줄이 길어도 다른 곳에는 분명 한산한 계산대가 있기 마련이다.
>
> ❷ 무스타파 센터에서 루트를 끝낸다면 리틀 인디아 역으로 가지 말고 좀 더 가까운 파러 파크 역을 이용하도록 한다.

★ 추천 루트

MRT 리틀 인디아 역 → 데카 센터 → 리틀 인디아 아케이드 → 캠벨 레인 → 압둘 가푸르 모스크 → 스리 비라마칼리암만 사원 → 바나나 리프 아폴로 or 무뚜스 커리 → 무스타파 센터 → 스리 스리니바사 페루말 사원 → 롱산시 사원 → 샤카무니 부다가야 사원 → MRT 파러 파크 역

리틀 인디아 역 C 출구로 나와 데카 센터, 리틀 인디아 아케이드, 캠벨 레인으로 이어지는 쇼핑 스폿을 구경해 보자. 인도 식료품과 화려한 원단, 전통 의상, 각양각색의 수공예품 등 볼거리는 쏠쏠하다. 베르지 쇼핑몰은 쇼핑 자체보다 더위도 식힐 겸, 지하 마켓에서 시원한 음료 사먹기에 그만이다. 던롭 스트리트 끝에는 부기스의 술탄 모스크보다 더 화려한 자태의 압둘 가푸르 모스크가 자리를 잡고 있는데, 1859년 인도인 압둘 가푸르가 인도 이민자들을 위해 세운 곳으로 그 의미가 깊다. 다음으로는 스리 비라마칼리암만 사원을 거쳐 오늘의 하이라이트, 인도 정통 커리를 즐기고 무스타파 센터를 둘러본다. 대체로 많은 여행객들이 이쯤에서 리틀 인디아 코스를 마감하는데, 15미터의 거대 불상과 1천 개의 등이 걸려 있는 샤카무니 부다가야 사원과 그 이름처럼 용을 테마로 한 그림과 상이 가득한 롱산시 사원까지 놓치지 말 것.

Sightseeing

❶

스리 비라마칼리암만 사원
Sri Veeramakaliamman Temple

1855년 지어진 힌두교 사원으로 시바신의 부인인 칼리Kali 여신을 숭배하기 위해 지어졌다. 제물의 내면을 나타내는 두개골의 화환을 한 칼리 여신의 모습과 여기저기 힌두교에서 신성시 여기는 동물과 신들의 조각도 눈에 띈다.

Access MRT 리틀 인디아 역에서 도보 10분, 세랑군 로드에 있다.
Open 06:30~12:00, 18:00~21:00
Address 141 Serangoon Rd. Singapore 218042
Web www.sriveeramakaliamman.com

Sightseeing

❷

샤카무니 부다가야 사원
Sakya Muni Buddha Gaya Temple

1927년 지어진 불교 사원으로 15m에 이르는 엄청난 크기의 부처상이 있는 곳으로 유명하다. 내부에는 1,000개의 등이 걸려 있으며 힌두교와 불교의 조화를 상징하는 의미로 부처상 앞에 코끼리 모양의 힌두신상이 함께 모셔져 있다.

Access MRT 파러 파크 역 B 출구에서 도보 3분
Open 08:00~16:30
Address 366 Race Course Rd.

Sightseeing

❸

스리 스리니바사 페루말 사원
Sri Srinivasa Perumal Temple

1885년 비스누Vishnu 신을 모시기 위해 건축된 힌두 사원으로 높이가 66피트에 이른다. 힌두교의 중요한 축제 타이푸삼이 열리면 가장 먼저 이곳에서 행렬이 시작된다.

Access MRT 파러 파크 역 G 출구에서 왼쪽으로 조금만 가면 보인다.
Open 05:45~22:00
Address 397 Serangoon Rd.

Sightseeing

❹

롱산시 사원 Leong San See Temple

화려한 색깔과 자태를 지닌 용이 조각된 지붕이 인상적인 불교 사원이다. 롱산시 사원의 '롱'은 용龍을 중국식으로 읽은 발음으로, 이름처럼 내부와 외부 모두 용을 테마로 한 상과 그림으로 채워져 있다.

Access MRT 파러 파크 역 B 출구에서 도보 약 4분
Open 06:00~18:00
Address 371 Race Course Rd.

Food

❶

꼬꼬뜨 Cocotte

리틀 인디아에서 새롭게 떠오르고 있는 프렌치 레스토랑으로, 독특한 콘셉트로 부티크 호텔계에 새바람을 일으키고 있는 원더러스트 호텔 1층에 있다. 다른 프렌치 레스토랑과는 달리 프랑스 가정식을 제공한다. 빈티지한 아이템들로 가득한 레스토랑에 자리를 잡고 앉으면 편지지에 영자신문체로 타이핑된 깜찍한 메뉴판이 나온다. 음식들은 꼬꼬뜨Cocotte라는 냄비에 담겨 제공되는데, 레스토랑의 이름도 여기에서 유래한 것이라고. 다양한 색상의 꼬꼬뜨는 미각과 시각을 동시에 만족시켜준다. 메인요리는 1인, 2~3인, 4~5인분으로 주문할 수 있고, 2인분 이상일 경우에 꼬꼬뜨에 담겨 나온다. 애피타이저로는 돈가스 모양의 소의 위 튀김 Fried Tripe, 한입에 쏙 들어가는 햄버거 모양의 달팽이 요리 Escargot Gougeres가 추천메뉴. 고기가 연해 쉽게 넘어가는 Roast Pork Collar와 농어 요리인 Pan Seared Chilean Seabass는 메인 요리로 추천할 만하다. 프랑스 대표 가정식인 통닭구이 뿔레 로티Poulet Roti도 강추메뉴인데 디너로만 맛볼 수 있다.

Access	MRT 리틀 인디아 역, 아랍 스트리트 방향 딕슨 로드에 위치
Open	**레스토랑** 런치 12:00~14:30(월~토) 디너 18:30~22:30(월~목), 18:30~23:00(금, 토) (일요일 휴무) **BAR** 12:00~23:00(월~목), 12:00~24:00(금, 토) (일요일 휴무)
Cost	런치 세트 SD29/33/35, 애피타이저 SD14~24, 메인요리 SD23~37, 디저트 SD7~30 (Tax & SC 17%)
Address	2 Dickson Rd, Singapore 209494
Tel	065-6298-1188
Web	www.restaurantcocotte.com

Food

❷

앙뜨와네뜨 Antoinette

맛과 멋 좀 안다 하는 싱가포르 잇걸들의 모임 장소로 각광을 받고 있는 곳이다. 앙뜨와네뜨라는 가게 이름처럼 공주분위기가 물씬 풍기는 실내에는 보기만 해도 군침이 도는 달달한 디저트들과 소담스러운 빵이 눈길을 끈다. 오차드 로드에 있는 만다린 갤러리, 차이나타운의 스칼릿 호텔 등에 지점이 있다.

Access	MRT 라벤더 역, V 호텔 옆 골목으로 2블록 들어가서 우회전하면 좌측에 보인다(gusti라는 간판이 더 눈에 띈다).
Open	11:00~22:00
Cost	1인 SD5~
Address	30 Penhas Rd, Singapore
Tel	065-6293-3121
Web	antoinette.sg

Food

3

라벤더 푸드 스퀘어 Lavender Food Square

부기스나 리틀 인디아에 호텔을 예약했다면(특히, V 호텔과 가깝다) 한 끼 쯤은 라벤더 푸드 스퀘어에서 다양한 로컬 푸드 체험을 해보는 것도 좋겠다. 맥스웰이나 마칸수트라 글루턴스 베이, 라우 파 삿 등 대부분의 여행자들이 찾는 곳보다 가격대도 낮고 물론 규모도 살짝 작은 편이다. 하지만 이 지역 주민들에게 이름난 코너는 문을 열자마자 줄을 설 정도로 인기가 있기도 하다. 사테, 캐럿 케이크, 른당(소고기 갈비찜), 꿰띠아우(국수) 등이 유명하며 저녁이면 크랩 등의 시푸드 요리 코너도 오픈한다. 딤섬, 디저트뿐 아니라 한국음식 코너도 마련되어 있어 선택의 폭이 넓은 편. 대부분의 단품 요리는 SD3~5 사이면 맛볼 수 있다.

Access	MRT 라벤더 역에서 도보 15분. 라벤더 스트리트를 따라 걷다보면 좌측 라벤더 플레이스 안쪽 골목에 있다.
Open	10:00~ (점포에 따라 다름)
Cost	1인 SD3~
Address	195 Lavender St. Singapore

Food
4
바나나 리프 아폴로 The Banana Leaf Apolo

무뜨스 커리와 함께 리틀 인디아를 대표하는 상징적인 레스토랑으로 리틀 인디아를 찾는 여행자들에게 항상 고민을 안겨주는 곳이다. 다양한 구성의 세트메뉴가 준비되어 있으며, 밥과 커리를 주문하면 바나나 잎을 깔고 잎 위에 서브해 준다. 밥 혹은 난과 커리로 뭔가 성에 안 찬다면 바나나 리프 아폴로의 시그니처 메뉴인 아폴로 치킨 65도 주문해보자.

Access	MRT 리틀 인디아 역, E 출구 뒤편의 레이스 코스 로드
Open	10:30~22:30
Cost	아폴로 치킨 65(S) SD8, 커리 SD3~ (Tax & SC 17%)
Address	54-58 Race Course Rd.
Tel	065-6293-8682
Web	www.bananaleafapolo.com

Food
5
무뚜스 커리 Muthu's Curry

바나나 리프 아폴로와 함께 리틀 인디아를 대표하는 상징적인 레스토랑이다. 특히 이곳의 피시 헤드 커리는 푸짐한 양을 자랑한다. 스몰 사이즈를 시켜도 여자 3명은 거뜬히 나누어 먹을 수 있는 양으로, 생선살도 담백하며 전혀 비리지 않고 맛있다. 간은 조금 센 편이므로 밥을 함께 주문해 곁들여 먹으면 적당하다.

Access	MRT 리틀 인디아 E 출구에서 도보 5분
Open	10:30~22:30
Cost	Fish Head Curry(S) SD20, White Rice SD3 (Tax & SC 17%)
Address	138 Race Course Rd. #01-01 Singapore 218591
Tel	065-6392-1722
Web	www.muthuscurry.com

Food
6
아즈미 레스토랑 Azumi Restaurant

철판 위에서 기름 없이 담백하게 구워낸 짜파티는 인도에서 커리나 달과 함께 주식으로 먹는 음식이다. 아즈미 레스토랑은 짜파티 하나로 50년의 세월 동안 꾸준히 사랑받아온 곳이다. 이곳의 짜파티는 현지식 그대로 만들어져 맛이 좋은 데다 가격 또한 놀랄 만큼 저렴해 언제나 인기 만점이다. 흰밥도 판매하고 있지만 모처럼 제대로 된 짜파티에 치킨 커리를 곁들여 인도식 식사를 즐겨보자.

Access	MRT 리틀 인디아 역 E 출구로 나와 데카 센터를 우측에 두고 직진하면 세랑군 로드가 나온다. 좌회전하여 세랑군 로드를 따라 걷다 오른편에 노리스 로드가 나오면 바로 보인다.
Open	07:00~22:00
Cost	아즈미 짜파티 SD0.7, 치킨 커리 SD3.8
Address	168/170 Norris Rd.

❶ 무스타파 센터 Mustafa Centre

리틀 인디아의 마스코트 같은 쇼핑몰로 현지인들에게는 생활과 밀착된 중요한 쇼핑몰이다. 24시간 운영하며 각종 의류와 보석, 원단부터 식료품까지 없는 게 없을 정도로 다양한 품목을 다루고 있다. 특히 여행자들이 흥미를 느낄 만한 곳은 2층이다. 쿠키와 초콜릿 등 다양한 간식거리와 특이한 향신료와 식재료 등 요리에 관심이 없어도 리틀 인디아를 방문했다면 한 번쯤 둘러볼 만하다.

Access	MRT 파러 파크 역에서 도보 5분, 세랑군 로드
Open	24시간
Address	145 Syed Alwi Rd, Singapore 207704
Tel	065-6295-5855
Web	www.mustafa.com.sg

Tip 무스타파 센터 베스트 아이템 3

① 만병통치약으로 소문난 AXE 오일. 사실 같은 기능을 가진 다양한 브랜드가 있지만 유독 한국인에게 인기가 많은 것이 바로 AXE 오일. 근육통이나 두통에도 살짝 부위에 묻혀주면 가벼워지는 느낌이다.

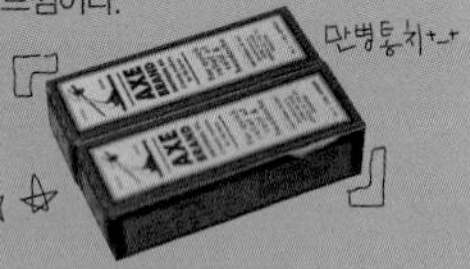

② 히말라야 수분크림. 정확히 말하자면 영양크림Nourishing Cream이지만 수분감이 많아 마니아가 있을 정도로 인기가 많다. 저렴하고 가볍기까지 하니 선물용으로도 그만이다.

③ 아울 커피. 말레이시아에 올드 타운 화이트커피와 알리 커피가 있다면 싱가포르엔 아울 커피다. 달달한 커피믹스라고 생각하면 된다. 코코넛이 함유된 커피 등 종류별로 살짝 맛은 다르다.

Stay

❶

인터콘티넨털 호텔 Intercontinental Hotel

부기스 역과 바로 이어져 위치적으로 최상의 조건을 갖춘 인터콘티넨털 호텔은 화이트톤의 우아한 콜로니얼 건축양식으로 사람들의 눈길을 사로잡는다. 1960년대 숍하우스 건축양식을 고스란히 보존하고 있으며 특히 로비와 동그랗게 이어지는 객실 복도는 높은 천장과 어우러져 우아하고 클래식한 매력이 철철 넘친다. 세계적인 수준의 호텔인 만큼 시설과 서비스의 수준은 두말하면 잔소리다.

Access	MRT 부기스 역에서 바로 이어진다.
Cost	디럭스 USD240~
Address	80 Middle Rd. Singapore 188966
Tel	065-6338-7600
Web	www.intercontinental.com

Stay

❷

원더러스트 호텔 Wanderlust Hotel

화려한 수상경력을 가진 싱가포르의 디자인 그룹들이 참여한 독특하고 실험적인 부티크 호텔로 2010년에 오픈했다. 차이나타운의 인기 있는 부티크 호텔인 뉴 마제스틱 호텔의 계열이다. 원래는 1920년대에 지어진 오래된 학교 건물이었다. 엘리베이터마저도 느낌 있는 원더러스트 호텔은 4층 규모의 작은 호텔이다. 1층의 로비와 바는 인더스트리얼 글램 콘셉트로 실제 이발소에서 가져온 의자가 눈길을 끈다. 2층은 룸별로 콘셉트가 다르며 유명 뮤지션과 대표곡이 네온 조명으로 걸려 있다. 3층은 블랙 & 화이트의 팝아트 콘셉트로 모던하고 세련된 디자인이다. 높은 천장의 복층 구조인 4층 객실은 Tree Room, Typewriter Room, Space Room 등 창의적이고 재기발랄한 아이디어가 넘쳐난다. 29개의 룸이 모두 인기가 있고 선예약이 없을 때에는 원하는 콘셉트의 룸으로 요청할 수 있다.

Access	MRT 리틀 인디아 역, 아랍 스트리트 방향 딕슨 로드에 위치. 역에서 좀 떨어져 있어 첫 방문 시 주소를 가지고 가는 게 좋다.
Cost	Pantone USD155~
Address	2 Dickson Rd. Singapore 209494
Tel	065-6396-3322
Web	www.wanderlusthotel.com

Holland Village 홀랜드 빌리지

홀랜드 빌리지
Holland Village

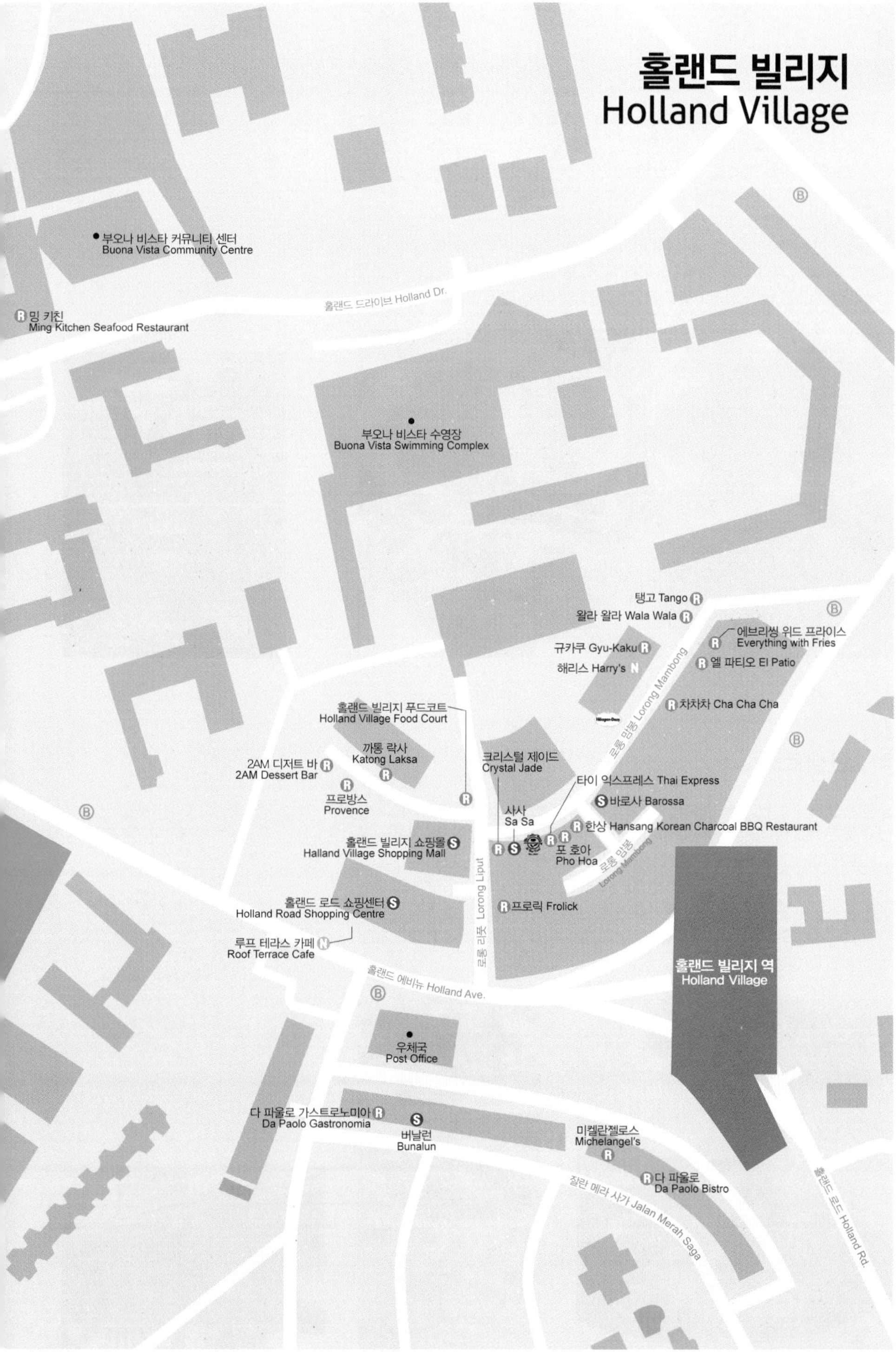

Food

❶

밍 키친 Ming Kitchen Seafood Restaurant

일부러라도 찾아갈 만큼 음식 맛으로는 부족함이 없는 집이다. 홀랜드 드라이브 한쪽에 다소곳이 자리 잡은 밍 키친은 아는 사람은 다 아는 맛집임에도 접근성이 떨어지는 탓에 여행자보다는 현지인의 비율이 높다. 노천식당의 모습을 한 이곳의 허름한 데이블에 앉아 미법 같은 음식의 향연에 취해보자.

시내보다 훨씬 저렴한 Chilli Crab이며 Salted Eggyork Crab을 주문해도 좋다. 프라이드 번을 찍어 먹으면 금상첨화. 하지만 이곳에서 꼭 먹어보아야 할 것은 Prawn Paste Chicken과 Sum Lor Hor Fun. 구수한 맛이 일품인 호펀과 입에 착착 붙는 치킨은 배가 불러와도 자꾸만 먹게 되는 마법 같은 요리다.

Access	부오나 비스타 B 출구에서 도보 10분 버스 32, 48, 74, 91, 191, 200번을 타고 Holland Drive blk 46에서 하차
Open	11:30~23:00
Cost	Sum Lor Hor Fun SD5/10/15, Prawn SD16~
Address	Blk46 Holland Drive #01-359
Tel	065-6779-2611

Food

❷

미켈란젤로스 Michelangelo's

오랜 시간 제대로 된 정통 이탈리안으로 신뢰를 쌓아오고 있는 걸출한 레스토랑이다. 호젓하고 여유로운 홀랜드 빌리지의 분위기와 딱 맞아떨어지는 이곳은 싱가포르가 아닌 유럽의 한 골목길에 자리 잡은 소박한 맛집 같은 분위기이다. 맛과 분위기가 출중하니 식사 시간이면 따사로운 햇살을 받으며 야외석에 앉아 음식을 즐기는 사람들로 언제나 만원이다. 신선한 재료로 본토의 맛을 충실히 구현한 파스타류는 모두 추천할 만하다. 식사 후에는 직접 만들어내는 이곳의 자랑, 마법 같은 티라미수를 꼭 맛보자.

Access	MRT 홀랜드 빌리지 역 A 출구, 잘란 메라사가에서 다 파울로 옆
Open	11:30~14:30, 18:30~22:30 (토요일은 런치 X)
Cost	1인 SD25~ (Tax & SC 17%)
Address	#01-60 Blk. #44 Jl.Merah Saga
Tel	065-6475-9069
Web	www.michelangelos.com.sg

Food

3

프로방스 Provence

먹음 직해 보이는 크루아상이 붙은 간판에 이끌려 프로방스에 들어서면 구수한 빵 냄새에 지갑을 열지 않을 수 없다. 일본인에 의해 운영되는 이곳은 담백한 빵맛으로 입소문을 타 현지 거주 외국인과 여행자들로 언제나 북적거린다. 칸칸이 채워진 다양한 종류의 빵들은 이름만 읽고 있어도 맛에 대한 호기심이 생긴다. 여러 가지 재료로 만든 번 종류도 맛있고 일본에서 인기 있는 멜론빵과 단팥빵도 맛있다. 요기를 하고 싶다면 이 집의 샌드위치와 커피 한 잔을 곁들이는 것도 좋겠다.

Access	MRT 홀랜드 빌리지 역 C 출구, 홀랜드 빌리지 쇼핑몰과 호커센터 사잇길로 오다 보면 왼쪽에 있다.
Open	월~금 09:00~21:00 주말 및 공휴일 08:30~21:00
Cost	샌드위치 SD7.5~, 빵 SD1.5 내외
Address	17A Lorong Liput Holland Village Singapore 277731
Tel	065-6467-6966
Web	www.provence.com.sg

Food

4

왈라 왈라 Wala Wala

홀랜드 빌리지에서 가장 잘나가는 나이트 스폿을 찾으라면 왈라 왈라를 꼽을 수 있다. 썰렁해 보이기까지 하는 낮의 모습과는 달리 밤이 깊어질수록 사람들로 꽉 들어찬다. 2층 건물로 되어 있는데 1층은 바에 앉아 혼자 축구경기를 보거나 테이블에 옹기종기 모여 앉아 즐거운 시간을 보내려는 사람들로 가득하고 2층에서는 주로 라이브 공연이 이루어진다.

9시까지는 해피아워이며 본격적인 공연은 9시 30분이 넘어서부터 시작한다. 주류 이외에 바삭한 피자와 치킨 윙도 맛있다는 평이다.

Access	MRT 홀랜드 빌리지 역 B 출구, 로롱 맘봉 거리 초입에 위치
Open	월~목 16:00~익일 01:00 금, 공휴일 전날 16:00~익일 02:00 토 15:00~익일 02:00 일, 공휴일 15:00~익일 01:00
Cost	칵테일 SD10 내외 (Tax & SC 17%)
Address	31 Lorong Mambong, Singapore 277689
Tel	065-6462-4288

Food

5

2AM 디저트 바 2AM Dessert Bar

칵테일이나 와인만을 팔 것 같은 시크하고 모던한 인테리어 공간에서 달콤한 디저트를 다룬다는 점과 새벽 2시까지 운영된다는 점만 봐도 독특하고 기발하다. 말 그대로 이곳에서 주로 다루는 것은 디저트. 칵테일이나 와인, 음료 등을 취급하지만 그것들은 단지 디저트를 빛내주는 요소일 뿐이다. 메뉴에는 각 디저트마다 어울리는 와인이나 샴페인의 이름이 적혀 있다. 추천메뉴는 Kayambe H2O. 이 디저트를 가르면 부드럽고 달콤한 다크 초콜릿의 맛이 풍부하게 느껴진다.

Access	MRT 홀랜드 빌리지 역 C 출구, 홀랜드 빌리지 푸드코트와 홀랜드 빌리지 쇼핑몰 사잇길로 직진 왼쪽에 있다.
Open	15:00~익일 02:00
Cost	칵테일 SD15~18, 디저트 SD14~17 (Tax & SC 17%)
Address	21A Lorong Liput, Singapore 277733
Tel	065-6291-9727
Web	www.2amdessertbar.com

Food

❻

다 파울로 Da Paolo Bistro

차이나타운에 오픈한 첫 레스토랑의 성공에 힘입어 홀랜드 빌리지와 로체스터 파크 등에 다양한 콘셉트의 레스토랑을 오픈했다. 레스토랑 외에도 와인 바, 피자 바, 델리숍 등 소박하면서도 깔끔한 이곳의 홈 메이드 메뉴들은 주로 외국인에게 인기다. 직접 만든 파스타와 홈 메이드 소스는 이곳의 인기 비결. 에어컨이 가동되는 실내석과 분위기 있는 야외석으로 나뉘어 있는데 멋진 레스토랑이 산재한 잘란 메라사가에서 미켈란젤로스와 함께 다이닝 붐을 이끌어가고 있다.

Access	MRT 홀랜드 빌리지 역 A 출구, 홀랜드 빌리지 잘란 메라사가
Open	11:30~14:30, 18:30~22:30
Cost	1인 SD25~ (Tax & SC 17%)
Address	44 Jalan Merah Saga, #01-56 Chip Bee Gardens, Singapore
Tel	065-6476-1332
Web	www.dapaolo.com.sg

Food

❼

타이 익스프레스 Thai Express

태국, 인도네시아 등 세계적으로 넓은 체인망을 가지고 있는 태국음식 전문점으로 싱가포르에만 15개가 넘는 분점을 두고 있어 쉽게 눈에 띈다. 망고 샐러드와 파인애플 볶음밥, 팟타이, 똠얌꿍 등이 이 집의 대표 인기메뉴로 태국음식 초보자들도 시도해볼 만하다.

Access	MRT 홀랜드 빌리지 역 B 출구, 로롱 맘봉 스트리트 입구
Open	11:30~22:30
Cost	샐러드 SD4.9~, 누들 SD7.9~ (Tax & SC 17%)
Address	16 Lorong Mambong, Singapore 277677
Tel	065-6466-6766
Web	www.thaiexpress.com.sg

Food

❽

다 파울로 가스트로노미아 Da Paolo Gastronomia

다 파울로 레스토랑, 피자 바, 비스트로 바 등 여러 체인을 운영하는 다 파울로의 델리숍이다. 가스트로노미아는 Eat-in & Take-out이라는 원스톱 다이닝 콘셉트를 지향한다. 신선하게 조리된 음식부터 다양한 식재료까지 퀄리티가 높은 아이템을 판매하기 때문에 싱가포르에 거주하는 외국인들에게 큰 인기다. 이곳 외에도 마리나 베이, 래플스 플레이스, 오차드 등 여러 지점을 두고 있다.

Access	MRT 홀랜드 빌리지 역 A 출구, 잘란 메라사가에서 미켈란젤로스 가기 전
Open	09:00~21:00
Cost	샐러드 SD5~, 컵케이크 SD3.2~, 타르트 SD6~ (Tax & SC 17%)
Address	43 Jalan Merah Saga #01-74, Singapore 278115
Tel	065-6475-1323
Web	www.dapaolo.com.sg

Food

9

차차차 Cha Cha Cha

멕시칸 푸드를 전문으로 하는 이국적인 레스토랑으로 살사의 매콤한 맛이 돋보이는 타코 요리가 특히 인기다. 금방이라도 챙이 넓은 모자를 쓰고 망토를 휘감은 사람이 튀어나올 듯한 분위기다. 가시가 가득한 선인장과 붉은 계열의 테이블 등 여러 모로 멕시코 분위기를 내려 애쓴 모습이 엿보인다.

Access	MRT 홀랜드 빌리지 역 B 출구, 로롱 맘봉 스트리트
Open	월~목 11:30~23:00, 금, 토 11:00~24:00
Cost	메인 SD12~, 맥주 SD9.25~ (Tax & SC 17%)
Address	32 Lorong Mambong, Singapore 277690
Tel	065-6462-1650

Food

10

탱고 Tango

로롱 맘봉 스트리트 입구에 들어서자마자 모던하고 스타일리시한 인테리어로 단연 눈에 띄는 탱고. 비교적 여유로운 낮 시간에는 노천에 앉아 커피와 간단한 식사를 즐기며 시간을 보내는 사람들이 대부분이다. 역시나 밤이 깊어질수록 낮과는 다른 흥이 넘치는 모습으로 변모한다.

Access	MRT 홀랜드 빌리지 역 B 출구, 로롱 맘봉 스트리트 입구
Open	15:00~익일 01:00
Cost	파스타 SD20~, 피자 SD20~ (Tax & SC 17%)
Address	35 Lorong Mambong, Singapore 277692
Tel	065-6463-7364

Food

11

바로사 Barossa

오스트레일리아의 캐주얼한 레스토랑을 콘셉트로 오픈한 레스토랑 겸 바이다. 매주 목요일과 금요일에는 라이브 공연이 열리고 오스트레일리안 비프 뷔페 등 다양한 프로모션도 많은 편이니 방문 전 홈페이지를 참고해보자. 에스플러네이드 몰에도 지점을 가지고 있다.

Access	MRT 홀랜드 빌리지 역 B 출구, 로롱 맘봉 스트리트
Open	월~금 12:00~15:00, 18:00~익일 01:00 (금요일은 2시까지) 주말 및 공휴일 12:00~익일 01:00 (토요일은 2시까지)
Cost	세트 런치 SD14.9, I Love OZ Beef SD43.9 (Tax & SC 17%)
Address	22 Lorong Mambong, Singapore 227681
Tel	065-6468-4688
Web	www.barossa.com.sg

Food

⑫

한상 Hansang Korean Charcoal BBQ Restaurant

홀랜드 빌리지의 유일한 한국식당이다. 싱가포르 내에 또 하나의 지점을 가지고 있는데 홀랜드 빌리지 지점은 외국인이 많아서인지 BBQ를 전문으로 한다. 차분한 실내석 외에도 야외 테라스석도 마련되어 있다. 밑반찬이 정갈하고 음식도 맛있지만 가격대는 만만치 않은 편. 메뉴의 종류도 다양하고 특히 짜장면, 짬뽕, 라면 등 일반 한식당에서 접하기 어려운 메뉴들도 찾아볼 수 있다. 공휴일을 제외하고 오전 11시 30분부터 오후 3시까지 BBQ 런치 뷔페를 제공한다(전화로 재확인 필수).

Access	MRT 홀랜드 빌리지 역 B 출구, 로롱 맘봉 스트리트
Open	월~금 11:30~15:30, 17:30~22:00(금요일은 23시까지) 토, 일 11:30~23:00
Cost	쌈밥 SD17, 냉면 SD13 (Tax & SC 17%)
Address	22 Lorong Mambong, Holland Village Singapore 277679
Tel	065-6464-5238

Food

⑬

엘 파티오 El Patio

1985년 첫발을 내디딘 이후 꾸준한 사랑을 받아오고 있는 멕시칸 레스토랑이다. 캐주얼한 분위기에 가격도 합리적인 편이라 가볍게 맥주 한 잔에 요기를 하려는 사람들의 방문이 낮부터 계속된다. 요일마다 색다른 프로모션을 시도하는데 월요일엔 하루 종일 해피아워 프로모션을 하니 기회를 놓치지 말자.

Access	MRT 홀랜드 빌리지 역 B 출구, 로롱 맘봉 스트리트
Open	11:00~23:00
Cost	하우스 와인 SD12~ (Tax & SC 17%)
Address	34, Lorong Mambong, Holland Village, Singapore 277691
Tel	065-6468-1520 Web elpatio.com.sg

Food

⑭

프로릭 Frolick

톡톡 튀는 디자인의 귀여운 요거트숍으로 젊은 여성들을 중심으로 큰 인기를 끌고 있다. 한 손에 요거트를 들고 먹으며 홀랜드 빌리지 거리를 여유롭게 걸어보는 것도 좋겠다. 요거트에 토핑을 추가할 수도 있는데 토핑 한 개당 SD1의 추가요금을 내야 한다.

Access	MRT 홀랜드 빌리지 역 B 출구, 로롱 맘봉 스트리트에서 홀랜드 빌리지 쇼핑몰 바로 전 골목 왼쪽으로 꺾으면 바로 보임
Open	월~목 12:00~23:00, 금, 공휴일 전날 12:00~익일 01:00 토, 공휴일 11:00~익일 01:00, 일 11:00~23:00
Cost	스몰 사이즈 SD3.5~
Address	241 Holland Ave, Singapore 278976
Tel	065-6462-1188
Web	www.frolick.com.sg(웹에서만 접속 가능)

Special Food

★

로체스터 파크의 레스토랑

Rochester Park

이름부터 심상치 않은 이곳은 식도락 여행에 관심이 많은 여행자라면 반드시 눈여겨보아야 할 최고의 다이닝 스폿 중 하나다. 영국 관리들의 집으로 사용되던 단독 건물들을 개조해 레스토랑이 들어섰으며 주변의 멋진 자연환경은 여유로운 분위기까지 더해 최고의 다이닝 공간으로 거듭나게 되었다.

Access MRT 부오나 비스타 역이나 MRT 홀랜드 빌리지 역에서 택시로 약 5분

민쟝

Min Jiang @ One North

두말할 것도 없는 최고의 차이니스 레스토랑. 굿우드 파크 호텔 내에 있는 레스토랑보다는 좀 더 럭셔리하고 호젓하다. 대표 메뉴는 딤섬과 페킹 덕. 런치타임도 합리적이다.

Address 5 Rochester Park

Tel 065-6774-0122

카시스

Cassis

블랙과 퍼플이 주를 이루는 강렬한 인테리어가 인상에 남는 레스토랑 겸 바이다. 야외 공간에 작은 연못과 소파 자리가 마련되어 있으며 합리적인 가격에 런치 세트메뉴를 즐길 수 있다.

Address 7 Rochester Park

Tel 065-6872-9366

로체스터 하우스

Rochester House

마치 키즈 클럽을 연상시키는 이곳은 야외 놀이공간도 설치되어 있어 아이와 동반하는 손님들에게 인기가 많다.

Address 7 Rochester Park

Tel 065-6773-1312

그레이즈

Graze

일요일 늦은 시간 즐기는 풍성한 브런치가 인기가 많다. 특히 에그 베네딕트는 추천 요리.

Address 4 Rochester Park

Tel 065-6775-9000

크리시 더 레스토랑

Krish The Restaurant

유러피안 푸드와 동남아시아 요리의 퓨전을 제대로 맛볼 수 있다.

Address 9 Rochester Park

Tel 065-6779-4644

노스 보더 바 & 그릴

North Border Bar & Grill

가격대비 훌륭한 세트메뉴로 많은 사랑을 받고 있다.

Address 2 Rochester Park

Tel 065-6777-6618

원 로체스터

One Rochester

로체스터 파크에서도 손꼽히는 최고의 럭셔리 레스토랑.

Address 1 Rochester Park

Tel 065-6773-0070

다 파울로

Da Paolo Bistro Bar

싱가포르 최고의 티라미수를 맛볼 수 있는 곳.

Address 3 Rochester Park

Tel 065-6774-5537

Shopping

❶

홀랜드 로드 쇼핑센터 Holland Road Shopping Centre

홀랜드 빌리지에서는 가장 그럴듯한 쇼핑몰로, 조악해 보이는 첫인상에 비해 볼거리가 쏠쏠하다. 우리나라의 이태원에 온 듯한 느낌으로, 다양한 나라에서 날아온 아이템들을 구경할 수 있어 꼭 쇼핑이 아니더라도 한 번쯤 둘러볼 만하다. 1층에는 식품들을 판매하는 마트가 있고 2층은 이국적인 소품과 의류 등을 판매하는 숍들이 몰려 있다.

Access	MRT 홀랜드 빌리지 역 A 출구, 잘란 메라사가 스트리트
Open	10:30~19:00(매장마다 다름)
Address	211 Holland Ave, Singapore 278967

Shopping

❷

홀랜드 빌리지 쇼핑몰 Halland Village Shopping Mall

쇼핑에 의미를 두고 방문하는 사람들보다는 1층에 위치한 식당에서 요기를 하려는 사람들의 방문이 더 잦은 쇼핑몰이다. 1층에는 인기 많은 빵집 브래드 토크와 비첸향, 야쿤 카야 토스트, 아일랜드 크리머리 등이 모여 있다. 2층에는 여성의류를 파는 보세 가게들이 옹기종기 모여 있어 잘만 고르면 괜찮은 물건들을 건질 수 있다.

Access	MRT 홀랜드 빌리지 역 B 출구, 로롱 맘봉 스트리트 중간 지점에 위치
Open	11:00~21:30(매장마다 다름)
Address	3 Lorong Liput, Singapore 277725

Shopping

❸

버날런 Bunalun

몸에 좋은 유기농 재료들만을 사용해 만든 다양한 식품을 판매하는 고급 델리숍이다. 심플하고 모던한 분위기 속에 정돈된 상품들이 저절로 지갑을 열게 만들 정도로 먹음 직하다. 각종 식품 재료부터 시작해서 향신료, 오일 등의 소스와 반조리 식품, 다양한 핸드메이드 디저트들도 만나 볼 수 있다. 보기만 해도 군침이 도는 다양한 디저트들과 식품들은 웹사이트에서도 주문 가능하다.

Access	MRT 홀랜드 빌리지 역 A 출구, 잘란 메라사가 스트리트, 미켈란젤로스 옆
Open	09:00~21:00
Address	43 Jalan Merah Saga, Singapore 278115
Tel	065-6479-2598

Shopping

4

스타 비스타 The Star Vista

뚜렷한 콘셉트로 오픈 당시부터 이슈를 불러 모았던 스타 비스타는 사실 여행자에게는 쇼핑보다는 다이닝 스폿으로 더욱 끌리는 곳이다. 독특한 외관에 에어컨이 없는 완벽한 오픈에어 공간으로 정 가운데 시원스런 분수가 놓여 있어 기존의 도시적인 쇼핑몰들과는 차별화를 주려 노력하였다. 입점되어 있는 점포는 대부분 현지인들을 위한 홈 인테리어 용품이나 전자제품, 헤어숍 등 생활밀착형이 많은 편으로 여러 가지 잡동사니를 판매하는 디스 & 댓This & That, 콜드 스토리지 슈퍼마켓, 한국식품 판매점 솔마트 등이 살짝 눈에 띌 뿐이다. 다이닝으로는 여행자들에게 인기 많은 아울 커피를 맛볼 수 있는 아울 카페, 독일맥줏집 브로자이, 야쿤 카야 토스트, 태국음식점 폰 타이 섹시 푸드, 난도스, 멘야무사시, 이타쵸 스시, 리치오티 등과 한국에서 건너간 고깃집 본가까지 다양하게 갖추어져 있다.

Access	MRT 부오나 비스타 역 A 출구로 나가 통로를 따라 이동한다.
Open	10:00~22:00
Address	1 Vista Exchange Green, The Star Vista, Singapore
Tel	065-6779-2829
Web	www.thestarvista.com

Sentosa & Harbourfront 센토사 & 하버프런트

센토사 Sentosa

하버프런트 타워 1 Harbourfront Tower 1
하버프런트 타워 2 Harbourfront Tower 2
케이블카 승강장 Cable Car Station
센토사 역 Sentosa
하버프런트 역 Harbourfront
하버프런트 센터 Harbourfront Centre
비보 시티 Vivo City
싱가포르 크루즈 센터 Singapore Cruise Centre
세인트 제임스 파워 스테이션 St. James Power Station
스카이 파크 Sky Park
바게트 Baguette
수프 레스토랑 Soup Restaurant
브로자이 Brotzeit
디안 샤오에 Dian Xiao Er
케이블카 Cable Car
Sentosa Gateway
씨네블라스트 & 데스페라도스 Cineblast & Desperados
리조트 월드 센토사 Resorts World Sentosa
마린 라이프 파크 Marine Life Park
Siloso Rd.
실로소 요새 Fort Siloso
언더워터 월드 Underwater World
아쿠아리우스 워터파크 Aquarius Waterpark
해양 체험 박물관 The Maritime Experiential Museum
하드록 호텔 Hardrock Hotel
크레인 댄스 Crane Dance
상그릴라 라사 센토사 Shangri-la's Lasa Sentosa Resort
델리 프랑스 Deli France
Imbiah Walk
타이거 스카이 타워 Tiger Sky Tower
컨벤션 센터
콜로세움 The Coliseum
페스티브 호텔 Festive Hotel
포럼 Forum
페스티브 워크 Festive Walk
비치트램 4A Beach Tram 4A
불링 The Bull Ring
버터플라이 파크 앤 인섹트 킹덤 Butterfly Park & Insect Kingdom
트라피자 Trapizza
실로소 비치 Siloso Beach
비치트램 3A Beach Tram 3A
더 갤러리아 The Galleria
레이크 오브 드림즈
티켓부스 Ticket Booth
크록포드 타워 Crockfords Tower
메가지프 어드벤처 파크 MegaZip Adventure Park
실로소 비치 리조트 Siloso Beach Resort
마다가스카 Madagascar
케이블카 승강장
카지노 Casino
할리우드 Hollywood
워터프런트 역 Waterfront
아주 먼 왕국 Far Far Away
웨이브 하우스 Wave House
Siloso Beach Walk
센토사 4D 매직스 Sentosa 4D Magix
유니버설 스튜디오 Universal Studios Singapore
웨이브 라이드 Wave Rides
뉴욕 New York
카페 델마 Cafe Delmar
비치트램 정거장 Beach Tram Station
임비아 역 Imbiah
잃어버린 세계 The Lost World
코스타 샌즈 리조트 Coasta Sands Resort
이미지 오브 싱가포르 Images of Singapore
사이파이 시티 Sci-Fi City
아주라 비치 클럽 Azzura Beach Club
모벤픽 헤리티지 호텔 Mövenpick Heritage Hotel
고대 이집트 Ancient Egypt
코스테즈 Costes
유니버설 스튜디오 Universal Studios
샌드 바 Sand Bar
센토사 루지 Sentosa Luge
비치 역 Beach
호텔 마이클 Hotel Michael
버스 인터체인지 Bus Interchange
조엘 로부숑 Joel Robuchon Restaurant
테이스트 오브 아시아 Taste Of Asia
아마라 생크추어리 Amara Sanctuary
송 오브 더 씨 Songs of The Sea
Palawan Beach Walk
팔라완 비치 Palawan Beach
Artillery Avenue
아이 플라이 iFly Singapore
카펠라 Capella
티켓부스 Ticket Booth
고 그린 세그웨이 Go Green Segway
브레이즈 Braise
쿠푸 푸드코트 Koufu Food Court
스파 보타니카 Spa Botanica
Allanbrooke Rd.
전망대 Viewing Tower
Bukit Manis Rd.
센토사 리조트 The Sentosa Resort & Spa
더 가든 The Garden
탄종 비치 Tanjong Beach
센토사 골프클럽 Sentosa Golfclub
비치트램 정거장 Beach Tram Station
일 리도 Il Lido
탄종 비치 클럽 Tanjong Beach Club

✚ 센토사 Sentosa

센토사로 들어가는 방법은 크게 택시, 버스, 모노레일, 케이블카 이렇게 4가지로 꼽을 수 있다. 하지만 트렁크를 끌고 숙박을 위해 들어가는 것이 아닌 경우에는 도보와 자전거로도 건널 수가 있는데 비보 시티와 연결된 산책로를 이용해 들어간다.

★ 센토사 들어가기

1. 택시 섬 입장료 1인당 SD2에 추가로 차 1대당 요금 SD10 정도가 필요하다. 하지만 섬 내의 호텔에 숙박을 하거나 바우처가 있는 경우 추가요금 없이 무료로 들어갈 수 있다(이용 시간대에 따라 추가요금이 붙는 경우도 있다).

2. 모노레일 MRT 하버프런트 역에 내려 비보 시티 3층에 가면 모노레일을 탈 수 있다. 요금은 SD3으로 이 티켓으로 센토사 안에 있는 모든 교통수단(택시 제외)을 하루 안에 마음껏 사용할 수 있다(07:00~24:00).

3. 버스 MRT 하버프런트 역 하버프런트 센터 건너편 버스터미널에서 승차 가능하며 요금은 SD2이다(07:00~22:30, 금요일과 토요일은 24:30까지 운행).

4. 케이블카 MRT 하버프런트 역, 하버프런트 타워 2로 이동하여 1층에서 티켓을 구매하고 15층에서 케이블카를 탑승할 수 있다. 요금은 왕복 SD26/15(성인/어린이), 편도 SD24/14(성인/어린이)이며 센토사까지는 약 15분 정도 걸린다(08:30~22:00).

5. 센토사 라이더 오차드 로드(매리어트 호텔, 리젠트 호텔, 오차드 플라자), 시티(페닌슐라 엑셀시어 호텔, 래플스 호텔, 선텍 시티, 싱가포르 플라이어, 마리나 베이 샌즈), 차이나타운 창이 공항 등 싱가포르의 주요 명소에서 센토사를 연결하는 투어버스다. 버스 안에서는 안내 비디오 시청을 할 수 있으며 무선인터넷도 제공된다. 여러 관광 명소를 돌아볼 수 있는 센토사 라이더 패키지도 판매하고 있다.
요금은 오차드 로드 기준 SD5, 창이 공항 기준 SD9이며 센토사 입장료가 포함되어 있다(08:00~22:30).

> Tip.
> 센토사 즐기기
>
> ❶ 리조트 월드와 센토사의 어트랙션을 하루에 모두 즐기기란 불가능하다. 취향에 따라 선택이 필요하다.
> ❷ 리조트 월드에 집중한다 해도, 한두 시간 정도 모노레일(무료)과 비치 트램(무료)을 이용해 센토사 비치를 둘러보도록 한다. 리조트 월드 센토사 근처의 워터프런트 역에서 모노레일을 타고 임비아 역에 내려 멀라이언 타워를 배경으로 사진을 찍고 타워 뒤편으로 분수대를 따라 내려온다. 비치 역 근처에서 셔틀버스를 타면 비치 워크를 돌 수 있다.
> 가장 비치다운 비치는 팔라완 비치로, 그물 다리를 건너 전망대까지 다녀오자. 팔라완 비치 앞 애니멀&버드 인카운터에서는 귀여운 동물 쇼도 무료로 즐길 수 있다.
> ❸ 사람 구경으로 끝내지 않으려면, 유니버설 스튜디오는 오후보다 오전, 주말보다 주중에 다녀온다. 또한 싱가포르의 공휴일 역시 피해가는 것이 현명하다.
> ❹ 리조트 월드 센토사에는 특별한 맛집이 부재했으나, 저렴한 가격에 꽤 괜찮은 스테이크를 먹을 수 있는 아스톤이 이곳에도 문을 열었다. 센토사 비치에서는 실로소 비치의 트라피자가 맛집으로 유명하다.
> ❺ 리조트 월드 내 카지노에 입장하려면 여권이 필요하다.
> ❻ 밤늦게까지 머문다면 무료로 관람할 수 있는 크레인 댄스(9시)와 레이크 오브 드림즈(9시 30분) 조명 쇼는 놓치지 말자.

★ 추천 루트

유니버설 스튜디오 → 아쿠아리움/해양 박물관 → 멀라이언 타워 → 이미지 오브 싱가포르 → 실로소 요새 → 실로소 비치 → 팔라완 비치 → 탄종 비치 → 송 오브 더 씨

★ 센토사 내에서 이동하기

방대한 센토사 섬 내 곳곳을 이어주는 교통편은 무료로 제공된다. 다음의 버스 루트를 참고하여 부담 없이 이용하도록 한다.

1. 센토사 버스 ❶ 10분 간격. 일~금 07:00~22:30, 토 07:00~24:00

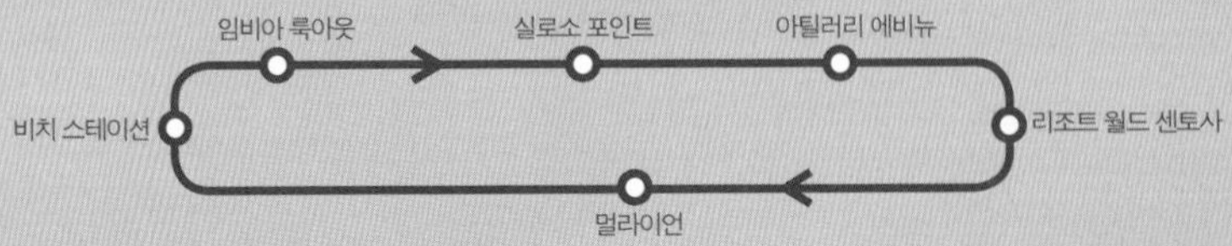

2. 센토사 버스 ❷ 10분 간격. 매일 09:00~22:30

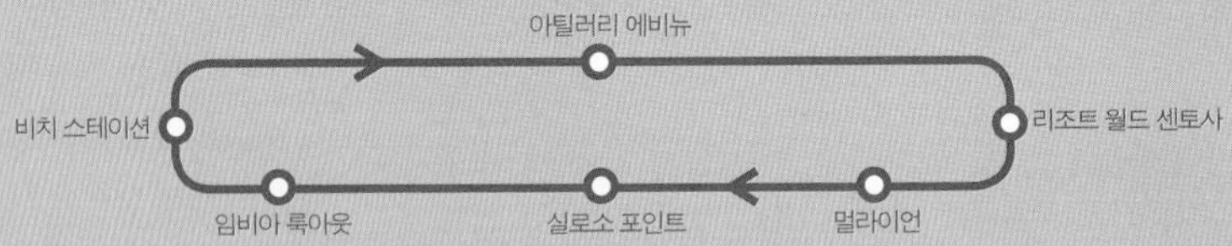

3. 센토사 버스 ❸ 30분 간격. 매일 08:00~22:30

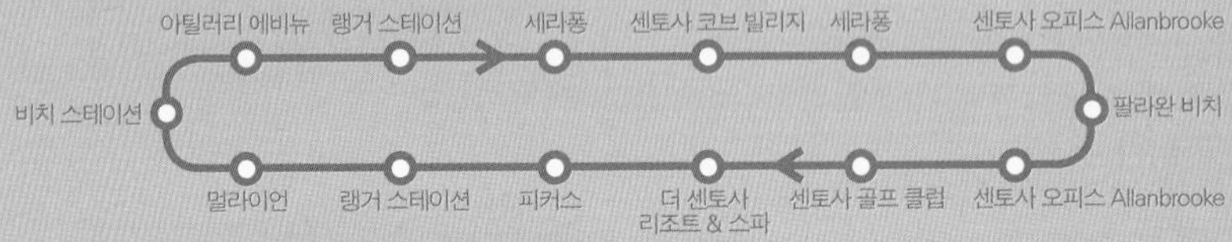

4. 센토사 비치 트램 10분 간격. 일~금 09:00~22:30, 토 09:00~24:00

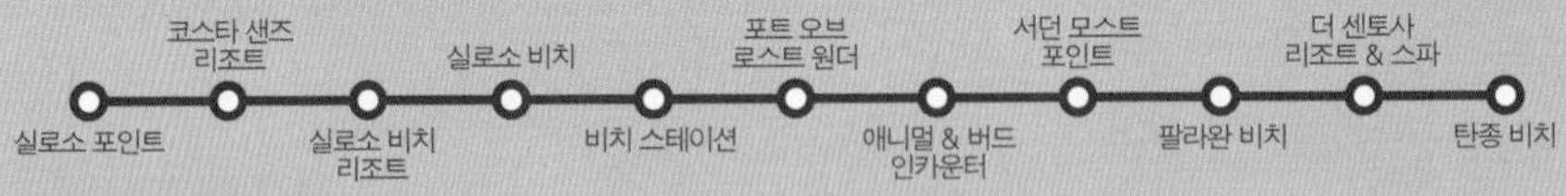

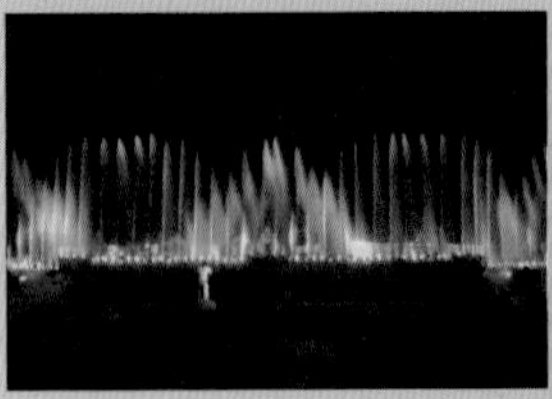

Special Sightseeing

★

리조트 월드 센토사

Resorts World Sentosa

센토사 관광의 판도를 확 바꾸어버린 대형 엔터테인먼트 단지인 리조트 월드 센토사. 리조트 월드 센토사는 무려 49ha에 이르는 대지에 65억의 예산을 쏟아부어 만들어낸 싱가포르의 야심작이다. 리조트 월드 센토사로 인해 센토사를 찾는 관광객의 수가 무려 3배 이상 증가했다고 한다. 이곳에는 다양한 테마를 가진 6개의 호텔을 비롯해 쇼핑몰, 여러 콘셉트의 레스토랑과 동남아시아 최초의 유니버설 스튜디오가 자리하고 있다.

Access	모노레일 워터프런트 역에 하차한다.
Tel	065-6577-8888
Web	www.rwsentosa.com

Resorts World Sentosa Overview

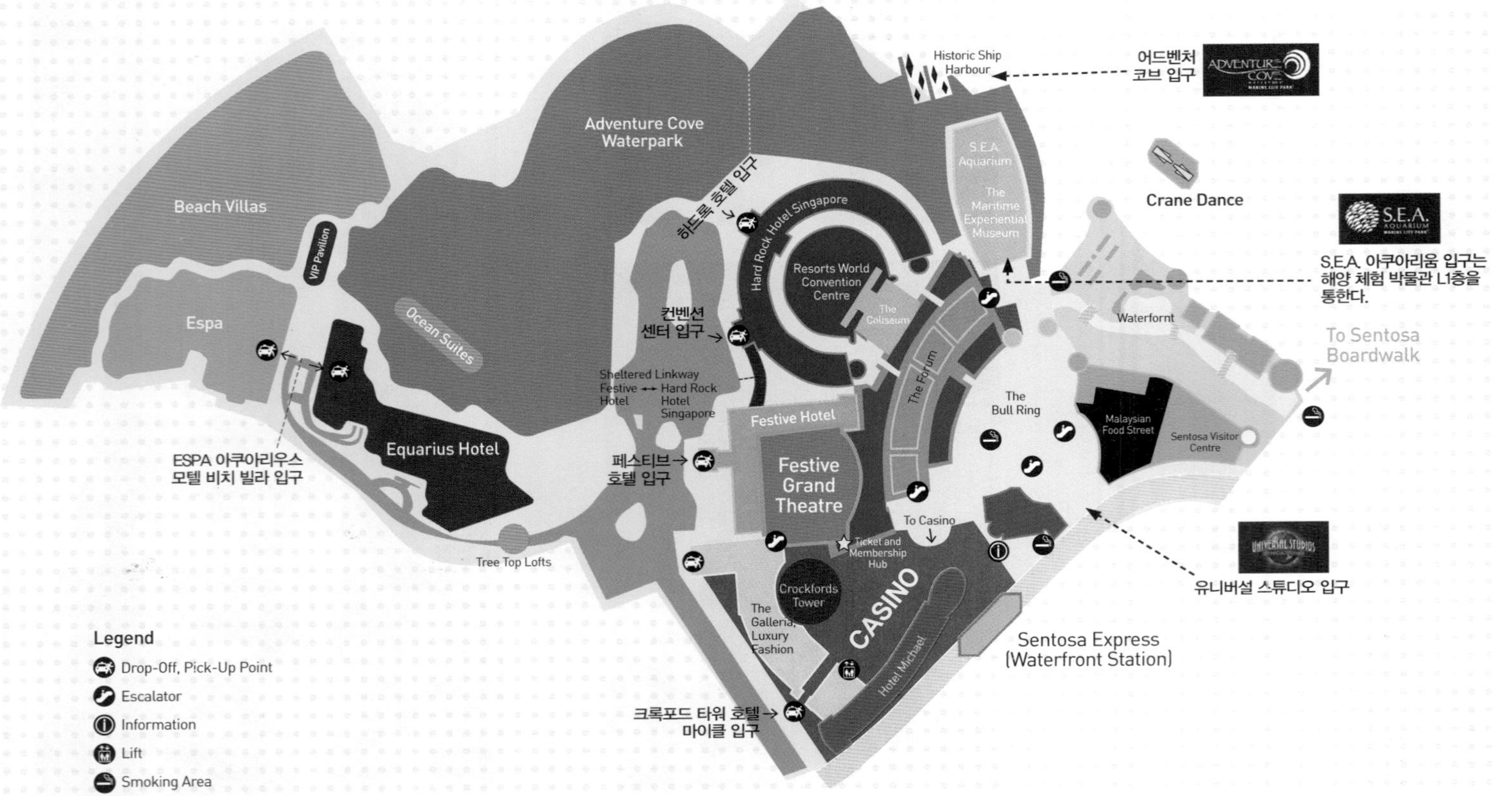

Resorts World Sentosa

❶

마린 라이프 파크 Marine Life Park

전체 6만여 톤의 수중에 800여 종, 100,000여 마리의 다양한 해양 생물들이 전시돼 있는 세계에서 가장 큰 규모의 수족관 S.E.A. 아쿠아리움과 신 나는 물놀이를 즐길 수 있는 어드벤처 코브 워터파크Adventure Cove Water Park가 어우러진 대규모의 해양 테마파크라 할 수 있다.

Tip 멀티 패스 이용하기

멀티 패스를 이용하면 유니버설 스튜디오를 포함해 좀 더 저렴한 가격에서 즐길 수 있다.

아쿠아리움 + 유니버설 스튜디오
성인 SD96/156(1일권/2일권), 어린이 SD69/114(1일권/2일권), 노인 SD54/SD86

아쿠아리움 + 워터파크
성인 SD59/100, 어린이 SD42/68, 노인 SD42/SD68

아쿠아리움 + 워터파크 + 유니버설 스튜디오
성인 SD206(2일권), 어린이 SD148(2일권), 노인 SD122(2일권)

Marine Life Park

❶

해양 체험 박물관 The Maritime Experiential Museum

싱가포르에 처음 생긴 해양 박물관으로, 싱가포르뿐 아니라 아시아 전역의 해양사를 다루고 있다. 그중에서도 특히 유럽에서 아시아에 이르는 해양 실크로드를 조명하면서 아랍 및 중국, 인도 등의 무역 상선과 난파선을 재현하고 1,600여 개에 이르는 유물들을 전시해놓은 것이 눈길을 끈다. 하지만 이곳의 하이라이트는 타이푼 극장. 관람객들은 360도 입체 화면을 통해 마치 진짜 배에 올라타 태풍을 맞는 듯한 경험을 하게 된다. 단지 보는 것에서 그치는 것이 아니라 청각, 후각, 촉각을 모두 이용해 직접 경험해 볼 수 있다는 점에서 매우 흥미롭다.

Access	유니버설 스튜디오를 등지고 오른쪽 방향
Open	10:00~19:00
Cost	S.E.A.아쿠아리움 입장료에 포함. 타이푼 극장 성인 SD6, 어린이 SD4, 노인 SD3
Address	Resorts World Sentosa 8 Sentosa Gateway, Sentosa Island, Singapore 098269
Tel	065-6577-8888
Web	www.rwsentosa.com

❷

S.E.A. 아쿠아리움 S.E.A. Aquarium

전 세계 49개의 서식지에서 온 아름답고 희귀한 해양 생물 10만여 마리를 10개의 존을 지나며 감상할 수 있다. 싱가포르에 있던 기존의 수족관을 제치고 관광객들의 큰 관심을 얻게 된 것은 바로 전 세계에서 가장 크다는 대형 패널 수족관 때문. 이것은 싱가포르에서 가장 큰 영화관 스크린보다 20배(가로 36미터, 세로 8.3미터)나 큰 것이다. 200여 마리의 상어와 거대한 만타가오리, 병코 돌고래, 바다의 포식자라 불리는 골리앗 그루퍼, 나폴레옹 피시 등 800여 종의 해양 생물들이 실제 해양 환경을 그대로 재현한 거대한 수족관에서 대형 난파선을 자유롭게 드나들며 살아가는 모습은 흥미진진하고 신비롭기까지 하다.

Access	유니버설 스튜디오를 등지고 오른쪽 방향
Open	10:00~19:00
Cost	성인 SD38, 어린이 및 노인 SD28 ※ 입장권에는 해양시 박물관 입장료도 포함돼 있다(단 타이푼 극장은 별도 구매).
Address	S.E.A. Aquarium, 8 Sentosa Gateway Sentosa Island, Singapore 098269
Tel	065-6577-8888
Web	www.rwsentosa.com

Marine Life Park

❸

어드벤처 코브 워터파크 Adventure Cove Water Park

파도풀과 다양한 워터 슬라이드는 물론, 어마어마한 양의 물을 뒤집어쓰게 되는 빅버킷 트리 하우스, 흔들리는 밧줄과 그물에 의지해 수중 위를 걸어보는 스플래 시웍스, 수중 자기 코스터의 슬라이드를 수직 상승하여 225미터의 거리를 40초 만에 떨어지는 립타이드 로켓 등 짜릿한 어트랙션들로 가득하다. 열대 정글 정원과 계곡, 동굴, 정원 등을 포함한 흥미진진한 코스 14개를 돌아보는 모험의 강, 알록달록한 열대어 2만여 마리와 산호들을 즐길 수 있는 레인보우 리프(스노클링) 등도 인기 만점이다.

Access	S.E.A. 아쿠아리움을 왼쪽으로 끼고 100미터 직진하면 입구가 나온다.
Open	10:00~18:00
Cost	1일 패스 성인 SD36, 어린이 및 노인 SD26, 어드벤처 익스프레스(립타이드 로켓, 레인보우 리프 1회 이용권)
Address	Adventure Cove Water Park 8 Sentosa Gateway, Sentosa Island, Singapore 098269
Tel	065-6577-8888
Web	www.rwsentosa.com

Marine Life Park

❹

해양 생물 체험 프로그램 Ultimate Marine Encounters

시 트랙 어드벤처 Sea Trek Adventure

수중에서도 자유롭게 숨 쉴 수 있는 특수 마스크를 쓰고 완벽하게 재현해놓은 인공 바다 속으로 들어가 각종 수중 생물들을 만나보는 프로그램이다.

Cost	SD238 (어드벤처 코브 워터파크 입장료 불포함, 수중 20분 포함 총 60분 소요)

상어 체험 Shark Encounter

안전을 위해 아크릴 케이스 안에 들어가 상어의 서식지와 최대한 가까운 거리에서 망치상어, 샌드 바, 블랙팁 리프 상어 등 200여 마리의 상어를 만나보는 프로그램.

Open	11:00, 14:00, 16:00 (수중 15분 포함 총 30분 소요)
Cost	SD88 (어드벤처 코브 워터 파크 입장료 불포함)

레이 베이 Ray Bay

허니콤보가오리, 이글가오리, 검은얼룩가오리 등 10여 종의 가오리들을 직접 만지고 먹이 주기를 통해 해양 생물과의 상호작용을 체험할 수 있는 프로그램이다.

Open	10:45, 12:45, 14:45, 16:45(수중 30분 포함 총 45분 소요)
Cost	SD38 (어드벤처 코브 워터 파크 입장료 불포함)

오픈 오션 다이브 Open Ocean Dive

S.E.A. 아쿠아리움의 12미터 아래까지 내려가 만타 가오리, 그랜드 그루퍼 등 그곳에 살고 있는 해양 생물들을 직접 만나본다. 스쿠버 다이빙 자격증 필수.

Open	10:30(수중 30분 포함 총 160분 소요)
Cost	SD1,280 (어드벤처 코브 워터 파크 입장료와 S.E.A. 아쿠아리움 입장료 포함)

Resorts World Sentosa

❷

페스티브 워크
Festive Walk

유니버설 스튜디오에서 멀라이언 타워로 이어지는 이 길은 각종 숍과 레스토랑들은 물론 센토사의 이름난 무료 공연으로 늘 북적인다.

Resorts World Sentosa

❸

크레인 댄스
Crane Dance

매일 밤 9시부터 진행되는 환상적인 퍼포먼스로, 신비로운 음악과 아름다운 조명으로 더욱 빛을 발한다. 공연은 약 10분간 진행되며 비보 시티를 비롯해 센토사 주변에서도 감상할 수 있다.

Resorts World Sentosa

❹

레이크 오브 드림즈
Lake of Dreams

불을 내뿜는 용과 제트 분수, 화려한 레이저가 어우러진 조명 쇼로 매일 밤 9시 30분, 카지노 근처에서 즐길 수 있다.

Resorts World Sentosa

❺

더 갤러리아 The Galleria

마이클 호텔, 페스티브 호텔, 크록포드 호텔이 연결된 곳에 자리 잡은 초호화 쇼핑몰이다. 이곳에 입점한 브랜드는 불가리, 샤넬, 지미 추, 베르사체 등 선뜻 들어가기도 망설여지는 고가의 명품 브랜드들이 대부분이다. 하지만 그중 리조트 월드 센토사 기념품숍과 우리나라에서 만나볼 수 없는 빅토리아 시크릿은 가뭄에 단비처럼 반가운 매장. 란제리뿐 아니라 코스메틱류도 쇼핑할 수 있다.

Open 11:00~22:00
Tel 065-6723-8024 Web www.rwsentosa.com

Resorts World Sentosa

❻

보야지 드 라비 Voyage De La Vie

'인생 여정'이라는 의미를 가진 이 공연은 한 젊은이가 진정한 삶을 찾아가는 과정을 담은 뮤지컬이다. 태양의 서커스로 유명한 마크 피셔Mark Fisher 감독이 기획을 맡았으며 리조트 월드 센토사를 대표하는 공연으로 자리 잡았다.

Access 페스티브 그랜드 시어터Festive Grand Theatre
Open 수~금 20:30, 토, 일 17:00, 20:30 (약 90분 공연)
Cost Cat1~4 SD48~188
(티켓판매소 10:00~19:00, 인터넷 예매가능)
Web www.rwsentosa.com

Resorts World Sentosa

❼

카지노 Casino

아무나 투숙하지도 못하는 초절정 럭셔리 호텔 크록포드 타워 지하 1층에 자리 잡고 있다. 약 4,500평의 규모로, 마리나 베이 샌즈에 위치한 카지노보다는 규모가 작다. 외국인의 경우 여권과 출국카드만 있으면 무료로 입장할 수 있다. 내부 사진촬영을 엄격하게 금지하고 있으니 유의하자.

Resorts World Sentosa

8

하드록 호텔 Hardrock Hotel

팝스타를 사랑하는 사람이라면 100% 만족감을 느낄 젊고 경쾌한 호텔이다. 전설적인 팝 아티스트들이 맞이하는 객실은 독특하면서도 아이디어가 넘친다. 최근에 생긴 호텔인 만큼 최근의 팝스타들을 만나볼 수 있다는 것도 큰 장점 중의 하나다. 모래가 깔려 있어 바다 느낌이 나는 멋진 수영장도 이 호텔의 인기 요인이다.

Cost 디럭스 SD378~

Resorts World Sentosa

9

페스티브 호텔 Festive Hotel

넉넉한 사이즈의 객실은 이 호텔이 가진 미덕 중 하나다. 가족단위 여행객이 많은 센토사에서는 이 점에서 유리한 곳이다. 아치형의 천장 모습과 알록달록한 포인트의 인테리어가 밝은 느낌을 주는데 특히 패밀리룸에는 귀여운 이층침대가 놓여 있어 가족여행자에게 최고의 선택이 될 것이다.

Cost 디럭스 SD288~

Resorts World Sentosa

10

호텔 마이클 Hotel Michael

호텔 마이클은 이름에서 풍기듯 미국의 건축가 마이클 그래입스Michael Graves의 손길이 고스란히 느껴지는 호텔이다. 오렌지빛과 노란 조명이 주를 이루는 인테리어 덕에 전반적으로 삭막한 도시가 아니라 따뜻한 산장에 온 듯한 느낌이다. 객실 내부는 마이클 그래입스의 개인 컬렉션과 아이디어, 인테리어 포인트로 가득하다. 실제로 이곳은 그가 가장 애착을 느끼는 호텔이라고 한다.

Cost 디럭스 SD420~

Resorts World Sentosa

11

크록포드 타워 Crockfords Tower

일반인의 예약은 전혀 받지 않고 초청된 VIP만이 투숙할 수 있는 호텔로, 전 객실이 스위트룸으로 꾸며져 있다. VIP를 위한 호텔인 만큼 차별화된 서비스와 최고급 시설이 갖추어져 있음은 두말하면 잔소리다.

Special Sightseeing

★

유니버설 스튜디오

Universal Studios Singapore

동남아시아 지역 최초로 들어선 유니버설 스튜디오는 영화를 테마로 한 다양한 어트랙션을 즐길 수 있는 곳이다. 규모는 그리 크지 않지만 24가지의 어트랙션 중 무려 18가지가 싱가포르만을 위해 특별히 제작되었다고 하니 방문해볼 가치는 이미 충분하다 하겠다. 유니버설 스튜디오의 상징인 거대한 지구본 앞에서 기념사진을 찍고 한 방향으로 한 바퀴 돌다 보면 자연스레 이곳을 다 돌아보게 되는 편리한 동선으로 짜여 있다.

Open	10:00~19:00
Tel	065-6577-8899
Web	www.rwsentosa.com

유니버설 스튜디오 패스 구매하기

현장에서 구매할 수 있지만 인터넷으로도 예약 구매가 가능하다. 예약 후 예약확인증이 있어야 현장에서 패스로 교환되므로 반드시 프린트하여 소지할 것.

Tip 유니버설 스튜디오 패스

[illegible] One day Pass

Cost 어른 74, 어린이(4~12세) SD54, 노인(65세 이상) SD36

[illegible] 2Day Pass

2일 패스 연속 이용시 구매.

Cost 어른 SD118, 어린이(4~12세) SD88, 노인(65세 이상) SD58

[illegible] Universal Express

인기가 많은 어트랙션과 쇼에 대기시간 없이 입장할 수 있는 패스.

Cost 어른 SD30~ (패스와 별도, 기간에 따라 가격 상이)

Universal Studios Singapore

1

할리우드 Hollywood

영화의 메카 할리우드를 모델로 한 구역으로 다양한 쇼가 위주가 되는 구역이다. 특히 할리우드 거리를 걷다 보면 만나는 마릴린 먼로를 비롯한 유명 영화배우와의 기념촬영은 잊지 못할 추억이 될 것이다. 거리 한 편에 자리하고 있는 유니버설 스튜디오 스토어에서는 진짜 같은 아카데미 트로피를 판매하고 있어 재미있다.

Universal Studios Singapore

2

뉴욕 New York

미국 최대의 도시인 뉴욕의 모습을 고스란히 재현해 놓은 구역이다. 록펠러 센터에서 즐기는 즐거운 쇼 타임과 스티븐 스필버그가 고안한 5단계의 허리케인을 직접 체험하는 영화의 특수효과 쇼를 즐길 수 있다. 2013년 세계 최초로 오픈한 세서미 스트리트 스페이스 체스에서는 엘모와 친구들과 함께 나쁜 악당 마카로니에게서 스파게티를 구하는 우주여행을 떠나보자.

Tip 놓치기 아까운 엔터테인먼트

[illegible]

Hollywood Dreams Parade

유니버설 스튜디오 영화 캐릭터들의 신 나고 떠들썩한 퍼레이드. 매주 토요일과 특정 일요일 및 공휴일 17시.

[illegible]

Lake Hollywood Spectacular

주말 밤을 수놓는 화려한 불꽃놀이. 매주 토요일과 특정 공휴일 20시.

Universal Studios Singapore

3

사이파이 시티 Sci-Fi City

지능화된 로봇과 인간의 대결을 다룬 영화 〈배틀 갤럭티카〉를 모델로 한 공간이다. 시속 90km로 질주하며 360도로 아찔하게 회전하는 롤러코스터, 배틀 갤럭티카는 이곳에서 꼭 한 번 도전해봐야 할 짜릿한 어트랙션. 또, 최근 오픈한 트랜스포머Transformers The Ride는 전 세계에서 유일하게 이곳 싱가포르 유니버설 스튜디오에서만 체험할 수 있는 3D 입체 어트랙션이다.

Universal Studios Singapore

4

고대 이집트 Ancient Egypt

웅장한 벽과 거대한 파라오상이 마치 이집트에 실제 온 듯한 착각이 들게 만든다. 미라의 복수를 테마로 한 어트랙션 '리벤지 오브 머미'는 어둠 속을 통과하며 실감 나는 영상과 특수효과, 진동장치 등을 이용해 스릴 있는 모험을 선사한다. 또한 트레저 헌터에서는 고대 이집트의 으스스한 사막에서 야생 생활을 접해보고 고대 이집트 무덤 속 유물들을 발견해보는 경험을 하게 된다.

Universal Studios Singapore

5

잃어버린 세계 The Lost World

잃어버린 세계는 할리우드의 두 블록버스터 영화인 〈쥬라기 공원Jurassic Park〉과 〈워터 월드Water World〉의 두 섹션으로 나뉘어 있다.
워터 월드에서는 라이브 워터 쇼를 비롯해 실제 영화 속 폭발 장면도 체험해볼 수 있다. 또, 쥬라기 공원에서는 2인이 즐기는 인기 어트랙션 캐노피 플라이어를 즐길 수 있으며 안쪽에 자리한 디스커버리 푸드코트는 쥬라기 공원을 테마로 꾸며져 있어 아이들과 식사를 즐기기에 좋다.

Universal Studios Singapore

6

아주 먼 왕국 Far Far Away

아이와 어른들 모두에게 인기 많은 캐릭터 '슈렉'. 슈렉과 피오나 공주가 금방이라도 튀어나올 것 같은 귀여운 슈렉의 집을 구경해보자. 특히 슈렉 4D 어드벤처는 인기 캐릭터들이 총출동하는 실감 나는 4D영화로 최고의 인기를 누리고 있다.

Universal Studios Singapore

7

마다가스카 Madagascar

드림웍스의 히트 애니메이션 〈마다가스카〉를 테마로 한 곳이다. 울창한 밀림 속 바오밥나무와 신기한 동물 캐릭터 사이를 오가다 보면 실제로 공간 이동을 한 착각이 든다. 마다가스카 속 영웅들과 함께 즐기는 보트 라이드, 귀여운 캐릭터들과 함께하는 회전목마 등을 즐길 수 있다.

★

센토사의 다양한 어트랙션

센토사의 유용한 플레이 패스

다양한 어트랙션을 마음껏 즐기기 위해 센토사를 찾은 여행자라면 패스 구입은 필수! 약 60% 정도의 예산 절약은 물론이고 티켓을 구매하는 시간도 절약할 수 있으니 패스별 특성을 잘 살펴보고 용도에 맞는 패스를 활용하도록 하자. 패스는 센토사 각 티켓 판매소는 물론 싱가포르에 위치한 9개의 트랜짓 링크Transit Link에서도 구입이 가능하다(www.sentosa.com).

센토사의 유용한 플레이 패스(변동 가능성 있음)

1 데이 플레이 패스 1 Day Play Pass

16개의 어트랙션 무한 이용. 테이스트 오브 싱가포르에서 마음껏 음식을 먹을 수 있는 All You Can Eat Pass를 SD25에 구입할 수 있다.
하루를 온전히 어트랙션에 투자하고자 한다면 추천.

Open 09:00~19:00
Cost SD69/53(어른/어린이)

2 데이 플레이 패스 2 Day Play Pass

1 데이 플레이 패스에 유니버설 스튜디오가 결합된 것.

Cost SD129.9/95.9(어른/어린이)

프리미엄 플레이 패스 Rremium Play Pass

연속 2일간 11개의 어트랙션 중 3개 이용 가능.

Cost 평일 SD65.9

이브닝 플레이 패스 Evening Play Pass

10개의 어트랙션 중 3개 이용 가능.

Open 14:30~19:00
Cost SD31/28(어른/어린이)

초이스 플레이 패스 Choice Play Pass

16개 어트랙션 중 4개 이용 가능.

Open 09:00~19:00
Cost SD44.9/38.9(어른/어린이)

Sightseeing

1

송 오브 더 씨 Songs of The Sea

오랜 시간 동안 계속되어온 센토사 최고의 판타지 쇼다. 약 25분 동안 진행되는 이 쇼는 바다를 배경으로 화려한 레이저와 불꽃, 분수, 3D 애니메이션 기술 등으로 오감을 만족시킨다. 대사는 영어로 진행되지만 영어를 알아듣지 못해도 충분히 즐길 수 있다. 극이 시작되면 바다 위에 설치된 세트에 마을의 젊은이들로 분장한 배우들이 노래를 부르며 등장한다. 마법에 걸린 공주를 깨우기 위해 활약하는 이 젊은이들의 이야기가 줄거리. 아름다운 노랫소리만이 마법에 걸린 공주를 깨울 수 있는데, 공주에게 걸린 마법을 풀기 위해 젊은이들이 다양한 캐릭터들로부터 도움을 받아 결국 공주의 저주가 풀린다. 환하게 미소 짓는 공주의 얼굴로 마무리되는 뮤지컬이다. 티켓은 비치 역의 티켓 판매소에서 구입해야 한다. 유명한 이브 페판의 작품으로 영어로 진행되는 극이지만 스펙터클하고 다양한 효과들로 인해 지켜보는 것만으로도 충분히 재미를 느낄 수 있다. 매일 밤 센토사의 밤을 더욱 아름답게 수놓는 송 오브 더 씨를 놓치지 말자.

Access	비치 트램 정거장 앞 해변, 블루, 옐로, 레드 라인 버스 모두 선다.
Open	1회 19:40, 2회 20:40 매주 토요일 21:40
Cost	입장료 SD18, 프리미어 SD23 (우선 입장과 프리미어 좌석)
Tel	065-6736-8672
Web	www.sentosa.com.sg

2

이미지 오브 싱가포르 Images of Singapore

딱딱한 박물관이라고 생각하고 이미지 오브 싱가포르를 일정에서 제외하는 실수를 범하지 말자. 이미지 오브 싱가포르는 싱가포르의 과거부터 현재까지의 모습을 다양한 방식으로 보여주는데 다민족 국가인 싱가포르가 어떤 과정을 거쳐 지금의 싱가포르로 거듭났는지 재미있게 장치해 놓았다. 주제별로 구역이 나뉘어 있는데 싱가포르의 개척자, 항복의 방, 싱가포르의 축제, 하나의 꿈, 하나의 싱가포르, 싱가포르의 역사로 나뉘어 있으며 3D 애니메이션, 밀랍인형 등 다양한 방식으로 볼거리를 제공하여 재미있게 둘러볼 수 있다. 그 시대의 삶의 모습을 고스란히 재현한 거리를 걷다 보면 마치 과거로 돌아간 듯한 느낌마저 든다. 재미와 정보를 한번에 얻을 수 있는 이미지 오브 싱가포르는 센토사에서 빠뜨릴 수 없는 추천 어트랙션 중 하나다.

Access	임비아 룩아웃 근처
Open	09:00~19:00(마지막 입장 18:30)
Cost	어른 SD10, 어린이 SD7
Address	40 Imbiah Rd. Singapore 099700
Tel	065-6279-3284
Web	www.sentosa.com.sg

Sightseeing

3

멀라이언 타워 The Merlion

파리의 에펠탑, 뉴욕의 자유의 여신상이 도시를 대표하는 마스코트라면 싱가포르에선 단연 멀라이언이다. 상반신은 사자, 하반신은 물고기의 형상을 한 멀라이언, 그중 싱가포르에서 가장 크고 매력적인 멀라이언이 마치 센토사를 지키는 수문장이라도 되듯 37m 높이의 거대한 위용을 자랑하며 우뚝 서 있다. 시티에 서 있는 멀라이언이 구경만 할 수 있어 아쉬웠다면 이곳에선 직접 멀라이언 몸속으로 들어가 볼 수 있다. 멀라이언이 싱가포르의 상징이 된 스토리를 애니메이션으로 감상할 수 있으며 입구에서 엘리베이터를 타고 올라가면 멀라이언의 입을 통해 센토사 전체와 멀리 인도네시안 섬들까지 멋진 장관을 감상할 수 있다. 멀라이언 타워까지 이어져 있는 각종 기념품숍을 둘러볼 수 있고 아기자기하게 꾸며져 있는 멀라이언 워크를 걷는 것도 큰 즐거움 중 하나이다.

Access	모노레일 임비아 역
Open	10:00~20:00(마지막 입장 19:30)
Cost	어른 SD8, 어린이 SD5
Address	30 Imbiah Rd, Singapore 099705
Tel	065-6275-0388
Web	www.sentosa.com.sg

Sightseeing

4

센토사 4D 매직스 Sentosa 4D Magix

The Mysterious Island라는 부제를 단 〈Journey 2〉는 특수 안경을 착용한 채 감상하는 어린이용 4D 영화로, 씨네블라스트의 익스트림 로그 라이드보다는 스릴감이 다소 떨어진다. 대신 여기저기서 튀어나오는 바람과 물 등으로 실감나는 장면 연출이 인상적이다. 지금까지 본 적 없는 비현실적인 신비의 섬에서의 모험이 주요 내용이다.

Access	모노레일 임비아 역에서 도보 5분
Open	10:00~21:00(20:15 마지막 입장)
Cost	**1일 무제한 어드벤처 패스**
	성인 SD38.9, 어린이 SD26.9
Address	51B Imbiah Rd. Singapore
Tel	065-6274-5355

Sightseeing

5

씨네블라스트 Cineblast

Extreme Log Ride라는 부제를 단 신명 나는 모험이 기다리고 있다. 움직임뿐 아니라 물, 바람, 공기까지 실감 나게 느껴지는 4D형식의 어드벤처로 6인승 보트(특수 의자)를 타고 절벽에서 떨어지고 공중을 가르며 정글을 헤쳐 탐험을 즐기는 내용이다. 특수의자가 화면에 따라 움직이지만 심한 수준은 아니니 평소에 놀이기구를 못 타는 사람이라도 한 번쯤 도전해볼 만하다.

Access	센토사 4D 매직스 뒤편에 위치
Open	10:00~21:00(마지막 상영 20:45)
Cost	성인 SD18, 어린이 SD11
Address	Imbiah Rd. Singapore 099708
Tel	065-6274-5355
Web	www.sentosa.com.sg

Sightseeing

6

데스페라도스 Desperados

싱가포르 최초의 양방향 4D 슈팅 게임 어트랙션이다. 4D 안경을 받아 입장해 안쪽에 설치된 전동 말에 올라타 센서가 부착된 총으로 화면 속 목표물을 맞히는 게임이다. 입체적으로 보이는 화면과 함께 말도 움직이고 소리도 실감 나 의외로 스릴 있다. 마지막에는 가장 고득점을 얻은 사람이 화면에 나와 폭소의 도가니가 되기도 한다.

Access	씨네블라스트와 붙어 있음
Open	10:00~21:00(마지막 상영 20:45)
Cost	성인 SD14, 어린이 SD10
Address	Imbiah Rd. Singapore 099708
Tel	065-6274-5355
Web	www.sentosa.com.sg

Sightseeing

7

실로소 요새 Fort Siloso

1880년대 싱가포르의 연안 경비를 위해 지어진 곳 중 하나로 지금은 박물관으로 사용돼 그 당시의 모습을 그대로 재현해 놓았다. 대포 컬렉션에서는 폭탄 발사 시뮬레이션이 설치되어 있으며 여러 가지 대포 전시물들과 더불어 터널 체험 등 다양한 즐길거리가 마련되어 있다.

Access	실로소 비치 트램 정거장에서 레드, 혹은 블루 라인 버스를 이용한다.
Open	10:00~18:00(마지막 입장 17:30)
Cost	어른 SD8, 어린이 SD5
Address	33 Allanbrooke Rd. Singapore 099981
Web	www.fortsiloso.com

Sightseeing

8

센토사 루지 Skyline Luge Sentosa

고카트와 썰매를 합친 듯한 루지는 드라이빙 어트랙션으로 임비아 룩아웃에서 실로소 비치까지 구불구불한 내리막길을 달린다. 간단한 교육을 받은 후 안전장비를 하고 타게 된다. 3분 정도 소요되는데, 신나게 스피드와 스릴을 즐기다 보면 순식간에 도착지점에 와 있어 아쉬움이 남는다. 처음부터 두 번 타는 티켓을 구매해도 좋다. 루지를 타고 내려와 스카이라이드를 타고 다시 올라가는 콤보 티켓이 인기가 있다.

Access	블루, 레드 라인 버스 이용 시 임비아 룩아웃 정류장 하차
Open	10:00~21:30
Cost	루지 & 스카이라이드 콤보 SD13, 스카이라이드 편도/왕복 SD9/13
Address	23 Beach View Singapore 098679
Web	www.sentosa.com.sg

Sightseeing

9

언더워터 월드와 돌핀 라군
Underwater World & Dolphin Lagoon

신 나는 해저 탐험을 떠나 보자. 언더워터 월드에는 아시아 최대 규모인 80m가 넘는 터널식 수조가 설치되어 있어 아치형 터널을 무빙워크에 몸을 싣고 이동하면서 신비스러운 여러 동물들과 생태계를 직접 보고 느낄 수 있다. 총 6,000여 종의 바다 생물을 보유하고 있는데 시간이 되면 다이버들이 먹이를 주는 모습을 구경할 수 있으며 직접 손으로 만져볼 수 있는 터치 풀도 있다. 야외 공연장에서는 돌고래와 물개들의 익살맞은 공연도 관람할 수 있다.

Access	실로소 비치 트램 정거장
Open	10:00~19:00(마지막 입장 18:30)
Cost	어른 SD25.9, 어린이 SD17.6 (돌핀 라군 포함)
Address	80 Siloso Rd. Singapore 098967
Tel	065-6275-0030
Web	www.underwaterworld.com.sg

Sightseeing

10

메가지프 어드벤처 파크 MegaZip Adventure Park

임비아 힐에서 실로소 비치 앞까지 이어지는 고공 점프 어트랙션이다. 75m 높이에서 450m를 이동하는데, 줄 하나에 의지해 센토사의 숲을 지나 비치까지 날아갈 수 있다. 3명이 동시에 진행할 수 있고, 안전장치가 완벽하다고 하니 안심하고 시도해보자. 이외에도 수직하강 점프하는 파라점프와 다소 난이도 높은 로프타기인 클라임맥스, 암벽타기인 노스페이스도 있다. 메가지프와 클라임맥스, 피리점프를 함께 즐길 수 있는 콤보 티켓도 있다.

Access	임비아 룩아웃에서 임비아 힐 방향으로 올라간다. 실로소 비치 티켓 카운터에서 버기 운행 (SD2, 콤보 티켓 구입 시 무료)
Open	11:00~19:00
Cost	메가지프 SD38, 클라임맥스 SD38, 파라점프 SD12
Address	Megazip Adventure Park Imbiah Hill Rd, Sentosa
Tel	065-6884-5602
Web	www.megazip.com.sg

Sightseeing

11

고 그린 세그웨이 & 에코 어드벤처 Go Green Segway & Eco Adventure

서서 타는 두 바퀴 스쿠터인 '세그웨이'를 정해진 코스를 따라 돌아오는 어트랙션이다. 간단한 조작으로 쭉쭉 미끄러지듯 달리는 세그웨이로 스피드를 즐겨보자. 가볍게 타고 싶다면 펀라이드를, 땀 흘리며 타고 싶다면 30분간 센토사를 종횡무진 달리는 에코 어드벤처를 선택하면 된다. 18세 이상만 가능한 야간 공포 체험인 고 그린 애프터 다크도 흥미롭다. 고 그린 사이클 & 아일랜드 익스플로러도 있다.

Access	블루, 옐로 라인 버스 또는 비치 크램 이용 시, 비치스테이션 하차
Open	10:00~20:00
Cost	펀라이드 SD12, 가이드 에코 어드벤처 SD38(30분)
Address	50 Beach View, Sentosa, Singapore 098604
Tel	065-9826-4066
Web	www.segway-sentosa.com

Sightseeing

12

타이거 스카이 타워 Tiger Sky Tower

해발 131m까지 올라가는 회전 전망대로 센토사 섬과 싱가포르의 전경을 한눈에 볼 수 있다. 맑은 날에는 말레이시아와 인도네시아까지 보인다고 한다. 천천히 360도로 상승 회전하면서 즐기는 파노라마 뷰는 아찔한 스릴감과 함께 멋진 풍경을 선사한다. 센토사의 화려한 야경을 하늘에서 볼 수 있는 야간 운행도 멋진 경험이 될 것이다.

Access	블루, 레드 라인 버스 이용 시 임비아 룩아웃 정류장 하차. 케이블카 어라이벌 플라자 앞.
Open	09:00~21:00(마지막 탑승 20:45)
Cost	성인 SD15, 어린이(3~12세) SD10
Address	41 Imbiah Rd, Singapore 099707
Tel	065-6276-1453
Web	www.skytower.com.sg

Sightseeing

⑬

버터플라이 파크 앤 인섹트 킹덤

Butterfly Park & Insect Kingdom

센토사에서 가장 오래된 곳 중 하나로, 실내에 있는 생태공원이다. 나비와 곤충, 새들까지 직접 만져보고 체험할 수 있는 곳으로 가족여행자들에게 인기가 높다. 나비의 종류와 성장 과정 등을 가이드의 설명과 함께 보면 더없이 좋은 자연 공부가 된다. 전 세계적으로 희귀종인 나비와 곤충들의 표본은 박물관에서 볼 수 있다.

Access	블루, 레드 라인 버스 이용 시 임비아 룩아웃 정류장 하차. 케이블카 어라이벌 플라자 옆
Open	09:30~19:00 (마지막 입장 18:30)
Cost	성인 SD16, 어린이(3~12세) SD10
Address	51 Imbiah Rd. Sentosa, Singapore 099702
Tel	065-6272-6443
Web	www.jungle.com.sg

Sightseeing

⑭

아이 플라이 iFly Singapore

세계 최대 규모이며 싱가포르에서는 유일무이한 실내 스카이다이빙 체험시설이다. 17m 상공에서 센토사의 해변과 남중국해의 아름다운 풍경을 감상하며, 새가 된 듯한 짜릿한 경험을 할 수 있다. 3세 이상이라면 누구나 도전할 수 있으며, 그만큼 철저한 안전장치는 물론 전문적인 트레이너가 든든하게 서포트해준다. 초행자 코스, 전문가 코스, 2 다이버 체험, 4 다이버 체험 등 다양한 프로그램이 있어 선택의 폭이 넓다. 요일과 시간대에 따라 가격대도 다르니 방문 전 홈페이지에서 꼭 확인하자.

Access	실로소 비치 워크, 카페 델마와 아주라 비치 클럽 중간 지점에 있다.
Open	**수** 10:30~22:00(First Flight 12:00, Last Flight 22:00) **월, 화~목** 09:00~22:00 (First Flight 10:30, Last Flight 22:00)
Cost	성인 SD99, 어린이 SD90
Address	43 Siloso Beach Walk, Sentosa, Singapore 099010
Tel	065-6571-0000
Web	www.iflysingapore.com

Sightseeing

⑮

스카이 파크 Sky Park

답답한 도시 여행에서 잠시나마 숨통이 트이는 여유로운 시간을 스카이 파크에서 보내보자. 비보 시티 3층에 위치한 스카이 파크는 여유로운 공간에 인공호수와 다양한 예술 작품들이 적절히 조화를 이루어 새로운 휴식과 문화의 공간으로 자리 잡고 있다. 스카이 파크에서는 멀리 센토사도 내다볼 수 있는데 30분 내외면 센토사까지 닿을 수 있는 센토사 보드워크와도 접근할 수 있다(약 700m). 주변의 다양한 레스토랑과도 연결되어 있어 식사, 쇼핑과 연계해 하루 일정을 짜보는 것도 좋겠다.

Access	비보 시티 3층
Cost	무료
Address	1 Harbourfront Walk, 01-18, Singapore 098585

Sightseeing

16

실로소 비치 Siloso Beach

센토사의 비치 중 가장 활기가 넘치는 비치로 꼽힌다. 센토사를 찾는 이라면 누구나 한 번쯤 앞에서 기념사진을 찍어보았을 알록달록한 센토사 글자 조형물은 이제 센토사의 상징이라고 해도 과언이 아니다. 해변도 여유롭게 조성이 되어 있고 유명 리조트와 편의시설이 가장 잘 갖추어진 비치로 연중 내내 다양한 이벤트와 파티 등이 열리기도 한다. 매년 마지막 날에는 전 세계 젊은이들이 모여드는 실로소 비치 파티가 개최된다.

Sightseeing

17

탄종 비치 Tanjong Beach

탄종 비치에는 탄종 비치 클럽이라는 스타일리시한 바 이외에 이렇다 할 편의시설을 찾아보기 어렵다. 그래서인지 더욱 여유롭고 평화로운 분위기가 느껴진다. 항상 사람들로 북적이는 다른 해변을 피해 조용하게 휴식을 취하려는 사람들이 자주 찾는 편이다. 바가 있는 탓에 낮보다는 밤에 사람들이 많이 모여든다.

Sightseeing

18

팔라완 비치 Palawan Beach

물빛으로는 센토사의 어떤 비치보다 고운 팔라완 비치는 다양한 액티비티로 가족 여행자들에게 특히 인기가 많은 해변이다. 보기만 해도 아찔한 그물 다리가 설치되어 있는데 그물 다리를 건너면 센토사 섬 전경을 조망할 수 있는 아름다운 전망대를 만나볼 수 있다. 또한 비치 근처에는 12세 이하 어린이 전용 워터파크인 Port of Lost Wonder와 다양한 새와 원숭이 쇼 Animal & Bird Encounters를 눈앞에서 즐길 수 있는 원형극장Amphitheatre이 위치해 있다.

Open	어린이 워터파크 10:00~18:00, 동물 쇼 14:00~14:15, 15:00~15:30, 16:00~16:15, 17:00~17:30
Cost	**어린이 워터파크** 어린이 SD8/15(주중/주말), 부모 무료 **동물 쇼** 무료

Food

1

수프 레스토랑 Soup Restaurant

차이나타운 헤리티지 레스토랑이라는 독특한 콘셉트를 가진 곳으로 싱가포르 내에 선텍 시티, 파라곤, 창이 공항 등 15개의 지점을 가지고 있다. 이곳은 예전 차이나타운 노천식당의 메뉴들을 레시피대로 고스란히 재현해 내 많은 호응을 얻고 있다. 특히 진한 국물 맛이 일품인 Double Boiled Soup 종류는 이 집의 대표 메뉴인데 우리 입맛에는 맞지 않을 수도 있으니 선택 시 신중하자. 생강소스에 찍어 먹는 촉촉한 닭고기 요리 삼수이 진저 치킨 또한 놓칠 수 없는 메뉴.

Access	비보 시티 2층
Open	월~금 11:30~14:30, 17:30~22:00 주말 및 공휴일 11:30~22:00
Cost	Double Boiled Herbal Soup SD5.9~, Samsui Ginger Chicken SD15.9
Address	1 Harbourfront Walk #02-141, Vivo City Singapore 098585
Tel	065-6376-9969
Web	www.souprestaurant.com.sg

Food

❷

트라피자 Trapizza

라사 센토사 샹그릴라의 부속 레스토랑으로 비치 쪽에 자리하고 있고 캐주얼한 분위기에 가격도 합리적인 편이라 꾸준히 사랑을 받고 있다. 트라피자의 가장 큰 자랑은 이름에서 알 수 있듯 화덕에서 직접 구워 나오는 맛있는 피자.
연어와 새우 등 신선한 시푸드가 푸짐하게 얹어진 피자 시칠리아나Pizza Siciliana는 트라피자의 베스트셀러. 꾸준히 사랑받는 트라피자 링귀니Trapizza Linguine도 추천할 만하다. 아삭아삭 신선한 채소와 고소한 견과류가 잘 조화를 이룬 실로소 샐러드도 식사와 곁들여 먹기에 아주 좋다. 적당히 양념이 배어 있는 치킨윙과 고소한 깔라마리 튀김 또한 트라피자에서 추천하는 메뉴. 낮은 좀 더울 수 있으니 저녁 무렵 방문하는 것이 더 좋다.

Access	실로소 비치 해변가
Open	11:30~21:30
Cost	실로소 샐러드 SD16.80, 피자 SD18~, 파스타 SD16.9~ (Tax & SC 17%)
Address	101 Siloso Rd. Singapore 098995
Tel	065-6376-2662
Web	www.shangri-la.com

스커트 Skirt

스테이크를 사랑한다면? 스커트를 가지 않을 이유가 없다. 스커트는 싱가포르에서 유일하게 25시간 드라이 에이징을 직접 레스토랑 키친에서 하는 것으로 유명한데 그만큼 맛과 품질이 보장되어 호텔에 머무는 여행객들보다 현지인들이 일부러 찾아오는 경우가 더 많다고 한다. 스테이크는 오븐이 아닌 숯과 장작 위에서 직접 요리하여 스모크 향이 살아 있다. 스테이크와 함께 특제 바비큐 소스와 소금 3종류가 제공되는데, 4가지 중 무엇을 더하느냐에 따라 스테이크의 맛이 달라진다. 스커트의 선데이 브런치(일 11:00~16:00, SD108++)도 놓치지 말 것. 이 가격에 SD40만 추가하면 세계적으로 명성이 자자한 뵈브 클리코 샴페인을 무제한 즐길 수 있다.

Access	센토사 W호텔 1층
Open	디너 18:30~22:30(라스트 오더) 선데이 브런치 11:00~16:00
Cost	Blackmore Australian Full Blood 9+ Wagyu 250g SD55~, Tajima Australian Crossbred Wagyu 25 days Fry aged SD75~, 샐러드 스타터 SD15~, 핫스타터 SD16~ (SC 10%, TAX 7%)
Address	W Singapore Sentosa Cove 21 Ocean Way, Singapore 098374
Tel	065-6808-7289

Food

4

가루다 빠당 퀴진 Garuda Padang Cuisine (주소 이전)

인도네시아의 전통 요리 빠당 푸드를 맛볼 수 있는 레스토랑으로 오차드 센트럴, 파 이스트 스퀘어에도 지점을 가지고 있다. 빠당 푸드는 밥과 함께 고기, 채소 등을 이용한 다양한 반찬들을 골라 밥과 함께 먹는 방식이다. 진열된 음식들이 보기에는 거칠고 두박해 보이지만 매콤한 삼발 소스를 사용한 메뉴가 많아 우리 입맛에도 잘 맞는다. 특히 렌당 사피Rendang Sapi와 매콤한 오징어 요리Sambal Cumi Cumi는 갈비와 비슷한 맛으로 우리 입맛에도 맛있다. 가루다 빠당 퀴진은 2010년 Asia One People's Choice Awards에서 아시아 레스토랑 Top3에 뽑히기도 하였다.

심림 스퀘어점

Open	10:30~20:30
Cost	Sambal Cumi Cumi SD7.5, Dinner Buffet SD23.8~25.8 (Tax & SC17%)
Address	1 Rocher Canal Rd. Simlim Square #01-06
Tel	065-6441-0220
Web	www.garudapadang.com

Food

5

테이스트 오브 아시아 Taste Of Asia

싱가포르를 비롯해서 인도네시아, 태국, 베트남, 인도, 중국 등 아시아 각국의 음식을 만날 수 있는 레스토랑이다. 저렴한 가격과 평균 이상의 음식 맛을 유지한다. 다양한 메뉴를 제공하고 있어서 여러 명이 가면 각국의 맛을 공유하는 재미를 느낄 수 있다. 달달한 소스의 치킨 사테와 각종 재료와 함께 볶아낸 면 요리, 미고랭, 볶음밥 등이 추천메뉴다. 손잡이 달린 두툼한 유리병에 나오는 아이스 음료는 보기만 해도 시원하다. 메뉴가 다양해 취향이 제각각인 여럿이 함께 가면 만족도가 높은 곳이다.

Access	블루, 옐로 라인, 센토사 익스프레스 이용 시 비치 스테이션 하차 송 오브 더 씨 공연장 앞쪽
Open	11:00~22:00
Cost	치킨 사테(6조각) SD5.8, 팟타이 SD5.8, 싱가포르 락사 SD6.8
Address	60 Siloso Beach Walk, Sentosa, Singapore
Tel	065-6273-1743
Web	www.sentosadining.com.sg

Food

6

클리프 The Cliff

더 센토사 리조트의 여유롭고 자연 친화적인 분위기를 고스란히 담은 레스토랑이다. 클리프라는 이름에 걸맞게 바다가 내려다보이는 아찔한 절경이 기가 막히다. 내부는 모노톤의 심플하고 시크한 분위기로 음식 수준을 짐작하게 한다. 식사가 아니더라도 로맨틱한 분위기의 바에서 신선한 오이스터와 함께 와인 한잔으로 하루를 마무리하는 것도 좋겠다.

Access	센토사 리조트 내
Open	18:30~24:00
Cost	4 코스 디너 SD148~ (Tax & SC 17%)
Address	2 Bukit Manis, Sentosa, Singapore 099891
Tel	065-6371-1425

Food

7

디안 샤오에 Dian Xiao Er

허브와 로스티드 덕과의 환상적인 하모니로 인기를 끌고 있는 곳이다. 원래 로스티드 덕만을 취급하다 웨이터인 샤오에의 상처를 치유하기 위해 오리 요리에 허브를 첨가하였고 맛과 건강에서 큰 효과를 본 후부터 쭉 허브를 첨가한 오리요리를 선보이게 되었다고 한다. 11개의 지점을 가지고 있지만 마리나 스퀘어와 이곳 비보 시티 지점이 가장 접근성이 편리하다.

Access	비보 시티 2층
Open	월~금 11:30~14:30, 17:30~22:00 주말 및 공휴일 11:30~22:00
Cost	Duck Roasted with Angelica Herb SD11.8(2인), Sweet Bun SD4.8(4pcs), Herbal Duck Rice SD6.8 (Tax & SC 17%)
Address	1 Harbourfront Walk #02-137/8 Vivo City, Singapore 098585
Tel	065-6376-9786
Web	www.dianxiaoer.com.sg

Food

8

바게트 Baguette

신선한 야채와 식상하지 않은 재료의 조합으로 독특한 맛을 선사하는 베트남식 바게트 샌드위치에 영감을 받아 오픈한 레스토랑이다. 싱가포르에도 여러 지점을 갖고 있을 정도로 이미 성공을 거두고 있으며 합리적인 가격에 저칼로리이며 맛도 좋은 샌드위치는 젊은 여성들에게 특히 인기가 많은 편이다. 바게트 샌드위치는 사진과 함께 있어 주문하기 편리하며 사이즈도 미니와 레귤러로 선택이 가능하다. 샌드위치 이외에 다양한 면 요리도 맛있는 편이다.

Access	비보 시티 1층
Open	10:00~22:00(마지막 주문 21:30)
Cost	1 Harbourfront Walk, #01-163, Vivo City, Singapore 098585
Address	바게트 SD3.5~(미니), 누들 SD3.8~ (Tax & SC 17%)
Tel	065-6493-1426
Web	www.baguette.sg

Food

9

카니보레 Carnivore

브라질에 온 듯한 착각이 드는 흥겹고 기분 좋은 레스토랑이다. 고기를 좋아하는 여행자라면 일순위로 꼽아도 좋을 브라질리언 뷔페 레스토랑으로 전통 방식으로 꼬치에 끼워진 양고기, 립, 소시지, 치킨, 비프 등 10여 종이 넘는 고기들을 마음껏 먹을 수 있다. 신선한 야채와 브라질 전통 음식들도 뷔페 섹션에서 마음껏 먹어도 좋다. 차임스, 마리나 베이 샌즈에도 분점이 있으니 가까운 곳으로 골라 가자.

Access	MBS 지점 마리나 베이 샌즈, 더 숍스 쇼핑몰 내 1층에 있다. 차임스 지점 MRT 시티홀 역에서 도보 약 5분, 차임스 내에 있다.
Open	**MBS 지점** 12:00~15:00, 18:00~22:00 **차임스 지점** 18:00~23:00
Cost	**월~목** 런치(어른/어린이) SD34/15, 디너 SD45/20 **금~일** 런치(어른/어린이) SD45/20, 디너 SD49/20
Address	**MBS 지점** 2 Bayfront Avenue, #01-80, The Shoppes at Marina Bay Sands **차임스 지점** 30 Victoria St., #01-30, Chijmes
Tel	MBS 지점 065-6688-7429 차임스 지점 065-6334-9332
Web	www.carnivore.com.sg

Food

⑩

일 리도 Il Lido

센토사 골프 클럽 내에 자리한 파인 다이닝 이탈리안 퀴진으로, 고급을 지향하는 레스토랑 콘셉트에서는 살짝 벗어난 팝아트적인 인테리어가 의외다. 블랙을 기본으로 해 고급스러움을 잃지 않으면서 컬러풀한 포인트로 반전을 준 점이 흥미롭다. 눈앞에 펼쳐진 푸른 잔디밭과 바다 전망이 어우러져 여유로운 기분이며 이탈리아 본토 출신 셰프의 멋진 음식 솜씨는 이곳의 가치를 극대화시킨다.

Access	센토사 골프 클럽 내
Open	12:00~14:30, 18:30~22:30
Cost	파스타 SD32~, 주말 브런치 SD68~ (Tax & SC 17%)
Address	Sentosa Golf Club 27 Bukit Manis Rd. Singapore 099892
Tel	065-6866-1977
Web	www.il-lido.com

Food

⑪

브레이즈 Braise

수준급 다이닝으로 유명한 아마라 생크추어리의 정통 프렌치 레스토랑이다. 브레이즈는 2008년 호텔 1929의 엠버의 셰프와 뉴 마제스틱 호텔 셰프의 콜라보레이션으로 화려하게 문을 열었다. 팔라완 비치가 내다보이는 멋진 레스토랑 내부는 화이트톤의 화사한 인테리어로 모던하게 꾸며져 있다. 다소 비싼 가격의 브레이즈이지만 식전 제공되는 빵만 보아도 수준이 짐작되는 하이퀄리티 레스토랑으로 한 번쯤 큰맘 먹고 도전해볼 만하다.

Access	팔라완 비치 워크, 쿠푸 푸드코트에서 가깝다.
Open	화~토 11:30~15:00, 18:30~22:30 일 10:30~16:00 (월요일 휴무)
Cost	런치 메뉴 SD48~ (Tax & SC 17%)
Address	60 Palawan Beach Walk, Level 2, Sentosa
Tel	065-6270-1377

❶

웨이브 하우스 Wave House

서핑클럽과 레스토랑 & 바가 결합한 웨이브 하우스. 센토사에서 유일하게 서핑이 가능한 곳으로 각종 파티와 웨딩, 이벤트가 열리는 센토사 최고의 나이트 스폿이다. 젊고 활기찬 직원들이 친절하게 응대해주고, 눈을 호강시켜주는 서퍼들이 많아 매력을 더한다. 호평이 자자한 레스토랑과 비치 쪽으로 수영장과 선베드와 카바나 등 휴식공간이 있는 바가 있다.
젊은 사장님의 인테리어 아이디어가 넘치는 레스토랑은 오픈키친으로 간단한 스낵류부터 해산물, 육류 메인요리에 디저트까지 다양한 메뉴를 제공한다. 파인애플 잔에 가득 담겨 나오는 웨이브 하우스의 싱가포르 슬링을 마시고 있으면 이곳이 센토사임이 실감 난다. 수시로 진행하는 프로모션을 이용하면 저렴하게 즐길 수 있다.

Access	실로소 비치에 위치.
	Beach Station까지 버기[buggy] 운영
	(전화로 픽업 가능)
Open	월, 화, 목, 금 10:00~23:00
	수, 토, 일, 공휴일 09:00~23:00
	(이벤트가 있는 날은 연장)
Cost	피자류 SD16.5~17.8,
	시푸드류 SD23~27
	(Tax & SC 17%)
Address	36 Siloso Beach Walk, Sentosa
Tel	065-9831-3579
Web	www.wavehousesentosa.com

Wave House

❶

웨이브 라이드 Wave Rides

인공파도를 이용해 서핑을 즐기는 어트랙션으로 큰 인기를 모으고 있다. 초보자를 위한 플로라이더Flow Rider와 중급자 이상을 위한 플로베럴Flow Barrel이 있다. 안전요원들이 배치되어 있고 초보자 코스에는 강사도 있다. 플로베럴은 파도의 강도가 6단계로 나뉘는데, 모두 집어삼킬 듯한 6단계 파도를 질주하는 서퍼들의 모습은 스릴이 넘친다. 서핑 관련 숍도 운영하고 있는데 국내에서는 볼 수 없는 의상과 아이템들로 가득해 마니아와 콜렉터들은 주목할 만하다.

Cost	**플로라이더(1시간)**
	평일 SD35, 주말 SD40
	캐치 어 웨이브
	평일 SD12, 주말 SD15

Night Life

❷

카페 델마 Cafe Delmar

대부분의 센토사 비치의 레스토랑 & 바와 마찬가지로 멋진 수영장을 가지고 있는 카페 델마. 특히 2층 구조인 풀 바는 이곳의 자랑이다. 성수기에는 풀을 중심으로 여러 종류의 파티와 이벤트가 열려 센토사의 밤을 열기로 몰아넣는다. 카페 델마의 레스토랑은 2008년부터 매년 싱가포르 베스트 레스토랑으로 선정되어 그 명성과 인기를 짐작하게 한다. 알리오올리오나 봉골레 같은 스파게티류와 피시 앤 칩스와 립아이 스테이크 등이 인기 있는 메뉴다. 술을 못하는 여성이라면 알코올이 들어 있지 않는 목테일로 해변의 밤을 즐기는 것도 좋겠다.

Access	실로소 비치에 위치,
	웨이브 하우스 옆
Open	일~목, 공휴일 11:00~23:00
	금, 토, 공휴일 전날
	11:00~익일 02:00
Cost	샐러드류 SD8~12,
	파스타 등 메인요리 SD12~35,
	목테일 & 칵테일 SD10~
	(Tax & SC 17%)
Address	40 Siloso Beach Walk, Sentosa
Tel	065-6235-1296
Web	www.cafedelmar.com.sg

❸

세인트 제임스 파워 스테이션 St. James Power Station

1920년대에 지어져 발전소로 쓰이던 건물을 개조해 지금은 최고의 나이트 스폿으로 싱가포르의 밤을 책임지고 있다. 10개의 구역으로 나뉘어 있는데 각각의 구역은 테마와 타깃층, 오픈시간 등이 모두 제각각이다. 최근 세인트 제임스 파워 스테이션 앞 광장에 푸드코트 사업도 벌여 각종 라이브와 이벤트와 함께 맛있고 저렴한 음식으로 밤을 지새우려는 사람들로 언제나 북적거린다.

Access	비보 시티 2층에서 하버프런트 쪽으로 연결 통로가 있다.
Tel	065-6270-7676
Web	www.stjamespowerstation.com

세인트 제임스 파워 스테이션 이용안내

	Theme	Operating Hour	Happy Hour	Entrance Fee
Bellini Room	Jazz	**월~목** 6pm~3am **금, 토** 6pm~4am	**월~토** 6pm~9pm 음료 50% 할인	입장료 없음
Dragonfly	Mand opop	6pm~6am **Show Time** 7pm	6pm~9pm	남성 SD20 (금, 토, 음료 1잔 포함) 여성은 무료
Gallery Bar	Funky House, Lounge, R&B	**월~목** 6pm~3am **금** 6pm~4am **토** 8pm~4am	**월~토** 6pm~9pm 음료 50% 할인	입장료 없음
Mono	인터내셔널, 가라오케	6pm~6am	6pm~9pm 음료 50% 할인	남성 SD20 (금, 토, 음료 1잔 포함) 여성은 무료
Movida	Latin Pop Music	**화~목** 8pm~3am **금, 토** 8pm~5am **일** 6pm~3am	**화~토** 8pm~10pm **일** 6pm~10pm 음료 50% 할인	남성 SD20 여성 SD15 (금, 토, 음료 1잔 포함)
Peppermint Park	Lounge	**일~목** 5pm~3am **금, 토** 5pm~4am	5pm~9pm 음료 50% 할인	입장료 없음
The New Paper Sports Bar	Lounge / Live Sports Matches	5pm~6am	5pm~9pm 음료 50% 할인	입장료 없음
Powerhouse	Dance	**수~금** 9pm~4am **토** 9pm~5am **마지막 주 토요일** 9pm~6am	**수, 금, 토** 9pm~10pm 음료 50% 할인	**수요일** 남성 SD20, 여성 무료 **금, 토** 남성 SD20, 여성 SD15 **11pm 전** 학생은 무료 입장
St. James Wine Bar & Bistro	Acoustic / Unplugged	**일~목** 6pm~3am **금, 토** 6pm~4am	6pm~9pm 음료 50% 할인	입장료 없음
Street Bar @ Food Republic Beer Garden	Acoustic / Unplugged 푸드코트	**일~목** 6pm~5am **금, 토** 6pm~6am	6pm~9pm 음료 50% 할인	입장료 없음
The Boiler Room	English Top 40 Hits	**일~목** 6pm~3am **금, 토** 6pm~4am	**월~토** 6pm~9pm 음료 50% 할인	**금, 토** 남성 SD20, 여성 SD15 (음료 1잔 포함)
The Lobby	Acoustic / Unplugged	**수요일** 8pm~3am **금, 토** 8pm~4am	8pm~9pm 음료 50% 할인	입장료 없음

❹

브로자이 Brotzeit

신선한 독일 정통 맥주를 마실 수 있는 것 하나만으로도 충분히 매력적인 곳이지만 멋진 전망과 알차게 맛있는 이곳의 음식은 식사만을 위해 찾아도 좋을 만큼 훌륭하다. 그런 탓에 저녁 시간이면 발 디딜 틈 없이 사람들이 모여드는 최고의 인기 바 겸 레스토랑이다. 가게 이름은 독일어로 음식을 뜻하는 Brot와 시간을 의미하는 Zeit의 합성어로, 훌륭한 음식과 술이 함께 하는 시간을 의미한다고 한다. 맥주는 물론이고 이곳의 독일식 음식들은 일부러 찾아도 좋을 만큼 맛있는데, 특히 통통한 수제 소시지와 더불어 정통 독일식으로 요리한 푸짐한 포크 너클은 꼭 맛보아야 할 이 집의 시그니처 메뉴다. 달달한 소스에 부드러운 육질이 끝내주는 백립은 꼭 한번 맛보자. 이곳 이외에도 래플스 시티 쇼핑센터와 313 앳 서머셋에도 지점을 가지고 있다.

Access	비보 시티 1층
Open	평일 12:00~24:00
	일 11:00~23:00
	토, 공휴일 전날과 공휴일
	12:00~익일 01:00
Cost	포크 너클 SD36, 베이컨 피자 SD16.5
	(Tax & SC 17%)
Address	1 Harbourfront Walk
	#01-149/150/151 Vivo City
	Singapore 098585
Tel	065-6272-8815
Web	www.brotzeit.co

Night Life

5

아주라 비치 클럽 Azzura Beach Club

1,870m의 엄청난 규모를 자랑하는 아주라 비치 클럽. 나이트라이프를 즐기기 위한 공간에서 벗어나 다양한 즐길거리를 제공하는 종합 엔터테인먼트 플레이스로 웨이브 하우스와 그 맥락을 같이한다. 뛰어난 다이닝 공간은 물론이며 밤이 되면 시크한 바로 변신을 하고 바나나보트 등 수상스포츠를 즐길 수 있는 공간으로 멀티플레이어를 담당하고 있다.

Access	실로소 비치 비치 워크
Open	월~목 10:00~22:00
	금, 토, 일 10:00~익일 02:00
Cost	프렌치프라이 SD10,
	버거 SD24~ (Tax & SC 17%)
Address	46 Siloso Beach Walk, Singapore
	099005
Tel	065-6270-8003
Web	www.azzura.sg

Night Life

6

샌드 바 Sand Bar

화이트 앤 블루의 시원스러운 디자인으로 파란 바다와 하늘과 하나로 어우러지는 느낌의 캐주얼한 바이다. 주문을 하고 음료를 만드는 바 주변의 좌석을 제외하고는 대부분이 모래사장에 편하게 펴 놓은 선베드 석에 앉아 시간을 보내는 손님들이다.

Access	실로소 비치
Open	월~목 11:00~23:00
	금, 공휴일 전날 11:00~익일 01:00
	토 09:00~익일 01:00
	일, 공휴일 09:00~23:00
Cost	칵테일 SD13~ (Tax & SC 17%)
Address	50 Siloso Beach Walk,
	Singapore 099000
Tel	065-6274-9668
Web	www.emerald-hill.com

Night Life

7

탄종 비치 클럽 Tanjong Beach Club

탄종 비치에 있는 유일한 레스토랑 & 바이다. 모던하고 감각 있는 공간과 수준 높은 음식, 서비스로 현지인들에게도 큰 인기를 모으고 있다. 상대적으로 실로소 비치보다 한적하고 차분한 분위기로, 조용하고 우아한 휴식을 즐기기에 적합하다. 특히 해 질 무렵의 탄종 비치는 어디에 카메라 렌즈를 두어도 그림이 된다. 토스트와 홈메이드 카야 잼이 함께 나오는 푸아그라(SD27)는 대표 메뉴 중 하나. 평화로운 탄종 비치와 함께하는 칵테일도 일품이며, 와인과 샴페인 코키지가 가능하다(SD35/45, 테이블당). 주말에는 비보 시티에서 탄종 비치 클럽까지 셔틀버스를 운영한다(18:00~21:00, 30분 간격).

Access	탄종 비치에 있다(센토사 리조트에서 탄종 비치까지 연결되는 길이 있음).
Open	**레스토랑**
	런치 12:00~14:30(화~금),
	디너 18:30~22:00(화~토),
	브런치 10:00~16:30(토, 일)
	(월요일 휴무)
	비치 바
	11:00~23:00(화~목),
	11:00~익일 01:00(금),
	10:00~익일 01:00(토),
	10:00~24:00(일)
	(월요일 휴무)
Cost	런치 세트 SD28, 스타터 SD19~32,
	메인 SD26~58, 칵테일 SD15~23
	(Tax & SC 17%)
Address	120 Tanjong Beach Walk,
	Sentosa, Singapore 098942
Tel	065-6270-1355
Web	www.tanjongbeachclub.com

Spa

1

스파 보타니카 Spa Botanica

이미 도쿄, 방콕 등에도 있는 세계적으로 유명한 스파 체인이다. 럭셔리하면서도 자연친화적인 분위기와 세심한 서비스, 수준 높은 테라피스트들로, 오로지 이곳에 오기 위해 센토사를 방문하는 사람들도 있을 만큼 인기가 좋다. 더 센토사 리조트 건물과는 별도로 독립적으로 자리하고 있는 스파 보타니카는 웬만한 리조트와 견주어도 될 만큼 큰 규모와 시설을 자랑한다. 트리트먼트룸은 리셉션이 있는 건물에도 있고 별도로 정원에 한 채씩 빌라처럼 마련되어 있기도 하다. 그 밖에도 꽤 넓은 메인 수영장과 미니 폭포가 설치된 운치 있는 유선형 풀이 스파 게스트를 위해 마련되어 있으며 한쪽에는 화이트 머드풀도 조그맣게 설치되어 있다. 아로마오일을 이용해 조근조근 근육을 풀어주는 발리니즈 마사지도 좋지만 혈액순환과 디톡스 효과가 뛰어난 핫 스톤 마사지도 추천할 만하다. 가격은 상당히 비싼 편이지만 스파 후, 마음껏 시설을 즐길 수 있어 하루쯤 호사를 부려볼 만하다.

Access	옐로 라인 버스를 이용한다.
Open	10:00~22:00
Cost	Hot Stone Massage SD210(90분),
	Balinese Massage SD148(60분)
	(Tax 7%)
Address	2 Bukit Manis Rd. Sentosa
Tel	065-6371-1318

Stay

❶

샹그릴라 라사 센토사

Shangri-La's Rasa Sentosa Resort & Spa

2010년 대대적인 리노베이션을 거쳐 2011년 새롭게 오픈한 센토사 최고의 인기 리조트다. 실로소 비치 끝자락에 위치한 이곳은 가족단위의 여행객들에게 절대적인 지지를 얻고 있는 대형 리조트로 수영장과 부대시설뿐 아니라 아이들을 위한 키즈 클럽 프로그램이나 시설 등이 가장 충실히 갖추어져 있다. 슬라이드가 설치된 어린이 전용풀장 등 시설도 그러하지만 직원들이 캐릭터 복장을 하고 아이들을 맞아주며, 조식 웨이팅 시 아이들이 좋아하는 과자를 주거나 훌라후프 같은 놀이를 즐길 수 있도록 하는 등 가족여행자들을 위한 배려가 세심하다. 특히 레크리에이션 팀이 별도로 구성되어 있어 오전 9시부터 오후 6시까지 카약, 사이클링을 비롯해 여러 가지 활동을 이끌고 있다. 아이가 있는 가족단위 여행자에게는 최선의 선택일 수 있겠다.

Access	실로소 트램 정거장 근처, 실로소 비치 앞에 위치
Cost	슈피리어 USD310~
Address	101 Siloso Rd. Sentosa Singapore
Tel	065-6275-0100
Web	www.shangri-la.com/singapore/rasasentosaresort

2

W 싱가포르-센토사 코브 W Singapore-Sentosa Cove

W는 그 이름만으로도 그 콘셉트와 수준이 짐작될 정도로 이미 세계적으로 유명한 스타우드 호텔그룹의 상위 클래스 브랜드다. 싱가포르의 W는 최고급 럭셔리 레지던스들이 들어선 센토사 코브에 자리하고 있어 럭셔리 요트 클럽 One 15 마리나의 요트 선착장이 한눈에 내려다보이며 호화 휴양지 분위기를 즐길 수 있다. 총 240개에 이르는 룸은 베이직 카테고리인 원더풀룸을 시작으로 톡톡 튀는 아이디어와 남다른 색감으로 스타일리시하게 꾸며져 있으며 블리스 어메니티가 제공된다. 24시간 운영하는 광대한 W의 수영장 또한 빼놓을 수 없는 자랑거리. 또, W호텔의 서비스를 대표하는 표현이 바로 24시간 왓에버/웬에버24Hour Whatever/Whenever 서비스. 고객이 원하는 것은 언제 무엇이든 해결해주겠다는 W의 섬세한 서비스를 엿볼 수 있는 대목이다.

Access	센토사 코브에 위치
Cost	원더풀룸 USD320~
Address	21 Ocean Way, Singapore
Tel	065-6808-7288
Web	www.wsingaporesentosacove.com

Stay
3
센토사 리조트 The Sentosa Resort & Spa

총 211개의 객실을 갖추고 있으며 4개의 빌라도 함께 있다. 객실로 향할 때면 산책을 나온 듯한 포근함이 느껴진다. 리조트뿐 아니라 센토사 리조트의 레스토랑과 스파도 인기 있다. 부속 레스토랑인 클리프는 뛰어난 맛과 분위기로 호평을 받고 있고 스파 보타니카는 어지간한 리조트의 규모와 시설에 견줄 만한 수준을 자랑한다. 무료 셔틀버스를 제공하는데 비보 시티까지는 30분에 한 대씩, 오차드 로드까지는 하루 5회 운행을 해서 시내로 드나들기에도 좋은 조건을 갖추고 있다.

Access	버스정류장 돌핀 라군에서 도보 3분
Cost	디럭스 SD285~
Address	2 Bukit Manis Rd. Sentosa, Singapore 099891
Tel	065-6275-0331

Stay
4
아마라 생크추어리 Amara Sanctuary

2007년 문을 연 아마라 생크추어리는 차이나타운의 아마라 호텔과 같은 계열의 호텔이다. 두 곳 모두 인기가 많지만 분위기는 확연히 다른 편. 총 121개의 객실은 디럭스룸과 빌라로 구분된다. 특히 빌라는 야외에 자쿠지와 풀이 마련되어 있어 허니무너에게 인기가 많다.

Access	모노레일 임비아 역에서 도보 3분
Cost	디럭스 SD280~
Address	1 Larkhill Rd. Sentosa, Singapore 099394
Tel	065-6825-3887
Web	www.amarasanctuary.com

Stay
5
실로소 비치 리조트 Siloso Beach Resort

급류가 흐르는 긴 유수풀로 유명한 실로소 비치 리조트는 센토사에서 가장 자연 친화적인 리조트 중 하나로 꼽힌다. 정글을 탐험하듯 긴 나무다리 건너편에 위치한 로비, 푸르른 녹음으로 둘러싸인 객실만으로도 독특한 느낌을 준다. 객실은 깔끔하고 쾌적한 일반객실과 개인풀이 설치된 빌라로 구분된다.

Access	실로소 비치 트램 정거장
Cost	디럭스 SD180~
Address	51 Imbiah Walk, Singapore 099538
Tel	065-6722-3333
Web	www.silosobeachresort.com

Special Shopping

★

비보 시티

Vivo City

몇 년 전까지만 해도 싱가포르 최대의 쇼핑몰이라 일컬어지던 비보 시티는 규모와 시설 면에서 압도적인 새로운 쇼핑몰들이 오픈함에 따라 그 자리를 내어주게 되었다. 하지만 여전히 센토사로 통하는 관문이자 멋진 레스토랑들이 앞다투어 자리한 다이닝 스폿으로서도 큰 의미를 가진다 하겠다.

Access	MRT 하버프런트 역과 연결
Open	10:00~22:00
Address	1 Harbourfront Walk, 01-18, Singapore 098585
Tel	065-6376-9117
Web	www.vivocity.com.sg

층별 안내도

	브랜드	레스토랑	기타시설
B2	유얀상, 왓슨스 등	브래드 토크, 토스트 박스, 올드 창키, 타이 익스프레스, 동대문, 서울 마트 등	MRT, 은행, 환전소, 자이언트 슈퍼마켓
L1	크록스, 베베, 록시땅, 망고, 막스 앤 스펜서, 샘소나이트, 포에버 21, 톱숍, 자라, 크랩트리 앤 에블린, 메이크업 스토어, 알도 등	바게트, 베이커진, 브로젯, 카니보레, 크리스털 제이드, 고 인디아, 공차, 스타벅스, 통록 시그니처, 허니문 디저트 등	씨티은행, 콜드 스토리지
L2	G2000, 찰스 & 키스, 엠포시스, 내추럴 프로젝트, 보시니, 토이저러스 등	스타벅스, 스시 테이, 하겐다즈, 시크릿 레시피 등	켄코, 편의점
L3	다이소, 텐지, 펫 사파리 등	푸드 리퍼블릭, 임페리얼 레스토랑, 마르쉐, 노 사인보드 등	센토사 익스프레스, 스카이 파크, 영화관

Vivo City
❶
빌드 어 베어 워크숍 Build-A-Bear Workshop

곰 인형 마니아라면 필수 코스로 들러야 할 곳이다. 제각각의 캐릭터를 가진 곰 인형은 물론이고 인형 옷부터 인형 소품, 기념품까지 없는 게 없을 정도로 아이템이 다양하다.

Vivo City
❷
웨어 하우스 Ware House

심플하면서도 실용성이 높은 의류를 구입하고자 한다면 웨어 하우스에 들러보자. 잔잔한 꽃무늬가 프린트된 귀여운 원피스부터 베이직한 티셔츠와 바지 등 누구에게나 무난한 스타일의 질 좋고 저렴한 상품을 만나볼 수 있다.

Vivo City
❸
제이웨스트 Jwest

가격대는 조금 있지만 부드러운 착화감으로 인기가 많은 브랜드다. 매장 규모는 작지만 이곳의 구두를 한 번 신어본다면 다시 벗기 싫어질 것이다. 하나를 구입하더라도 튼튼하고 예쁜 신발을 사고 싶다면 이곳에 들러보자.

Vivo City
❹
뮤이 MU-EE

중복되는 아이템이 있을까 싶을 정도로 작은 점포를 가득 채운 상품들은 저마다 용도도 디자인도 다르다. 마치 보물창고를 뒤지는 기분으로 귀엽고 실용적인 대박 아이템을 건져보자. 심플하면서도 고급스러운 명함지갑과 동전지갑, 담배케이스 등 구경하는 것만으로도 재미가 쏠쏠하다.

The Other Part of Singapore 기타 지역

POOLS AMPHITHEATRE
Amfiteater Pool

Special Sightseeing

★

싱가포르 동물원
Singapore Zoo

주롱 새공원, 나이트 사파리와 함께 싱가포르를 대표하는 필수 코스로 꼽히는 싱가포르 동물원은 야생에 가까운 상태에서 동물들이 서식한다는 점이 가장 큰 자랑이다. 28ha에 달하는 방대한 부지 위에 약 3,000마리에 가까운 동물들이 있으며 쉽게 접하기 어려운 멸종 위기의 동물까지 만나볼 수 있다. 워낙 방대한 규모라 관람 전 미리 지도를 보고 갈 곳을 체크하여 트램을 적절히 이용하는 것이 좋다.

Access 본문 참조
Open 08:30~18:00
Cost 어른 SD32, 어린이 SD21
Address 80 Mandai Lake Rd. Singapore 729826
Tel 065-6269-3411
Web www.zoo.com.sg

도심에서 싱가포르 동물원으로 이동하기

1 택시 By Taxi
도심에서 싱가포르 동물원 혹은 나이트 사파리까지 약 30분 정도 걸리며 요금은 SD15~20 정도다.

2 MRT By MRT
MRT 앙모키오 역 인터체인지에서 138번 버스 승차, 약 30분 정도 걸린다.

3 셔틀버스 By Shuttle
DFS 갤러리아, 그랜드 하얏트 호텔을 비롯한 시내 중심 쇼핑몰과 호텔 앞 셔틀버스를 운행하니 홈페이지(www.zoo.com.sg 접속 후, Visitors' info-getting here를 참고)에서 미리 확인하자. 요금은 어른 SD4~4.5, 어린이 SD2.

4 몬스터 라이노 코치 버스 Monster Rhino Coach
덕 & 히포Duck + Hippo사가 운영하는 것으로, 시내 중심에서 싱가포르 동물원까지 갈아타는 불편 없이 편하게 이용할 수 있다.
Open 선텍, 플라이어 출발 09:30, 12:30, 15:00, 16:00, 20:00
동물원 출발 14:00, 16:30, 19:00, 21:45
Cost **편도** 성인 SD7, 어린이 SD5 **싱가포르 동물원** 성인 SD43, 어린이 SD29
입장료 + 코치 버스 나이트 사파리 성인 SD49, 어린이 SD33
리버 사파리 성인 SD43, 어린이 SD29

Tip 똑똑한 여행자의 필수 티켓

4-in-1
[illegible]
Cost 어른 SD121, 어린이 SD78

3-in-1
4개 중 3개 선택
Cost 어른 SD89~, 어린이 SD57~

2-in-1
4개 중 2개 선택
Cost 어른 SD62~, 어린이 SD40~

SHOW | VENUE | TIME
RAINFOREST Fights Back SHOW | Shaw Foundation Amphitheatre | 12.30pm & 2.30pm
Splash Safari | Shaw Foundation Amphitheatre | 10.30am & 5.00pm
elephants AT WORK & PLAY SHOW | Elephants Of Asia | 11.30am & 3.30pm
Animal Friends Show | Rainforest Kidzworld Amphitheatre | 11.00am & 4.00pm
UPPER SELETAR RESERVOIR
MAP of Singapore Zoo
World's Best Rainforest Zoo
Open daily from 8.30am to 6.00pm
Last boat departs from boat dock 2 at 5.30pm
BOAT DOCK 2
Dino Walk
Rainforest Challenge
Horse Carriage Ride
Giant Rabbit
Tug Boat
Birthday Pavilion
Wet Play
Kampung House
Goat
Stable
Pony Ride
Rainforest Kidzworld
Rides Ticket Booth
Wild Animal Carousel
RAINFOREST KIDZWORLD AMPHITHEATRE
Proboscis Monkey
SPH FOUNDATION CONSERVATION CENTRE
Chimpanzee
Mandrill
Asian Elephant
ELEPHANTS OF ASIA
GARDEN WITH A VIEW
SUNGEI BUAYA
Flying Fox
Ring-tailed Lemur
FRAGILE FOREST
ORCHID GARDEN
PICNIC SITE
Colobus Monkey
Capuchin Monkey
Crested Macaque
Sealion
Ah Meng Memorial
Estuarine Crocodile
Giant Tortoise
SNAKE HOUSE
PAVILION BY THE LAKE
Patas Monkey
Douc Langur
PRIMATE KINGDOM
Arapaima
SHAW FOUNDATION AMPHITHEATRE
African Penguin
CRITTERS LONGHOUSE
BORNEAN MARSH
Komodo Dragon
REPTILE GARDEN
TROPICAL CROPS PLANTATION
Cassowary
GARDEN PAVILION
Elephant Bath
MARINE MAMMALS
Manatee
False Ghavial
Sumatran Orang Utan
Jaguar
CAT COUNTRY
Wallaby
Grey Kangaroo
Spider Monkey
Nubian Ibex
Sun Bear
Lion
Giraffe
Emu
Elephant Ride
FREE RANGING ORANG UTAN ISLAND
Bornean Orang Utan
FREE RANGING ORANG UTAN BOARDWALK
Hunting Dog
Hamadryas Baboon
Banded Mongoose
AUSTRALIAN OUTBACK
GREAT RIFT VALLEY OF ETHIOPIA
FOREST LODGE
Nyala
Gnu
Cheetah
Zebra
WILD AFRICA
White Tiger
Warthog
Ah Meng
Gibbon
Eland
Flamingo
White Rhinoceros
BOAT DOCK 1
Babirusa
TIGER TREK
Tapir
Picnic Area
Otter
Last boat departs from boat dock 1 at 5.15pm
Siamang
RAINFOREST WALK
Proboscis Monkey
Hornbill
PALM PARK
False Ghavial
TREETOPS TRAIL
Cotton-top Tamarin
RAINFOREST COURTYARD
TICKETING
WILDLIFE LEARNING CENTRE
CORPORATE OFFICE
KFC
TAXI STAND
CAR PARK
Singapore Zoo
ELEPHANT COURTYARD
COACH PARK
ANIMAL SNAPSHOTS
Go ape taking pictures with our lovely animals
ANIMAL | VENUE | TIME
Bird | Rainforest Courtyard | 10.00am – 5.00pm
Pony | Pony Ride Area (At Rainforest Kidzworld) |
Orang Utan | Free-Ranging Island Free-Ranging Boardwalk | 11.00am & 3.30pm 4.30pm
Elephant | Elephant Ride Area | 1.00pm – 2.00pm 4.30pm – 5.30pm
3 minutes walk away
NIGHT SAFARI
THE FIRST - THE ONLY
7:30pm till Midnight Daily
(Restaurants & retail shops open from 6:00pm)
Visitor Services Center
Diaper Changing Facility
Viewing for Guest with Disabilities
Restaurant
Restroom
Gift Shop
Please dispose your waste into the bins located around the park
Locker
Nursing Room
Strollers, Wheelchairs, & Tiny Xplorers Rental
Food & Drink Kiosk
Shelter
Animal Photography
First Aid Station
Tram Stop
Tram Route
Boat Dock
Boat Route
Horse Carriage Route
Singapore Zoo is a smoke-free park
PARK RULES
Stay only where humans roam. Venturing into prohibited areas is highly dangerous.
On rides, stay seated and keep every part of your body within the vehicle.
Do not stampede, only elephants do.
Respect our animals – do not feed or tease them.
Call this number for accidents or encounters with any native wildlife eg. snakes, scorpions, long tail macaques and monitor lizards.
You may be filmed, videotaped or photographed by Singapore Zoo representatives during your visit. Your admission to the park serves as permission to the use of your image.
Without official consent from the Zoo, commercial use of videotaped/filmed footage and photos are strictly prohibited.

ENTRANCE
MEMBERS

싱가포르 동물원의 볼만한 쇼

쇼	특징	시간	장소
Rainforest Fights Back	숲을 구하기 위해 펼치는 동물들의 활약을 그린 쇼	12:30, 14:30	Shaw Foundation Amphitheare
Elephants at Work and Play	커다란 몸집에 걸맞지 않은 코끼리의 상상 이상의 애교와 코믹한 연기로 어린이에게 특히 인기가 많은 쇼	11:30, 15:30	Elephants of Asia
Splash Safari	가장 인기가 많은 쇼로, 영리한 수중동물의 재주를 볼 수 있다.	10:30, 17:00	Shaw Foundation Amphitheatre
Animal Friends Show	연령대가 낮은 어린이들에게 인기 만점. 강아지의 귀여운 합창과 말하는 앵무새 등 귀여운 분위기의 쇼다.	11:00, 16:00	Rainforest Kidzworld Amphitheatre

동물 타기 체험 Animal Rides

체험 동물	장소	요금	시간
Wild Animal Carousel	Rainforest Kidzworld	SD4	09:30~18:00
Horse Carriage		SD6	10:30~17:00
Pony		SD6 (어린이만 가능)	10:00~17:00
Elephant	Elephant Ride Area	SD8	13:15~14:15 16:30~17:00

Sightseeing

1

나이트 사파리 Night Safari

싱가포르에서 꼭 봐야 할 관광거리를 딱 하나만 뽑으라면 주저 없이 나이트 사파리를 꼽는다. 세계 최초 야간 개장 동물원으로, 우리나라에서는 접할 수 없는 독특한 볼거리이니 싱가포르를 방문한다면 놓치지 말자. 나이트 사파리는 40ha에 이르는 광대한 부지에 130여 종 1,000여 마리의 다양한 야행성 동물들이 서식하고 있다. 물론 걸어서 이동과 관람이 가능하지만 대부분의 관광객들은 트램을 이용한다. 트램을 타고 이동하면 가이드의 설명을 들으며 자연 그대로 방목되어 있는 동물들을 관람할 수 있고 편하게 전체를 둘러볼 수 있어 인기가 많다. 울타리가 없이 자연 그대로의 상태에서 서식하는 모습을 생생히 체험할 수 있다. 트램을 타고 관람 시 플래시 사용은 엄격하게 금지되어 있으므로 주의하자. 아프리카 초원부터 히말라야 언덕 등의 다양한 지형들을 접할 수 있는 2개의 루프로 되어 있으며 이곳에서 사용하는 빛 또한 달빛과 같은 성질로 동물들에게 최대한 부담을 주지 않으려 노력하고 있다. 가공하지 않은 신선한 먹이만 사용하는 등 모든 환경을 동물들에게 최대한 맞춘 자연 그대로의 환경으로 조성되었다. 저녁 7시, 8시, 9시에는 레스토랑 옆 무대에서 원주민의 전통춤과 불 쇼로 관객들에게 즐거운 볼거리를 선사한다.

Access	싱가포르 동물원 본문 참조
Open	19:30~24:00 (리테일숍과 레스토랑은 18시부터 오픈하며 마지막 입장은 23시다)
Cost	입장료와 트램 어른 SD42, 어린이 SD28
Address	80 Mandai Lake Rd.
Tel	065-6269-3411
Web	www.nightsafari.com.sg

★

리버 사파리
River Safari

아시아 최초로 강을 테마로 한 야생동물 공원으로, 싱가포르 동물원, 나이트 사파리와 이웃해 있다. 수중생물과 육지 동물 300여 종 5천여 마리와 식물 150종이 살고 있는 이곳은 미시시피, 콩고, 갠지스 등 전 세계적으로 유명한 강 8곳의 야생동물을 살펴볼 수 있는 '세상의 강들Rivers of the World'과 아마존을 특화한 '야생의 아마존Wild Amazonia'으로 나눠져 있다. 세상에서 가장 큰 자이언트 수달과 중국 왕도롱뇽, 메콩 자이언트 메기, 5미터 600킬로그램의 거구를 자랑하는 대형 가오리, 가장 큰 민물고기 아라파이마와 엘리게이터 가아 등이 이곳의 자랑이기는 하지만, 관람객들의 가장 큰 사랑을 받는 것은 역시 '세상의 강들' 구역에 있는 자이언트 판다와 레드 판다이다. 만다이 호수의 아름다운 전경을 감상하며 다리를 건너면 '야생의 아마존' 구역으로 들어서게 된다. 리버 사파리의 하이라이트라고 할 수 있는 아마존 리버 퀘스트Amazon River Quest는 483미터의 인공 강줄기를 따라 배를 타고 지나가며 재규어, 남아메리칸테이퍼, 브라질 카피바라, 큰개미핥기 등 30여 종의 동물들을 만날 수 있는 곳이다. 또한 아마존 침수림에서는 가로 22미터, 세로 4미터에 달하는 세상에서 가장 큰 민물 수족관을 감상하고 다람쥐원숭이 숲에서는 수십 마리의 원숭이들의 재롱을 즐길 수 있다.

Access	싱가포르 동물원 본문 참조
Open	09:00~18:00(마지막 입장 17:00)
Cost	성인 SD35, 어린이 SD23
Address	80 Mandai Lake Rd. Singapore 729826
Tel	065-6269-3411
Web	www.riversafari.com.sg

Tip 마마 칸타 키친 Mama Panda Kitchen

자이언트판다 숲 밖에 위치한 마마 판타 키친에서는 자이언트판다 모양의 번(초콜릿맛과 팥맛)과 판다로 모양을 낸 카푸치노 등을 즐길 수 있다. 판다가 그려진 소프트드링크 컵은 일반 물통으로도 사용할 수 있어 기념품으로도 좋다.

River Safari
9.00am to 6.00pm daily
River Safari Map
Panda Sculpture
Last booking for panda viewing: 5.00pm
Giant Panda
Red Panda
Golden Pheasant
Panda Outdoor Viewing Gallery
Viewing Deck
Viewing Deck
This way to Amazon River Quest
Amazon Square
WILD AMAZONIA
Yangtze Alligator
Sturgeon
Chinese Giant Salamander
长江
YANGTZE RIVER
Elephant Trunk Snake
Crab-eating Macaque
MURRAY RIVER
Australian Lungfish
Barramundi
MEKONG RIVER
Mekong Giant Catfish
Giant Freshwater Stingray
Indian Gharial
GANGES RIVER
Viewing Deck
Jaguarundi
Silver Arowana
SQUIRREL MONKEY FOREST
Squirrel Monkey
RIVERS OF THE WORLD
RIVER NILE
Congo Tetra
Giant Puffer Fish
Tigerfish
African Dwarf Crocodile
CONGO RIVER
Alligator Snapping Turtle
Alligator Gar
Mississippi Paddlefish
MISSISSIPPI RIVER
American Beaver
AMAZON FLOODED FOREST
Giant River Otter
Freshwater Stingray
Electric Eel
Red-bellied Piranha
Red-tailed Catfish
Manatee
Arapaima
River Safari Tea House
Entrance Plaza
River Safari (& Singapore Zoo) Ticketing Booth
Entrance
Car Drop-off Point
Singapore Zoo
Taxi Stand
Taxi Stand
Car Park
Coach & Bus Stop
Multi-storey Car Park
Coach Bay
NIGHT SAFARI
Visitor Services Counter
Locker
ATM
Restroom
Diaper Changing Facility
Nursing Room
Gift Shop
Strollers & Wheelchairs Rental
Automated External Defibrillator
Restaurant
Food & Drink Kiosk
First Aid Station
Amazon River Quest Boat Ride Route
River Safari is a smoke-free park
PARK RULES

Special Sightseeing

★

주롱 새공원

Jurong Bird Park

아시아 최고 규모를 자랑하는 주롱 새공원은 6만 평이 넘는 울창한 자연환경 속에 멸종 위기에 처한 12종의 새들을 포함하여 380여 종 5,000여 마리의 조류들을 만나볼 수 있다. 또한 새들은 있는 그대로의 자연환경에서 자유롭게 서식하고 있어 더욱 생생하게 새들을 볼 수 있다. 새공원 내부에는 모노레일이 다녀 더운 날씨를 피해 공원 구석구석을 돌아볼 수 있으며 다양한 새쇼는 이곳을 찾는 사람들의 즐거움을 더해주는 자랑거리 중 하나다.

Access	본문 참조
Open	08:30~18:00
Cost	**입장료** 어른 SD28, 어린이(3~12세) SD18
Address	2 Jurong Hill, Singapore 628925
Tel	065-6261-1869
Web	www.birdpark.com.sg

도심에서 주롱 새공원으로 이동하기

1 택시 By Taxi

시내에서 주롱 새공원까지 약 15~20분 정도 걸린다.

2 MRT By MRT

MRT 분 레이 Boon Lay 역, 분 레이 인터체인지에서 194번 혹은 251번 버스 승차 (약 1시간 소요, 도심으로 돌아오는 마지막 버스는 18:30이니 주의하자).

3 셔틀버스 By Shuttle

오차드 로드, 하버프런트 등 주요 지점에서 매일 2회 승차 가능. 승차 위치에 따라 요금(SD4~4.5)과 시간이 다르니 홈페이지에서 확인 필수.

돌아올 때는 매표소 바로 옆 코치 스탠드에서 14:30, 17:15에 셔틀버스를 이용할 수 있다.

◎ 주롱 새공원에서 싱가포르 동물원, 나이트 사파리로 이동하기

반나절의 시간을 주롱 새공원에서 보냈다면 오후 시간은 싱가포르 동물원에서 나이트 사파리로 일정을 마무리하는 것이 효율적이다. 동선도 편리하지만 이 세 곳을 모두 이용하는 경우, 패키지 금액을 이용해 예산을 절약할 수도 있다.

주롱 새공원에서 싱가포르 동물원 혹은 나이트 사파리까지는 택시를 타도 되고(SD15 안팎, 약 20분 소요) 티켓 카운터 쪽 코치 스탠드에서 셔틀버스를 이용하면 편리하다 (어른 SD4, 어린이 SD2).

새들과 함께 사진을
오전 9시 ~ 오후 6시

새와 친구들 쇼
오전 11시 & 오후 3시

하늘의 제왕
오전 10시 & 오후 4시

잉꼬 세상에서 잉꼬 먹이주기
오전 9시 ~ 오후 6시

주롱 새공원 내의 이동

주롱 새공원은 워낙 규모가 커서 더운 날씨에 걷다 보면 금세 지치기도 한다. 이럴 경우 주롱 새공원 내에 운행 중인 파노레일을 효율적으로 이동해 동선을 잘 짜 이동한다면 시간과 노력을 아낄 수 있다.

파노레일Panorail은 파노라마와 모노레일의 합성어로 주롱 새공원 내의 주요 지점을 연결해주고 한 바퀴 돌아 제자리로 돌아온다. 따라서 파노레일을 타고 한 바퀴를 돌아본 다음 둘러보고 싶은 곳을 지정하여 다시 걸어 이동하는 것도 현명한 방법이다.

Tip 파노레일 Panorail

최대 3회까지 이용 가능하며 한 바퀴를 돌았을 시 3회를 모두 이용한 것으로 간주된다.

Cost SD5(어른), SD3(3~12세 어린이)

주롱 새공원의 볼만한 쇼

1 새와 친구들 쇼 Birds & Buddies Show

주롱 새공원을 대표하는 가장 화려한 쇼로 관중들의 호응도 또한 가장 높다. 화려하고 컬러풀한 의상으로 새 분장을 한 친구들과 다양한 종류의 새들이 출연하는 규모 있는 쇼다. 약 40분간 진행되는데 관중과의 이벤트도 벌이고 귀여운 새들의 장기로 화기애애한 분위기에서 시간 가는 줄 모른다.

2 하늘의 제왕 쇼 Kings of The Skies Show

아기자기한 분위기보다는 스릴과 웅장함이 느껴지는 맹금류 쇼다. 매 훈련 모습이나 모의사냥 등을 통해 매, 독수리, 부엉이 등 맹금류들의 날렵함과 용맹함을 엿볼 수 있다. 관중들에게 직접 먹이를 들고 서 있게 해 독수리가 채가게 하거나 맹금류를 팔에 앉혀보는 등의 체험을 시켜준다.

주롱 새공원 이벤트와 쇼 스케줄

08:30~18:00 앵무새 먹이 주기
Access 롱고 테라스

10:00 하늘의 제왕 쇼
Access 후지 호크 워크

10:30 아프리카 조류 식사 시간
Access 폭포 새장

11:00 새와 친구들 쇼
Access 연못 원형 극장

11:44 동남아시아 조류 투어
Access 동남아시아 조류 전시장

11:45 코뿔새 수다 떠는 시간
Access 코뿔새, 큰부리새 전시장

13:00 앵무새와 점심 식사
Access 송버드 테라스에서 식사할 경우 공연 관람 가능

14:00 펠리컨 수다 떠는 시간
Access 펠리컨 골짜기

14:30 아프리카 조류 식사 시간
Access 폭포 새장

15:00 새와 친구들 쇼
Access 연못 원형 극장

15:30 펭귄 먹이 주기
Access 펭귄 해안

16:00 하늘의 제왕 쇼
Access 후지 호크 워크

Sightseeing

2

싱가포르 사이언스 센터 Singapore Science Centre

딱딱할 수 있는 과학의 원리를 체험학습과 놀이 등을 이용해 아이들에게 쉽게 받아들여지도록 꾸며 놓았다. 신기한 착시 현상을 체험할 수 있는 공간, 신 나는 워터 워크 등 어린이를 동반한 여행자들에게 쏠쏠한 재미를 선사한다.
공룡 전시나 희귀 동식물에 관한 전시 등 그때그때 다양한 특별 프로그램을 시행하니 방문 전에 홈페이지를 통해 확인하자. 또, 사이언스 센터와 옴니 시어터, 특별전을 다양하게 묶은 2-in-1, 3-in-1 등의 티켓을 구매하면 좀 더 저렴하게 시설을 즐길 수 있다.
티켓은 온라인으로도 미리 구입할 수 있다(티켓 구매 websales-sg.omniticket.com/scb/ssc).

Access	MRT 주롱 이스트 역에서 66번, 335번 버스
Open	10:00~18:00
Cost	어른 SD12, 어린이 SD8
Address	15 Science Centre Rd. Singapore 609081
Tel	065-6425-2500
Web	www.science.edu.sg

Sightseeing
3
옴니 시어터 Omni Theater

23m의 대형 스크린과 역동적인 음향 효과를 통해 박진감 있는 영상을 즐길 수 있다. 프로그램은 3가지 정도 준비되어 있으며(2015년 4월 기준 Animalopolis, Island of Lemurs : Madagascar, Great White Shark) 아침 10시부터 1시간 단위로 프로그램을 돌아가며 상영한다. 상영 시간은 약 40분 정도 소요된다. 프로그램 및 쇼타임은 홈페이지에서 확인할 수 있으며 불규칙적인 휴관일도 있으니 반드시 방문 전 홈페이지를 살펴보자. 싱가포르 사이언스 센터와 패키지(어른 SD16, 어린이 SD10)로 입장권을 구입하면 좀 더 저렴한 가격에 즐길 수 있다.

Access	MRT 주롱 이스트 역에서 66, 335번 버스 승차. 싱가포르 사이언스 센터 옆
Open	월~금 10:00~18:00 주말 및 공휴일 10:00~20:00
Cost	어른 SD12, 어린이 SD10(3~12세), 노인 SD8(평일 한정, 55세 이상)
Address	15 Science Centre Rd. Singapore 609081
Tel	065-6425-2500
Web	www.omnitheatre.com.sg

Sightseeing
4
싱가포르 디스커버리 센터
Singapore Discovery Centre

교육과 재미를 한번에 잡을 수 있는 싱가포르 디스커버리 센터. 5개의 갤러리에 20여 종의 어트랙션을 마련해 놓고 다양한 체험학습을 유도한다. 어트랙션은 퀴즈나 시뮬레이션, 사격, 영화 관람 등 다양한 방식으로 이용되며 아이들뿐 아니라 어른들도 함께 즐길 수 있는 다양한 포맷을 자랑한다.

Access	MRT 주쿤 역에서 도보 5분
Open	09:00~18:00 (월요일 휴관)
Cost	입장료 어른 SD10, 어린이 SD6, 패밀리 SD28 (어른 2명과 어린이 2명)
Address	510 Upper Jurong Rd. Singapore 638365
Tel	065-6792-6188
Web	www.sdc.com.sg

Sightseeing
5
이스트 코스트 파크 East Coast Park

답답한 도시를 벗어나 시원한 바닷바람을 맞으며 여유로운 휴식을 취할 수 있는 곳이다. 싱가포르 남동쪽 해안에 위치한 이스트 코스트 파크는 해변을 따라 뻗은 야자수 밑에서 피크닉을 즐기는 사람들, 자전거를 타는 연인들, 인라인을 즐기는 아이들 등 싱가포르에서 가장 평화로운 분위기를 내뿜는다.

Access	도심에서 택시로 약 15분 정도 걸린다(SD10 안팎). 16번, 196번 버스를 타고 마린 테라스 근처에 내린다.
Address	East Coast Parkway
Tel	065-6471-7808 Web www.nparks.gov.sg

Sightseeing

6

중국 정원 Chinese Garden

중국 북경의 신화원을 본떠 만든 중국풍 건물과 다양한 수목으로 꾸며져 있는 중국 정원은 총 13ha의 공간에 176단의 석탑과 찻집들이 있다. 특히, 7층으로 쌓아 올려진 불탑의 꼭대기에 오르면 넓은 정원이 한눈에 들어온다. 내부에는 젠 스타일로 꾸며진 일본 정원과 거북 박물관도 자리하고 있으며 아름다운 풍경으로 야외 웨딩 촬영을 하는 사람들도 많이 찾고 있다.

Access	MRT 차이니스 가든 역
Cost	입장료 무료
Address	1 Chinese Garden Rd. Singapore 619795
Tel	065-6268-5363

Sightseeing

7

와일드 와일드 웨트 Wild Wild Wet

아담한 규모의 워터 파크로, 규모는 작은 편이지만 연령대별로 즐길 수 있는 어트랙션이 고루 갖추어져 있어 현지인들에게 특히 인기가 많다. 사람들로 너무 많이 붐비지 않는다는 점도 큰 장점. 특히 이곳의 물은 모두 바닷물을 이용해 오히려 위생적인 느낌이 든다. 현지에서는 '와와웻'이라고 줄여부르기도 한다.

Access	MRT 파시르 리스 역에서 도보 10분
Open	월, 수, 목, 금 13:00~19:00, 주말 및 공휴일 10:00~19:00 (공휴일이 아닌 화요일 휴무)
Cost	어른 SD20/24, 어린이 SD14/17
Address	1 Pasir Ris Close, Singapore 519599
Tel	065-6581-9128
Web	www.wildwildwet.com

Sightseeing

8

스키 360 Ski 360

싱가포르 최초의 케이블 스키라는 슬로건을 걸고 오픈한 스키 360은 웨이크보드를 즐기는 곳이다. 주변에 이스트 코스트 시푸드 센터가 위치하고 있어 수상 액티비티에 관심 있는 여행자라면 식사와 연계해 한 번쯤 체험해보는 것도 괜찮겠다.

Access	이스트 코트스 시푸드 센터와 가깝다. MRT 베독 역, 베독 인터체인지에서 197번, 401번 버스 승차 (401번은 주말에만 운행)
Open	월~목 10:00~21:45 금, 공휴일 전날 10:00~23:45 토 09:00~23:45 일, 공휴일 09:00~21:45
Cost	1시간 SD38/50 (평일/주말 및 공휴일), 프리미엄 보드 렌털 SD10~15
Address	1206A East Coast Parkway, Singapore 449891
Tel	065-6442-7318
Web	www.ski360degree.com

Food

1

이스트 코스트 시푸드 센터 East Coast Seafood Centre

맛과 분위기 두 가지 모두 만족스러운 시푸드 레스토랑을 찾는다면 이스트 코스트 시푸드 센터로 향하자. 1987년 점보 레스토랑을 시작으로 굴지의 시푸드 전문 레스토랑이 하나둘씩 모여 들기 시작해 오늘날의 이스트 코스트 시푸드 센터의 모습을 갖추었다. 이곳에 자리 잡고 있는 점보, 롱 비치, 노 사인보드, 레드 하우스 등 이름만 들어도 알 만한 시푸드 레스토랑들은 같은 메뉴라도 저마다 개성 있는 레시피로 각각 다른 맛을 내며 주무기도 제각각이라 골라 먹는 재미가 있다. 시원한 바닷바람을 맞으며 여유롭게 신선한 해산물로 배를 두둑이 채우다 보면 천국이 따로 없다는 느낌이 든다.

Access MRT 파야 레바 역, 유노스 역, 베독 역에 내려 택시를 타는 것이 가장 편리하다. 각 역에서 택시로 약 5~10분 정도 걸린다.

Address Blk 1202 East Coast Parkway, Singapore 449881

Tip 추천업소

롱 비치 시푸드 레스토랑
Long Beach Seafood Restaurant

Access #01-02 (메인) #01-04
Open 17:00~12:15(토, 공휴일 전날은 새벽 01:15까지)
Tel 065-6448-3636, 065-6445-8833(메인)
Web www.longbeachseafood.com.sg

점보 Jumbo Seafood

Access #01-07/08
Open 17:00~24:00
Tel 065-6442-3435
Web www.jumboseafood.com.sg

노 사인보드 시푸드 레스토랑
No Signboard Seafood Restaurant

Access #01-02
Open 15:00~24:00
Tel 065-6448-9959
Web nosignboardseafood.com(웹에서만 접속 가능)

레드 하우스 Red House

Access #01-05
Open 월~금 15:30~24:00, 주말 및 공휴일 11:30~24:00
Tel 065-6442-3112
Web www.redhouseseafood.com

Food

2

이스트 코스트 라군푸드 빌리지

East Coast Lagoon Food Village

어떤 비싼 레스토랑도 부럽지 않은 멋진 분위기를 가진 호커센터다. 분위기가 좋을 뿐 아니라 가격도 저렴하고 맛도 있어 현지인들에게도 최고의 인기를 누리고 있다. 특히 15, 16, 17번의 삼총사는 현지인들이 엄지손가락을 치켜세워 추천하는 맛집 중의 맛집. 이 맛집들은 월요일이나 화요일 문을 닫고 오전에는 문을 열지 않으니 월, 화요일을 제외하고 오후 5시 이후에 찾아가는 것이 안전하다.

Access	이스트 코스트 시푸드 센터에서 도보 약 10분
Open	12:00~24:00
Address	1220 East Coast Parkway, Singapore 468960

Food

3

테이스트 오브 타이 Taste of Thai (Huat Lee Eating House)

저렴하고 푸짐하고 맛있는 시푸드 요리를 먹고 싶다면? 정답은 하나다. 가능하면 외곽의 로컬 식당으로 가라는 것. 후앗 리 이팅 하우스의 한 코너인 테이스트 오브 타이는 저녁에만 문을 여는 곳으로 주로 태국식 요리와 해산물을 취급한다. 로컬들에게 인기가 많아 문을 열자마자 가거나 8시 이후에 가야 자리가 있을 정도다. 시가라고 적혀 있는 해산물들도 꽤나 가격이 정직한 편. 우리 입맛에 짝짝 붙는 음식맛은 덤이다. 시리얼 새우, 페퍼 크랩, 프라이드 피시 위드 칠리소스, 깔라만시 튀김 등 모두 맛있다. 일부러 찾아오긴 힘들고 동물원이나 주롱 새공원, 나이트 사파리 등의 투어를 마친 후 택시로 이동해 들러 저녁을 먹는 코스가 무난하다.

Access	이순Yishun 역 C 출구로 나와 택시를 타는 것이 가장 편하다. 169번 버스를 타고 이순 에비뉴Yishun Avenue(Yishun Sapphire 건너편)에 내려도 된다.
Open	18:00~22:30 (테이스트 오브 타이 기준)
Cost	밥과 면 SD3~, 새우요리 SD11~
Address	Yishun Industrial Park A Food Centre, #01-1001, 1001 Yishun Industrial Park A
Tel	065-6758-9121

Shopping

1

창이 시티 포인트 Changi City Point

카프리 바이 프레이저와 바로 붙어 있는 대형 쇼핑몰로 주로 지역 주민들이 많이 찾는 곳이다. 그런 탓에 대형 푸드코트와 아이들이 뛰어놀 수 있는 분수공원과 놀이터 등이 잘 갖추어져 있다. 또, 특이하게 매장들 중 일부는 아웃렛 매장으로 같은 브랜드라면 시내의 쇼핑몰보다 훨씬 저렴하게 쇼핑을 즐길 수 있다. 슈퍼마켓도 있어 편리하며 여행자들이 관심 있어 하는 브랜드들은 거의 다 입점되어 있다.

Access	MRT 엑스포Expo 역에서 연결된다.
Open	10:00~22:00
Address	5 Changi Business Park Central 1, Singapore
Tel	065-6511-1088
Web	www.fraserscentrepointmalls.com

Changi City Point
1
크록스 아웃렛 Crocks Outlet

노벨 평화상이라도 주고 싶을 정도로 발의 평화를 가져다 준 편한 신발 크록스. 디자인도 다양하고 할인폭도 비교적 크니 들러보자.

Changi City Point
2
트웰브 컵케이크 Twelve Cupcakes

핸드메이드로 만들어낸 12가지의 달콤한 컵케이크. 여행의 피로도 일상으로 돌아가야 한다는 스트레스도 잠시 잊고 스위트 타임!

Changi City Point
3
브래드 토크 트랜짓 Bread Talk Transit

그 어느 곳보다 빠른 서비스, 빠른 유통을 모토로 한다는 브래드 토크 트랜짓. 어쨌거나 한국인들이 사랑하는 달콤짭짤 보슬이빵 화이어 크로스를 비롯해 달달한 빵 냄새에 그냥 지나칠 수가 없다.

Changi City Point
4
과일 코너

낱개로 구매 가능한 스시부터 저렴한 만두까지 다양한 식품을 판매하는 지하에서 단연 눈에 들어오는 과일가게. 정갈하게 깎아진 형형색색의 과일들 취향대로 하나씩 골라 식사 후에 맛보자.

Changi City Point
5
뱅가완 솔로 Bengawan Solo

말레이시안 전통 디저트를 파는 곳으로 색깔도 화려하지만 대부분 코코넛이 들어간 달콤한 맛으로 우리 입맛에도 맛있다. 선물용으로 포장된 쿠키 상품도 있으니 귀국 전 간단히 선물로 사가기에도 좋다.

Changi City Point
6
가디언 Guardian

왓슨스, 올리브 영 같은 화장품과 약품을 파는 곳으로 귀국 전 미처 구매하지 못한 AXE 오일이나 히말라야 수분크림 등의 싱가포르 핫 아이템이 있다면 여기서 구입해보도록 하자.

★

조금은 색다른 산책, 까통

Katong

신 나는 쇼핑과 만족스러운 식도락만을 즐기고 싱가포르 여행을 마무리한다면 뭔가 섭섭하다. 다민족 국가인 싱가포르의 진정한 매력을 느끼고자 한다면 페라나칸을 빼놓을 수 없다. 페라나칸은 좁은 의미로 중국과 말레이의 혼혈인들과 그들의 문화를 일컫는다. 이런 페라나칸 문화를 가장 잘 느낄 수 있는 곳이 바로 까통 지구. 반나절쯤 시간을 내어 거리도 걸어보고 주전부리도 하다 보면 색다른 여행의 묘미를 느낄 수 있다.

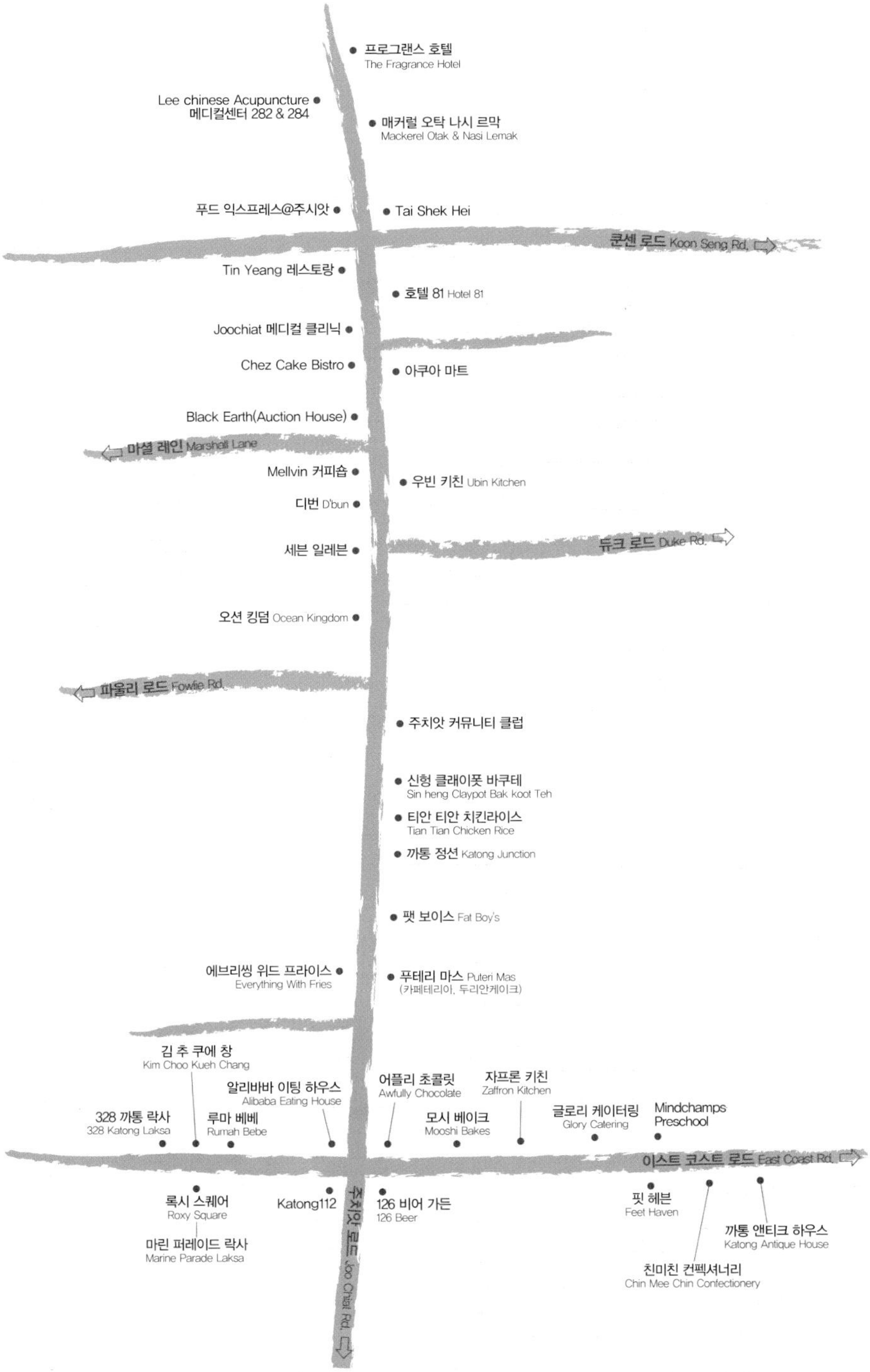

프로그랜스 호텔
The Fragrance Hotel
Lee chinese Acupuncture
메디컬센터 282 & 284
매커럴 오탁 나시 르막
Mackerel Otak & Nasi Lemak
푸드 익스프레스@주시앗
Tai Shek Hei
쿤센 로드 Koon Seng Rd.
Tin Yeang 레스토랑
호텔 81 Hotel 81
Joochiat 메디컬 클리닉
Chez Cake Bistro
아쿠아 마트
Black Earth(Auction House)
마셜 레인 Marshall Lane
Mellvin 커피숍
우빈 키친 Ubin Kitchen
디번 D'bun
세븐 일레븐
듀크 로드 Duke Rd.
오션 킹덤 Ocean Kingdom
파울리 로드 Fowlie Rd.
주치앗 커뮤니티 클럽
신헝 클래이폿 바쿠테
Sin heng Claypot Bak koot Teh
티안 티안 치킨라이스
Tian Tian Chicken Rice
까통 정션 Katong Junction
팻 보이스 Fat Boy's
에브리씽 위드 프라이스
Everything With Fries
푸테리 마스 Puteri Mas
(카페테리아, 두리안케이크)
김 추 쿠에 창
Kim Choo Kueh Chang
알리바바 이팅 하우스
Alibaba Eating House
어플리 초콜릿
Awfully Chocolate
자프론 키친
Zaffron Kitchen
328 까통 락사
328 Katong Laksa
루마 베베
Rumah Bebe
모시 베이크
Mooshi Bakes
글로리 케이터링
Glory Catering
Mindchamps
Preschool
이스트 코스트 로드 East Coast Rd.
록시 스퀘어
Roxy Square
마린 퍼레이드 락사
Marine Parade Laksa
Katong112
주치앗 로드 Joo Chiat Rd.
126 비어 가든
126 Beer
핏 헤븐
Feet Haven
까통 앤티크 하우스
Katong Antique House
친미친 컨펙셔너리
Chin Mee Chin Confectionery

Katong

❶

까통 앤티크 하우스 Katong Antique House

실제로 오랜 시간 살아온 흔적이 고스란히 남아 있어 그 어느 박물관보다 실감나게 페라나칸 문화를 느낄 수 있는 곳이다. 이 집은 페라나칸 연합회 대표인 피터 위Peter Wee 씨의 개인 주택으로 많은 이들이 페라나칸 문화를 체험할 수 있도록 집을 공개해 놓고 있다. 여행자들에게는 1층만 무료로 개방하고 있으며 예약 신청자에 한해 2층을 둘러보며 직접 피터 위 씨와 다과를 즐기는 시간을 마련하고 있다. 최소 5인, 요금은 1인 SD15.

Open	11:00~17:00 (월요일 휴무)
Cost	무료
Address	208 East Coast Rd.
Tel	065-6345-8544

Katong

❷

328 까통 락사 328 Katong Laksa

까통까지 와서 락사를 맛보지 않는다면 조금 섭섭하다. 이미 여러 미디어를 통해서도 소개된 바 있는 이곳은 오랜 역사를 자랑하며 이스트 코스트 지역에만 3개의 지점을 가지고 있는 락사의 대표주자다. 당연히 이곳에서 주문해야 할 음식은 락사. 크기에 따라 3종류 중에서 선택할 수 있다. 락사를 주문하면 락사 위에 수저를 놓고 고수나물을 올려주는데 입맛에 따라 빼고 먹는 편이 좋다. 락사 안의 조개가 약간 비릴 수도 있지만 국물 하나는 끝내준다. 코코넛 향이 가득해 고소하고 은근히 매콤한 락사와 함께 오탁오탁도 인기가도를 달리고 있다.

Open	08:00~21:00
Cost	Laksa Small SD4
Address	216 East Coast Rd.
Tel	065-9732-8163

Katong

❸

신헝 클래이폿 바쿠테 Sin Heng Claypot Bak Koot Teh

식사 시간이면 언제나 사람들로 북적이는 인기 만점 식당. 이름에서 알 수 있듯 최고의 베스트셀러는 바쿠테이지만 다양한 메뉴들을 취급하고 있다. 다소 난해해 보이는 모양새의 클래이폿 바쿠테는 이 집의 간판스타인데 너무나 짜 보이는 진한 색의 국물만 보면 도저히 엄두가 안 난다. 하지만 예상외로 전혀 짜지 않고 고기 육질은 말도 못하게 부드럽다. 야채와 함께 먹으면 금상첨화. 바쿠테는 사이즈별로 4가지로 구분되어 있어 주문 시 선택할 수 있다. 이외에 특이하게도 타이 스타일로 조리된 메뉴들도 많은데 타이 스타일 프라이드 피시나 시리얼 치킨 등은 우리 입맛에도 잘 맞는다. 바로 옆집에는 맛있는 치킨라이스를 맛볼 수 있는 티안티안 치킨라이스도 자리하고 있다.

Open	07:30~익일 04:00 (월요일 휴무)
Cost	Claypot Bak Koot Teh SD7~
Address	439 Joo Chiat Rd.
Tel	065-6345-8754

Katong

❹

글로리 케이터링 Glory Catering

얇은 크레페에 오랜 시간 삶아 부드러운 무를 얇게 썰어 넣고 각종 채소와 재료들을 푸짐하게 넣어 돌돌 말아 피넛소스와 칠리소스를 곁들여 먹는 포피아는 싱가포르에서 꼭 맛봐야 할 음식 중 하나다. 맛있는 포피아를 제대로 경험할 수 있는 곳이 이곳 글로리 케이터링. 포피아도 유명하지만 오탁오탁 같은 페라나칸 요리와 정통 빠당 푸드로도 유명해 언제나 현지인들로 붐빈다.

Open	08:30~20:30(공휴일을 제외한 월요일 휴무)
Cost	빠당 푸드 SD4~
Address	139 East Coast Rd.
Tel	065-6344-1749
Web	www.glorycatering.com.sg

Katong

5

디번 D'bun

김이 모락모락 피어오르는, 보기에도 먹음 직한 만두를 먹으며 까통 거리 산책을 나서보자. 귀여운 가게 내부에는 통통한 만두들이 쉴 새 없이 쪄진다. 만두소는 다양한 편인데 매콤하게 양념한 돼지고기 소가 들어 있는 Cha Shao Bao가 무난하다. 내부에 테이블은 없으며 모두 테이크아웃해야 한다.

Open	08:00~22:00
Cost	Cha Shao Bao SD0.7, Barou Bao SD1.7
Address	358 Joo Chiat Rd. Singapore 427603
Tel	065-6345-8220
Web	www.dbun.com.sg

Katong

6

핏 헤븐 Feet Haven

깔끔한 시설에 가격도 합리적인 편이라 까통을 산책하다 마지막 일정으로 들러볼 만하다. 발 마사지를 받기 전에는 시솔트Sea Salt를 이용해 발을 깨끗이 씻겨주는 코스도 포함되어 상쾌하게 피로가 풀리는 느낌이다.

Open	12:00~22:00 (월요일 휴무)
Cost	Feet Massage SD28/40/58 (40분/60분/90분), Shoulder Massage SD22/30(20분/30분)
Address	136 East Coast Rd. #01-01 Singapore 428821
Tel	065-6344-7311

Katong

7

마린 퍼레이드 락사 Marine Parade Laksa

The Original Katong Laksa라고도 불리는 마린 퍼레이드 락사는 50년의 긴 역사를 자랑한다. 신선한 코코넛으로 만든 고소하고 매콤한 락사 국물에 짧은 비훈면을 넣어 만든 락사는 수저로 퍼먹어야 제맛. 이곳 이외에도 베독을 비롯해 2개의 지점이 더 있다.

Open	08:00~19:00
Cost	락사 SD3~5
Address	50 East Coast Rd. Roxy Square #01-64

Katong

8

매커럴 오탁 & 나시 르막
Mackerel Otak & Nasi Lemak

납품용으로 오탁만을 대량 만들어내는 곳이다. 그런 탓에 마땅히 자리를 잡고 앉아 먹을 만한 공간도 없고 본격적인 레스토랑 서비스도 없지만 지나가다 1~2개 구입해 가볍게 맛볼 수 있다. 오탁은 잘 다져진 생선살과 각종 향신료를 넣고 바나나 잎에 쪄낸 것으로, 이곳에선 오탁에 밥을 곁들인 나시 르막도 판매하고 있다.

Open	07:00~19:00
Cost	오탁 SD1~
Address	267 Joo Chiat Rd.

Katong

9

에브리씽 위드 프라이스 Everything with Fries

톡톡 튀는 이름을 가진 이곳은 이름만큼이나 재치 넘치는 인테리어와 구미가 당기는 메뉴들로 젊은이들에게 큰 인기다. 사실 까통 지구에 어울리지 않게 지나치게 모던하고 스타일리시한 모습을 하고 있지만 여느 로컬 레스토랑에 뒤지지 않게 손님이 많은 편이다. 특히 다양한 햄버거와 샌드위치는 푸짐하고 맛도 있어 젊은이들이 많이 찾는다. 식사 후에는 겹겹이 올려진 달콤한 크림이 부드러운 밀크레페(지점에 따라 바닐라 크레페)를 꼭 맛보자. 진하고 쌉쌀한 커피와 함께하면 금상첨화. 이곳 이외에도 오차드 센트럴, 홀랜드 빌리지에 지점을 갖고 있으며 부기스 정션에도 새 지점을 오픈했다.

Open	일~목 12:00~22:00
	금, 토, 공휴일 전날 12:00~22:30
Cost	Sour Cream and Onion
	Fired SD4.9, Mille Crepe SD5.9
	(Tax & SC 17%)
Address	458 Joo Chia Rd.
	Singapore 427671
Tel	065-6345-5034

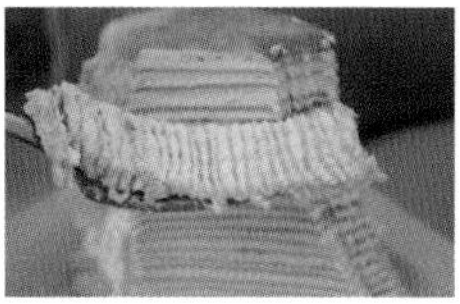

Katong

10

모시 베이크 Mooshi Bakes ~もしもし

심플하고 모던해 보이는 분위기의 작은 베이커리숍으로 저렴하고 맛있는 빵을 맛볼 수 있다. 이곳의 가장 인기 아이템은 다양한 번 종류와 크림 퍼프. 특히 달콤한 크림과 부드러운 질감의 빵의 조화가 일품인 크림 퍼프는 많은 사람들이 찾는다. 합리적인 가격의 간단한 식사 메뉴도 있어 간단히 들러봄 직하다.

Open	일~목 12:00~22:00
	금, 토 12:00~익일 01:00
Address	131 East Coast Rd. #01-01
	Singapore 428816
Tel	065-6440-6735

Katong

⑪

친미친 컨펙셔너리 Chin Mee Chin Confectionery

겉으로 봐선 도무지 느낌이 오지 않는 이곳은 여행자보다는 현지인에게 인기가 많은 토스트 전문점이다. 시설도 열악하고 문을 여닫는 시간도 일정치 않은 편이지만 정성이 가득 담긴 수제 토스트와 커피 맛으로 언제나 사람들의 발길이 끊이지 않는다. 카야 번과 커스터드 퍼프는 꼭 맛보자.

Open	08:00~16:30 (월요일 휴무)
Cost	토스트 SD3
Address	204 East Coast Rd.
Tel	065-6345-0419

Katong

⑫

김 추 쿠에 창 Kim Choo Kueh Chang

레스토랑과 부티크숍을 겸하고 있는 곳으로, 1층은 페라나칸 전통 음식을 맛볼 수 있는 공간이며 2층은 부티크숍으로 꾸며져 있다. 레스토랑에서는 특히 뇨냐Noyna 스타일 덤플링Dumpling을 맛볼 수 있는데 고기와 야채, 향신료 등이 들어간 밥을 판단 잎으로 싸서 조리한 것이다. 닭 요리Ayam Buah Kelukrhk와 페라나칸 스타일 야채요리Noyna Chopchye도 추천할 만하다.

Open	10:00~22:00
Cost	뇨냐 찹차이 SD6~ (Tax & SC 17%)
Address	109/111, East Coast Rd.
Tel	065-6741-2125

Katong

⑬

루마 베베 Rumah Bebe

수제 페라나칸 스타일의 의상들과, 화려한 액세서리 등을 판매하는 작은 숍하우스이다. 싱가포르의 인기 연예인이 운영하는 숍으로 알려져 있는데, 다루는 상품들이 대부분 고가로 선뜻 구입하기에는 무리가 따르지만 한 번쯤 들러 페라나칸 스타일의 다양한 상품들을 둘러볼 만하다.

Open	09:30~18:30 (월요일 휴무)
Address	113 East Coast Rd.
Tel	065-6774-3652
Web	rumahbebe.com

Stay

1

카프리 바이 프레이저 Capri by Fraser

싱가포르의 트랜짓 호텔로 혹은 시내로 자주 다니지 않을 요량이라면 싱가포르의 높은 호텔 가격을 감안해 꽤 괜찮은 선택이 될 수 있는 호텔이다. 일단 공항까지 무료 셔틀을 운행하고 있고 쇼핑몰, MRT 정거장과 바로 연결되어 편리성은 최고. 게다가 꽤 넓은 욕실에 간단한 주방시설까지 갖춰진 쾌적하고 깔끔한 객실과 20m에 달하는 예쁜 수영장, 스팀룸, 자쿠지, 코인 세탁기 등 다른 호텔에는 없는 세심한 배려가 돋보인다.
좀 먼 듯 보이지만 시내까지 MRT를 타고 하루는 시간을 보내고 나머지는 가까운 이스트 코스트에 가서 크랩을 먹거나 붙어 있는 쇼핑몰에서 쇼핑과 다이닝을 즐긴다면 카프리 바이 프레이저를 선택하는 것도 괜찮을 듯 보인다.

Access	MRT 엑스포 역과 연결되어 있는 창이 시티 포인트 쇼핑몰 내부로 들어가 관통하는 것이 가장 빠르다.
Cost	스튜디오 슈피리어 USD185~
Address	3 Changi Business Park Central 1, Singapore
Tel	065-6933-9833
Web	singapore.capribyfraser.com

싱가포르 일반 정보

역사
스리 비자얀Sri Vijayan 왕국의 일부였던 섬 테마섹Temask(바다의 마을)은 말레이 반도의 끝에 위치하여 중국, 인도, 아랍, 포르투갈 등 다양한 범선과 전투선이 항해하던 해양로의 기점이 되어 왔다. 이후 14세기경 스리 비자얀의 왕자가 이 섬에 왔다가 어떤 동물을 사자라고 착각하여 '사자의 도시'라는 의미를 지닌 '싱가푸라Singa Pura'라고 부르게 되었으며 그것이 오늘날의 싱가포르가 되었다고 한다. 18세기에는 영국에 의해 무역기지가 되기도 하였으며 제2차 세계대전에는 일본에 점령당하기도 했다. 전쟁 후 영국 보호령이 되었다가 1959년 자치정부를 수립하고 1965년 8월 9일 비로소 독립 공화국으로 자리를 잡게 된다. 현재 싱가포르는 세계 주요 물류센터의 하나이자 아시아의 금융 중심지 중 하나로 성장했다.

시차
한국보다 1시간 느리다. 예를 들어 한국이 오전 9시면, 싱가포르는 오전 8시이다.

언어
대부분의 지역에서 영어로 소통하는 데 어려움이 없다. 중국계 거주민들이 많아 중국어가 많이 쓰이기도 한다.

환전
한국에서 싱가포르 달러로 직접 환전해가는 것이 편리하다. 싱가포르 1달러에 843원(2015년 9월 기준) 정도이다. 시내 곳곳에 ATM기가 설치되어 있고 신용카드 사용도 자유로운 편이니 너무 많이 환전해가는 것보다 현지에서 유리한 미국 달러를 준비해가거나 신용카드를 준비해가는 것도 좋겠다.

전화와 인터넷
공항에서는 무료로 인터넷 접속이 가능하며 대부분의 호텔에서 무선 인터넷을 무료 또는 유료로 사용할 수 있다. 시내로의 전화는 보통 호텔 로비 등에서 무료로 사용하도록 하는 경우가 많으며 국제전화는 국제전화용 카드 혹은 신용카드를 이용해서 걸 수 있다. 한국의 국가번호는 82, 싱가포르의 국가번호는 65이다.

◎ 한국에서 싱가포르로 걸 때
전화 회사 식별번호 001, 002, 00700 등을 누른 후 65 + 걸고자 하는 전화번호

◎ 싱가포르에서 한국으로 걸 때
전화 회사 식별번호 001, 002, 00700 등을 누른 후 82 + 2 (지역번호 앞의 0을 뺀다) + 걸고자 하는 전화번호

전압
220~240V 50Hz로 한국의 전자제품을 거의 그대로 사용할 수 있지만 한국과는 다르게 3개의 구멍을 가진 플러그를 사용한다. 따라서 변환장치인 어댑터를 호텔에서 빌려 쓰거나 구입해서 사용하여야 한다.

기후
연평균 기온은 27도 정도로 일 년 내내 고르게 더운 편이다. 11월부터 1월까지는 몬순 기간으로 하루에 한 차례씩 소나기가 오고 개고 하는 일이 잦다.

스마트폰/유심칩
언제 어디서든 자유롭게 와이파이를 사용하고 싶다면, 데이터 로밍보다 현지 유심칩을 구입하는 것이 좋다. 한국 여행객들이 가장 많이 사용하는 프리페이드 유심칩은 싱텔SingTel로, SD15만 내면 7일에 1GB를 사용할 수 있다. 칩 종류는 마이크로 유심칩과 일반칩이 있으므로 자신의 스마트폰이 어떤 칩을 사용하는지 확인하고 같은 것을 구입해야 한다. 구입 후에는 다음 순서에 따라 데이터플랜에 가입해야 정식으로 사용할 수 있다.

❶ *363으로 전화를 건다.
❷ 문자가 오면 1번(옵션: Prepaid Data Plans)을 누른다.
❸ 또 다시 문자가 오면 2번(옵션: Subscribe to Prepaid Data Plans)을 누른다.
❹ 또 다시 문자가 오면 5번(옵션: 7-Day $7Value 1GB Plan)을 누른다.
❺ 그 다음 문자는 본인이 선택한 서비스를 확인하는 내용이다. 7-Day $7Value 1GB Plan이 맞다면 1번을 누른다.
❻ 마지막으로 등록 완료 문자가 오면 끝.

판매처
창이 공항의 경우, 출국장을 나와 에스컬레이터를 타고 한 층 올라가면 있는 치어스Cheers 편의점.

주의사항
❶ 기본적으로 스마트폰은 컨트리록이 해지되어 있어야 한다. 최신 폰들은 출시될 때부터 컨트리록이 해지되어 있지만, 제품에 따라 그렇지 않은 것도 있으므로 가맹 통신사에 문의해서 확인 및 해지를 요청해 두도록 한다.
❷ 유심칩을 쓴다는 것은 싱가포르의 현지 전화번호를 쓴다는 뜻이므로, 자신의 폰 번호를 유지하고 싶은 경우에는 1일 무제한 데이터로밍(약 1만 원 전후/1일당)을 신청해야 한다. 그 외 문자만 사용하기 원한다면 대부분의 폰들이 국제간 자동 데이터로밍 서비스를 제공하므로 특별히 신경 쓸 필요가 없다.

Step to Singapore 2

싱가포르 들어가고 나오기

1 인천공항에서 출국하기

항공사 카운터 확인 → 탑승수속 → 보안검색 → 출국수속 → 탑승

A 항공사 카운터 확인

공항에 도착하면 가장 먼저 3층 출발 층에 있는 운항정보안내 모니터에서 탑승할 항공사를 확인한다. 각 항공사 탑승수속 카운터는 알파벳으로 구분되며 A~M까지 있다. 상황에 따라 카운터가 변동될 수 있기 때문에 꼭 공항 운항정보안내 모니터를 확인하는 것이 좋다. 모니터를 보는 것이 익숙하지 않다면 공항안내센터에 문의하면 안내를 받을 수 있다. 탑승 항공사 카운터를 확인했다면 해당 카운터로 이동해 탑승수속을 밟는다.

B 탑승수속

항공사 탑승수속은 보통 출발 2시간 30분 전부터 시작된다. 해당 카운터에 예약 항공권(또는 전자 항공권E-Ticket)과 여권을 제시한 후, 탑승권(보딩 패스Boarding Pass)을 받고, 짐을 부친다. 탑승권에는 탑승 시간, 탑승 게이트, 좌석 등의 정보가 적혀 있으며 창가나 복도 쪽으로 원하는 자리를 요청할 수도 있다. 수하물은 보통 1인당 20kg 무게가 허용되는데 초과 시 추가요금을 지불해야 한다. 짐을 부치면 수하물 보관표(배기지 클레임 태그Baggage Claim Tag)를 주는데 도착 후 짐을 찾을 때까지 잘 보관한다. 현지에서 수하물 분실 시 유일한 단서가 되며 디자인이 같은 타인의 수하물과 뒤바뀌지 않게 도와준다.

C 보안검색

항공사 탑승수속을 마치면 출국장으로 이동, 보안요원에게 여권과 탑승권을 보여준 후 출국장 안쪽으로 들어간다. 출국장 안, 보안검색대를 통과할 때는 직원의 안내에 따라 비치된 바구니에 주머니의 소지품을 모두 꺼내고 노트북, 카메라도 따로 꺼내 담는다. 휴대 물품 바구니를 차례대로 엑스레이X-ray 검색대 벨트 위에 올려놓고 통과시킨다. 액체류, 젤류, 칼, 가위 등 규정 외의 물품은 압수당할 수 있으니 미리 수하물로 부쳐야 한다. 문형 탐지기를 통과한 후 검색 요원이 한 번 더 검색을 한다. 목적지에 따라서 추가 검색이 있을 수 있다(출국신고서는 작성하지 않는다).

D 출국수속

보안검색대를 통과하면 바로 출국심사대가 나온다. 대기선 앞에서 차례를 기다린 후, 여권과 탑승권을 제시하고 출국심사를 받은 후 통과한다. 출국심사를 받을 때는 모자, 선글라스 등은 벗도록 한다.

E 탑승

탑승구Gate에는 늦어도 출발 30분 전까지 도착해야 한다. 보통 항공기 출발 30분 전부터 탑승을 시작하며 10분 전에는 탑승을 마감한다. 공항이 넓고 외국 항공사를 이용하는 경우 모노레일을 타고 별도의 청사로 이동해야 하므로 늦지 않도록 주의하자. 모노레일은 5분 간격으로 있으며, 별도의 청사에서도 면세점 이용이 가능하다. 오히려 이용객이 적어 여유로운 편이다. 상황에 따라 탑승구가 변경되는 경우도 있으니 운항정보를 꼭 확인한다.

문의 인천국제공항 www.airport.kr 1577-2600

Tip 1

한 푼이라도 아끼는 똑똑한 ATM 사용법

싱가포르 공항 및 시내 곳곳에 씨티은행을 많이 볼 수 있다. 국내에 씨티은행 계좌를 개설하고 국제현금카드를 발급받은 경우, 국내에서 현금 인출 받듯 편하게 이용할 수 있다. 특히 환전소 환율보다 전신환율이 더 좋고, 인출 금액에 상관없이 수수료가 1달러로 고정돼 있다는 점에서 경제적이다.

Tip 2

수하물 부치기

- 100ml 이상의 액체류와 젤류(면세점 구입 제품 제외)는 기내에 반입이 안 되므로 수하물에 넣어 보낸다. 그 이하의 용량은 투명한 지퍼팩에 넣어 휴대하면 좋다.
- 파손되기 쉬운 물건이나 고가의 귀중품은 직접 휴대한다.
- 짐 분실에 대비해 이름, 주소, 목적지를 영문으로 작성해 가방에 붙여두는 것이 좋다.
- 타인의 수하물 운송 부탁은 사고 위험이 있으니 반드시 거절한다.
- 수하물 보관표(배기지 클레임 태그Baggage Claim Tag)는 도착 후 짐을 찾을 때까지 잘 보관한다.

◎ 도심공항터미널에서 탑승수속하기

공항에 도착하기 전에 도심공항터미널에서 미리 탑승수속과 수하물 위탁, 출국심사를 마칠 수 있다. 현재 서울역과 삼성동 두 곳에 도심공항터미널이 있으며 일부 항공사가 입주해 탑승객의 탑승수속을 서비스하고 있다. 무거운 짐을 미리 부치고 편리하게 공항까지 이동할 수 있으며 무엇보다 빠른 출국수속을 받을 수 있다는 장점이 있다.

서울역 도심공항터미널 탑승수속

서울역 도심공항터미널 도착 → 직통열차 승차권 구입 → 탑승수속 (수하물 위탁) → 출국심사 → 직통열차 승차 → 인천국제공항역 도착

탑승수속 이용 가능 항공사 대한항공, 아시아나항공, 제주항공
탑승수속 이용 시간 05:20~19:00
탑승수속 마감 시간 항공기 출발 3시간 전까지 완료해야 함
직통열차 시간 06:30~20:00(서울역 à 인천공항)
(매시 정각과 30분마다 출발, 인천국제공항역까지 무정차로 43분 소요)
AREX 공항철도(서울역 터미널) www.arex.or.kr 032-745-7788

삼성동 도심공항터미널 탑승수속

삼성동 도심공항터미널 도착 → 탑승수속(수하물 위탁) → 출국심사 → 리무진 티켓 구입 → 리무진 탑승 → 인천국제공항 도착

탑승수속 이용 가능 항공사 대한항공, 아시아나항공, 제주항공, 타이항공, 싱가포르항공, 카타르항공, 에어캐나다항공, 필리핀항공, 미아트 몽골항공, 중국동방항공, 상해항공, 중국남방항공
※ 필리핀항공 PR467(인천-마닐라)편은 05:10~05:30(20분간)만 탑승수속 가능
탑승수속 이용 시간 05:20~18:30
탑승수속 마감 시간 항공기 출발 3시간 전까지 완료해야 함
리무진 운행 시간 05:20~20:00(10~15분 간격 운행)
CALT 한국도심공항(삼성동) www.calt.co.kr 02-551-0077~8

도심공항터미널 탑승수속 후 인천국제공항에서 출국하기

인천국제공항 도착 → 출국장 측면 전용출국통로 이용 → 보안검색 → 도심승객전용 출국심사 → 탑승구 이동 → 탑승

도심공항터미널에서 탑승수속 후 인천국제공항에 도착하면, 출국장 측면의 전용출국통로(인천국제공항 3층 각 출국장(1~4) 좌우측 통로)를 통해 보안검색 후 바로 출국심사대를 통과한다.

> Tip 3
> **항공 마일리지 카드 만들기**
> 마일리지 서비스는 각 항공사에서 탑승 거리만큼 마일리지를 적립해주고 적립된 마일리지로 실제 항공권을 구입할 수 있도록 하는 서비스이다. 마일리지 카드는 항공권 예약과 상관없이 신청만 하면 만들 수 있는데 카드가 발급되기까지 약 2주 정도가 걸린다(외국 항공사의 경우 발급 기간이 더 길). 대부분의 항공사에서는 출발 전에 카드를 만들어야 마일리지 적립을 해주기 때문에 여행 전에 미리 만들어두자.

> Tip 4
> **면세점**
> 면세 쇼핑은 평소 살 엄두가 나지 않던 물건들을 좀 더 저렴하게 구입할 수 있는 절호의 기회다. 출국심사 후 공항 내 면세점에서 쇼핑을 할 수 있는데, 인천공항 면세점은 그 규모와 입점 브랜드 면에서 세계적이다. 인터넷 면세점과 시내 면세점은 더욱 다양한 혜택을 누릴 수 있다는 장점이 있고, 공항 면세점에서는 구입한 물건을 바로 수령할 수 있다는 장점이 있다. 보통 6월 중순~8월, 11~12월에는 비정기적으로 시즌 오프 세일을 한다. 단, 면세점이라고 다 저렴한 것은 아니니 가격을 꼼꼼하게 비교해보고 구입하는 것이 좋다.
> 인터넷 면세점과 시내 면세점에서 구입한 물건은 해당 면세점 인도장에서 여권과 항공권, 영수증을 보여주면 찾을 수 있다.

2 싱가포르로 입국하기

공항 도착Arrival → 입국심사Immigration → 수하물 찾기Baggage Claim → 세관Customs

> Tip 5
> **기내**
> 비행기 탑승구에 있는 신문은 무료로 가져갈 수 있으며 기내로 들어오면 짐은 머리 위 선반이나 좌석 아래 빈 공간에 보관한다. 비행기 이륙과 착륙 시에는 전자제품 사용을 금하므로 미리 꺼두는 것이 에티켓. 기내에서 싱가포르 도착 전에 나눠주는 출입국 카드를 미리 작성해 놓으면 좋다.

> Tip 6
> **싱가포르 입국 시 반입 금지 품목**
> + 껌, 씹는 담배, 폭죽, 음란물 비디오나 CD, 리볼버 모양의 라이터, 향정신성 물질
> + 양주, 맥주는 1리터까지 허용되며 담배는 면세품목이 아니다.

A 공항 도착

안전벨트 사인에 불이 꺼지면 승무원의 안내에 따라 짐을 챙겨 내린다. 두고 내리는 물건이 없는지 확인하는 것을 잊지 말자.

B 입국심사

입국심사를 받기 위해서는 입출국 카드를 작성해야 하는데 가능하면 비행기에서 내리기 전 미리 작성해 놓는 것이 좋다. 알아보기 좋게 대문자로 작성하며 여행 목적은 Holiday로, 도착지 주소는 정해 놓은 호텔 이름을 적거나 정해 놓지 않았을 때에는 아는 호텔 이름을 적는다. **출입국 사무소 직원이 입국 신고서에서 떨어져나온 출국 신고서를 여권에 끼워주는데 출국할 때 반드시 필요하므로 절대로 버리지 말고 잘 보관하여야 한다.**

C 수하물 찾기

자신의 해당 항공편 레일로 이동해 짐을 찾으면 된다. 만약, 수하물이 분실됐다면, 인천공항에서 받은 수하물 보관표(배기지 클레임 태그Baggage Claim Tag)를 가지고 수하물 분실 신고를 한다.

D 세관

보통은 가볍게 통과시키지만 간혹 면세점 쇼핑 봉투를 보고 붙잡기도 한다. 액체류를 제외한 다른 쇼핑 물건들은 개봉해서 일반 가방에 정리한 후 통과하는 것이 현명하다. 신고할 것이 없으면 녹색 사인 "Goods not to declare" 쪽으로 나간다.

> Tip 7
> **입출국 카드** ARRIVAL AND DEPARTURE CARD

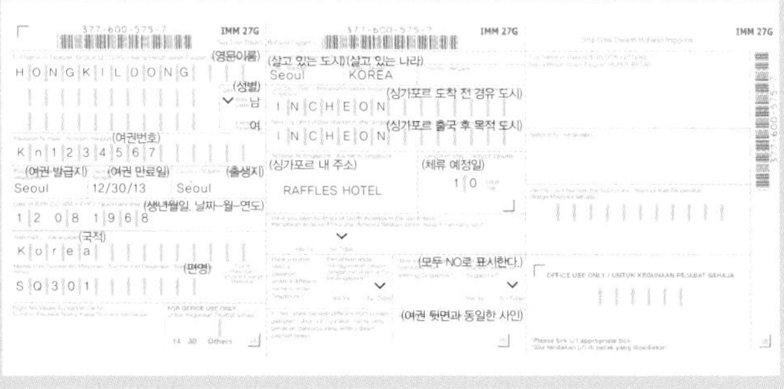

3 도심으로 이동하기

한국에서 비행기로 싱가포르에 갈 경우 창이국제공항에 도착하게 된다. 창이국제공항은 3개의 청사로 되어 있는데 서로 연결되어 있으며 터미널 간의 이동은 무료 스카이 트레인이나 무료 셔틀버스를 이용한다. 항공사마다 사용하는 터미널이 다르니 출국 시에 어떤 터미널을 이용하는지 반드시 숙지하고 있어야 한다.

1터미널 캐세이퍼시픽, 타이항공, 에어아시아
2터미널 대한항공, 아시아나, 싱가포르항공(비행편에 따라)
3터미널 베트남항공, 싱가포르항공(비행편에 따라)
창이국제공항 홈페이지 www.changiairport.com

> Tip 8
> **환승객 무료 시티 투어**
> 싱가포르 창이공항을 경유하는 환승객들은 무료 시티 투어를 이용할 수 있다. 체류 시간이 5시간 이상인 여행자에 한해 각 터미널에 있는 방문자센터(08:30~16:25)에서 신청을 하면 두 가지 프로그램 중 선택해서 약 2시간 동안 싱가포르 관광을 즐길 수 있다. 선착순으로 하루 6회 실시하고 있다.

◎ 공항에서 시내로 이동

싱가포르의 창이국제공항은 시내 중심으로부터 약 20km 정도 떨어져 있으며 공항에서 시내로 들어가는 방법은 5가지가 있다.

MRT Mass Rapid Transit

에스컬레이터를 이용해 지하의 MRT 정거장으로 내려간 후 열차를 타고 타나메라 역으로 가서 시티홀 방면 열차를 갈아탄다. MRT 타나메라 역으로 가면 된다. 타나메라 역에서 시티홀 역까지는 30분 정도가 소요되며 오차드 방면은 시티홀에서 갈아타야 한다. 시티홀까지의 요금은 SD1.63으로 거리에 따라 다르며, 저렴하고 빠르게 갈 수 있다는 장점이 있지만 짐이 있는 경우 번거로울 수 있다.

운행시간 05:30~24:30
문의 1800-336-8900 (07:30~18:30)
홈페이지 www.smrt.com.sg

MRT

에어포트 셔틀 Airport Shuttle

6인승의 벤으로 호텔 바로 앞(센토사와 창이 빌리지는 제외)까지 데려다 주어 편리하다. 예약은 도착 층의 에어포트 셔틀 카운터Ground Transport Desk에서 해야 하며 오전 6시부터 자정까지는 15분 간격으로, 자정부터 오전 6시까지는 30분 간격으로 운행한다. 성인 SD9, 소인(12세 미만) SD6 정도에 숙소 바로 앞까지 이용할 수 있어 안전하고 편리하지만 다른 손님과 같이 타는 경우 돌아가는 경우가 생겨 시간이 지체될 수 있다.

문의 065-6241-3818

에어포트 셔틀

택시 Taxi

이것저것 고민하기 싫을 땐 택시를 이용하자. 싱가포르의 택시는 대부분 친절하고 정직한 편이라 믿고 이용할 수 있다. 도착 층에서 택시를 탈 수 있는데, 공항에서 나올 때 SD3~5(금~일, 17:00~24:00) 정도의 추가요금이 있으며 출퇴근 시간이거나 짐이 많은 경우 요금이 가산된다. 또, 밤 12시부터 새벽 6시 사이에 도착했을 때에는 총 요금의 50%의 할증이 붙는다. 시내까지는 30분 정도 걸리며 SD20~38 정도에 이용할 수 있다.

택시

택시

버스

리무진 택시 & 맥시 캡 Limousine Taxi & Maxi-Cab

택시와 같은 개념으로 벤츠 같은 고급차량을 이용해 목적지까지 데려다 준다. 훌륭한 서비스에 편하기도 하지만 목적지나 사람 수와 관계없이 SD60~90(차종과 크기에 따라 다름) 정도로 비싼 편이다. 24시간 운행하며 자정부터 새벽 6시까지는 SD10~12 정도의 추가요금이 발생하기도 한다. 맥시 캡은 홈페이지(www.limomaxi.com/reservations)나 전화로도 미리 예약 가능하다. 그 외 공항 리무진 택시를 이용할 경우, Ground Transport Desk로 가면 되고, 4인승에서 9인승까지 SD55~60에 이용 가능하다.

맥시 캡 065-6535-3534
공항 리무진 065-6241-3818

버스 Bus

각 터미널 지하 정류장에서 36번 버스를 타면 시내 주요구간(선텍, 팬 퍼시픽 호텔, MRT 도비 갓 역, 오차드 로드, 래플스 호텔 등)을 지날 수 있다. 새벽 6시부터 밤 10시 40분까지 약 5~15분 간격(요일에 따라 다름)으로 운행되며 시내 중심까지는 1시간 남짓 걸린다. 요금은 SD2 정도로 저렴한 편이지만 다른 교통수단에 비해 시간이 많이 걸리고 별다른 안내방송이 나오지 않아 신경 써서 내려야 한다는 단점이 있다.

Tip 9
다양한 교통카드

1 이지링크 카드 ez-link Card

우리나라 교통카드와 같은 개념. 충전식으로 MRT와 버스 승차 시 자동으로 요금이 나가므로 일일이 승차권을 사지 않아도 돼 무척 편리하다. 또한 현금으로 승차권을 구입하는 것보다 요금도 저렴해서 경제적이다. 처음 구입 시 가격은 충전금액(SD7)과 카드 보증금(SD5)을 합해 최소 SD12이다. 잔액이 부족할 시 역 안에 있는 부스나 자동발매기에서 SD10 단위로 충전이 가능하고, 사용 후 보증금을 뺀 카드의 잔액은 MRT 티켓 판매소에서 돌려받을 수 있다. 유효기간은 2년이며 여행 시 무척 편리하게 사용할 수 있기 때문에 아주 짧은 일정이 아니라면 구입하길 추천한다.

판매처
MRT 역 티켓오피스나 탑승객 서비스 센터 Passenger Service Centre
Web www.ezlink.com.sg

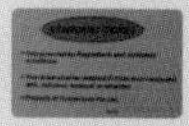

2 스탠더드 티켓 Standard Ticket

우리나라의 1회용 승차권과 같은 개념이다. 가고자 하는 거리에 따라 요금이 달라지며 구입 시 보증금 SD1이 추가로 더해진다. 이 승차권은 구입한 날로부터 30일 내에 최대 6회까지 사용 가능하다. 보증금은 목적지에 도착한 후 돌려받을 수 있다.

3 싱가포르 투어리스트 패스 Singapore Tourist Pass

1일권(SD20), 2일권(SD26), 3일권(SD30) 세 종류를 갖춘 여행자용 교통카드다. 단 일반버스와 MRT, LRT 외 다른 어떤 특별 교통수단도 이용할 수 없다. 이지링크 카드처럼 충전이 가능하며 구입비용에는 보증금 SD10이 포함되어 있다. 보증금은 구입 후 5일 이내에 패스를 반납하면 돌려받을 수 있다.
Web www.thesingaporetouristpass.com.sg

4 싱가포르 내에서 이동하기

싱가포르의 대중교통 여행자들도 편리하고 쉽게 이용할 수 있도록 시설을 잘 갖춰놨으며 가격 또한 합리적이다. 싱가포르 자체가 작은 도시이고 여행자들이 주로 방문하는 지역은 거리상으로 멀지 않아서 대중교통만으로 이동해도 큰 어려움이 없다. 택시도 다른 동남아시아 국가들에 비해 바가지나 흥정이 없고 정직한 편이며 가격도 생각보다 비싸지 않고 합리적이어서 가까운 거리 이동 시에는 탈 만하다.

MRT Mass Rapid Transit

MRT는 가장 빠르고 쾌적하게 이동할 수 있는 교통수단이다. 중심부와 싱가포르 전역을 연결하기 때문에 MRT만으로도 이동에 어려움이 없을 정도로 편리하게 되어 있다. 승차권은 각 역에 설치된 자동발매기에서 살 수 있으며 구간별로 요금을 지불하면 된다. 이지링크 카드를 사용하면 승차권을 끊는 것보다 더 저렴하고 편리하다.

Open 05:30~24:30(구간마다 다름)
Cost SD0.8~1.7
Tel 1800-3368-900
Web www.smrt.com.sg

버스 Bus

싱가포르 구석구석을 연결하는 다양한 노선이 있어 목적지에 따라서는 버스가 더 편리하기도 하다. 버스정류장에는 번호와 함께 정차역이 상세하게 적혀 있어서 여행자들도 쉽게 이용할 수 있다. 버스요금은 일반버스가 70센트에서 1달러 30센트, 에어컨 버스가 80센트에서 1달러 50센트까지 거리에 따라 달라진다. 이지링크 카드로 결제가 가능하고 현금 승차 시 거스름돈을 주지 않기 때문에 잔돈을 미리 준비하는 것이 좋다. 우리나라와 달리 안내방송이 나오지 않아 운전기사나 승객들에게 물어서 목적지를 지나치는 일이 없도록 주의하자.

Tip 10
버스 정보는 이곳에서
gothere.sg
목적지와 도착지를 입력하면 버스정류소와 버스번호 등의 안내를 받을 수 있다.

Tip 11
자동발매기 이용법
❶ 스탠더드 티켓 구매하기
Buy Standard Ticket 선택 ⋯ 노선도에서 목적지 선택 ⋯ 명시된 요금 넣기 ⋯ 티켓 받기
❷ 스탠더드 티켓 보증금 돌려받기
Refund Deposit 선택 ⋯ 스탠더드 티켓 넣기 ⋯ 환급금 받기
❸ 카드 충전하기
Add Value 선택 ⋯ 카드 넣기 혹은 올려놓기(기계에 따라 다름) ⋯ Cash 선택 ⋯ 원하는 충전 금액만큼 현금 넣기(최소 SD10) ⋯ 충전 금액 확인 후 OK 선택 ⋯ 초록색 불이 들어오고 충전이 끝나면 카드 받기

나이트 버스

주말과 공휴일 전날 밤, 나이트라이프로 마지막 MRT나 일반 버스를 놓쳤다면, 주요 관광지를 지나가는 나이트버스를 이용할 수 있다.

1. 나이트라이더Night Rider

- 번호 : NR1, NR2, NR3, NR5, NR6, NR7, NR8
- 운행지역 : 오차드 로드, 리버 밸리, 클락 키, 보트 키, 마리나 베이 샌즈, 비보 시티, 리조트 월드 센토사
- 운행시간 : 금, 토, 공휴일 전날 23:30~04:30

2. 나이트 아울Nite Owl

- 번호 : 1N, 2N, 3N, 4N, 5N, 6N
- 운행지역 : 마리나 센터, 보트 키, 클락 키, 리버 밸리, 모하메드 술탄 로드, 오차드 로드, 리틀 인디아
- 운행시간 : 금, 토, 공휴일 전날 24:00~02:00

택시Taxi

싱가포르는 반드시 택시 승강장에 줄을 서야만 택시를 잡을 수 있으니 유의하자. 택시 회사마다 조금씩 차이가 있지만 기본 1km에 SD2.8 정도이며 350~400m당 20센트씩 추가된다(정차 시 45초마다 20센트씩 추가). 택시를 콜할 경우 SD3 정도 추가요금을 내야 하며 콜택시는 전면에 'On Call'이라는 사인이 켜져 있다. 생각보다 비싸지 않아 가까운 곳이나 3명 이상의 일행이라면 택시를 타는 것이 편하다. 특이한 점은 합리적인 요금체계인데 공항에서의 승차, 공휴일, 러시아워, 심야할증, 시내중심지역 및 센토사 진입, 트렁크 이용 시에도 추가요금이 부가된다. 목적지에 도착해서 요금을 더 부가해도 당황하지 말고, 영수증도 끊어주니 정확히 확인해보자. 참고로 공항에서 마리나 베이까지 SD16 정도, 클락 키에서 주롱 새공원까지 SD16 정도, 오차드 로드에서 센토사까지 SD13 정도가 된다.

콜택시 예약 Comfort/CityCab 065-6552-1111 SMRT 065-6555-8888
Maxi Cab 065-6535-3534 Premier Taxis 065-6476-8880

예약 앱 다운로드 www.moobitaxi.com

5 싱가포르의 다양한 탈거리들

시아 홉온 버스 SIA Hop-on Bus

싱가포르의 주요 관광지와 중심지를 한 번에 돌아보고 싶은 사람들에게 좋은 교통수단이다. 보타닉 가든, 선텍 시티, 래플스 시티, 에스플러네이드와 같은 유명한 스폿은 물론 클락 키, 아랍 스트리트, 리틀 인디아, 차이나타운, 센토사에 이르는 23개의 주요 지역을 이어주는 역할을 한다. 1일권만 있으면 몇 번이고 타고 내릴 수가 있고 순서대로 관광할 필요 없이 지정된 정류장에서 자유롭게 승하차가 가능해 내가 원하는 루트의 맞춤 관광을 즐길 수 있다. 티켓은 버스에 탑승 후 운전기사에게 구입할 수 있다.

Open 싱가포르 시내 서비스 09:00~19:40(싱가포르 플라이어 마지막 출발),
20분 간격 운행, 센토사 셔틀버스 서비스 10:00~17:30(90분 간격)

Cost 성인 SD25, 어린이 SD15,
싱가포르항공 탑승객 성인 SD8, 어린이 SD4(구입 시 보딩 패스 제시),
싱가포르 스톱오버 홀리데이 프로그램 이용객은 무료

Tel 065-6734-9923

Web www.siahopon.com

시티 사이트싱 싱가포르 City Sightseeing Singapore(구 히포 투어 버스 Hippo Tour Bus)

싱가포르 거리를 거닐다 보면 한 번쯤은 지나쳤을 법한 귀여운 2층 버스를 24시간(구매한 시각부터 다음 날 같은 시각까지 24시간) 혹은 2일간 무제한으로 이용할 수 있다. 가장 대표적인 관광지를 이어주는 오리지널 투어와 세세한 지역까지 커버하는 CS 레드 헤리티지 루트, CS 옐로 시티 루트, 시티와 센토사를 이어주는 라이노 피더 RHiNO Feeder 루트 4가지가 있으며, 여기에 리틀 인디아(월~토 10:30 더베르지에서 출발), 차이나타운(월~토 14:00 차이나타운 헤리티지 센터에서 출발) 워킹 투어, 덕 & 히포 키즈 클럽(여정 중 8개의 미션을 수행하고 메달을 받는 액티비티), 리버 크루즈(2일 패스에 한함)가 포함된다. 버스에 탑승하면 11개 국어로 각 랜드마크에 대한 설명이 이어진다. 티켓은 홈페이지에서 구입한 후 버스에서 이티켓을 보여 준 후 정식 티켓을 건네받거나, 선텍 덕 & 히포 카운터, 오차드 로드, 싱가포르 플라이어, 차이나타운 헤리티지 센터, 창이 공항 2, 3터미널 도착 홀, 클락 키에서 구입할 수 있다.

❶ 더 오리지널 투어(09:30~18:00, 30분 간격, 갈색 버스)
플라이어 → 리츠 칼튼 호텔 → 멀라이언 파크 → 차이나타운 → 크레타 아이어 → 피플스 파크 센터 → 클락 키 → 포트캐닝 → 로버트슨 키 → 미라마르 호텔 → 그레이트 월드 시티 → 세인트 레지스 호텔 → 오차드 호텔 → 매리어트 호텔 → SVC@오차드 → 오차드 플라자 → 도비 갓 → 리틀 인디아 → 부기스 빌리지 → 칼튼 호텔 → 래플스 호텔 → 선텍 허브 → 플라이어

❷ 옐로 루트(09:00~18:30, 14분 간격)
선텍 허브 → 플라이어 → 마리나 베이 샌즈 → 플러턴 호텔 → 아시아 문명 박물관 → 페닌슐라 플라자 → 클락 키 → 미라마르 호텔 → 그레이트 월드 시티 → 탕글린 몰 → 보타닉 가든 → 오차드 호텔 → 매리어트 호텔 → SVC@오차드 → 오차드 플라자 → 랑데부 호텔 → 싱가포르 예술 박물관 → 래플스 시티 & 호텔 → 선텍 허브

❸ 레드 헤리티지 루트(10:00~17:15, 20분 간격)
선텍 허브 → 푸루쇼우 → 리틀 인디아 → 무스타파 센터 → 씨브즈 마켓 → 랜드마크 빌리지 호텔 → 캄퐁 글램 → 인터콘티넨털 호텔 → 코넛 드라이브 → 페닌슐라 플라자 → 보트 키 → 차이나타운 → 크레타 아이어 → 피플스 파크 센터 → 올드 커스텀 하우스 → 마리나 베이 시티 갤러리 → 마리나 베이 샌즈 → 리츠 칼튼 호텔 → 선텍 허브

❹ 센토사 & 2 IRs 라이노 페더 루트(10:00~18:45, 75분 간격)
선텍 → 싱가포르 플라이어 → 마리나 베이 샌즈 → 센토사/RWS → 마리나 베이 샌즈 → 싱가포르 플라이어 → 선텍

Cost **1일(24시간)** 성인 SD33, 어린이 SD23 **2일(48시간)** 성인 SD43, 어린이 SD29
그 외 기타 패키지 플라이어 + 시티 사이트싱 패키지 성인 SD59, 어린이 SD43
플라이어 + 오리지널 루트 투어 성인 SD43, 어린이 SD29
Tel 065-6338-6877
Web www.ducktours.com.sg

편비 오픈 톱 버스 FunVee Open Top Bus

투어 버스의 후발주자이지만, 그만큼 접근 지역을 넓히고 가격은 낮췄다. 한국어 오디오 가이드는 기본이고, 자신이 머무는 호텔에서 첫 승차장까지 픽업 서비스를 제공한다는 점에서 좋은 반응을 얻고 있다. 루트는 다음과 같다.

❶ 그린루트(09:00~17:00, 20~30분 간격)
싱가포르 플라이어 → 에스플러네이드 → 클리포드 피어(멀라이언 파크) → 라우 파 삿 → 차이나타운 → 아폴로 센터(차이나타운) → 클락 키 MRT → 리앙코트 → 파크 호텔 클락 키 맞은편 → 미라마르 호텔 → 그레이트 월드 시티 맞은편 → 트레이더스 호텔 맞은편 → 보타닉 가든 → 오차드 호텔 → 메리투스 만다린 맞은편 → 미드포인트 오차드 → 오차드 플라자 → 도비 갓 MRT → 랑데부 호텔 → 칼튼 호텔 전 → 래플스 시티 맞은편 → 팬 퍼시픽 호텔 → 싱가포르 플라이어

❷ 레드루트(센토사행 09:45, 11:45, 15:45, 17:45 출발, 1일 4회)
싱가포르 플라이어 → 에스플러네이드 → 클리포드 피어(멀라이언 파크) → 라우 파 삿 → 차이나타운 호텔 → 센토사(유니버설 스튜디오) → 링크 호텔 맞은편 → 홀리데이 인 아트리움 맞은편 → 리버뷰 호텔 → 파크 호텔 클락 키 → 윈슬랜드 하우스 → 서머셋 MRT → 오차드 플라자 → 도비 갓 MRT → 랑데부 호텔 맞은편 → 더버지/데카몰 버지 → 랜드마크 빌리지 호텔(아랍 스트리트) → 파크로열 호텔 비치 로드 지나서 → 파크뷰 호텔 맞은편 → 래플스 호텔/에스플러네이드 MRT 맞은편 → 팬 퍼시픽 호텔(마리나 스퀘어) → 싱가포르 플라이어

❸ 오렌지루트(10:45~16:45, 매시 45분 출발)
싱가포르 플라이어 → 마리나 베이 샌즈 → 가든스 바이 더 베이 → 마리나 베러지 → 스리 마리암만 사원 맞은편 → 부다스 리릭(불아사) → 아폴로 센터 → 클락 키 → 스탬포드 코트 바깥쪽 → SMU 바깥쪽 → 랑데부 호텔 맞은편 → 더버지/데카몰 버지 → 랜드마크 빌리지 호텔(아랍 스트리트) → 팬 퍼시픽 호텔(마리나 스퀘어) → 싱가포르 플라이어

가족이 여행할 경우, 가족 패키지를 이용하면 좀 더 저렴하다. 이외에 시티투어 버스와 관광보트를 결합시킨 패스도 있다.
Cost 성인 SD21.9, 어린이 SD15.9
Tel 065-6738-3338
Web www.citytours.sg

레드 랜턴 투어 Red Lantern Tour

클래식한 트롤리를 타고 시내 중심에서 외곽에 이르기까지 야경을 즐기는 나이트 투어이다. 선텍 시티 및 싱가포르 플라이어에서 출발하여 싱가포르 중산층이 사는 마린 퍼레이드, 페라나칸 문화의 중심지 까통, 다양한 바와 레스토랑으로 컬러풀한 밤거리 겔랑 스트리트를 지나 클락 키로 돌아온다.
Open 18:30(3시간 소요)
Cost 성인 SD39, 어린이 SD29, 레드 랜턴+플라이어 패키지 성인 SD59, 어린이 SD43
Tel 065-6338-6877
Web singaporetrolley.com

덕 투어 Duck Tours

이름 그대로 오리처럼 생긴 수륙양용차를 타고 땅과 물 위를 누비는 시티 투어(60분간)이다. 미국이 베트남전에서 실제 사용했던 함정을 타고 육지에서 물 위로, 또는 그 반대로 진입할 때의 스릴을 즐기려는 사람들이 많이 찾는다. 온라인으로 구입하고 이티켓을 선텍 탑승장에서 보딩 패스로 바꾼다.

Open 10:00~18:00(30분 전 체크인)
Cost 성인 SD33, 어린이 SD23~, 2살 미만 SD2,
덕 투어 + 플라이어 패키지 성인 SD53, 어린이 SD37~, 2살 미만 SD2
Tel 065-6336-6111
Web www.ducktours.com.sg

리버 크루즈 River Cruise

40분간 싱가포르 강을 유람하며 로맨틱한 시간을 보낼 수 있어 의외로 인기가 많은 교통수단이다. 유람선을 타고 여유로운 휴식을 즐겨도 좋고 강을 건너는 이동수단으로 이용해도 좋다. 루트는 아래와 같다. 티켓은 보트 키, 로버트슨 키 등 강 주변의 각 선착장에서 구입할 수 있다.

리버 밸리 → 로버트슨 키 → 클레망소 → 리드 브리지 → 클락 키 → 사우스 브리지 → 보트 키 → 플러턴 → 에스플러네이드 → 멀라이언 파크 → 베이프런트 사우스 → 프로미네이드 → 마리나 베러지

Open 09:00~22:30
Cost 성인 SD22, 어린이 SD12
Tel 065-6336-6111
Web www.rivercruise.com.sg

버블 제트 보트 Bubble Jet Boat

강을 따라 위치한 관광지를 돌 때 유용한 보트 전용 패스로 콘셉트는 투어 버스와 같다. 24시간 유용하며 20분 간격으로 오는 버블 제트 보트를 마음껏 탈 수 있다.

지악킴 → 킴셍 → 해브록 → 포트 캐닝 → Eu tong Sen → 로스 브리지 → 래플스 상륙지 → 래플스 플레이스 → 클리포드 피어 → 마리나 베이 시티 갤러리 → 베이프런트 로스 → 프로미네이드 → 마리나 베러지

Open 09:00~23:00(22:00 마지막 탑승)
Cost 성인 SD25, 어린이 SD25
Tel 065-6738-3338
Web www.citytours.sg

6 싱가포르에서 출국하기

공항으로 이동하기 → GST 환급 처리하기 → 탑승수속 →
보안검색과 출국심사 → 탑승

A 공항으로 이동하기

창이국제공항을 통해 출국할 경우, 늦어도 출발 2시간 전에는 도착해야 한다. 시내에서 공항으로 이동할 시, 택시를 타거나 공항 셔틀버스를 이용하는 것이 가장 편리하다. 주요 호텔 앞에서 공항으로 가는 버스를 탈 수 있으니 미리 컨시어지에 문의해두어 시간을 확인하고 예약을 해놓으면 편리하다.

B GST 환급 스탬프 받기

쇼핑의 천국 싱가포르에서 신 나게 쇼핑을 즐겼다면 똑똑하게 GST 환급 스탬프 받는 것을 잊지 말자. GST 환급 스탬프를 받으려면 구입한 물건을 보여주어야 하는 경우도 있으니 공항으로 오기 전 환급 대상이 되는 물건은 넣고 빼기 편하게 정리하여 공항으로 출발하자. 터미널별로 GST Refund 사인을 보고 이동한 후 여권, 항공권, 구입한 물건의 영수증, 환급증 등을 제시하면 스탬프를 찍어준다.
환급금 수령은 면세 구역에 들어간 후 GST Refund 데스크에서 받을 수 있다. 구입한 물건을 짐에 부치지 않는 경우 이곳에서 한번에 스탬프를 받고 환급금을 받아도 된다.

C 탑승수속

전광판에서 자신이 타야 할 항공사의 카운터를 미리 확인하자. 카운터에서 여권과 항공권을 제시하고 짐을 부치면 된다.

D 보안검색과 출국심사

소지품을 바구니에 넣어 벨트 위에 올려놓고 자신은 검색대를 통과하여 나오면 된다. 출국심사를 받을 때에는 여권과 미리 작성해두었던 출국카드를 제시하면 된다.

싱가포르 여행 준비

여행을 위한 D-60

싱가포르 여행을 계획 중이지만 어떻게 여행을 준비해야 할지 막막한 생초보 여행자들을 위해 여행 준비 과정을 하나하나 정리해 보았다. 항공권은 언제 구입해야 하는지, 호텔은 어떻게 예약해야 하는지, 천천히 준비 과정에 들어가보자.

D-60 여행 그리기

싱가포르로 목적지를 정했다면 싱가포르에서 어떤 여행을 할지 생각해보자. 무위도식 휴가를 보낼 건지, 친구와 함께 갈 건지, 며칠 동안 머무를지, 싱가포르의 어느 지역을 여행할지, 자유여행을 할지 아니면 패키지를 이용할지 등 예산을 고려해 여행을 구상해보자.

D-50 여권 만들기

여권 만료 기간이 6개월 미만일 경우에는 반드시 여권을 새로 발급받아야 한다. 여권 만료 기간을 출발 전 반드시 확인하자.

D-40 항공권 예약하기

입출국 날짜가 확실하다면 항공권 예약을 서두르자. 스케줄과 가격이 좋은 항공권은 빨리 동이 난다.

D-30 숙소 예약하기

싱가포르는 숙소비가 상대적으로 비싼 여행지다. 외부 일정이 많은 경우 굳이 비싼 돈을 주고 무리할 필요는 없다. 자신의 일정을 적절히 조합하여 예산에 맞춰 알맞은 숙소를 찾아보고, 예약을 서두르자.

D-20 여행 정보 모으기

항공권과 호텔 예약이 완료되었다면 큰 틀이 완성된 셈이다. 이제 그 틀을 채울 계획을 세울 차례, 싱가포르에서 꼭 가봐야 할 레스토랑, 명소, 꼭 사야 할 아이템, 해봐야 할 것 등 다양한 여행 정보를 모아보자. 각종 웹사이트와 카페, 개인 블로그 등의 리뷰는 여행을 준비하는 데 많은 도움이 된다.

D-7 면세점 쇼핑하기

해외 여행의 즐거움 중 하나로 빼놓을 수 없는 것이 바로 면세점 쇼핑이다. 공항 면세점보다는 시중의 면세점이, 시중의 면세점보다는 인터넷 면세점이 가격적으로 유리하니 참고하자.

D-5 환전하기 & 여행자보험 가입하기

출발이 코앞이다. 이제 현지에서 사용할 비용을 환전해둬야 할 때다. 현지 ATM기에서 바로 싱가포르 달러로 돈을 인출할 수도 있으니 너무 많은 돈을 환전하는 것보다 예산에 맞춰 환전하는 것이 좋다. 그리고 혹시 모를 사고에 대비해 자신의 여행 기간과 체류지, 보상 내용 등을 따져보고 여행자보험에 가입하자.

D-2 짐 꾸리기

우선 여행에서 필요한 물건 리스트를 작성해보자. 그리고 정말 필요한 물건인지, 아니면 짐이 될 물건인지 한 번 더 생각해 보고 최종 리스트를 만든다. 리스트가 완성되면 물건들을 하나씩 하나씩 체크해가며 짐을 꾸린다.

D-Day 출발!

드디어 기다리고 기다리던 출발일! 마지막으로 빼놓은 것은 없는지 확인하자. 여권, 항공권, 바우처, 신용카드, 면세품 인도를 위한 영수증 등은 잊지 않도록 하자.

1 여행 그리기

싱가포르는 매력적인 여행지다. 물가 비싼 도시, 엄격한 규칙으로 조금은 딱딱한 나라라는 편견이 있지만 여러 민족이 자연스레 어우러져 만들어낸 독특한 문화와 이야기가 있는 나라이다. 화려한 쇼핑몰들로 가득 찬 오차드 로드와 시티, 아름다운 바다와 즐길거리가 풍부한 센토사, 거리마다 개성이 넘치는 차이나타운, 아랍 스트리트, 리틀 인디아 등 자신의 취향에 따라 어느 곳에서 어느 정도 시간을 보낼 것인지를 대략적으로 생각해두자. 여행의 절반은 센토사에서 관광도 하고 거리를 온종일 쏘다니며 바쁜 일정을 보내고, 후반에 좋은 호텔에 묵으며 휴식을 취하는 것도 하나의 방법이 되겠다.

2 여권과 비자 만들기

여권

관광이 목적이라면 싱가포르에서 90일까지 무비자로 체류가 가능하다. 비자 연장을 신청하려면 싱가포르 이민국이나 핫라인(1800-391-6400)으로 문의하면 된다.

여권은 여행 시기를 기준으로 6개월 이상 유효기간이 남아 있어야 하며 여권 발급은 서울은 각 구청에서, 지방은 시청, 도청에서 발급받을 수 있다(www.0404.go.kr). 여권을 새로 만들 경우 수수료와 함께 필요한 서류를 구비하여 본인이 직접 지정된 발급 기관에 접수, 교부받아야 한다. 단, 만 18세 이하의 미성년자는 법정 대리인인 부모가 대신 신청할 수 있다. 외교통상부의 여권 접수 예약 페이지(passport.mofat.go.kr/JSP/main.jsp)를 이용해 접수 방문 일시를 예약하면 조금 더 편리하다. 여권 발급에 소요되는 기간은 신규 발급 및 재발급이 10일 정도다.

여권 발급 시 필요한 서류

1) 여권 발급 신청서 구청, 시도청에 비치된 신청서를 이용한다. 외교통상부 홈페이지에서도 신청서를 내려받을 수 있다(www.0404.go.kr).

2) 여권용 사진 1매 최근 6개월 이내에 찍은 컬러 사진으로 귀가 노출되어야 하고 바탕은 흰색이어야 한다(긴급사진부착식 여권 신청 시에는 2매 제출).

3) 주민등록증 또는 운전면허증 원본

4) 병역 관련 서류(병역 의무자에 한함), **여권 발급 동의서**(미성년자의 경우) 등

여권 발급 절차

① 여권 신청 서류(여권 발급 신청서 및 사진 등) 준비 및 작성
② 여권 신청 서류 접수
③ 자동 시스템상 경찰청 신원조사 등 여권 서류 심사
④ 심사를 마친 후 여권 제작, 교부

여권을 분실했을 경우

여행 중 여권을 분실했을 경우만큼 당황스러울 때가 없다. 여권을 분실하면 현지의 한국 대사관 혹은 영사관에 방문해 여행용 임시 증명서를 발급받아야 한다. 여행용 임시 증명서를 발급받기 위해서는 여권번호와 여권용 사진 2매가 필요하다. 따라서 여행을 떠나기 전 여권 분실에 대비해 여권 복사본과 여권 사진 2매를 준비해두자.

외교통상부 콜센터
무료
007(현지국제전화코드)
-800-2100-0404
유료, 국내외 겸용
007(현지국제전화코드)
-822-3210-0404

주한 싱가포르 대사관
02-774-2464
www.mfa.gov.sg/seoul

싱가포르 이민국
065-6391-6100
www.ica.gov.sg

항공사
대한항공 kr.koreanair.com
싱가포르항공 www.singaporeair.com/kr

항공권 예약 사이트
온라인투어 www.onlinetour.co.kr
와이페이모어 www.whypaymore.co.kr
웹투어 www.webtour.com
인터파크 투어 tour.interpark.com
탑항공 www.toptravel.co.kr
투어익스프레스 www.tourexpress.com
투어캐빈 www.tourcabin.com

호텔 예약 대행 사이트
아고다 www.agoda.co.kr
호텔패스 www.hotelpass.com
아시아룸즈 www.asiarooms.com
아시아트래블 www.asiatravel.com
부킹닷컴 www.booking.com

3 항공권 예약

인천에서 싱가포르로 가는 직항 노선은 대한항공, 아시아나 항공, 싱가포르 항공이 있으며, 비행시간은 약 6시간이 소요된다. 항공권은 직접 항공사의 홈페이지나 전화를 이용해 구매가 가능하고, 여행사 혹은 구매 대행 사이트를 통해 구매하는 방법이 있다. 여행사나 대행사를 이용할 경우 해당 항공사에서 구매하는 것보다 좀 더 저렴하게 구할 수는 있으나 여유 좌석 확보가 어려워 대기할 수도 있다. 그리고 일정 변경이 불가능하거나 마일리지 적립이 되지 않는 등 불리한 조건들이 붙는 경우도 있으니 반드시 꼼꼼하게 확인해야 한다.

4 호텔 예약하기

싱가포르에는 다양한 유형과 콘셉트, 가격대의 숙소가 많아 선택의 폭이 넓다는 장점이 있지만 오히려 더 많은 고민을 해야 한다는 단점도 있다. 일단은 가족, 커플, 허니문 여행 등 여행 목적에 따라 장단점을 생각해 알맞은 숙소를 선택하는 것이 현명하다. 대부분의 숙소는 예약 대행업체를 통해 예약하는 것이 가격적으로 유리하며 저가 숙소의 경우 자체 홈페이지를 통해서만 예약을 받기도 한다.

5 여행 정보 수집

아는 만큼 보인다는 말처럼 여행도 아는 만큼 더 느낄 수 있다. 시중에 나와 있는 가이드북을 통해 신뢰할 수 있는 정보를 얻을 수 있으며 개인 블로그나 카페, 각종 여행 사이트에는 가이드북엔 없는 따끈따끈한 현지 정보나 책에서는 길게 담지 못한 세세한 정보들이 있다. 대신 온라인의 개인 리뷰는 작성자의 취향이나 의견이 강하게 들어갈 수도 있다는 점을 고려하자. 여행지에 대한 사전 정보는 여행을 좀 더 알차게 만들어주니 부지런히 눈을 돌려보자.

싱가포르 관광청 www.yoursingapore.com
싱가포르의 역사와 문화, 볼거리, 식당, 나이트스폿 등의 정보를 얻을 수 있으며 신청만 하면 무료 책자와 지도 등을 받아볼 수 있다.

싱가폴 사랑 cafe.naver.com/singaporelove
싱가포르를 사랑하는 사람들의 여행 커뮤니티로 다량의 후기와 리뷰가 올라와 그 어느 곳에서보다 생생한 정보를 얻을 수 있다.

Tip 1
현지 휴대폰 렌털
현지 여행 시 레스토랑이나 스파를 예약하고 위치를 문의하는 등 전화가 필요한 경우가 많다. 로밍 서비스를 이용하는 것보다 현지 휴대폰으로 빌려가는 것이 편리하고 가격적으로 저렴하다. 어비스는 인천공항에서 현지에서 사용 가능한 휴대폰을 대여해주며, 대여받은 휴대폰을 현지에서 충전해 사용할 수 있다. 최근에는 스마트폰 사용자를 위해 심카드 판매 서비스도 시작했다.

어비스
Tel 032-743-4155
Web www.abys.co.kr
심바다
Tel 032-743-4107, 070-8291-7774
Web www.simbada.co.kr

아쿠아 www.aq.co.kr

1999년 처음 문을 열어 여행자들의 솔직한 리뷰와 후기가 쌓여 왔다. 특히 동남아 지역에 대한 여행 리뷰가 많은 편이다. 자체적으로 여행사를 운영하지 않기 때문에 정보의 투명성이 높고 수준 높은 리뷰가 돋보인다.

고 아시아 cafe.naver.com/goasiatravel

아시아 여행을 좋아하는 사람들이 모여 만든 카페로 홍콩, 일본, 태국, 필리핀 등 나라별 리뷰를 볼 수 있다. 아직은 시작 단계지만 싱가포르의 신선하고 따끈한 리뷰들이 올라온다.

트립 어드바이저 www.tripadvisor.com

전 세계 여행자들이 가장 많이 이용하는 리뷰 사이트로 인기 있는 호텔이나 레스토랑을 알고 싶을 때 도움이 된다. 우리와 다른 시각이 많은 점에 유의하자.

헝그리 고 웨어 www.hungrygowhere.com/singapore

식도락 중심으로 여행을 즐기고자 한다면 이 사이트는 소중한 보물창고가 될 것이다. 전 지역에 걸친 다양한 레스토랑의 생생한 후기와 정보가 올라와 있다.

6 면세점 쇼핑하기

여행을 앞두고 또 하나의 즐거움이 될 수 있는 것이 바로 면세점 쇼핑이다. 면세점 쇼핑은 평소에는 좀처럼 살 엄두를 내지 못했던 고급 화장품을 비롯해 가방, 시계, 향수 등 다양한 상품들을 저렴한 가격에 구입할 수 있는 기회이다. 할인 혜택과 가격 비교를 통해 알뜰하고 똑똑하게 면세 쇼핑에 도전해보자.

✚ 면세품 쇼핑

면세점 직접 방문하기

서울 시내에는 면세품을 구입할 수 있는 면세점이 곳곳에 있다. 면세점을 방문해 구입하는 경우 직접 모든 물건들을 돌아보고 살 수 있는 즐거움이 있는 반면 가격적인 혜택은 적은 편이다.

기내에서 구입하기

비행기 탑승 후에도 면세품을 구입할 수 있다. 보통 기내식 서비스가 이루어진 후 면세품 판매를 시작한다. 좌석 앞주머니에 주문할 수 있는 면세품들의 가격과 사진이 실려 있는 정보지를 둘러본 후 정보지 뒷장에 첨부된 주문서를 작성해 승무원에게 제출하면 된다. 현금과 신용카드 모두 사용 가능하다.

Tip 2

스마트한 여행자의 싱가포르 관련 어플

✚ Currency

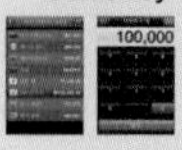

환율 계산기
itunes.apple.com/kr/app/id284220417

✚ My Transport Singapore

싱가포르 교통 정보, 버스와 MRT 정보, 주차장 정보를 알 수 있다.
itunes.apple.com/sg/app/mytransport-singapore/id480951210

✚ ION Orchard

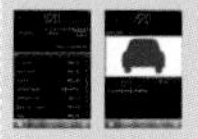

오차드의 최대 쇼핑몰 아이온 오차드의 모든 것이 들어 있는 앱.
itunes.apple.com/kr/app/id363720381

✚ iChangi

창이공항의 이착륙 정보와 부대시설을 찾아볼 수 있다.
itunes.apple.com/kr/app/ichangi/id391730848

Tip 3

면세 한도

면세품 구매 시 무턱대고 마음 내키는 대로 쇼핑을 하다 보면 낭패를 당할 수 있다. 싱가포르로 출국 시 면세 한도는 USD3000이며 다시 한국으로 입국 시 면세 한도는 USD400이다. 한도를 초과할 경우 반드시 세관에 신고해야 하며 신고 없이 적발되는 경우 면세품을 압수당할 수 있다.

면세점 사이트
동화면세점
www.dutyfree24.com 02-399-3270
롯데면세점
www.lottedfs.com 080-930-1500
롯데코엑스면세점
www.lottecoexdfs.com
02-3484-9888, 02-759-6327
신라면세점
www.dfsshilla.com 1688-1110
워커힐면세점
www.skdutyfree.com 02-450-6363
파라다이스면세점
www.paradisemall.co.kr 1577-0161

면세점 홈페이지 이용하기

면세점 홈페이지를 이용하여 면세점을 방문하지 않고도 손쉽게 상품을 구입할 수 있다. 시간적 여유가 없는 여행자에게 가장 편리한 방법이나 일일이 항공시간과 편명을 기입해야 하고 물건을 직접 보고 구매할 수 없어 선택의 폭이 작다는 단점이 있다. 하지만 오프라인 면세점보다 할인의 폭은 큰 편이며 면세점 사이트에서 제공하는 쿠폰을 이용하면 좀 더 저렴하게 쇼핑할 수 있다.

7 환전하기

싱가포르에서는 싱가포르 달러를 사용한다. 현지에서 ATM 기계를 이용해 직접 싱가포르 달러를 인출할 수도 있고 신용카드를 사용하는 데 무리가 없기 때문에, 너무 많은 돈을 환전해 가는 것보다 예산을 고려해 효율적으로 환전을 하자.

환전 우대 쿠폰 챙기기

해당 은행의 홈페이지나 여행사의 홈페이지 등에서 환전 수수료 할인쿠폰을 내려받아 출력해서 이용할 수 있다.

인터넷 환전

주말이 끼었거나, 은행업무 시간에 맞춰 은행을 방문하는 것이 어렵다면 인터넷 환전 서비스를 이용하자. 거래 은행의 인터넷뱅킹을 통해 쉽게 환전을 신청할 수 있는데 반드시 통장에 잔고가 있어야 한다. 환전 내용이 적힌 수령증을 지참해 각 은행에서 지정한 지점이나 공항 내 지점 혹은 환전소에서 수령할 수 있다.

국제 현금카드 & 국제 체크카드 만들기

국외에서 사용 가능한 현금카드와 체크카드를 준비해가면 안전하고 편리하게 여행 경비를 관리할 수 있다. 현금카드는 말 그대로 현금만 뽑아 쓸 수 있고, 체크카드는 현금 인출과 함께 결제도 가능하다(결제가 가능한 카드사인지 확인하자! 예- Visa, Master 등). 이용 시 수수료가 청구되므로 현금 인출 서비스를 이용할 때는 가급적 한번에 많은 금액을 인출하는 것이 유리하다.

8 짐 꾸리기

이제 출국 전 마지막 단계인 짐 꾸리기 순서이다. 아래 목록을 보고 빠진 것이 없는지 다시 한번 확인하자.

준비물 체크 리스트

종류	세부 항목	확인	비고
여권 & 여행 경비	여권		
	여권 복사본과 여권 사진 2매		여권 분실에 대비해 여권 복사본과
	항공권(E-Ticket)		여권 사진 2매를 반드시 준비해가자.
	여행 경비		
	신용카드		
	현금카드		
	항공 마일리지 적립카드		
	바우처		
	여행자보험		
의류	긴소매와 긴바지		
	반소매와 반바지		아침저녁의 일교차나 과도한 냉방에
	카디건		대비해 긴소매나 카디건을 하나쯤
	원피스		준비하자. 간편하면서도 쉽게 멋을 낼 수
	속옷		있는 원피스는 좋은 아이템이며
	취침 시 입을 옷		아쿠아 슈즈는 해양 스포츠를 할 때
	수영복		유용하다.
	모자		
	선글라스		
	슬리퍼		
	아쿠아 슈즈		
	가방		
세면도구 & 화장품	치약과 칫솔		
	비누와 샤워타월		
	샴푸와 린스		
	면도기		
	빗		
	기초화장품		
	자외선차단제		
의약품	지사제		
	소화제		혹시 모를 경우에 대비해 간단한 의약품은
	진통제		꼭 챙겨가야 한다.
	감기약		
	반창고		
	모기 퇴치 용품(로션, 스프레이, 스티커 등)		
	생리용품		
카메라	카메라		메모리와 충전기도 빼먹지 않도록 하자.
	삼각대		
	충전기		
기타	필기구		
	가이드북		
	책		
	계산기		
	시계		
	MP3		
	보조가방		
	비닐팩, 지퍼팩		젖은 빨래를 보관할 때 요긴하다.

Step to Singapore 4

싱가포르 여행의 필수, 서바이벌 영어

공항 & 기내

창가쪽/통로쪽 좌석으로 주세요.
Window/Aisle seat, please.
환승해야 돼요. I have to transfer.
탑승 시간이 몇 시죠? What is the boarding time?
자리를 바꿔도 되나요? Can I change my seat?
(화장실) 비었나요? Is it vacant?

환전소

가장 가까운 환전소가 어디에 있나요?
Where is the nearest money exchange?
달러를 싱가포르 달러로 환전해 주세요.
Can you exchange dollar to SD, please?
잔돈으로 바꿔주실래요? Can you break this, please?

호텔

이정아 또는 케빈으로 3일 예약했어요.
I have a reservation for three nights
under the name of Jeonga Lee or Kevin.
테라스가 있는 방으로 주세요.
I'd like a room with terrace.
조식이 포함되어 있나요? Is breakfast included?
체크아웃은 몇 시죠? When is check out time?
신용카드로 낼게요. I'll pay by credit card.
제 짐을 5시까지 맡아주시겠어요?
Could you keep my baggage until 5 o'clock?
맡긴 짐을 찾고 싶어요. May I have my baggage?
택시를 불러주시겠어요? Could you call a taxi for me?
에어컨이 안 돼요. The air conditioner doesn't work.
뜨거운 물이 안 나와요. There's no hot water.
수영장은 몇 시까지 쓸 수 있나요?
What time do you close swimming pool?

택시

오차드 로드로 가주세요.
Take me to Orchard Road, please.
점보 레스토랑까지 얼마나 걸리죠?
How long does it take to Jumbo Seafood restaurant?
에어컨 좀 세게 틀어주세요/ 줄여주세요.
Turn up/down the air, please.

레스토랑

6시에 3명 예약하고 싶어요.
I'd like to book a table for three at six.
추천 좀 해주시겠어요?
Can you recommend something?
이걸로 할게요. I'll have this.
팍치(고수)는 빼주세요. Please hold the coriander.
이것 좀 더 주세요. Can I get some more of this?
디저트 메뉴판 좀 가져다주시겠어요?
Can I see the desert menu?
계산서 주세요. Bill, please.
남은 것 좀 싸 주시겠어요? Can I get a doggy bag?

쇼핑

그냥 구경하고 있어요. I'm just looking.
저것 좀 보여주세요. Could you show me that one?
좀 더 작은/큰 것은 없나요?
Do you have a smaller/bigger one?
입어봐도 돼요? May I try these on?
얼마예요? How much is it?
깎아주세요. Can I get a discount?
신용카드 받나요? Do you accept credit card?
죄송한데 환불해주세요.
I'm sorry but, can I get a refund on this?
따로따로 포장해주세요.
Can I get them separately wrapped, please?

스파

내일 10시로 2명 예약하고 싶어요.
I'd like to book the spa for two at ten o'clock.
픽업서비스 되나요? Can you pick me up to your spa?
여자/남자 마사지사한테 받고 싶어요.
I'd like to get the massage by female/male massage therapist.
마사지는 몇 분 동안 받나요?
How long does it take to get the massage?
지금 생리 중이에요. I'm on my period.
머리/얼굴/엉덩이/가슴은 만지지 마세요.
Please do not touch my head/face/hips/chest.
좀 더 세게 해주세요. Please more stronger.
약하게 해주세요. Please massage that part lightly.
헤어드라이어/빗 좀 주시겠어요?
Can I use hair dryer/comb?

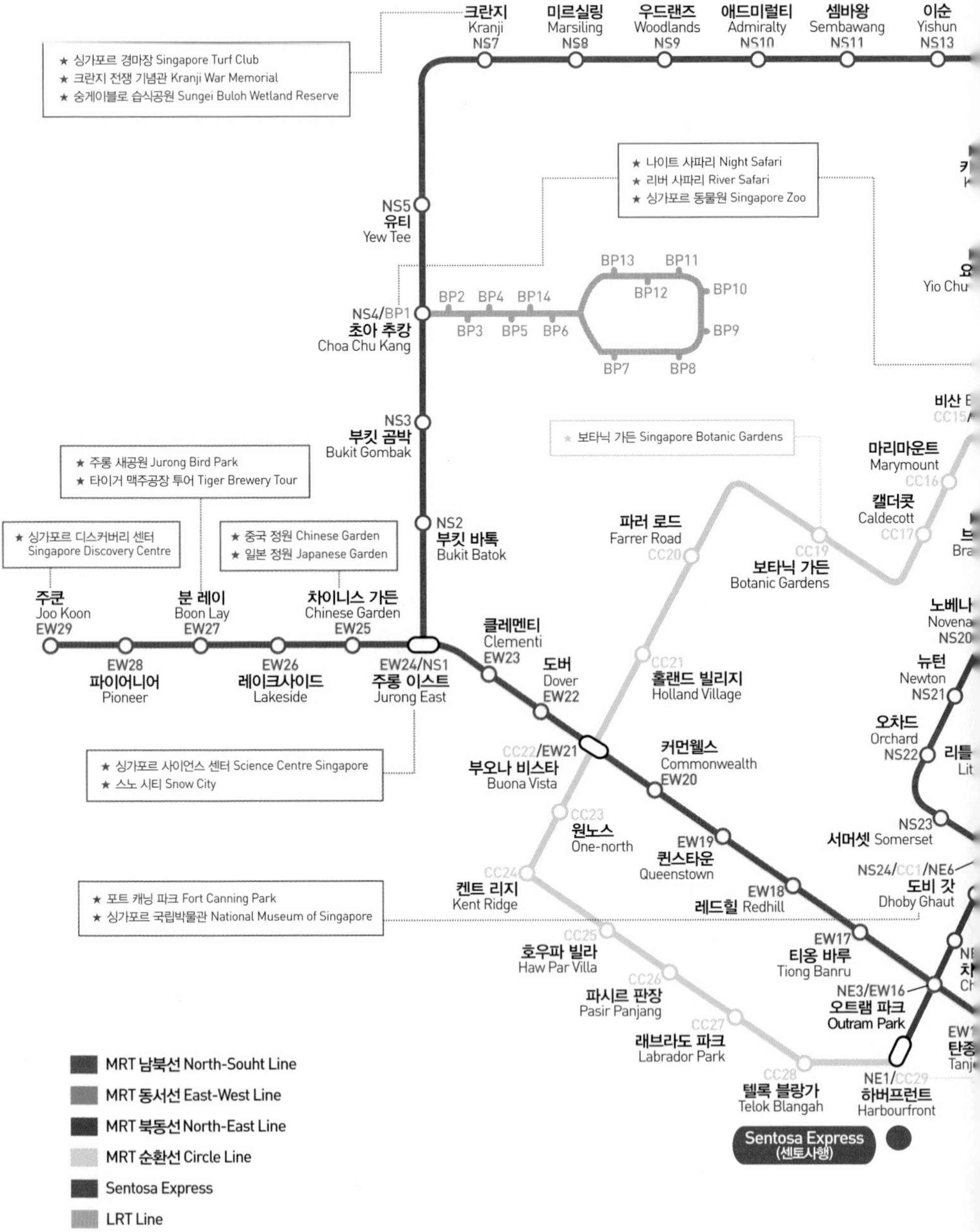

크란지 Kranji NS7
미르실링 Marsiling NS8
우드랜즈 Woodlands NS9
애드미럴티 Admiralty NS10
셈바왕 Sembawang NS11
이순 Yishun NS13
★ 싱가포르 경마장 Singapore Turf Club
★ 크란지 전쟁 기념관 Kranji War Memorial
★ 숭게이불로 습식공원 Sungei Buloh Wetland Reserve
★ 나이트 사파리 Night Safari
★ 리버 사파리 River Safari
★ 싱가포르 동물원 Singapore Zoo
NS5 유티 Yew Tee
NS4/BP1 초아 추캉 Choa Chu Kang
BP2 BP3 BP4 BP5 BP14 BP6 BP7 BP8 BP9 BP10 BP11 BP12 BP13
Yio Chu
NS3 부킷 곰박 Bukit Gombak
★ 보타닉 가든 Singapore Botanic Gardens
비산 CC15
마리마운트 Marymount CC16
캘더콧 Caldecott CC17
★ 주롱 새공원 Jurong Bird Park
★ 타이거 맥주공장 투어 Tiger Brewery Tour
★ 싱가포르 디스커버리 센터 Singapore Discovery Centre
★ 중국 정원 Chinese Garden
★ 일본 정원 Japanese Garden
NS2 부킷 바톡 Bukit Batok
파러 로드 Farrer Road CC20
CC19 보타닉 가든 Botanic Gardens
주쿤 Joo Koon EW29
분 레이 Boon Lay EW27
차이니스 가든 Chinese Garden EW25
EW28 파이어니어 Pioneer
EW26 레이크사이드 Lakeside
EW24/NS1 주롱 이스트 Jurong East
클레멘티 Clementi EW23
도버 Dover EW22
CC21 홀랜드 빌리지 Holland Village
노베나 Novena NS20
뉴턴 Newton NS21
오차드 Orchard NS22
★ 싱가포르 사이언스 센터 Science Centre Singapore
★ 스노 시티 Snow City
CC22/EW21 부오나 비스타 Buona Vista
커먼웰스 Commonwealth EW20
CC23 원노스 One-north
EW19 퀸스타운 Queenstown
NS23 서머셋 Somerset
NS24/CC1/NE6 도비 갓 Dhoby Ghaut
CC24 켄트 리지 Kent Ridge
EW18 레드힐 Redhill
★ 포트 캐닝 파크 Fort Canning Park
★ 싱가포르 국립박물관 National Museum of Singapore
CC25 호우파 빌라 Haw Par Villa
EW17 티옹 바루 Tiong Banru
CC26 파시르 판장 Pasir Panjang
NE3/EW16 오트램 파크 Outram Park
CC27 래브라도 파크 Labrador Park
CC28 텔록 블랑가 Telok Blangah
NE1/CC29 하버프런트 Harbourfront
Sentosa Express (센토사행)
MRT 남북선 North-Souht Line
MRT 동서선 East-West Line
MRT 북동선 North-East Line
MRT 순환선 Circle Line
Sentosa Express
LRT Line

싱가포르 지하철 노선도
MRT System map

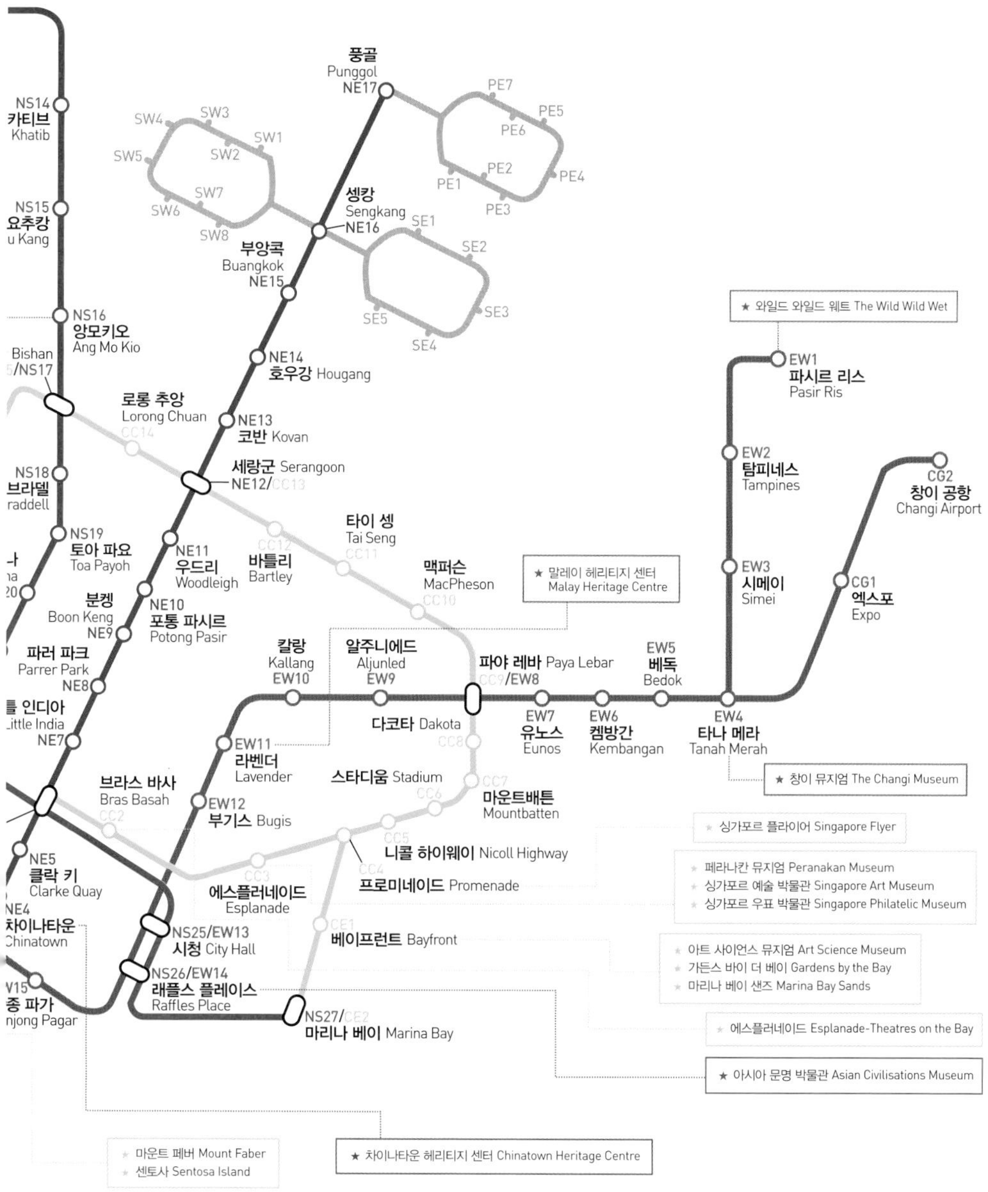

Index - 가나다순 -

숫자 & 영어

- ㄱ -

- ㄴ -

- ㄷ -

- ㄹ -

- ㅇ -

샹그릴라 호텔, 싱가포르

싱가포르의 최신 도심 리조트인 Garden Wing **(가든 윙)**을 소개합니다.

녹음이 우거진 15 에이커의 정원에 자리잡은 이 안락한 휴식처는 세계 최고의 쇼핑 지역인 Orchard Road (오차드 로드)에서 5분 거리에 있습니다. 도심 한가운데 위치한 Garden Wing은 대도시의 환희를 즐기면서 아울러 고요한 환경을 선호하는 분들께 완벽한 휴식처입니다.

자연의 영감을 받아 새로 단장한 게스트룸과 스위트룸에는 정원과 유명한 샹그릴라 수영장이 바라보이는 대형 발코니가 있습니다. 세 개의 최고급 스위트룸에는 멋진 대형 발코니, 실외 욕조, 바비큐 시설, 일광욕 의자가 구비되어 편안하게 즐길 수 있습니다.

기술에 민감한 여행객들을 위해 다양한 옵션이 구비되어 있습니다. 호텔 전체에서 무료 WiFi 접속이 가능할 뿐만 아니라 Garden Wing 손님은 엔터테인먼트 환경을 개인화 하도록 지원하는 정교한 미디어 허브를 사용할 수 있습니다.

샹그릴라에 있는 싱가포르 최초의 CHI 스파에서 감성 여행을 완성해보세요. 구비치는 폭포와 잉어 연못 옆에 있는 스파에서는 개인의 평화, 매력, 행복의 원천인 샹그릴라의 기운을 받을 수 있습니다.

VALLEY WING (밸리 윙)

국가 원수, 기업체 사장 및 특별한 여행객들을 위한 시설을 갖춘 Valley Wing은 최고의 럭셔리 생활 공간입니다. 27개의 스위트룸을 포함하여 아름답게 꾸민 131개의 게스트룸이 있는 이곳의 독창적 매력은 손님이 진입로와 로비에 들어서는 순간부터 느껴집니다.

도착 시점부터 출발할 때까지 Valley Wing 손님들은 비교할 수 없이 훌륭한 쾌적함과 맞춤형 서비스를 제공 받습니다. 개인 서밋 룸에서의 아침 식사, 로비 샴페인 바에서 무료 샴페인, 칵테일 및 카나페 제공, 모든 수행원들을 위한 개인 버틀러 서비스, 무료 광대역 인터넷 접속, LCD TV를 갖추고 무드 조명 선택이 가능한 욕실, 개인용 문구류 및 특별 수행원 전용 엘리베이터 및 출입구 등이 있습니다.